# 测土配方施肥十五年

全国农业技术推广服务中心　编著

中国农业出版社

北　京

# 编　委　会

　　"庄稼一枝花，全靠肥当家"，肥料是作物的"粮食"，对农作物产量的贡献不可替代。中华人民共和国成立至今的70余年间，科学施肥在保障粮食安全、推动经济发展、维护社会稳定等方面发挥了巨大作用。2005年，针对肥料价格高位运行，部分地区过量施肥、盲目施肥，农民生产成本增加等问题，国家启动实施测土配方施肥项目。到2020年，测土配方施肥项目已经实施了15年。15年来，各级土肥部门按照"测、配、产、供、施"的技术路径，大规模开展取土化验、农户调查、田间试验、施肥指标体系构建、配方制定与配方肥推广等工作，摸清了我国县域土壤理化状况，建立了不同作物的施肥指标体系；根据作物需肥规律、土壤养分状况和肥料效应，科学制定了施肥方案和肥料配方；通过农企合作等方式，推广应用配方肥料；广泛开展技术培训、田间指导服务，推广新型高效肥料和科学施肥方式方法。到2020年，全国测土配方施肥技术推广超过20亿亩*次，技术覆盖率达到90%；农用化肥用量由2015年最高峰的6 022.6万吨下降到5 250.7万吨，降幅达12.8%，同期粮食产量稳定提升；三大粮食作物氮肥当季利用率达到40.2%，比2005年提高12.2个百分点。测土配方施肥为保障国家粮食安全、促进农业绿色发展做出了重要贡献。

　　为总结15年来测土配方施肥工作成效和经验，我们组织编写了《测土配方施肥十五年》。本书围绕测土配方施肥的发展历程、重点工作、配方制定、数据库建设、利用率测算、效果评估等内容进行了系统总结，汇编了省级工作总结、县级典型案例和农企合作模式，反映15年来项目实施取得的成效。本书的编写得到了各省（自治区、直辖市、计划单列市）土肥水技术推广部门、农业农村部科学施

---

　　* 亩为非法定计量单位，1亩＝1/15公顷。——编者注

肥专家指导组、有关肥料企业的大力支持，在此一并表示感谢！

由于时间仓促，书中疏漏与不足之处在所难免，望广大读者批评指正。

编　者

2021 年 12 月

# 目　录

# 目　录

# 第一章
# 测土配方施肥概述

## 第一节　背　　景

### 一、科学施肥的历史演变

1840 年，德国化学家李比希（Justus von Liebig）在伦敦英国有机化学年会上发表了题为《化学在农业和生理学上的应用》的著名论文，提出了矿质营养学说，为植物营养科学和化肥工业的兴起奠定了理论基础，被国际公认为农业化学的奠基人。李比希提出的矿质营养学说、养分归还学说、最小养分律等，成为植物营养的基础理论，至今仍然指导着科学施肥技术的发展。1842 年，英国人劳斯（Lawes）取得骨粉加硫酸制造过磷酸钙的专利权，标志着第一种人造肥料的诞生。1905 年，德国化学家哈伯（Fritz Haber）提出了合成氨工艺，而后于 1913 年在德国建立了世界上第一个合成氨工厂，结束了人类完全依靠天然氮肥的历史，揭开了化肥工业的序幕，他也因此于 1918 年获得诺贝尔化学奖。1843 年，劳斯创立了洛桑试验站，英国科学家们开始布置长期定位试验，开展科学施肥技术的探索。此后，植物营养学科快速发展，确定了植物生长所必需的营养元素及其生理作用，研究了养分吸收机理及土壤养分有效性，不断总结创新，形成了多种科学施肥技术方法。

我国从原始农业开始就有施肥技术，长期以来积累了丰富的有机肥料施用经验。1901 年，化学氮肥首次输入我国。1909 年，清政府所设的北京农事试验场开始进行化肥肥效试验，结果表明氮肥增产率水稻为 20%、小麦为 30%。1936—1940 年，张乃凤、姚归耕等首次进行全国规模的氮、磷、钾三要素肥效试验，在苏、皖、赣等 14 个省份的 68 个试验点、7 种土壤、8 种作物上开展 156 个试验。结果表明，作物对氮肥的需要程度约占 80%，其中水稻为 93%、小麦为 66%、油菜为 81%、棉花为 53%、玉米为 100%，说明当时土壤普遍缺氮。施用磷肥显著增产的占 20%，钾肥一般无增产效果。试验结果总结形成《地力之测定》一文。同期，孙羲、黄瑞采、何文骥等也陆续开始水稻、棉花、甘蔗等施肥研究。

中华人民共和国成立以后，1950 年中央人民政府在北京召开了全国土壤肥料工作会议，提出中低产田分区与整治对策，评估耕地后备资源，将科学施肥作为发展粮食生产的重要措施，拟定了土壤调查研究、荒地合理利用、水土保持及肥料施用等各项具体实施计划。这次会议的召开标志着新中国科学施肥事业的开始。1957 年，农业部印发文件，建立全国化学肥料试验网，研究氮、磷、钾化肥肥效及提高肥效的措施。1958 年，中国农业科学院土壤肥料研究所主编《肥料研究》，系统总结了我国对化学肥料、有机肥料、绿肥以及泥炭等肥料的研究结果，详细阐述了当时的施肥技术进展。1958—1960 年，开展第一次全国土壤普查，摸清我国耕地类型、利用状况等，提出了全国第一个农业土壤分类系统。1959—1962 年，组织开展了第二次全国氮、磷、钾三要素化肥肥效试验。试验结果表明，当时我国农田土壤约有 80% 缺氮、50% 缺磷、30% 缺钾。肥效试验的开展为氮肥和磷肥大面积推广应用起到了重要的推动作用和良好的示范展示效果。

1979—1994 年，由全国土壤普查办公室、全国土壤肥料总站组织，中国科学院南京土壤研究所技术支撑，开展了第二次全国土壤普查。这次普查历时 16 年，全国土肥工作者约 8 万人参加，查清了我国土壤类型、数量分布、基本性状、利用现状、障碍因素等，形成系列土壤图集、《中国土壤》《中国土种志》《中国土壤普查数据》及各省区《土种志》等成果。建立了约有 160 多项、2 000 万个以上的土壤资源数据资料库，采集制作了中国土壤典型剖面标本。1981—1983 年，开展第三次全国规模的化肥肥效试验，对氮、磷、钾及中微量元素的协同效应进行了系统研究。5 000 多个试验资料统计分析表明，20 世纪 80 年代我国肥效氮肥＞磷肥＞钾肥的总趋势没有改变。根据试验、调查结果，于 1986 年完成了中国化肥区划。从"七五"期间起，全国土壤肥料总站在 16 个省份 81 个县 18 种主要耕地土壤类型设置国家级监测点 142 个，加上省级点 800 多个、地县级点 6 800 多个，初步形成全国土壤肥力监测网，编制了《全国土壤监测技术规程》和《土壤监测资料集》等技术资料。

20 世纪 80 年代初，针对以往施肥工作中出现的"三偏"施肥（偏施氮肥、用量偏多、施肥偏迟）和氮、磷、钾比例失调等问题，广大土肥工作者从实际出发，在科学施肥技术方面进行了有益的探索，提出了"测土施肥""计量施肥""配方施肥"等一系列方法。1983 年，农牧渔业部在广东湛江召开了配方施肥会议，将各地采用的施肥方法统一定名为"配方施肥"。1986 年 5 月，农牧渔业部在山东沂水召开配方施肥工作会议，系统总结各地配方施肥方法和经验，提出《配方施肥技术工作要点》，建立以"三类六法"为核心的配方施肥技术体系。1991 年，全国土肥总站在山东省荣成市召开了配方施肥工作会议，总结了各地开展配方施肥、技物结合和社会化服务的工作经验。会后在 15 个省开展了"测土—配方—配肥—供肥—施肥"一体化技术服务试点。1992—1998 年，全国土壤肥料总站组织实施 UNDP 平衡施肥项目。该项目由联合国计划开发署（UNDP）无偿援助，在黑龙江、陕西、河北、江苏、浙江、四川、湖南建立了 7 个项目区。1996 年平衡施肥技术被农业部列为"九五"十大重点技术，年推广面积达到 4 000 万亩（次）。

2004 年，我国化肥价格大幅度上涨，在相当程度上抵消了国家出台的一系列支农政策，农民群众反应强烈。中央领导对此高度重视，多次做出重要批示。国家采取了一系列临时措施，包括对肥料流通领域财政补贴、全额即征即退尿素增值税、增加生产计划、优惠运输价格等。这些临时性措施，取得了一定的成效，但化肥价格依然高位运行，对农业生产的负面影响很大，成为制约粮食增产、农民增收的重要限制因素。2004 年 6 月 9 日，温家宝总理在湖北考察时，枝江市桑树河村村民曾祥华表达了实施测土配方施肥、提高施肥效益的迫切愿望。温家宝总理十分重视，指示农业部做好这项工作。2005 年中央一号文件明确提出，要努力培肥地力，推广测土配方施肥，增加土壤有机质。2005年初，农业部决定把测土配方施肥作为科技入户工程的第一大技术在全国推广，作为为农民办的15件实事之一，先后组织开展了测土配方施肥春季和秋季行动。在财政部等有关部门的大力支持下，2005年中央财政投资2亿元，在200个县启动实施了测土配方施肥试点补贴资金项目。通过采取一系列措施，全面开展测土配方施肥工作，大力推进测土配方施肥技术入户，努力提高农民科学施肥水平。此后，测土配方施肥项目不断扩大，一直延续下来，到2020年已经实施了15年，为保障国家粮食安全、促进农业绿色可持续发展做出了重要贡献。

## 二、测土配方施肥的重大意义

21世纪初期，随着化肥用量的快速增加，盲目施肥、过量施肥现象普遍出现。这不仅造成农业生产成本增加，而且使生态环境面临严峻挑战，威胁农产品质量安全，影响农业现代化发展。开展测土配方施肥、推广科学施肥技术，不仅对于提高农作物单产、改善农产品品质、降低生产成本、促进农业增产增效和农民增收具有现实意义，而且对于保护农业生态环境、保证农产品质量安全、实现农业可持续发展具有深远的历史意义。

**1. 测土配方施肥是确保我国粮食安全的战略举措**　我国是世界上人口最多的发展中国家，粮食安全关系国家长治久安。习近平总书记强调，"中国人的饭碗任何时候都要牢牢端在自己手上。我们的饭碗应该主要装中国粮"。肥料是作物的粮食，施肥是农业生产中最重要的增产措施之一。据联合国粮食及农业组织（FAO）估计，化肥对农作物增产的贡献为40%~60%。由于我国人口众多而耕地资源相对不足，农业增产主要依靠提高单产，而肥料施用对于作物单产的提高起着重要的促进作用。长期实践证明，合理施肥对提高作物单产有着其他措施都不可替代的效果。调查结果显示，通过实施测土配方施肥，项目区与传统施肥区相比，小麦、水稻等亩均增产6%~10%，充分证明了测土配方施肥在提高粮食单产中的重要作用。因此，测土配方施肥作为促进粮食生产稳定发展、保障国家粮食安全和农产品有效供给的战略性举措，要长期持续推进。

**2. 测土配方施肥是转变农业发展方式的重要内容**　发展现代农业必须按照高产、优质、高效、生态、安全的要求，加快转变农业发展方式，提高土地产出率、资源利用率、劳动生产率，增强农业抗风险能力、国际竞争能力、可持续发展能力，改变我国长期以来"高投入、高产出"的农业发展模式。我国用占世界9%左右的耕地养活了占世界20%左右的人口，满足了国内日益增长的粮食等农产品需求，但也消费了占世界近三分之一的化肥，生产成本过高和资源浪费较大是不争的事实。改进耕地、肥料等资源利用方式是转变农业发展方式的重要组成部分，是加快发展中国特色农业现代化的内在要求。实践证明，测土配方施肥技术可以减少化肥投入，节约开支、降低成本，同时提升利用效率、培肥土壤，提高耕地产出率，是农业科技革命的重要措施，也是发展高产、优质、高效农业的重要途径。

**3. 测土配方施肥是建设农业生态文明的客观要求**　20世纪70年代以来，我国在肥料施用上从以有机肥为主转变为以化肥为主，目前已成为世界第一大化肥消费国。2007年全国化肥施用总量达到 5 000 多万吨（折纯），占世界化肥消费总量的 30.2%，到 2015 年更是超过了 6 000 万吨。但由于先进实用的科学施肥技术未得到应有的推广应用，化肥利用率长期徘徊在 30% 左右，与发达国家相比差距较大。化肥施用不合理、利用率不高，养分就会通过挥发、流失进入大气和水体，带来环境污染。此外，畜禽养殖废弃物等有机肥资源处置不当，资源化利用率低，也会造成资源浪费和环境污染。通过实施测土配方施肥，大面积推广科学施肥技术，农民氮、磷、钾肥施用比例趋于合理，有机肥投入明显增加，施肥结构得到优化，耕地土壤结构有所改善，能够有效缓解环境压力。推广测土配方施肥技术，是当前世界低碳、绿色、高效发展的客观要求。

**4. 测土配方施肥是促进农业增效农民增收的有效途径**　农业是安天下、稳民心的基础产业，也是比较效益偏低的弱势产业。目前我国农业基础仍然薄弱，最需要加强；农村发展仍然滞后，最需要扶持；农民增收仍然困难，最需要加快。在农业生产物质性投入中，肥料投入占将近一半，测土配方施肥是当前农业生产中最直接、最广泛、最有效的节本增收措施。据测土配方施肥项目县统计，通过实施测土配方施肥，粮食作物平均每亩节本增收 25～35 元；经济作物每亩节本增收 50～80 元。进一步加大测土配方施肥推广力度，扩大覆盖面，指导农民科学、经济、合理施肥，可以有效降低生产成本，提高产量、改善品质，增加种植效益，促进农民增收。

**5. 测土配方施肥是缓解我国化肥资源供需矛盾的客观需要**　2007 年我国化肥生产总量 5 696 万吨，每年因生产氮肥需消耗标准煤约 1 亿吨，消耗的天然气占全国总量的三分之一。我国磷矿储量有限、品位低、开采难度大，难以支撑高强度开采和磷肥的长期大量施用。我国钾矿资源更少，均在青海、新疆等偏远地区，可开采资源少、开采难度大、运输距离长，短期供应和长期保障都存在问题，对进口的依靠程度高。在这种化肥资源与能源供应偏紧，而化肥需求和使用总量居高不下的情况下，当务之急就是通过测土配方施肥，实行经济、科学、环保施肥，减少不合理的化肥用量，减缓化肥需求过快增长的势头，减轻国家化肥资源与能源供给压力。

总之，测土配方施肥是一项长期性、基础性、科学性、示范性和应用性很强的农业科学技术，是直接关系农作物稳产增产、农民收入稳步增加、生态环境不断改善的一项"常态化"工作。

# 第二节　发展历程

## 一、启动扩大阶段（2005—2009 年）

2005 年 7 月，为推广科学施肥技术，促进农民节本增收，农业部印发《关于下达 2005 年测土配方施肥试点补贴资金项目实施方案的通知》，标志着国家测土配方施肥工程的正式启动。2007—2008 年，受到国际金融危机导致的煤炭等原材料价格上涨的影响，我国化肥产量出现波动下降，化肥价格大幅走高。我国主要化肥产品尿素、磷酸二铵、氯化钾和复合肥价格分别从 2003 年的 1 394 元/吨、1 762 元/吨、1 263 元/吨和 1 163 元/吨上涨到 2008 年的 2 172 元/吨、3 923 元/吨、2 491 元/吨和 3 147 元/吨，涨幅分别达到

55.8％、122.6％、97.2％和170.6％。农业生产成本骤然增加，农民收益出现下降，在"提产量、降成本、增收益"的压力下，扩大测土配方施肥补贴项目实施范围的需求空前强烈。这一阶段，测土配方施肥项目试点县的数量从2005年的200个增加到2009年的2 498个，实现了从无到有、由小到大、由试点到"全覆盖"的历史性跨越。

这一阶段测土配方施肥的重点任务主要包括：一是开展测土配方施肥基础性工作。取土化验，对项目县耕地土壤进行大规模取样测试，摸清基础地力状况；田间调查，对采样地块农户施肥、立地条件等情况进行调查，掌握农户施肥管理情况；试验示范，布设"3414"、肥料校正等试验，探索建立不同区域、不同作物的施肥指标体系；配方设计，以土壤测试和田间试验结果为依据，结合气候条件、土壤类型、作物品种、产量水平、耕作制度等因素，采取养分平衡、土壤养分丰缺指标、肥料效应函数、营养诊断等方法，制定施肥配方和推荐方案。二是建设测土配方施肥化验室。注重化验室建设，配备土壤、植株采样和分析化验仪器设备、试剂药品，提高土壤全氮、速效氮、有效磷、速效钾、有机质和pH等指标检测能力。截至2009年底，全国各县级行政区共建成测土配方施肥化验室2 000多个，基本具备了土壤、植株样品分析化验能力，初步完成了全国土壤肥料检测体系建设。三是建立测土配方施肥工作体系。注重测土配方施肥人才队伍培养，以土壤肥料技术推广机构为基础，充实人员，整合力量，强化职能。狠抓农技推广体系测土配方施肥业务素质提升，开展多形式、多层次的专业培训，不断更新技术知识，提高土肥技术推广水平。加强与科研、教学、企业、新型经营主体等的沟通合作，建立大联合、大协作的工作机制，形成各方共同推进测土配方施肥工作的良好局面。

## 二、整建制推进阶段（2010—2014年）

2009年完成农业县全覆盖后，测土配方施肥项目的重心由"测土"和"配方"转移到了"施肥"上，目标是全面提高技术服务能力，标志着项目进入整建制推进阶段。这一阶段，国家出台农村土地"三权分置"政策，鼓励发展适度规模经营，农民生产积极性大幅提高。肥料产业进入调整期，产能过剩矛盾日益突出，企业利润开始下滑，肥料价格逐步走低。在追高产和低肥价的双重影响下，农户化肥用量迅速增加，过量施肥现象开始显现，施肥的资源环境代价问题逐渐引起重视。2012年，为更好服务"三农"发展，国家将强化基层公益性农技推广服务写入中央一号文件。测土配方施肥项目经过5年的实践，积累了大量的技术成果，具备了全面推广的基础。在内外因素的共同作用下，解决技术推广"最后一公里"问题成为该时期项目发展的核心。

这一阶段测土配方施肥的重点任务主要包括：一是整建制推进项目实施。开展"百县千乡万村"整建制推进测土配方施肥行动，创建技术示范区，根据种植制度、土壤养分状况等因素，因地制宜探索"结构合理、总量控制、方式恰当、时期适宜"的施肥技术模式，安排肥效对比示范，展示测土配方施肥技术效果；组织技术培训，举办农民田间学校和现场观摩活动，全方位提高农技推广人员、基层肥料经销商、科技示范户和种植户的土壤肥料知识水平；开展技术指导服务，农业部每年发布春秋两季科学施肥指导意见，指导农民科学用肥，修订并发布《测土配方施肥技术规范（2011年修订版）》；示范县在关键农时季节，组织农技推广人员和科研教学单位专家开展巡回指导和现场技术服务，通过坐堂门诊、发放施肥建议卡等方式，普及测土配方施肥知识。二是组织耕地地力评价。国家按照"试点启动、区域调查、全面开展"的总体设计，以测土配方施肥项目县为主体，利用取土化验数据，分批次开展县域尺度耕地地力调查与质量评价工作，逐步摸清了项目县耕地基础地力、土壤环境质量及养分状况，为制定县域施肥方案、指导科学施肥奠定了基础。三是推广使用配方肥。农业部 2013 年公布了 38 个三大粮食作物"大配方"，示范县按照"大配方、小调整"的思路完善形成本地化的县域"小配方"，定期向社会发布；大力推动农企合作，采取市场化运作、工厂化加工、网络化经营的运作模式，引导大中型肥料企业利用发布的肥料配方生产、销售、推广配方肥，解决小农户科技素质低、技物分离的问题。四是探索测土配方施肥信息化服务。以田间调查、试验示范和分析化验数据为基础，综合运用计算机技术、地理信息系统（GIS）和全球卫星定位系统（GPS）等手段，建立涵盖地理定位、土壤肥力、农户施肥、肥效试验、作物养分等内容的测土配方施肥基础数据库。基于县域耕地空间信息、土壤及植株分析化验与肥效田间试验数据库，研发县域测土配方施肥专家系统，通过计算机、手机、智能配肥机、触摸屏等终端设备，将个性化施肥方案推广到千家万户。

## 三、绿色发展阶段（2015—2020 年）

2015 年 2 月，农业部印发《到 2020 年化肥使用量零增长行动方案》，测土配方施肥作为促进化肥减量增效、实现农用化肥使用量零增长的重要措施，继续发挥基础性作用。这一阶段，我国种植业结构调整稳步推进，水果、蔬菜等经济作物种植面积不断扩大，全国农用化肥施用量首次超过了 6 000 万吨。肥料产业供给侧结构性改革步伐加快，产能稳步下降，肥料产品的复合化、专用化程度不断提高，新型肥料占比不断上升，为实现化肥减量提供了产品保障。2015 年，国家提出"五大发展理念"，大力推进农业绿色发展，为科学施肥技术发展指明了方向。

这一阶段测土配方施肥的目标在"保产量、保收益"的基础上增加了"保生态"的内容，重点任务主要包括：一是经济作物测土配方施肥。以蔬菜、果树为重点，建设经济作物测土配方施肥示范区，开展经济作物"2＋X"肥效田间试验，逐步完善经济作物施肥指标体系，发布不同地区、不同作物肥料配方信息，形成主要经济作物优化施肥方案。推进增施有机肥，结合 2017 年启动的果菜茶有机肥替代化肥试点项目，支持农民积造农家肥，施用商品有机肥。二是推进化肥减量增效。创建示范基地，每年遴选 300 个粮棉油生产大县，建设化肥减量增效示范区，集成创新、推广应用高效施肥技术模式；探索化肥定额施用，在确保粮食安全的前提下，综合土壤肥力、作物需肥规律、目标产量、环境效益等因素，研究制定主要粮食作物氮肥定额用量，防止过量施肥，避免盲目减肥；开展肥料利用率试验，结合各地生产实际，布设主要粮食作物化肥利用率试验，每两年向社会发布全国三大粮食作物化肥利用率结果。三是改进施肥方式。推广机械施肥，按照农机农艺融合、基肥追肥统筹的原则，聚焦粮食生产功能区，选择东北寒地水稻区、长江中下游单双季稻区、华南双季稻区推广水稻侧深施肥技术，北方春玉米区、黄淮海平原夏玉米区推广玉米种肥同播技术；推广水肥一体化，结合高效节水灌溉，示范推广滴灌、喷灌施肥技术，推进水肥一体下地，促进施肥与用水相协调。

# 第三节 主要成效

2005 年农业部启动测土配方施肥补贴项目以来，各地按照"统筹规划、分级负责、逐步实施、技术指导、企业参与、农民受益"的原则，突出重点区域、重点作物和重点环节，狠抓取土化验、农户调查、试验示范、肥料配方及施肥方案制定、配方肥推广、技术指导服务等基础工作，持续推进农企合作，为农民提供测土配方施肥服务，取得了显著的经济、社会和生态效益。概括起来，主要体现在五个方面。

## 一、夯实了科学施肥工作基础

2005 年以来，全国测土配方施肥项目实施区域不断扩大，技术内容逐渐丰富。各地按照农业农村部测土配方施肥技术规范和每年下发的测土配方施肥工作要求，围绕"测、配、产、供、施"五大环节，认真组织开展取土化验、田间试验、施肥指标体系构建、配方制定与配方肥推广等工作。

**1. 取土化验** 截至 2020 年，各地累计分析土壤样品近 1 833.9 万个，分析植株样品近 129.9 万个，基本摸清了我国县域土壤理化性状和不同作物养分含量。建立了测土配方施肥数据管理和县域耕地质量管理信息系统，形成了国家、省、市、县四级数据管理模式，实现了对全国施肥信息、耕地地力信息的有效管理和数据共享，进一步提升了服务耕地质量建设和农业生产决策的能力，为全国及区域实现化肥减量增效奠定了坚实的基础。

**2. 田间试验** 田间试验是获取施肥参数的重要手段，大田示范则是展示推广施肥方案的有效方法。20 世纪 80 年代开始，围绕促进农民用肥、提高作物产量，农业科研、农技推广、肥料企业等单位陆续开展了一些区域性的田间试验及大田示范工作，但在土壤类型、种植制度、试验处理、结果分析等方面缺乏全国层面的统筹与规范。2005 年项目实施以来，依托各级土壤肥料技术推广体系力量，分区域、分作物完成"3414"试验 14.4 万个，完成配方校正试验超过 18 万个，全国累计开展小区试验 40.3 万个、大田示范 76.7 万个，为研究最佳肥料品种、施肥时期、施用方式、肥料用量积累了大量的一手资料，推动了施肥技术的进步。组织制定化肥利用率测算实施方案及田间试验规范，安排部署化肥利用率田间试验和数据采集汇总相关工作，组织以院士为首的专家团队，科学测算化肥利用率，每 2 年向社会公开发布，营造了全社会关注化肥的良好氛围。

**3. 施肥指标体系** 基于根际活化、根层养分调控、不同养分资源特征和土壤-作物系统综合管理等植物营养学理论研究，在全国建立了以"氮肥总量控制、分期调控"和"磷钾恒量监控"为核心的养分资源综合管理技术路径，充分协调品种、播期、播量、收获日期和土壤管理等生产要素，进一步提高了科学施肥精度，实现了从单纯的增产施肥向"增产施肥、经济施肥、环保施肥"三者结合的转变。截至 2020 年，已在全国建立了 12 种主要农作物的科学施肥技术指标体系，大量试验示范结果表明，该技术在增产12%的同时，可使高投入体系的氮肥用量平均降低24%，损失减少40%。

**4. 配方制定** 全国各级农技推广部门在汇总分析土壤测试和田间试验数据结果的基础上，依据辖区内土壤养分供应能力、作物需肥规律和肥效效应，采用专家会商方法累计设计并发布主要作物肥料配方31.1万个，基本覆盖了全国主要粮食作物和主要经济园艺作物种植区域，推进了施肥配比的合理化。

**5. 配方肥推广** 各地充分利用多年来测土配方施肥的技术成果，加快配方肥的推广应用。在农业生产关键季节，及时公布本区域肥料配方信息，引导企业加快研发肥料新产品，改善和优化原料结构，推动产品质量升级，加强氮、磷、钾配合和中微量元素补充。2006年农业部选择一批基础高、实力强、信誉好、机制活的配方肥推广合作企业，分层次开展农企合作和配方肥产需对接。各地本着"双方自愿、优势互补、公平公开、择优推荐"的原则，根据配方肥推广应用目标任务、供肥企业状况、推广应用基础，最终筛选确定200多家农企合作企业。合作企业根据发布的大配方生产区域作物专用配方肥，利用土壤测试结果开展现场混配BB肥和定制供肥等多种形式的配方肥推广活动。经过十余年的努力，累计在全国推广应用配方肥2 200多万吨，目前配方肥已占到3大粮食作物施肥总量的60%以上，探索形成了农企合力推进、定点供销服务、农化服务组织带动等合作模式，逐步完善了统一测土、统一配方、统一供肥、统一施用的"四统一"的技术路径，加快了配方肥推广下地。

## 二、促进了粮食高产稳产

肥料是粮食生产的物质基础，农作物产量的一半来自化肥，我国以9%左右的耕地养活了占全球20%左右的人口，化肥功不可没，而科学施肥则是稳固国家粮食安全的基础保障。几千年的农耕历史中，我国一直采用传统农业生产方式，即利用作物秸秆、人畜粪尿、绿肥等方式培肥地力，粮食产量长期处于较低水平。中华人民共和国成立后，随着人口的增加和居民饮食结构的升级，我国对粮食的需求逐年增加。

测土配方施肥项目实施以来，通过大力开展"建议卡"入户、"示范片"到村、"培训班"进田、"施肥方案"上墙、"配方肥"下地、"触摸屏"进店等技术推广组合措施，测土配方施肥技术和知识得以向千家万户传播，使农户不合理施肥比例逐年降低，施肥不足和过量导致的产量损失不断减少。测土配方施肥技术可以增加粮食产量，试验示范结果表明，测土配方施肥与常规施肥相比，水稻、小麦、玉米等主要粮食作物单产平均增加6%~10%。2009年农业部对3 000多个田间试验和示范数据分析，与不施肥相比，小麦、水稻和玉米施用化肥亩增产均在110千克以上，增产率在40%以上，每千克养分增产5.5~7.5千克粮食；另外，测土配方施肥技术可以提高产量的稳定性，减轻因为极端气候导致产量降低的影响。2004年，我国粮食产量仅4.7亿吨，2007年已经超过5亿吨，到2012年超过了6亿吨。粮食总产从不足5亿吨到超过6亿吨的快速增长时期，正是测土配方施肥整建制推进、大面积推广的阶段。到2015年，粮食产量达到6.6亿吨，农用化肥使用量也超过6 000万吨，达到顶峰。2015—2020年，化肥用量减少了770万吨，但粮食产量一直稳定在 6.6 亿吨，同期化肥利用率则提高了 5 个百分点。可以看出，测土配方施肥对促进粮食增产稳产、保障国家粮食安全发挥了重要作用。

## 三、促进了农业节本增效

当前，我国农业生产遇到了价格"天花板"和成本"地板"的双重挤压，国内粮食等农产品价格普遍高于国际市场价格。与此同时，农业生产的成本居高不下，比较效益低下，农民增收缓慢。我国是化肥使用大国，用量占到了世界化肥用量的三分之一，大量的化肥投入带来了成本的增加，也降低了农业生产的效益。

测土配方施肥项目实施以来，针对我国长期存在的亩均化肥用量偏高、施肥结构不合理和施肥方式落后等问题，示范推广了一批高产高效技术模式，助力农业节本增收。一是推广机械深施。加快集成农机农艺融合的施肥技术，研发专用施肥机械和专用肥料，重点推广水稻侧深施肥、玉米种肥同播和小麦机械深施肥技术。至 2020 年，三大粮食作物机械施肥面积达 6.5 亿亩次，占到播种面积的 45%。二是推广水肥一体化。以玉米、马铃薯、棉花、蔬菜、果树等作物为重点，推广喷灌、滴灌等水肥一体化技术，促进水肥耦合，推广面积每年超过 1.5 亿亩次。三是推广有机肥替代化肥。结合实施果菜茶有机肥替代化肥行动，大力推广"配方肥＋有机肥""果（菜、茶)-沼-畜""自然生草＋绿肥"等技术模式，以有机无机配合施用，促进种养循环和畜禽粪污资源化利用。2020 年全国有机肥施用面积 5.5 亿亩次，绿肥种植面积超过 5 000 万亩次。据统计，测土配方施肥区主要粮食作物每亩节本增效 30 元以上，经济作物每亩节本增效 80 元以上。通过一系列高效施肥技术的推广应用，提升了农作物产量，减少了化肥用量，在增加农民收入的同时降低了生产成本，实现效益增加。

## 四、促进了生态环境保护

近些年，为保障粮食等农产品的有效供给，生产上使用了大量的化肥。然而过量的化肥投入，也造成了资源的浪费、面源污染的加重，农业生态环境面临巨大压力。由于利用率不高，一部分化肥通过挥发、淋洗、径流等途径流失，加重了土壤、水体、大气的负担，威胁生态环境安全。

测土配方施肥项目实施十五年来，通过减少化肥用量、提高利用率，减轻了面源污染、节约了能源资源、保护了农业生态环境，促进了农业可持续发展。截至 2020 年，全国测土配方施肥技术推广面积超过 20 亿亩次，技术覆盖率达到 90% 以上，通过测土配方施肥技术的推广应用，农民科学施肥意识逐步增强，重化肥、轻有机肥、偏施氮肥、"一炮轰"及施肥越多越增产等传统施肥观念正在发生深刻变化，测土配方施肥技术已被越来越多的农民所接受。经科学测算，2020 年我国水稻、玉米、小麦三大粮食作物化肥利用率为 40.2%，比 2005 年提高 12.7 个百分点，相当于减少尿素投入 1 900 万吨，减少氮排放 97.7 万吨，节省燃煤 2 950 万吨或天然气 19.1 亿米$^3$。

## 五、创建了科学施肥服务模式

通过测土配方施肥项目的实施，项目县围绕提升农民科学施肥水平、推动配方肥应用，探索形成了一批高效服务模式。一是社会化服务。各地采取政府购买服务等方式，大力发展和培育社会化服务组织，开展统测、统配、统供、统施"四统一"服务。目前全国科学施肥社会化服务组织有 1.5 万个，服务面积达 1.2 亿亩次。建立智能配肥站和液体加肥站 2 300 多个，每年智能化配肥 200 多万吨。二是信息化指导。各地组织科研、教学、推广等专家力量，因地制宜制定科学施肥技术方案，充分利用电话、网络、触摸屏、手机App 等开展施肥推荐服务。三是农企深度对接。选择 200 多家企业开展农企合作推广配方肥活动，破解肥料规模化生产、批量化供应与配方肥区域性较强、个性化需求的矛盾，促进配方肥进村入户下地。四是农民技术培训。农民培训是促进传统农业转型升级，提高农民种植水平，实现农业现代化目标的重要手段。项目实施以来，各级农技推广人员围绕普及测土配方施肥技术、提升农民土壤肥料知识水平，采取现场授课、田间观摩、参观考察、远程教学等形式，累计培训农民 3.26 亿人次，有效提升了农民施肥管理水平。

# 第四节　发展展望

## 一、存在的主要问题

**1. 基层化验室运转困难**　自 2005 年测土配方施肥项目启动以来，各示范县均建立了测土配方施肥化验室，然而经过十余年的时间，大部分县级化验室已停止运行。这其中原因，一是长期缺乏充足的运转资金和专业的分析化验人才；二是仪器设备陈旧老化，难以满足大批量分析化验任务需求；三是测试化验市场化进程加速，竞争更加激烈，多重因素叠加致使许多基层化验室正面临着运行困难的局面。

**2. 配方肥下地存在堵点**　"测、配、产、供、施"五大关键环节中，"产"和"供"是相对薄弱的部分，受信息获取渠道和生产成本等因素影响，推荐施肥配方转化为肥料企业配方肥产品的比例不高，很多企业仍然大量生产平衡型的复混肥料。配方肥供应链条长，大部分产品仍要通过多级经销商到达农民手中，增加了用肥成本。小农户科学施肥水平不高，配方肥在使用过程中存在地域、作物不匹配的问题。

**3. 推荐施肥指标体系有待更新**　目前，测土配方施肥推荐施肥指标体系主要还是以增产增收为目标，通过布设肥料用量梯度试验，构建肥料效应函数，研究不同施肥水平下的作物产量、经济效益、肥料利用率等指标，确定作物最高产量施肥量和经济最佳施肥量，形成推荐施肥方案。但是，近年来过量施肥造成的面源污染问题日益严重，不合理施肥对生态环境的潜在风险不可忽视。随着经济的发展，人们对优质农产品的需求不断增加，施肥更加注重农产品品质的提升。测土配方施肥推荐施肥指标需要据此及时更新、调整。

**4. 技术推广力度仍需加强**　测土配方施肥项目经过十五年的实施，知名度和覆盖率大幅提升，但农民思想认识的转变是一个长期的过程，施肥投入距离科学合理还有不小的差距，单位面积化肥投入量大、肥料利用率低等问题依然存在。另外，我国小农户数量庞大，基层农技人员数量相对不足，有土壤肥料专业背景的更少，对于科学施肥的认识不够全面，加之工作量大、难度高等因素，导致技术推广的效果欠佳。

## 二、测土配方施肥展望

**1. 筑牢科学施肥基础**　建立常态化工作机制，持续开展施肥情况调查、取土化验、营养诊断、田间试验等基础性工作。按照《测土配方施肥技术规程》有关要求，精心组织县域周期性取土化验，规范采集化验土壤样品，强化质量控制，确保取土化验数据质量。加强田间试验示范统筹，重点开展主要粮食作物化肥利用率、经济作物"2＋X"田间肥效校正以及中微量元素单因子肥效试验等示范，分区域不断完善大宗作物施肥指标体系，为优化肥料配方和施肥方案提供支撑。

**2. 强化数据分析利用**　加强测土配方施肥取土化验、田间试验、农户调查数据采集，持续更新完善县域测土配方施肥信息和县域测土配方施肥专家系统，为制定肥料配方及施肥技术方案提供好基础数据支撑。充分发挥科研、教学、推广、企业专家团队技术支撑作用，对测土配方施肥工作实施以来的测试化验、田间试验数据进行系统整理，合理开发利用。创新高效测试方法，探索现代营养诊断技术，应用移动互联等手段强化信息服务。探索作物专用肥套餐制配送、植物营养全程化管理、智能配肥"云服务"等一体化模式，提升服务能力。

**3. 优化配方制定发布**　完善肥料配方的形成机制，采取专家会商审定等形式，不断提高肥料配方的科学性和适用性。省级农技推广部门定期组织专家对辖区内肥料配方进行审定、汇总和提炼，形成适应区域的"大配方"。县级农技推广部门按照"大配方、小调整"的总体思路，结合取土化验、田间肥效验证试验结果，适当优化调整县域内主要作物肥料配方，形成县域"小配方"。各级农业部门应通过官方途径定期向社会发布本辖区内主要农作物肥料配方、适用区域和配方肥需求数量等信息，引导肥料企业按"方"生产供应配方肥。

**4. 加强农企合作推广配方肥**　结合化肥减量增效、绿色种养循环等重大项目实施，加强农企合作力度，引导企业加快研发肥料新产品，改善和优化原料结构，推动产品质量升级，加强氮、磷、钾配合和中微量元素补充，服务精准施肥需求。定期发布科学施肥指导意见，不断提升推荐施肥精准度，加强应对重大自然灾害施肥指导，为企业开展农化服务提供参考。加强配方肥落地推广，持续推进村级测土配方施肥专栏建设，及时公布施肥配方和施肥技术方案，发放施肥建议卡，引导广大农民按方购肥、科学施用，以技术物化的形式落实好测土配方施肥的各项关键技术。

**5. 开展"三新"集成示范行动**　结合绿色高产高效创建，集成示范施肥新技术、新产品、新机具，减少化肥用量，提高利用效率。新技术：强化土壤、肥料、作物三者协同，实施养分综合管理，因地制宜推广营养诊断、根层调控和精准施肥等技术，实行有机无机配合，促进养分需求与供应数量匹配、时间同步、空间耦合。新产品：加强绿色投入品创新研发，引导肥料产品优化升级，积极推广缓控释肥料、水溶肥料、微生物肥料、增效肥料和其他功能性肥料，准确匹配植物营养需求，提高养分吸收效率。新机具：推广应用种肥同播机、机械深施注肥器、侧深施肥机、喷肥无人机、水肥一体化设施、有机肥抛撒机、注入式施肥机等高效机械，减少化肥流失和浪费。

**6. 强化宣传培训**　强化肥料知识与技术的普及与培训，促进肥料的科学使用。技术培训：组织开展"百县千乡万户"科学施肥培训行动，采用国家、省、市、县农技推广部门四级联动，科研教学、行业协会、肥料企业三方互动的方式，开展多种形式的技术培训。指导服务：发挥科学施肥专家指导组和省级专家团队技术支撑作用，组织开展"百名专家联百县"科学施肥指导行动，强化对基层农技推广体系、社会化服务组织和新型经营主体的技术指导。宣传引导：开展科学认识化肥作用、促进绿色发展专题宣传，编印《科学认识化肥挂图》《化肥合理使用手册》《有机肥料施用指南》等资料，征集总结化肥减量增效典型案例，在平面媒体和新媒体集中报道，用真实案例提升宣传效果。

# 第二章
# 测土配方施肥重点工作

测土配方施肥是以土壤测试和肥料田间试验为基础，根据作物需肥规律、土壤供肥性能和肥料效应，在合理施用有机肥料的基础上，提出氮、磷、钾及中微量元素等肥料的施用品种、数量、施肥时期和施用方法。测土配方施肥工作的主要技术环节包括样品采集、分析测试、农户施肥调查、田间试验示范、配方和施肥方案制定、配方肥推广以及技术指导服务。

## 第一节　样品采集

土壤样品和植物样品采集是测土配方施肥项目的基础，做好样品采集是保障测试结果准确可靠的前提。根据农业行业标准《测土配方施肥技术规程》（NY/T 2911）规定，样品的采集包括采样单元、采样时间、采样周期、采样深度、样品点数、采样路线、采样方法、样品量及样品标记。

## 一、土壤样品采集

土壤样品采集应具有代表性和可比性，并根据不同分析项目采取相应的采样和处理方法。

**1. 采样单元**　根据土壤类型、土地利用方式和行政区划，将采样区域划分为若干个采样单元，每个采样单元的土壤性状要尽可能均匀一致。在确定采样点位时，形成采样点位图。实际采样时严禁随意变更采样点，若有变更应注明理由。

在采样之前进行农户调查，选择有代表性地块。提供区域测土配方施肥服务的，根据土壤类型、种植制度等因素，采样单元一般为100～2000亩，若种植制度、土壤状况相似，可代表周边1000～2000亩面积。采样集中在位于每个采样单元相对中心位置的有代表性地块（同一农户的地块），采样地块面积为1～100亩。

提供个性化测土配方施肥服务的，可以农户地块为土壤采样单元。

采样时进行定位，记录采样地块中心点的经纬度，精确到秒。

**2. 采样时间**　大田作物一般在秋季作物收获后、整地施基肥前采集；蔬菜一般在收获后或播种施肥前采集，设施蔬菜在晾棚或土壤消毒未施基肥前采集；果树在上一个生育期果实采摘后下一个生育期开始之前采集。

**3. 采样周期**　同一采样单元，土壤有机质、pH、水解性氮、有效磷、速效钾等一般不少于3年采集1次；全氮、中量元素、微量元素一般5年采集1次。肥料效应田间试验每季采样1次。尽量进行周期性原位取样。

**4. 采样深度** 大田作物和蔬菜采样深度为0～20厘米；果树采样深度为0～60厘米，分为0～30厘米、30～60厘米采集基础土壤样品。如果果园土层薄（<60厘米），则按照土层实际深度采集，或只采集0～30厘米土层；用于土壤无机氮含量测定的采样深度应根据不同作物、不同生育期的主要根系分布深度来确定。

**5. 采样点数量** 采样应多点混合，每个样点由5～20个分点混合而成。

**6. 采样路线** 采样时应沿着一定的线路，按照"随机""等量"和"多点混合"的原则进行采样。一般采用S形布点采样。在地形变化小、地力较均匀、采样单元面积较小的情况下，也可采用"梅花"形布点采样（图2-1）。要避开路边、田埂、沟边、肥堆等特殊部位。混合样点的样品采集要根据沟、垄面积的比例确定沟、垄采样点数量。

正确方法　　　　　　　错误方法　　　　　当测土面积小时可用

图2-1　采样线路示意图

**7. 采样方法** 每个采样分点的取土深度及采样量应保持一致，土样上层与下层的比例要相同。取样器应垂直于地面入土。用取土铲取样应先铲出一个耕层断面，再平行于断面取土。所有样品采集过程中应防止各种污染。果树要在树冠滴水线附近或以树干为圆点向外延伸到树冠边缘的2/3处采集，距施肥沟（穴）10厘米左右，避开施肥沟（穴），每株对角采2点。有滴灌设施的要避开滴灌头湿润区。

**8. 样品量** 混和土样以取土1千克左右为宜（用于田间试验和耕地地力评价的土样取土在2千克以上，长期保存备用），可用四分法将多余的土壤弃去。方法是将采集的土壤样品放在盘子里或塑料布上，弄碎、混匀，弃去石块、植物残体等杂物，铺成正方形，划对角线将土样分成四份，把对角的两份分别合并成一份，保留一份，弃去一份。如果所得的样品依然很多，可再用四分法处理，直至所需数量为止（图2-2）。

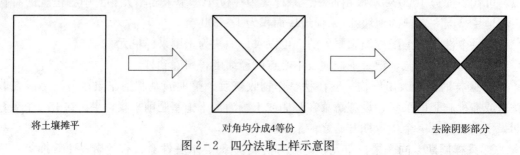

将土壤摊平　　　　　　　　对角均分成4等份　　　　　　　去除阴影部分

图2-2　四分法取土样示意图

**9. 样品标记** 采集的样品放入统一的塑料袋或牛皮纸样品袋，用铅笔写好标签，标签选择防水材质，内外各一张。采样标签样式见图2-3。

统一编号：_____

邮编：_____

采样时间：_____ 年_____ 月_____ 日_____时

采样地点：_____省_____地市_____县（区）_____乡（镇）_____村

_____（农户地块名）

地块在村的（中部、东部、南部、西部、北部、东南、西南、东北、西北）

采样深度：①0~20厘米 ②____厘米（不是①的，在②填写），该土样由_____点混合（规范要求15~20点）

经度：_____度_____分_____秒 纬度：_____度_____分_____秒

采样人：_____

联系电话：_____

图 2-3 采样标签样式

# 二、植株样品

植株样品采样应既能符合群体情况又能反映所要了解的情况，即代表性和典型性。同时，还要根据研究目的，在不同生长发育阶段，定期采样。由于我国作物类型多样，不同作物生长发育规律差别大，因此，在进行植株样品采集时，可分为粮食作物、棉花、油菜、蔬菜、果树等。

**1. 粮食作物** 一般采用多点取样，避开田边 1 米，按"梅花"形（适用于采样单元面积小的情况）或 S 形采样法采样。采集作物籽粒、秸秆和叶片部位样品，在采样区内采取不少于 10 个样点的样品组成一个混合样。采样量根据检测项目而定，籽实样品一般 1 千克左右，装入纸袋或布袋；秸秆及叶片 2 千克，用塑料纸包扎好。

**2. 棉花** 包括茎秆、空桃壳、叶片、籽棉、脱落物等部分。样株选择和采样方法参照粮食作物。按样区采集籽棉，第一次采摘后将籽棉放在通透性较好的网袋中晾干（或晒干），以后每次收获时均装入网袋中。各次采摘结束后，将同一取样袋中的籽棉作为该采样区籽棉混合样。脱落物包括生长期间掉落的叶片和蕾铃。收集要在开花后，即多次在定点观察植株上进行，并合并各次收集的脱落物。

**3. 油菜** 包括籽粒、角壳、茎秆、叶片等部分。样株选择和采样方法参照粮食作物。鉴于油菜在开花后期开始落叶，至收获期植株上叶片基本全部掉落，叶片的取样应在开花后期，每区采样点不应少于 10 个（每点至少 1 株），采集油菜植株全部叶片。

**4. 蔬菜** 蔬菜品种繁多，可大致分成叶菜、根菜、瓜果三类，按需要确定采样对象。菜地采样可按对角线或 S 形法布点，采样点不应少于 10 个，采样量根据样本个体大小确定，一般每个点的采样量不少于 1 千克。叶类蔬菜应从多个样点采集，对于个体较小的样本，如油菜、小白菜等，采样株数应不少于 30 株，对于个体较大的样本，如大白菜等，采样量应不少于 5 株，分别装入塑料袋，粘贴标签，扎紧袋口。如需用鲜样进行测定，采样时最好连根带土一起挖出，用湿布或塑料袋装，防止萎蔫。采集根部样品时，在抖落泥土或洗净泥土过程中应尽量保持根系的完整。果菜类植株采样应不少于 10 株，果实与茎叶分别采取。设施蔬菜地植株取样时应统一在每行中间取植物样，以保证样品的代表性。

对于经常打掉老叶的设施果类蔬菜试验，需要记录老叶的干物质重量，多次采收计产的蔬菜需要计算经济产量及最后收获时茎叶重量包括打掉老叶的重量。

5. **果树** 包括果实样品和叶片样品。在进行果实样品采样时，对采用"X"动态优化施肥试验的果园，要求每个处理都应采样。基础施肥试验面积较大时，在平坦果园可采用对角线法布点采样，由采样区的一角向另一角引一对角线，在此线上等距离布设采样点，山地果园应按等高线均匀布点，采样点一般不应少于10个。对于树型较大的果树，采样时应在果树上、中、下、内、外部的果实着生方位（东南西北）均匀采摘果实。将各点采摘的果品进行充分混合，按四分法缩分，根据检验项目要求，最后分取所需份数，每份20～30个果实，分别装入袋内，粘贴标签，扎紧袋口。在叶片样品采集时，一般分为落叶果树和常绿果树采集叶片样品。对落叶果树，在6月中下旬至7月初营养性春梢停长秋梢尚未萌发即叶片养分相对稳定期，采集新梢中部第7～9片成熟正常叶片（完整无病虫叶），分树冠中部外侧的四个方位进行；对常绿果树，在8—10月（即在当年生营养春梢抽出后4～6个月）采集叶片，应在树冠中部外侧的四个方位采集生长中等的当年生营养春梢顶部向下第3叶（完整无病虫叶）。采样时间一般以上午8:00—10:00采叶为宜。一个样品采10株，样品数量根据叶片大小确定，苹果等大叶一般50～100片；杏、柑橘等一般100～200片；葡萄要分叶柄和叶肉两部分，用叶柄进行养分测定。

在进行植株样品采集时，要做好样品标记，标签内容应包括采样序号、采样地点、样品名称、采样人、采集时间和样品处理号等。同时，对采样点的作物品种、土壤名称（或当地俗称）、成土母质、地形地势、耕作制度、前茬作物及产量、化肥农药施用情况、灌溉水源、采样点地理位置简图和坐标进行调查并记录。

在测土配方施肥项目实施过程中，各地结合实际情况采用不同的采样方法。江苏省采用"三图叠加法"，利用土壤图、土地利用现状图、行政区划图三图叠加，确定采样单元并形成采样点位图。做到县域耕地主要土壤类型和所有农业乡镇（街道）全覆盖。每个采样点均进行GPS定位。在秋播没有施用肥料前采样，土壤采集点位兼顾粮油作物、蔬菜和其他园艺经济作物。在采样的同时，建立农户测土档案，实行跟踪服务，掌握项目区基本农田土壤立地条件与施肥管理水平。湖南省应用GPS和GIS技术对采样点进行定位，通过土壤图和土地利用现状图的叠加，形成耕地资源管理单元图。运用空间插值方法，将各采样点的土壤测试数据赋值到单元图，形成土壤养分分布图。综合考虑土壤类型、地貌地形条件、种植制度等因素，选定采样点位，制作轮回采样点位图，进行周期性原位采样。重庆市立足自身典型的立体地貌和立体气候，提出分不同坡位（山脊、坡肩、背坡、坡脚和沟谷）确定采样单元，重点区域按照60亩/个，其他区域则150～200亩/个，共划分30万个采样单元，利用GPS定位采样，有效地提高土壤采样代表性。

# 第二节　分析化验

## 一、土壤样品

根据农业行业标准《测土配方施肥技术规程》（NY/T 2911）规定，土壤样品测试项目包括土壤质地、土壤容重、土壤水分、土壤酸碱度和石灰需要量、土壤阳离子交换量、土壤水溶性盐分、土壤氧化还原电位、土壤有机质、土壤氮、土壤有效磷、土壤钾、土壤交换性钙和镁、土壤有效硫、土壤有效硅，以及土壤有效铜、锌、铁、锰。

**1. 土壤质地** 试样经处理制成悬浮液，根据斯托克斯定律，利用特制的甲种土壤比重计于不同时间测定悬液密度的变化，并根据沉降时间、沉降深度及比重计读数计算出土粒粒径大小及其含量百分数。在使用比重计前要对土粒有效沉降深度进行校正。

**2. 土壤容重** 利用一定容积的环刀切割自然状态的土样，使土样充满其中，称量后计算单位体积的烘干土样质量。

**3. 土壤水分** 包括土壤含水量和土壤田间持水量。将土壤样品在 $105℃ \pm 2℃$ 烘干至恒重时的失重，即为土壤样品的含水量。土壤田间持水量是指在地下水较深和排水良好的土壤上充分灌水或降水后，允许水分充分下渗，并防止蒸发。经过一定时间，土壤剖面所能维持的较稳定的土壤含水量，是土壤中所能保持着水的最大量，是对作物有效的最高的土壤含水量，即为土壤田间持水量。土壤田间持水量的测定，是将浸泡饱和的原状土置于风干土上，使风干土吸去原状土中的重力水后，将土壤样品在 $105℃ \pm 2℃$ 烘干至恒重时，进行测定。

**4. 土壤酸碱度和石灰需要量** 包括土壤 pH、土壤交换酸和石灰需要量。土壤 pH 的测定是将 pH 玻璃电极和甘汞电极插入土壤悬浊液，构成一电池反应，两者之间产生一个电位差，由于参比电极的电位是固定的，因而该电位差的大小决定于试液中的氢离子浓度，其负对数即为 pH，可在 pH 计上直接读出。土壤交换酸的测定是用适当氯化钾溶液反复淋洗土壤样品，使得土壤胶体上可交换铝和可交换氢被钾离子交换，形成氢离子和三价铝离子进入溶液。提取完样品后，取一部分土壤淋洗液，用氢氧化钠标准溶液直接滴定，所得结果为可交换酸度。石灰需要量的测定是利用 0.2 摩尔/升氯化钙溶液交换出土壤的交换性酸，悬液中的酸用 0.03 摩尔/升氢氧化钙标准溶液滴定，用酸度计指示终点，根据氢氧化钙用量计算石灰需要量。

**5. 土壤阳离子交换量** 石灰性土壤阳离子交换量的测定是用 0.25 摩尔/升盐酸破坏碳酸盐，再以 0.05 摩尔/升盐酸处理试样，使交换性盐基完全自土壤中被置换，形成氢饱和土壤，用乙醇洗净多余盐酸，加入 1 摩尔/升乙酸钙溶液，使 $Ca^{2+}$ 再交换出 $H^+$，所生成的乙酸用氢氧化钠标准溶液滴定，计算阳离子交换量。中性土壤阳离子交换量的测定是用 1 摩尔/升乙酸铵溶液（pH7.0）反复处理土壤，使土壤成为铵离子饱和土，过量的乙酸铵用 95% 乙醇洗去，然后加入氧化镁，用定氮蒸馏的方法进行蒸馏，蒸馏出的氨用硼酸溶液吸收，以标准酸液滴定，根据铵离子的量计算土壤阳离子交换量。土壤交换性盐基（钙、镁、钾、钠）是用土壤阳离子交换量测定时所得到的乙酸铵土壤浸提液，在选定工作条件的原子吸收分光光度计上直接测定，但所用钙、镁、钾、钠标准溶液应用乙酸铵溶液配制，以消除基体效应。用土壤浸出液测定钙、镁时，还应加入释放剂锶，以消除铝、磷和硅对钙、镁测定的干扰。酸性土壤阳离子交换量的测定是用 1 摩尔/升乙酸铵溶液（pH7.0）反复处理土壤，使土壤成为 $NH_4^+$ 饱和土。用乙醇洗去多余的乙酸铵后，用水将土壤洗入凯氏瓶中，加固体氧化镁蒸馏。蒸馏出的氨用硼酸溶液吸收，然后用盐酸标准溶液滴定，根据 $NH_4^+$ 的量计算阳离子交换量。

**6. 土壤水溶性盐分** 包括土壤水溶性盐总量、碳酸盐和重碳酸盐、氯离子、硫酸根离子及水溶性钙、镁离子和水溶性钾、钠离子。

（1）土壤水溶性盐总量 将土壤样品与水按一定的水土比例混合，经过一定时间振荡后，将土壤中可溶性盐分提取到溶液中，然后将水土混合液进行过滤，滤液可作为土壤可溶盐分测定的待测液。吸取一定量的待测液，经蒸干后，称得的重量即为烘干残渣总量（此数值一般接近或略高于盐分总量）。将此烘干残渣总量再用过氧化氢去除有机质后，称其重量即得可溶盐分总量。

（2）碳酸盐和重碳酸盐 浸出液中同时存在的碳酸根和重碳酸根，可用标准酸分步滴定。第一步在待测液中加入酚酞指示剂，用标准酸滴定至溶液由红色变为不明显的浅红色终点（pH5.3），此时中和了碳酸根的一半量。再加入甲基橙指示剂，继续用标准酸滴定至溶液由黄色变至橙红色终点（pH3.8），此时溶液中的碳酸根和重碳酸根全部被中和。由标准酸的两步用量分别求出土壤中碳酸根及重碳酸根含量。

（3）氯离子 在 pH6.5～10.0 的溶液中，以铬酸钾作指示剂，用硝酸银标准溶液滴定氯离子，在等当点银离子首先与氯离子作用生成白色氯化银沉淀，而在等当点后，银离子与铬酸根离子作用生成砖红色铬酸银沉淀，指示达到终点。由消耗硝酸银标准溶液量计算出氯离子含量。

（4）硫酸根离子 在土壤浸出液中加入钡镁混合液，$Ba^{2+}$ 将溶液中的 $SO_4^{2-}$ 完全沉淀并过量。过量的 $Ba^{2+}$ 和加入的 $Mg^{2+}$，连同浸出液中原有的 $Ca^{2+}$、$Mg^{2+}$，在 pH10.0 的条件下，以铬黑 T 为指示剂，用 EDTA 标准溶液滴定，由沉淀 $SO_4^{2-}$ 净消耗的 $Ba^{2+}$ 量，计算吸取的浸出液中 $SO_4^{2-}$ 量。添加一定量的 $Mg^{2+}$，可使终点清晰。为了防止 $BaCO_3$ 沉淀生成，土壤浸出液必须酸化，同时，加热至沸以赶去 $CO_2$，并趁热加入钡镁混合液，以促进 $BaSO_4$ 沉淀熟化。吸取的土壤浸出液中 $SO_4^{2-}$ 量的适宜范围为 0.5～10.0 毫克，如 $SO_4^{2-}$ 浓度过大，应减少浸出液的用量。

（5）水溶性钙、镁离子 可采用 EDTA 络合滴定法，即在 pH>12 的溶液中，$Mg^{2+}$ 将沉淀为氢氧化镁 [Mg（OH）$_2$]，故可用 EDTA 标准溶液直接滴定 $Ca^{2+}$（以钙红为指示剂），由 EDTA 标准液的用量可求得钙离子的含量。取另一份浸出液，调节 pH 至 10 时，可用 EDTA 标准溶液滴定钙和镁离子的含量（以铬黑 T 为指示剂）。由钙和镁离子含量中减去钙离子量，即为镁离子量。

（6）水溶性钾、钠离子 采用火焰光度法，即待测液在火焰光度计上，用压缩空气喷成雾状，并与乙炔（或煤气）及其他可燃气体混合燃烧，溶液中的钠、钾离子在火焰高温激发下，辐射出钠、钾元素的特征光谱，用滤光片分离选择后，经光电池或光电倍增管，把光能转换为电能，放大后用微电流表（检流计）测量电流的大小，在一定的测定条件下，光电流的大小与溶液里该元素的含量呈正相关关系。从钠、钾标准溶液浓度和相应的检流计读数所作工作曲线中，即可查出待测液的钠、钾浓度，然后计算样品的钠、钾含量。

**7. 土壤氧化还原电位** 指土壤中氧化态物质和还原态物质的相对浓度变化而产生的电位，用 Eh 表示，将铂电极和参比电极插入新鲜或湿润的土壤中，土壤中的可溶性氧化剂和还原剂从铂电极上接受或给予电子，直至在电极表面建立起一个平衡电位，测量该点位参比电极电位额差值，再与参比电极相对于氢标准电极的电位值相加，即得到土壤的氧化还原电位。

**8. 土壤有机质** 在加热条件下，用过量的重铬酸钾-硫酸溶液氧化土壤有机碳，多余的重铬酸钾用硫酸亚铁标准溶液滴定，由消耗的重铬酸钾量按氧化校正系数计算出有机碳量，再乘以常数 1.724，即为土壤有机质含量。

**9. 土壤氮** 包括土壤全氮、土壤水解性氮、土壤铵态氮、亚硝酸盐氮、土壤硝态氮。

(1) 土壤全氮 可采用半微量凯氏定氮法，即样品在加速剂的参与下，与浓硫酸消煮时，各种含氮有机化合物，经过复杂的高温分解反应，转化为铵态氮。碱化后蒸馏出来的氨用硼酸吸收，以酸标准溶液滴定，求出土壤全氮含量（不包括全部硝态氮）。包括硝态和亚硝态氮的全氮测定，在样品消煮前，需先用高锰酸钾将样品中的亚硝态氮氧化为硝态氮后，再用还原铁粉使全部硝态氮还原，转化为铵态氮。

(2) 土壤水解性氮 用 1.8 摩尔/升氢氧化钠溶液处理土壤，在扩散皿中，土壤于碱性条件下进行水解，使易水解态氮经碱解转化为铵态氮，扩散后由硼酸溶液吸收，用标准酸滴定，计算碱解氮的含量。如果土壤硝态氮含量较高，应加还原剂还原。

(3) 土壤铵态氮 用氯化钾溶液提取土壤中的铵态氮，在碱性条件下，提取液中的铵离子在有次氯酸根离子存在时与苯酚反应生成蓝色靛酚染料，在波长 630 纳米处具有最大吸收峰。在一定浓度范围内，铵态氮浓度与吸光度值符合朗伯-比尔定律。

(4) 亚硝酸盐氮 用氯化钾溶液提取土壤中的亚硝酸盐氮，在酸性条件下，提取液中的亚硝酸盐氮与磺胺反应生成重氮盐，再与盐酸 N-(1-萘基)-乙二胺偶联生成红色染料，在波长 543 纳米处具有最大吸收峰。在一定浓度范围内，亚硝酸盐氮浓度与吸光度值符合朗伯-比尔定律。硝酸盐氮是用氯化钾溶液提取土壤中的硝酸盐氮和亚硝酸盐氮，提取液通过还原柱，将硝酸盐氮还原为亚硝酸盐氮，在酸性条件下，亚硝酸盐氮与磺胺反应生成重氮盐，再与盐酸 N-(1-萘基)-乙二胺偶联生成红色染料，在波长 543 纳米处具有最大吸收峰，测定硝酸盐氮和亚硝酸盐氮总量。硝酸盐氮和亚硝酸盐氮总量与亚硝酸盐氮含量之差即为硝酸盐氮含量。

(5) 土壤硝态氮 用氯化钙浸提土壤，酸化消除干扰，分别在 210 纳米和 275 纳米处测定吸光度。$A_{210}$ 是硝态氮和以有机质为主的杂质的吸光度，$A_{275}$ 只是有机质的吸光度，据此计算硝态氮含量。

**10. 土壤有效磷** 利用氟化铵-盐酸溶液浸提酸性土壤中有效磷，利用碳酸氢钠同溶液浸提中性和石灰性土壤中有效磷，所提取出的磷以钼锑抗比色法测定，计算得出样品中的有效磷含量。

**11. 土壤钾** 包括土壤速效钾和缓效钾。其中土壤速效钾以中性 1 摩尔/升乙酸铵溶液浸提，用火焰光度计进行测定。土壤缓效钾的测定是以 1 摩尔/升热硝酸浸提，火焰光度计测定，为酸溶性钾含量，减去速效钾含量后为缓效钾含量。

**12. 土壤交换性钙、镁** 以乙酸铵为土壤交换剂，浸出液中的交换性钙、镁，可直接用原子吸收分光光度法测定。测定时所用钙、镁标准液中要同时加入等量的乙酸铵溶液，以消除基体反应。此外，在土壤浸出液中，还要加入释放剂锶（Sr），以消除铝、磷和硅对钙测定的干扰。

**13. 土壤有效硫**  酸性土壤有效硫的测定通常用磷酸盐-乙酸溶液浸提，石灰性土壤用氯化钙溶液浸提。浸出液中的少量有机质用过氧化氢消除。浸出的硫酸根用硫酸钡比浊法测定。

**14. 土壤有效硅**  用柠檬酸作浸提剂，浸出的硅在一定酸度条件下与钼试剂生成硅钼酸，用草酸掩蔽磷的干扰后，硅钼酸可被抗坏血酸还原成硅钼蓝，在一定浓度范围内蓝色深浅与硅浓度成正比，从而可用比色法测定。

**15. 土壤有效铜、锌、铁、锰**  用 pH7.3 的二乙三胺五乙酸-氯化钙-三乙醇胺（DTPA－CaCl$_2$－TEA）缓冲溶液作为浸提剂，螯合浸提出土壤中有效态锌、锰、铁、铜。其中 DTPA 为螯合剂；氯化钙能防止石灰性土壤中游离碳酸钙的溶解，避免因碳酸钙所包蔽的锌、铁等元素释放而产生的影响；三乙醇胺作为缓冲剂，能使溶液 pH 保持 7.3 左右，对碳酸钙溶解也有抑制作用。用原子吸收分光光度计，以乙炔-空气火焰测定浸提液中锌、锰、铁、铜的含量；或者用电感耦合等离子体发射光谱仪测定浸提液中锌、锰、铁、铜的含量。

**16. 土壤有效硼**  采用沸水提取，提取液用 EDTA 消除铁、铝离子的干扰，用高锰酸钾消褪有机质的颜色后，在弱酸性条件下，以甲亚胺－H 比色法测定提取液中的硼量。

**17. 土壤有效钼**  样品经草酸-草酸铵溶液浸提，加入硝酸-高氯酸-硫酸破坏草酸盐，消除铁的干扰，采用极谱仪测定试液波峰电流值，通过有效钼含量与波峰电流值的标准曲线计算试液中的有效钼含量。

测土配方施肥土壤样品测试项目，详见表 2－1。

表 2－1  测土配方施肥土壤样品测试项目汇总

| 序号 | 测试项目 | 大田作物 | 蔬菜 | 果树 |
|---|---|---|---|---|
| 1 | 土壤质地，指测法 | 必测 | — | — |
| 2 | 土壤质地，比重计法 | 选测 | — | — |
| 3 | 土壤容重 | 选测 | — | — |
| 4 | 土壤含水量 | 选测 | — | — |
| 5 | 土壤田间持水量 | 选测 | — | — |
| 6 | 土壤 pH | 必测 | 必测 | 必测 |
| 7 | 土壤交换酸 | 选测 | — | — |
| 8 | 石灰需要量 | 选测 | 选测 | 选测 |
| 9 | 土壤阳离子交换量 | 选测 | — | 选测 |
| 10 | 土壤水溶性盐分 | 必测 | 必测 | 必测 |
| 11 | 土壤氧化还原电位 | 选测 | — | — |
| 12 | 土壤有机质 | 必测 | 必测 | 必测 |
| 13 | 土壤全氮 | 必测 | — | — |
| 14 | 土壤水解性氮 | 必测 | 必测 | 必测 |
| 15 | 土壤铵态氮 | 选测 | 选测 | 选测 |

（续）

| 序号 | 测试项目 | 大田作物 | 蔬菜 | 果树 |
|---|---|---|---|---|
| 16 | 土壤硝态氮 | 选测 | 选测 | 选测 |
| 17 | 土壤有效磷 | 必测 | 必测 | 必测 |
| 18 | 土壤缓效钾 | 选测 | 选测 | 选测 |
| 19 | 土壤速效钾 | 必测 | 必测 | 必测 |
| 20 | 土壤交换性钙镁 | 选测 | 选测 | 选测 |
| 21 | 土壤有效硫 | 选测 | 选测 | 选测 |
| 22 | 土壤有效硅 | 选测 | 选测 | 选测 |
| 23 | 土壤有效铁、锰、铜、锌、硼 | 必测 | 选测 | 选测 |
| 24 | 土壤有效钼 | 选测 | 选测 | 选测 |

## 二、植物样品

**1. 植物样品测试**　包括全氮、全磷、全钾、水分、粗灰分、全钙、全镁、全硫、全钼、全硼和全量铜、锌、铁、锰。

（1）植物全氮　植株样品用硫酸-过氧化氢消煮，将有机氮转化为铵态氮，碱化后蒸馏出来的氨用硼酸溶液吸收，用硫酸或盐酸标准溶液滴定，计算样品中全氮含量。

（2）植株全磷　植株样品用硫酸-过氧化氢消煮，使各种形态的磷转变成正磷酸盐，正磷酸盐与钼锑抗显色剂反应，生成磷钼蓝，蓝色溶液的吸光度与含磷量呈正相关关系，用分光光度计测定。

（3）植株全钾　植株样品用硫酸-过氧化氢消煮，溶液中钾浓度与发射强度呈正相关关系，用火焰光度计测定。

（4）植株水分　将植物样品放置于 $100\sim105℃$ 烘箱中进行烘干，通过样品的烘干失重（即水分质量）计算出样品中水分含量。

（5）粗灰分　一般采用干灰化法，即植株样品经低温碳化和高温灼烧，除尽水分和有机质，剩下不可燃烧部分为灰分元素的氧化物等，称量后即可计算粗灰分质量分数。

（6）全钙、全镁　采用干灰化或湿灰化将植物样品中的有机物氧化成二氧化碳或者水等挥失，钙镁等灰分元素进入待测溶液，用原子吸收分光光度计或电感耦合等离子体发射光谱仪测定待测液中钙、镁的含量。

（7）全硫　植株样品经硝酸-高氯酸充分分解，使有机硫氧化成硫酸根，或将植株样品与硝酸镁反应，固定其中的硫，然后把样品高温氧化分解有机物，用盐酸溶解残渣中的硫酸盐。待测液中硫酸根在酸性条件下与氯化钡反应生成硫酸钡沉淀，于440纳米处采用比浊法测定，或采用电感耦合等离子体发射光谱仪直接测定待测液中硫含量。

（8）全钼　可采用硫氰酸钾比色法或极谱（催化波）法。硫氰酸钾比色法：植物样品经干灰化法分解，用盐酸溶解灰分。在酸性溶液中，六价钼被还原剂氯化亚锡还原成五价钼，与硫氰根离子形成橙黄色的络合物，颜色深度与钼含量呈正相关关系，用有机溶剂萃取后浓缩，进行比色测定。极谱（催化波）法：植物样品经干灰化法分解，用盐酸溶解灰分。蒸干后，加支持电解质苯羟乙酸-氯酸盐-硫酸溶液，采用极谱仪测定试液波峰电流值，通过钼含量与波峰电流值的标准曲线计算试液中钼含量。

（9）全硼　可采用姜黄素比色法或甲亚胺比色法。姜黄素比色法：将植物样品经干灰化法分解，用盐酸溶解灰分。在酸性溶液中，姜黄素与硼结合成玫瑰红色的络合物，蒸干脱水后，进行显色，颜色深度与硼含量呈正相关关系，进行比色测定。甲亚胺比色法：将植物样品经干灰化法分解，用盐酸溶解灰分，去除干扰离子后，滤液中硼用甲亚胺显色后，显色深度和硼含量呈正相关关系，用比色法测定。

（10）全量铜、锌、铁、锰　采用干灰化或湿灰化将植物样品中湿的有机物氧化成二氧化碳和水等挥发，铜、锌、铁、锰等灰分元素进入待测液，用原子吸收分光光度计或电感耦合等离子体发射光谱仪测定待测液中铜、锌、铁、锰的含量。

**2. 土壤植株营养诊断**　包括硝态氮田间快速诊断、冬小麦/夏玉米植株氮营养田间诊断、水稻氮营养快速诊断、蔬菜叶片营养诊断、果树叶片营养诊断、叶片金属营养元素快速测试。

（1）土壤硝态氮田间快速诊断　水浸提土壤样品，采用硝酸盐反射仪法测定。

（2）冬小麦/夏玉米植株氮营养田间诊断　小麦茎基部、夏玉米最新展开叶叶脉中部榨汁，硝酸盐反射仪法测定。

（3）水稻氮营养快速诊断　叶绿素仪或叶色卡法测定。

（4）蔬菜叶片营养诊断　取幼嫩成熟叶片的叶柄，剪碎加三级水或2%的醋酸溶液研磨成浆状，稀释定容，提取液用紫外分光光度法或反射仪法测定硝态氮，用钼锑抗显色分光光度法测无机磷（应在2小时内完成），用火焰光度法或原子吸收分光光度计法测定全钾。

（5）果树叶片营养诊断　采集和制备叶片样品，用硫酸-过氧化氢消煮，采用蒸馏滴定法测定全氮、钒钼黄显色分光光度法测定全磷、火焰光度法或原子吸收分光光度计法测定全钾。

（6）叶片金属营养元素快速测试　盐酸溶液浸提快速法：称取样品1克（称准至0.1毫克）置于锥形瓶中，加入1摩尔/升盐酸溶液50毫升，置于振荡机上振荡1.5小时，振荡频率为180～250次/分钟，过滤。滤液采用原子吸收分光光度法或电感耦合等离子体发射光谱法测定钾、钙、镁、铁、锰、铜和锌等元素。

**3. 品质测定**　包括维生素C、硝酸盐、可溶性糖、可溶性固形物以及可滴定酸。

（1）维生素C　用2,6-二氯靛酚滴定法测定，利用染料2,6-二氯靛酚颜色反应的两种特性：一是取决于其氧化还原状态，氧化态为深蓝色，还原态变为无色；二是受其介质的酸度影响，在碱性溶液中呈深蓝色，在酸性介质中呈浅红色。用蓝色的碱性染料标准溶液，对含维生素C的酸性浸出液进行氧化还原滴定，染料被还原为无色，当达到滴定终点时，多余的染料在酸性介质中则表现为浅红色，由染料用量计算样品中还原型抗坏血酸的含量。

（2）硝酸盐　水提取-硝酸盐反射仪法测定。

（3）可溶性糖　蔬菜等含糖量较低的样品采用铜还原碘量法，即试剂中的 $Cu^{2+}$ 与还原糖作用，生成氧化亚铜（$Cu_2O$）沉淀，加入 $H_2SO_4$ 后，氧化亚铜沉淀溶解生成 $Cu^+$，试剂中的 $KIO_3$ 与 $KI$ 在酸化的同时生成 $I_2$，然后 $Cu^+$ 被 $I_2$ 氧化，溶液中剩余的碘以淀粉为指示剂，用 $NaS_2O_3$ 标准溶液滴定。同时，以水替代试液做空白滴定，将空白与样品的滴定差值带入由滴定标准系列糖液计算的回归方程中，即可求得所测试样中还原糖的含量。瓜果等含糖量较高样品可采用 3,5-二硝基水杨酸比色法，即可溶性非还原糖经酸化后可转化为还原糖，在碱性条件下，3,5-二硝基水杨酸与还原糖共热后，被还原生成棕红色的氨基化合物，利用分光光度计在 540 纳米波长下测定棕红色物质的吸光度值，其吸光度值与还原糖含量呈正比例关系。

（4）可溶性固形物、可滴定酸 可采用近红外光谱法，利用果实中含有 C—H、N—H、O—H 等含氢基团的倍频和合频吸收带，以漫反射方式获得在近红外区的吸收光谱，通过逐步多元线性回归、主成分回归、偏最小二乘法等现代化学计量学手段，建立物质的特征光谱与待测成分含量之间的线性或非线性模型，从而实现利用物质近红外光谱信息对目标样品成分的快速测定。

测土配方施肥植株样品测试项目，详见表 2-2。

**表 2-2 测土配方施肥植株样品测试项目汇总**

| 序号 | 测试项目 | 大田作物 | 蔬菜 | 果树 |
|---|---|---|---|---|
| 1 | 全氮、全磷、全钾 | 必测 | 必测 | 必测 |
| 2 | 水分 | 必测 | 必测 | 必测 |
| 3 | 粗灰分 | 选测 | 选测 | 选测 |
| 4 | 全钙、全镁 | 选测 | 选测 | 选测 |
| 5 | 全硫 | 选测 | 选测 | 选测 |
| 6 | 全硼、全钼 | 选测 | 选测 | 选测 |
| 7 | 全量铜、锌、铁、锰 | 选测 | 选测 | 选测 |

在常规测试方法的基础上，各地在工作中结合实际进行创新，探索了新技术、新方法。

北京市在进行土壤样品测试时，采用了土壤碱解氮自动定氮仪法，改进了土壤有效硼的前处理方法，率先应用 ICP 仪器分析土壤有效硫，有效提高了检测速度。内蒙古自治区着眼当地农业生产条件和实际需求，在原有工作任务的基础上有针对性地增加检测的项次和数量，例如在盐渍化耕地土壤类型上的所有样品分析化验土壤水溶性盐分总量和八大离子，在水稻田上的样品分析化验土壤交换性酸，而在植株样品的测试分析中依据试验内容和目的增加植株检测项次和数量，2005—2020 年共分析土壤样品、植株样品 712 万项次，为指导农民科学施肥和耕地质量建设奠定了坚实的基础。

# 第三节 农户施肥调查

农户施肥调查是摸清农民施肥现状、了解农民施肥习惯、发现问题的重要手段，只有做好农户施肥调查，找到农民在施肥过程中的难点、痛点，测土配方施肥技术的研究与应用才能做到"有的放矢、对症下药"。

# 一、调查内容

调查内容包括农户基本信息、田块基本信息、种植情况以及施肥情况等。

**1. 农户基本信息** 详细地址、农户姓名、电话号码、文化程度、是否为示范户。

**2. 田块基本信息** 详细地理位置、耕地面积、土壤肥力等。

**3. 种植情况** 作物类型、作物品种、作物名称、播种日期、收获日期、播种面积、亩产量、灌水量、前茬作物、前茬作物产量、是否为设施栽培、是否发生明显灾害、灾害类型等。

**4. 施肥情况** 包括有机肥施用情况和化肥施用情况。

有机肥施用情况：是否施用有机肥、施肥次数、施肥日期、商品有机肥用量、养分总量（$N+P_2O_5+K_2O$）、有机肥价格、农家肥用量、农家肥品种（堆沤肥类、饼肥类、绿肥类、秸秆类、沼渣沼液类、其他类）。

化肥施用情况：施肥次数、施肥日期、施肥方式、化肥施用实物量（尿素、碳酸氢铵、磷酸二铵、氯化钾、硫酸钾、复合肥料及养分、水溶肥料及养分）。

# 二、调查对象

**1. 调查数量** 根据区域主要农作物种植面积、地力水平、施肥情况等因素，合理设置调查数量。

**2. 调查对象** 综合区域作物分布、种植制度、耕地质量、施肥和管理水平，统筹普遍性和特殊性，突出代表性和典型性，充分考虑测土配方施肥工作的长期性、连续性和稳定性，兼顾不同种植户结构，选取有代表性的普通种植户、种植大户、家庭农场、专业合作社等主体作为调查对象。

**3. 调查形式** 可采取发放农户施肥调查表的形式，实时记录农户施肥情况，也可采用信息化采集方式实现数据填报。

山西省按照收集整理与野外定点采样调查相结合、典型农户调查与随机抽样调查相结合的办法，通过广泛深入的野外调查和取样地块农户调查，基本掌握了全省耕地立地条件、作物种植情况与施肥管理水平。

内蒙古在采集土壤样品时，调查了每个采样地块农户的施肥现状，内容包括有机肥和各种化肥的施肥品种、数量、施肥时期、施肥方式等。各旗县调查农户数占总农户数的7.3%～22.1%，全区调查农户数总计52.95万户，占总农户数的13.9%；获取了大量的调查数据，可代表各旗县及全区农户的习惯施肥现状。各项目单位在确定施肥配方时，首先对调查数据进行梳理和统计分析，找出农民在不同乡镇（或村组）、不同作物上施肥方面的问题所在，做到有的放矢、对症下药。自治区土肥站制定区域配方时，分七大生态区域进行统计分析，明确了不同区域、不同作物及不同灌溉条件下农民习惯施肥的施肥种类、施肥水平、施肥组合模式、施肥方式等，并深入系统地分析了农民习惯施肥方面存在的问题。特别是在查找问题方面，由过去的定性分析变为现在的定量化分析，如针对轻施有机肥现象，统计分析了施用有机肥的农户数量、比例、施肥面积、施肥水平等；针对盲目过量施用化肥问题，统计分析了多少农户过量、多少农户适中、多少农户不足等；施肥组合模式方面，统计了多少农户的施肥比例合理、多少不合理。通过对农户调查数据的统计分析，把准了脉，找到了习惯施肥的"症结"，为开好方、指导农民用好肥提供了科学依据。

安徽省在采集土样的同时，组织进行项目区取样地块农户土壤地力条件、施肥情况和作物布局及产量等情况的调查，掌握项目区基本农田土壤立地条件、农业生产水平以及施肥管理水平等，对农户生产、施肥情况进行分析汇总，找出施肥中存在的问题以及农民迫切需要解决的技术问题，并把调查数据录入测土配方施肥管理系统。通过对项目区施肥效益调查和农民反馈的信息进行综合分析，客观评价测土配方施肥实际效果，逐步完善施肥技术体系和服务体系。2016 年，省农委制定了《全省肥料使用情况定点调查方案》（皖农土函〔2016〕166 号），连续五年组织全省开展肥料使用情况调查，编制调查报告，分析肥料使用情况和变化趋势，提出对策建议，指导科学施肥。

青海省在采集土壤样品时，调查了每个采样地块农户的施肥现状，内容包括有机肥和各种化肥的施肥品种、数量、时期、次数、方式、产量等。全省累计调查农户总数 50 万户。根据获取的调查数据，了解了不同区域、不同作物及不同灌溉条件下农民习惯施肥的施肥种类、施肥水平、施肥方式等，并分析了农民习惯施肥方面存在的问题。为研制施肥配方、指导农民施肥提供了科学依据。

# 第四节 田间试验示范

田间试验示范是掌握各种作物最佳施肥量、施肥比例、肥料品种、施肥时期和施肥方法的根本途径，也是摸清土壤养分校正系数、土壤供肥能力、不同作物养分吸收量和肥料利用效率等参数，建立施肥指标体系的基本环节。

## 一、大田作物

推荐采用"3414"方案设计。"3414"是指氮、磷、钾 3 个因素、4 个水平、14 个处理优化的不完全实施的正交试验，该方案吸收了回归最优设计处理少、效率高的优点。在具体实施过程中，可根据研究目的与实际条件采用"3414"完全实施方案、部分实施方案或单因素多水平等其他试验方案。

1. "3414"完全试验方案（表 2 - 3）

表 2 - 3 "3414"完全试验方案

| 试验编号 | 处理 | N | P | K |
|---|---|---|---|---|
| 1 | $N_0P_0K_0$ | 0 | 0 | 0 |
| 2 | $N_0P_2K_2$ | 0 | 2 | 2 |
| 3 | $N_1P_2K_2$ | 1 | 2 | 2 |
| 4 | $N_2P_0K_2$ | 2 | 0 | 2 |
| 5 | $N_2P_1K_2$ | 2 | 1 | 2 |
| 6 | $N_2P_2K_2$ | 2 | 2 | 2 |
| 7 | $N_2P_3K_2$ | 2 | 3 | 2 |

（续）

| 试验编号 | 处理 | N | P | K |
|---|---|---|---|---|
| 8 | $N_2P_2K_0$ | 2 | 2 | 0 |
| 9 | $N_2P_2K_1$ | 2 | 2 | 1 |
| 10 | $N_2P_2K_3$ | 2 | 2 | 3 |
| 11 | $N_3P_2K_2$ | 3 | 2 | 2 |
| 12 | $N_1P_1K_2$ | 1 | 1 | 2 |
| 13 | $N_1P_2K_1$ | 1 | 2 | 1 |
| 14 | $N_2P_1K_1$ | 2 | 1 | 1 |

注：表中的"0"代表不施肥，"2"代表当地推荐施肥量，"1"代表"2"施肥量的50%，"3"代表"2"施肥量的150%。

**2. "3414"部分试验方案**

（1）若试验仅研究氮、磷、钾中某两个养分效应，可采用"3414"部分试验方案。其中，非研究养分选取2水平，试验应设置3次重复。如研究氮、磷养分效应的"3414"部分试验方案见表2-4所示。

表2-4 氮、磷养分研究的"3414"部分试验方案

| 处理编号 | "3414"方案处理编号 | 处理 | N | P | K |
|---|---|---|---|---|---|
| 1 | 1 | $N_0P_0K_0$ | 0 | 0 | 0 |
| 2 | 2 | $N_0P_2K_2$ | 0 | 2 | 2 |
| 3 | 3 | $N_1P_2K_2$ | 1 | 2 | 2 |
| 4 | 4 | $N_2P_0K_2$ | 2 | 0 | 2 |
| 5 | 5 | $N_2P_1K_2$ | 2 | 1 | 2 |
| 6 | 6 | $N_2P_2K_2$ | 2 | 2 | 2 |
| 7 | 7 | $N_2P_3K_2$ | 2 | 3 | 2 |
| 8 | 11 | $N_3P_2K_2$ | 3 | 2 | 2 |
| 9 | 12 | $N_1P_1K_2$ | 1 | 1 | 2 |

注：表中的"0"代表不施肥，"2"代表当地推荐施肥量，"1"代表"2"施肥量的50%，"3"代表"2"施肥量的150%。

（2）若为了取得土壤养分供应量、作物吸收养分量、土壤养分丰缺指标等参数，推荐采用表2-5所示的5个处理"3414"部分试验方案。5个处理包括：空白对照（CK）、无氮区（PK）、无磷区（NK）、无钾区（NP）和氮、磷、钾区（NPK），其分别对应"3414"完全试验方案中的处理1、2、4、8和6。

表2-5 "3414"部分试验方案

| 处理 | "3414"方案处理编号 | 处理 | N | P | K |
|---|---|---|---|---|---|
| 空白对照（CK） | 1 | $N_0P_0K_0$ | 0 | 0 | 0 |
| 无氮区（PK） | 2 | $N_0P_2K_2$ | 0 | 2 | 2 |

（续）

| 处理 | "3414"方案处理编号 | 处理 | N | P | K |
|------|------------------|------|---|---|---|
| 无磷区（NK） | 4 | $N_2P_0K_2$ | 2 | 0 | 2 |
| 无钾区（NP） | 8 | $N_2P_2K_0$ | 2 | 2 | 0 |
| 氮磷钾区（NPK） | 6 | $N_2P_2K_2$ | 2 | 2 | 2 |

（3）若研究有机肥料效应，可在表2-5所示试验设计的基础上增加一个有机肥处理区，该区有机肥用量的确定依据：以有机肥中氮当量为研究目的，以氮磷钾区中氮的用量为依据确定；以磷或钾为研究目的，则以氮磷钾区中磷或钾为依据确定。

（4）若研究中（微）量元素效应，可在表2-5所示试验设计的基础上增加一个中（微）量元素处理区，该区的氮、磷、钾用量与氮磷钾区相同，仅增加中（微）量元素用量。

**3. 试验实施** 在试验实施的过程中要注意试验地、试验作物品种的选择，提前规划试验小区，设置重复，并及时做好田间管理与观察记载。

（1）试验地选择 宜选择平坦、齐整、肥力均匀，具有代表性的不同肥力水平的地块。试验地为坡地时，应尽量选择坡度平缓、肥力差异较小的地块。试验地应避开道路、有土传病害、堆肥场所或前期施用大量有机肥、秸秆集中还田的地块及建筑物、树林遮阴阳光不充足等特殊地块。除长期定位试验外，同一地块不应连续布置试验。

（2）试验作物品种选择 应选择当地主栽或拟推广的品种。

（3）试验准备 整地，设置保护行，根据试验设计方案进行试验小区区划。如水稻试验，小区之间应做小埂，小埂高度不低于20厘米、宽度不小于30厘米，小埂应用塑料膜包覆，深度不少于30厘米；对玉米、棉花等试验，在雨水较多的种植区，试验小区之间应采取开沟、筑埂的方法，避免雨水径流影响。小区应单灌单排，避免串灌串排。

（4）试验小区 各小区面积应一致。密植作物，如水稻、小麦、谷子等，小区面积应为20～30米$^2$；中耕作物，如玉米、高粱、棉花等，小区面积应为40～50米$^2$。小区形状一般为长方形。面积较大时，长宽比以（3～5）:1为宜；面积较小时，长宽比以（2～3）:1为宜。

（5）试验重复 采用"3414"完全试验方案时，若同一生长季、同一作物、同一试验内容在不同地方布置10个以上试验，则每个试验可不设重复。否则，每个试验至少设3次重复。采用随机区组排列，区组内土壤、地形等条件应相对一致。

（6）田间管理与观察记载 田间管理除施肥措施外，其他各项管理措施应一致，且符合生产要求，并由专人在同一天内完成。观察记载内容包括试验布置、试验地基本情况、田间操作、生物学性状以及试验结果。试验布置包括试验地点、时间、试验方案设计、处理设置、重复次数、小区面积以及小区排列。试验地基本情况包括试验地地形、土壤类型、肥力等级、土壤质地、代表面积、前茬作物名称、前茬作物产量、前茬作物施肥量以及土壤分析结果。田间操作包括供试作物、播种期和播种量、施肥时间和数量、灌溉时间和数量、其他农事活动及灾害。

（7）试验统计分析　对于两个处理的配对设计，应按配对设计进行 t 检验；对于两个以上处理的完全随机区组设计，采用方差分析，用 PLSD 法进行多重比较。

## 二、蔬菜

推荐采用"2＋X"试验设计。"2"代表常规施肥和优化施肥 2 个处理，"X"代表如氮肥总量控制、氮肥分区调控、有机肥当量、肥水优化管理、氮营养规律等拟研究内容的试验设计。"2"为必做试验，"X"为选做内容。

**1. "X"动态优化施肥试验设计**

（1）氮肥总量控制（X1）试验　X1 试验方案如表 2-6 所示。

**表 2-6　X1 试验方案**

| 试验编号 | 试验内容 | 处理 | N | P | K |
|---|---|---|---|---|---|
| 1 | 不施化学氮肥区 | $N_0P_2K_2$ | 0 | 2 | 2 |
| 2 | 70%的优化氮区 | $N_1P_2K_2$ | 1 | 2 | 2 |
| 3 | 优化氮区 | $N_2P_2K_2$ | 2 | 2 | 2 |
| 4 | 130%的优化氮区 | $N_3P_2K_2$ | 3 | 2 | 2 |

注：表中"0"代表不施化学氮肥，"2"代表当地生产条件下的推荐值，"1"代表"2"施氮量的70%，"3"代表"2"施氮量的130%。

（2）氮肥分期调控（X2）试验　设置 3 个处理：（A）农民习惯施肥；（B）基追比 3∶7 的分次优化施肥；（C）氮肥全部追施。追肥应根据蔬菜营养规律分次施用，每次追施氮量控制在 2～7 千克/亩。不同蔬菜及灌溉模式下推荐追肥次数见表 2-7。

**表 2-7　不同蔬菜及灌溉模式下推荐追肥次数**

| 蔬菜种类 | 栽培方式 | 追肥次数/次 | |
|---|---|---|---|
| | | 畦灌 | 滴灌 |
| 叶菜类 | 露地 | 2～4 | 5～8 |
| | 设施 | 3～4 | 6～9 |
| 果类蔬菜 | 露地 | 5～6 | 8～10 |
| | 设施 一年两茬 | 5～8 | 8～12 |
| | 一年一茬 | 10～12 | 15～18 |

（3）有机肥当量（X3）试验　试验设 6 个处理，分别为有机氮和化学氮的不同配比，X3 试验方案见表 2-8。所有处理的磷、钾养分投入一致，全作底肥施用。施用的有机肥选用当地有代表性并完全腐熟的种类。

（4）肥水优化管理（X4）试验　设 3 个处理：（A）当地传统肥水管理模式；（B）优化肥水管理模式（在当地传统肥水管理模式下，依据作物水分需求规律调控节水灌溉量）；（C）微灌技术管理模式。其中处理 B 和处理 C，施肥量和施肥次数要与灌溉模式相匹配。

表 2 - 8　X3 试验方案

| 试验编号 | 处理 | 有机肥提供氮占总氮投入量比例 | 化肥提供氮占总氮投入量比例 |
|---|---|---|---|
| 1 | $M_0N_0$ | — | — |
| 2 | $M_4N_0$ | 1 | 0 |
| 3 | $M_3N_1$ | 3/4 | 1/4 |
| 4 | $M_2N_2$ | 1/2 | 1/2 |
| 5 | $M_1N_3$ | 1/4 | 3/4 |
| 6 | $M_0N_4$ | 0 | 1 |

注：M 代表有机肥，氮量以总氮计；有机肥为基施，化学氮肥采用追施方式。

（5）氮营养规律研究（X5）试验　根据蔬菜生长和营养规律特点，采用表 2 - 9 所示的试验设计。其中，磷、钾肥用量应采用推荐用量；有机肥根据各地情况选择施用或者不施，如选择施用，按照当地习惯，但所有处理应保持一致。

表 2 - 9　X5 试验方案

| 试验编号 | 处理 | M | N | P | K |
|---|---|---|---|---|---|
| 1 | $MN_0P_2K_2/N_0P_2K_2$ | +/- | 0 | 2 | 2 |
| 2 | $MN_1P_2K_2/N_1P_2K_2$ | +/- | 1 | 2 | 2 |
| 3 | $MN_2P_2K_2/N_2P_2K_2$ | +/- | 2 | 2 | 2 |
| 4 | $MN_3P_2K_2/N_3P_2K_2$ | +/- | 3 | 2 | 2 |

注：表中的"＋"代表施用有机肥，"－"代表不施有机肥；表中的"0"代表不施氮肥，"2"代表适合于当地生产条件下的推荐施肥量，"1"代表"2"施氮量的 50%，"3"代表"2"施氮量的 150%。

**2. 试验实施**

（1）试验地选择　宜选择平坦、齐整、肥力均匀，具有代表性的不同肥力水平的地块。试验地为坡地时，应尽量选择坡度平缓、肥力差异较小的地块。试验地应避开道路、有土传病害、堆肥场所或前期施用大量有机肥、秸秆集中还田的地块及院、林遮阴阳光不充足等特殊地块。除长期定位试验外，同一地块不应连续布置试验。

（2）试验作物品种选择　宜选择当地主栽种类的代表性品种。

（3）试验准备　整地，设置保护行。蔬菜田需要在小区之间采用塑料膜或塑料板隔开，埋深至少 50 厘米，避免小区间肥水相互渗透。小区应单灌单排，避免串灌串排。

（4）试验小区　露地蔬菜和设施蔬菜的小区面积应分别大于 20 米$^2$ 和 15 米$^2$，并至少 5 行或者 3 畦，各小区面积应一致。小区形状一般为长方形。

（5）试验重复　"2"试验可不设重复，但小区面积应大于试验小区面积的相关规定。"X"试验应至少设 3 次重复，且定位试验不少于 3 年。采用随机区组排列，区组内土壤、地形等条件应相对一致。"X"试验可与"2"试验在同一试验条件下进行，也可单独布置。

（6）田间管理与观察记载　田间管理除施肥措施外，其他各项管理措施应一致，且符合生产要求，并由专人在同一天内完成。观察记载内容包括试验布置、试验地基本情况、田间操作、生物学性状以及试验结果。试验布置包括试验地点、时间、试验方案设计、处理设置、重复次数、小区面积以及小区排列。试验地基本情况包括试验地地形、土壤类型、肥力等级、土壤质地、代表面积、前茬作物名称、前茬作物产量、前茬作物施肥量以及土壤分析结果。田间操作包括供试作物、播种期和播种量、施肥时间和数量、灌溉时间和数量、其他农事活动及灾害。必要时，在蔬菜生长期间进行植株样品的采集和分析。

（7）试验统计分析　对于两个处理的配对设计，应按配对设计进行 t 检验；对于两个以上处理的完全随机区组设计，采用方差分析，用 PLSD 法进行多重比较。

## 三、果树

推荐采用"2＋X"试验设计。"2"代表常规施肥和优化施肥 2 个处理，"X"代表氮肥总量控制、氮肥分期调控、果树配方肥料、中微量元素试验等拟研究内容的试验设计。"2"为必做试验，"X"为选做内容。

**1. "X"动态优化施肥试验设计**

（1）氮肥总量控制（X1）试验　X1 试验方案如表 2-10 所示。

表 2-10　X1 试验方案

| 试验编号 | 试验内容 | 处理 | M | N | P | K |
|---|---|---|---|---|---|---|
| 1 | 不施化学氮区 | $MN_0P_2K_2$ | ＋ | 0 | 2 | 2 |
| 2 | 70％的优化氮区 | $MN_1P_2K_2$ | ＋ | 1 | 2 | 2 |
| 3 | 优化氮区 | $MN_2P_2K_2$ | ＋ | 2 | 2 | 2 |
| 4 | 130％的优化氮区 | $MN_3P_2K_2$ | ＋ | 3 | 2 | 2 |

注：表中"M"代表有机肥料，"＋"代表施用有机肥，其种类在当地应该有代表性，有机肥的氮、磷、钾养分含量需要测定，施用数量在当地为中等偏下水平，一般宜为 1～3 米$^3$/亩；表中"0"代表不施化学氮肥，"2"代表适合于当地生产条件下的推荐施肥量，"1"代表"2"施氮量的 70％，"3"代表"2"施氮量的 130％。

（2）氮肥分期调控（X2）试验　设 3 个处理：（A）一次性施氮肥，根据当地农民习惯的一次性施氮肥（如苹果在 3 月上中旬）；（B）分次施氮肥，根据果树营养规律分次施用（如苹果分春、夏、秋 3 次施用）；（C）分次简化施氮肥，根据果树营养规律及土壤特性在处理 B 基础上进行简化（如苹果可简化为夏秋两次施肥）。在采用优化施氮肥量的基础上，磷、钾根据果树需肥规律与氮肥按优化比例投入。

（3）果树配方肥料（X3）试验　设 4 个处理：（A）农民常规施肥；（B）区域大配方施肥处理（大区域氮、磷、钾配比，包括基肥型和追肥型）；（C）局部小调整施肥处理（根据当地土壤养分含量进行适当调整）；（D）新型肥料处理（选择在当地有推广价值且养分配比适合供试果树的新型肥料如有机无机复混肥、缓控释肥料等）。

（4）中微量元素（X4）试验　果树中微量元素主要包括 Ca、Mg、S、Fe、Zn、Mn、B 等，按照因缺补缺的原则，在氮、磷、钾肥优化的基础上，试验以叶面喷施为主，在果树关键生长时期施用，喷施次数相同，喷施浓度根据肥料种类和养分含量换算成适宜的百分比浓度。

设3个处理：（A）不施肥处理，即不施中微量元素肥料；（B）全施肥处理，根据区域及土壤背景设置施入可能缺乏的一种或多种中微量元素肥料；（C）减素施肥处理，在处理B基础上，减去某一个中微量元素肥料。

**2. 试验实施**

（1）试验地选择　宜选择平坦、齐整、肥力均匀，具有代表性的不同肥力水平的地块。试验地为坡地时，应尽量选择坡度平缓、肥力差异较小的地块。试验地应避开道路、有土传病害、堆肥场所或前期施用大量有机肥、秸秆集中还田的地块及院、林遮阴阳光不充足等特殊地块。除长期定位试验外，同一地块不应连续布置试验。其他要调查了解果园如土层厚度、障碍层、碳酸钙含量、土壤酸碱度限制性因素，选作试验的地块宜具有土地利用的历史记录，选择农户科技意识较强的地块布置试验。

（2）试验作物品种选择　田间试验应选择当地主栽果树树种或拟推广树种：北方应选苹果、梨、桃、葡萄和樱桃，南方应选柑橘、香蕉、菠萝和荔枝。树龄应以不同树种及品种盛果期树龄为主，乔砧果树推荐以10～20年生盛果期大树为宜，矮化密植果树推荐以8～15年生盛果期大树为宜。树种及品种的选择应从供试品种中选择一种果树种类，此外应选择以当地栽培面积较大且有代表性的主栽品种。

（3）试验准备　应选择树龄、树势和产量相对一致的果树。一般选择同行相邻不少于4株果树作一个小区。试验前采集土壤样品，按照测试要求制备土样。

（4）试验小区　小区面积应不少于4棵同树龄果树，以供试果树栽培规格为基础，每个处理实际株数的树冠垂直投影区加行间面积计算小区面积。

（5）试验重复　"2"试验可不设重复，但小区面积应大于20米$^2$。"X"试验应至少设3次重复，且定位试验不少于3年。采用随机区组排列，区组内土壤、地形等条件应相对一致。"X"试验可与"2"试验在同一试验条件下进行，也可单独布置。

（6）施肥方法　以放射沟和条沟法为主，或采用试验验证的高产施肥方法。

（7）施肥时期　"X"动态优化施肥试验根据不同试验目的设计施肥时期，"2"试验根据果树年生长周期特点和高产栽培经验进行不同时期的肥料种类和数量（即肥料养分量比）分配，一般北方落叶果树按照萌芽期（3月上旬）、幼果期（6月中旬）、果实膨大期（7—8月）和采收后（秋冬季）分3～4个时期进行；常绿果树根据栽培目标分促梢肥、促花肥、膨果肥、采果肥等进行。

（8）田间管理与观察记载　田间管理除施肥措施外，其他各项管理措施应一致，且符合生产要求，并由专人在同一天内完成。观察记载内容包括试验布置、试验地基本情况、田间操作、生物学性状以及试验结果。试验布置包括试验地点、时间、试验方案设计、处理设置、重复次数、小区面积以及小区排列。试验地基本情况包括试验地地形、土壤类型、肥力等级、土壤质地、代表面积、前茬作物名称、前茬作物产量、前茬作物施肥量以及土壤分析结果。田间操作包括供试作物、播种期和播种量、施肥时间和数量、灌溉时间和数量、其他农事活动及灾害。试验前采集基础土样进行测定，在果树营养性春梢停长、秋梢尚未萌发时（叶片养分相对稳定期）采集叶片样品，收获期采集果实样品，分别进行叶片养分与果实品质测试。

（9）试验统计分析　对于两个处理的配对设计，应按配对设计进行 t 检验；对于两个以上处理的完全随机区组设计，采用方差分析，用 PLSD 法进行多重比较。

各地围绕化肥利用率的提高，在完善粮油作物科学施肥指标体系的基础上，根据当地主要农作物品种更新情况，自主安排有针对性的肥效试验，不断完善主要农作物科学施肥技术体系。

广东省以水稻、蔬菜、果树等作物为重点，开展了水稻肥料利用率、蔬菜作物"2＋X"肥料试验、中微量元素田间肥效试验，初步摸清了水稻对化肥的利用情况、经济作物减肥潜力，探索了中微量元素对作物产量及品质的影响，筛选出了适合当地经济作物施肥的指标体系。通过开展水稻及蔬菜田间肥效校正试验，验证并优化了水稻氮肥推荐施用指标及蔬菜磷肥推荐施用指标。

安徽省 2005 年以来，在水稻、小麦、玉米等作物上布置"3414"试验、化肥利用率试验、配方校正试验、肥效对比试验等共计 2.7 万个。通过试验，摸清了土壤养分校正系数、土壤供肥量、农作物需肥规律和肥料利用率等基本参数，建立了土壤养分丰缺指标体系和三大粮食作物施肥指标体系，验证了测土配方施肥效果以及配合中微量元素肥料效果，构建了作物施肥模型，进一步优化了肥料配方，为更好地进行推荐施肥，确定作物合理施肥品种和数量、基肥和追肥分配比例、最佳施肥时期和施肥方法提供了科学依据。

新疆生产建设兵团坚持试验、示范、推广三结合，在小区试验的基础上，分别建立了以条田、连队、团场为单元的核心试验点、示范区，辐射周边团场及连队进行试验、示范，同时以大田示范的方式，验证参数模型及配方的准确性，不断修正试验结果，完善测土配方施肥技术，确保方案的可行性和科学性，对较成熟的配方模式，进行大面积推广。坚持试验、示范、推广三结合的方法，以点带片，以片带面，带动测土配方施肥全面发展。

# 第五节　肥料配方

肥料配方的设计是测土配方施肥工作的核心。在分析总结田间试验结果、土壤养分数据的基础上，根据气候条件、土壤类型、作物品种、产量水平、耕作制度等差异，合理划分施肥类型区，结合专家经验，建立施肥模型，分区域、分作物进行区域施肥配方设计与地块施肥配方设计。

## 一、肥料用量确定

基于地块的肥料配方设计首先应确定氮、磷、钾养分用量，然后确定相应的肥料组合。具体氮、磷、钾肥用量的确定方法有土壤与植物测试推荐方法、肥料效应函数法、土壤养分丰缺指标法以及养分平衡法。

**1. 土壤与植物测试推荐方法**

（1）氮素实时监控　小麦、玉米等旱地作物，根据不同土壤、不同作物、同一作物的不同品种、不同目标产量确定作物需氮量。一般以需氮量30%～60%作为基肥用量，具体基施比例根据土壤全氮含量、品种特性等，同时参照当地丰缺指标来确定。在地力水平偏低时，宜采用需氮量的50%～60%作为基肥；在地力水平居中时，宜采用需氮量的40%～50%作为基肥；在地力水平偏高时，宜采用需氮量的30%～40%作为基肥。

有条件的地区可在播种前对0～20厘米土壤无机氮（或硝态氮）进行监测，调节基肥用量，计算见公式（2-1）。

$$X = \frac{(Y-N) \times F}{x \times R} \qquad (2-1)$$

式中　$X$——基肥用量，单位为千克/亩；

$Y$——目标产量需氮量，单位为千克/亩；

$N$——土壤无机氮，单位为千克/亩；

$F$——基肥比例，30%～60%；

$x$——肥料中养分含量；

$R$——氮肥利用率.

计算结果保留4位有效数字。

（2）磷、钾养分恒量监控　磷肥根据土壤有效磷测试结果和养分丰缺指标确定。当有效磷水平处在中等偏上时，磷肥用量为目标产量需要量的100%～110%；随着有效磷含量的增加，应减少磷肥用量，反之则增加磷肥用量；当有效磷极度缺乏时，施用量为目标产量需要量的150%～200%。

钾肥首先需要确定施用钾肥是否有效，再参照磷肥用量确定方法确定钾肥用量，但要扣除有机肥和秸秆还田带入的钾量。

一般大田作物磷肥全部用作基肥，钾肥可分次施用。

（3）中微量元素养分矫正施肥　通过土壤测试和田间试验，评价土壤中微量元素养分的丰缺状况，进行有针对性的因缺补缺施肥。

**2. 肥料效应函数法**　根据"3414"试验结果建立当地主要作物的肥料效应函数，直接获得某一区域、某种作物的氮、磷、钾肥料的最佳施用量。

**3. 土壤养分丰缺指标法**　根据土壤养分测试和田间肥效试验结果，建立大田作物不同区域的土壤养分丰缺指标。

土壤养分丰缺指标田间试验可采用"3414"部分实施方案。其中处理2、4、8为缺素区（即PK、NK和NP），处理6为全肥区（NPK），用缺素区产量占全肥区产量百分数（相对产量）作为土壤养分丰缺指标确定依据，详见表2-11。进而确定适用于某一区域、某种作物的土壤养分及对应的肥料施用数量。

表 2-11　土壤养分丰缺指标确定依据

| 土壤养分丰缺状况 | 缺素区产量占全肥区产量百分数 |
| --- | --- |
| 低 | 低于 60%（不含） |
| 较低 | 60%～75%（不含） |
| 中 | 75%～90%（不含） |
| 较高 | 90%～95%（不含） |
| 高 | 95%（含）以上 |

**4. 养分平衡法**

（1）地力差减法　根据作物目标产量与基础产量之差来计算施肥量的一种方法，该方法主要用于氮素用量确定。计算见公式（2-2）。

$$X=\frac{Y_t \times A_1 - Y_0 \times A_0}{x \times R} \tag{2-2}$$

式中　$X$——施肥量，单位为千克/亩；

　　　$Y_t$——目标产量，单位为千克/亩；

　　　$A_1$——全肥区单位经济产量的养分吸收量；

　　　$Y_0$——缺素区产量，单位为千克/亩；

　　　$A_0$——缺素区单位经济产量的养分吸收量；

　　　$x$——肥料中养分含量；

　　　$R$——肥料利用率.

计算结果保留 4 位有效数字。

（2）目标产量法　根据作物目标产量需肥量与土壤供肥量之差估算施肥量，计算见公式（2-3）。

$$X=\frac{N_t - N_0}{x \times R} \tag{2-3}$$

式中　$X$——施肥量，单位为千克/亩；

　　　$N_t$——目标产量所需养分总量，单位为千克/亩；

　　　$N_0$——土壤供肥量，单位为千克/亩；

　　　$x$——肥料中养分含量；

　　　$R$——肥料利用率.

计算结果保留 4 位有效数字。

（3）有关参数的确定　目标产量可利用施肥区前三年平均单产和年递增率为基础确定，计算见公式（2-4）。

$$Y_t=(1+a) \times y_m \tag{2-4}$$

式中　$Y_t$——目标产量，单位为千克/亩；

　　　$a$——递增率，粮食作物的递增率为 10%～15%；

　　　$y_m$——前 3 年平均单产，单位为千克/亩.

计算结果保留 4 位有效数字。

作物需肥量通过对正常成熟作物全株养分分析，测定作物百千克经济产量所需养分量，乘以目标产量确定。计算见公式（2-5）。

$$D_t = Y_t \times U/100 \text{ 千克} \tag{2-5}$$

式中 $D_t$——作物需肥量，单位为千克/亩；

$Y_t$——目标产量，单位为千克/亩；

$U$——百千克产量所需养分量，单位为千克.

计算结果保留4位有效数字。

土壤供肥量可根据不施肥区作物所吸收的养分量确定。计算见公式（2-6）。

$$N_0 = Y_0 \times U/100 \text{ 千克} \tag{2-6}$$

式中 $N_0$——土壤供肥量，单位为千克/亩；

$Y_0$——不施该养分区作物产量，单位为千克/亩；

$U$——百千克产量所需养分量，单位为千克.

计算结果保留4位有效数字。

肥料利用率采用差减法计算：施肥区作物吸收的养分量与缺素区作物吸收养分量的差值，除以所用肥料养分量。计算见公式（2-7）。

$$R = \frac{U_1 - U_0}{F \times x} \times 100 \text{ 千克} \tag{2-7}$$

式中 $R$——肥料利用率；

$U_1$——施肥区作物吸收该养分量，单位为千克/亩；

$U_0$——缺素区作物吸收该养分量，单位为千克/亩；

$F$——肥料施用量，单位为千克/亩；

$X$——肥料中该养分含量.

计算结果保留3位有效数字。

## 二、肥料配方设计

**1. 施肥单元确定** 以县域土壤类型（土种）、土地利用方式和行政区划（村）的结合作为施肥单元，具体工作中可应用土壤图、土地利用现状图和行政区划图叠加生成施肥单元。

**2. 肥料配方设计**

（1）根据每个施肥单元的作物产量和氮、磷、钾及微量元素肥料的需要量设计肥料配方，设计配方时可只考虑氮、磷、钾的比例，暂不考虑微量元素肥料。在氮、磷、钾三元素中，可优先考虑磷、钾的配比设计肥料配方，在此基础上以不过量施用为原则设计氮的含量。

（2）区域肥料配方一般包括基肥配方和追肥配方，以县为单位分别设计。区域肥料配方设计以施肥单元肥料配方为基础，应用相应的数学方法（如聚类分析、线性规划等）将大量的配方综合形成配比科学、工艺可行、性状稳定的区域主推肥料配方。

**3. 制作县域施肥分区图** 区域肥料配方设计完成后，按照既经济又节肥的原则为每一个施肥单元推荐肥料配方，具有相同肥料配方的施肥指导单元即为同一个施肥分区，将施肥单元图根据肥料配方进行渲染后形成县域施肥分区图。

**4. 肥料配方校验**　在肥料配方应用的作物和区域，开展肥料配方验证试验。

在肥料配方设计的过程中，各地按照"大配方、小调整"原则，做到区域"大配方"与农户个性化需求良好衔接，切实满足了农户施肥需求，不断提高测土配方施肥技术覆盖率、配方肥应用率和农民科学施肥水平。

北京市依据土壤肥力评价系统，进行施肥分区，并根据主要作物的施肥指标体系及养分吸收规律，在专家论证基础上，将全市土壤划定不同的施肥区，联合肥料企业共同研制出适合不同肥力水平的配方肥。

江苏省在汇总分析土壤测试和田间肥效试验结果的基础上，应用累积曲线法聚类分析产生初步配方。通过组织行业专家及肥料产销企业代表会商，根据生产工艺、原料成本等因素，形成不同区域既符合农业需求又能产业化生产的"大配方"。同时，针对农村地块分散的实际情况，重点设计区域施肥主体配方，在区域"大配方"的基础上，用单质肥料进行"小调整"，有效解决了批量化肥料生产量小与供应难的问题。

湖南省采用3类6法进行肥料配方设计，即第一大类型为地力分区配方法；第二大类型为目标产量配方法，包括养分平衡法和地力差减法；第三大类型为田间试验法，包括肥料效应函数法、养分丰缺指标法和氮磷钾比例法。

重庆市依循多熟制耕作模式，以不同生态区域土壤养分丰缺指标和作物的需肥特性为依据制定区域主要作物的肥料配方，通过综合分析试验研究推荐的最佳养分量比，应用GIS空间分析功能，将从各个试验点获取的最佳施肥推荐量扩展到相似区域，制定不同生态区主要作物的施肥推荐配方分区图。

# 第六节　施肥方案

## 一、施肥原则

在养分需求与供应平衡的基础上，坚持有机肥料与无机肥料相结合，坚持大量元素与中微量元素相结合，坚持基肥与追肥相结合，坚持施肥与其他措施相结合。在确定肥料配方和用量后，选择适宜肥料种类、确定施肥时期和施肥方法等。

## 二、肥料种类

根据肥料配方和种植作物，选择配方相同或相近的复混肥料，也可选用单质或复混肥料自行配制。

## 三、施肥时期

根据作物阶段性养分需求特性、灌溉条件和肥料性质，确定施肥时期。配方肥料主要作为基肥施用。

# 四、施肥方法

应根据作物种类、栽培方式、灌溉方式、肥料性质、施肥设备等确定适宜的施肥方法。常用的施肥方式有撒施后耕翻、条施、穴施等。有条件地区推荐采用侧深施肥、水肥一体化、机械深施、种肥同播等先进施肥方式。

各地在施肥方案制定的过程中涌现了很多好的做法，积累了很多宝贵经验。

天津市通过农户调查和土壤养分数据的分析汇总，基本摸清了天津市农业生产的施肥状况和土壤养分变化情况，依此做出了项目区县的施肥分区，掌握了土壤养分丰缺情况。通过小麦、玉米、大豆等田间"3414"肥料效应试验、校正试验、肥料利用率试验等，确定了土壤养分校正系数、土壤供肥量、农作物需肥规律和肥料利用率等基本参数。掌握了作物合理施肥品种和数量，基肥、追肥分配比例及最佳施肥时期和施肥方法，建立了分区域的农作物施肥指标体系，修订并发布主要农作物测土配方施肥肥料配方70个，涉及冬小麦、春小麦、春玉米、夏玉米、水稻、棉花、大豆、果树、蔬菜等多种作物。此外，在总结推广测土配方施肥技术的基础上，不断优化施肥配方，推荐肥料新品种，总结推广了玉米、小麦种肥同播技术模式、水稻侧深施肥技术模式及设施番茄、黄瓜水肥一体化减肥增效技术模式等，推广应用了缓控释肥、大量元素水溶肥料、生物肥料、有机无机复混肥料等。

辽宁省通过对大量土壤检测和田间试验示范数据进行分析，摸清了全省不同区域主要农作物土壤养分丰缺指标及五大区域肥料利用率、土壤养分校正系数、土壤供肥量等施肥技术参数，提出了新的高效施肥参数及推荐模型，汇总形成《辽宁省测土配方施肥工程关键技术研究与应用》技术成果，为配方制定和施肥技术推广奠定基础。建立了棕壤玉米施肥指标体系、水稻和油料作物施肥指标体系。应用肥料效应函数法确定了全省玉米、水稻和油料作物不同产量水平、不同土壤肥力等级肥料最佳施肥量，并提出专用肥料配方，完成《辽宁省玉米、水稻配方肥研发与推广》《花生土壤养分评价及高产高效研究项目》技术成果。应用蔬菜"2+X"优化配方施肥方法，摸清了主要蔬菜作物的推荐施肥参数、施肥量与蔬菜作物产量的关系，建立了辽宁省主要蔬菜土壤养分丰缺指标体系，提出了设施黄瓜、番茄施肥总量轻简控施技术模式和露地大白菜氮肥高效运筹模式，完成《辽宁省主要蔬菜测土配方施肥关键技术研究与应用》。为实现养分资源高效利用和配方肥生产提供了技术支撑。通过多年多点化肥减量增效田间示范试验，结合大量土壤植株样品采集检测数据，于2018年完成《辽宁主要农作物化肥减施增效关键技术研究与应用》，构建了辽宁省主要作物化肥减施增效技术体系，建立了玉米、水稻化肥减施增效推荐施肥模型；以新型肥料为载体，摸清了缓释类肥料产品与常规化肥的合理配施比例，构建了不同作物化肥控减施肥技术模式。

吉林省根据产量、气候特点、土壤类型等因素，划分了东部山区、中东部半山区、中部平岗区、西部平原区4个玉米施肥分区，根据气候特点等因素划分了东部中产区和中西部高产区2个水稻分区。在吉林省大分区基础上，细化施肥分区，制作了56个施肥分区图，划分231个施肥类型区。在施肥分区基础上，依据"3414"试验，总结分析不同施肥类型区土壤养分丰缺指标、目标产量、百斤籽实吸收量、土壤供肥能力、化肥利用率等参数，通过回归分析，构建施肥模型，建立了不同施肥类型区施肥指标体系，并在项目实施过程中不断校正施肥参数。积极开展技术模式的探讨和研究工作，总结出了平原区玉米使用缓控释肥技术、中西部地区玉米秸秆覆盖还田技术、中东部玉米秸秆粉碎还田技术、玉米增施有机肥技术、水稻氮肥后移技术、水稻秸秆全量还田技术、水稻钵体育苗机械插秧技术、豆科作物增施有机肥及中微量元素技术、豆科作物增施根瘤菌肥技术、杂粮秸秆粉碎还田技术、杂粮增施有机肥技术、蔬菜增施有机肥技术、蔬菜追肥"少量多次"按需施肥技术、蔬菜叶面追肥技术及蔬菜结合深翻、深松深施基肥技术等 15 项技术模式。

浙江省通过取土测土基础工作开展，获得了大量的科学施肥基础数据，基本摸清了全省耕地质量状况，掌握了土壤养分底数和分布规律，十五年来共取土测土 374 981 个，检测化验 341.69 万项次，覆盖了全省所有耕地，并结合 GIS 技术，构建形成全省数字化土壤养分数据库，为施肥指标体系的建立、耕地地力评价、指导农民合理施肥和配方研制提供了理论依据。依托测土配方施肥项目，围绕浙江省农业主导产业、优势产业，与浙江大学、浙江省农业科学院、茶叶研究所等科研部门协作，开展施肥技术研究，完成各类作物优化施肥"3414"试验、肥料利用率试验、经济作物"2＋X"试验、中微量元素肥效试验等各类田间试验 8 858 个，着手建立茶叶、蔬菜、水果、蚕桑等作物的施肥指标体系。结合不同耕作制度变化，探索高效施肥模式，进一步深化测土配方施肥技术。

安徽省 2005 年以来，在水稻、小麦、玉米等作物上布置了"3414"试验、化肥利用率试验、配方校正试验、肥效对比试验等 2.7 万个。通过试验，摸清土壤养分校正系数、土壤供肥量、农作物需肥规律和肥料利用率等基本参数，建立土壤养分丰缺指标体系和三大粮食作物施肥指标体系，验证测土配方施肥以及配合中微量元素肥料的效果，构建作物施肥模型，进一步优化肥料配方，更好地进行推荐施肥，确定作物合理施肥品种和数量，基肥、追肥分配比例及最佳施肥时期和施肥方法。

福建省从本省农业种植结构特点出发，有针对性地建立主要农作物施肥指标体系：一是确定试验数量。福建省地处东南沿海，属于中亚热带和南亚热带地区，种植面积较大的主要粮油作物包括水稻、甘薯和花生等，根据各地农业种植结构特点，在每个项目县安排 2 个作物开展"3414"田间试验。二是规范实施。统一制定田间数据记载本，从试验地基本情况、试验处理与方法、试验地栽培管理、试验验收、考种等进行规范。在各地田间试验实施过程中，组织有关专家进行巡回指导。三是加强指导。实地指导各地开展田间试验，并协助各地建立指标体系。四是建立指标体系。对各地的田间试验上报资料进行审核，并结合近年来资料，对福建省水稻、甘薯、马铃薯、花生等主要粮油作物氮磷钾施肥效应、化利用率和土壤速效养分丰缺指标进行汇总，逐步完善了主要农作物的施肥指标体系。每年依据各项目县测土配方施肥成果，组织制定发布主要农作物测土配方施肥肥料配方 387 个，涉及水稻、茶叶、烟叶、白菜、花生、莴苣、大豆、马铃薯、甘薯、木薯、槟榔芋、莲子、香蕉、蜜柚、柑橘、西瓜、葡萄、梨、橄榄等多种作物。

广东省采用政府购买服务方式，委托省农业科学院、省生态环境与土壤研究所、华南农业大学资环学院、仲恺农业工程学院、广东海洋大学等教学科研单位，开展水稻化肥利用率、经济作物"2＋X"肥效试验，完善农作物施肥指标体系，2018 年完成田间试验

242 个、2019 年 286 个、2020 年 512 个，目前，已建立了水稻、叶菜类蔬菜、果菜类蔬菜、甘蔗等作物省级施肥指标体系。2008 年以来，全省共发布肥料配方 437 个，涉及水稻、蔬菜、果树等作物，包括冬瓜、苦瓜、小白菜、菜心、迟菜心、花椰菜、青花菜、芹菜（西芹）、番茄、梅菜、辣椒、豆角、香蕉、柑橘、沙糖橘、春甜橘、年橘、金柚、三华李、橄榄等。省农业农村厅在审核发布各项目县肥料配方的基础上，还组织省级测土配方施肥专家组研究制定了省级肥料"大配方"，省级发布水稻、香蕉等主要作物配方 50 个。在认真总结田间试验成效的基础上，组织农业新型经营主体推广使用新产品、新技术，并进行技术集成，重点在水稻上推广配方肥、机械插秧同步侧深施肥，在水果、蔬菜、茶叶上推广配方肥＋有机肥（生物有机肥）、水溶肥（有机水溶肥）＋喷滴灌、果园机械开沟施肥技术模式，取得了较好的增产提质增收效果，应用面积逐年扩大。

广西壮族自治区共在水稻、玉米、甘蔗、果树、蔬菜等主要作物上完成"3414"试验、矫正试验、"2＋X"试验、中微量元素试验、有机无机配比试验等各类小区试验 40 125 个。各项目县依托田间试验数据确立了本地的施肥参数，基本建立了水稻、玉米、甘蔗、木薯、柑橘、蔬菜等主要农作物的县域施肥指标体系。自治区土肥站汇总分析全区试验数据建立了全区主要农作物不同生态区域的施肥指标体系，开发了县域和全区的专家咨询系统、触摸屏推荐施肥系统和手机 App 推荐施肥系统，应用施肥专家系统制定施肥推荐方案、印制施肥建议卡并向农户发放，累计发放施肥建议卡 3 912 万份，免费为农户进行测土配方施肥技术指导服务 4 347 万次。

青海省每年在灌溉水地、干旱山地、高寒山地的不同肥力水平土壤上，安排布置小麦、油菜、马铃薯、蚕豆、蔬菜等作物肥效试验，十五年来共安排各类肥效试验 3 232 个，初步摸清青海省土壤养分校正系数、土壤供肥量、各作物需肥规律和肥料利用率等基本参数。根据土壤分析测试结果、田间试验结果、生态类型、气候条件、土壤类型、作物种类、产量水平等，合理划分施肥分区，制定作物肥料配方和施肥建议卡，并发放给农户，全省共发放施肥建议卡 602 万份。

# 第七节　配方肥推广

配方肥作为测土配方施肥技术物化的重要载体，其大面积的推广应用是测土配方施肥技术熟化落地的体现。营造良好的配方肥施用氛围、开辟多途径的获取渠道以及完善配套技术服务是促进配方肥下地的关键。

## 一、搞好宣传培训，营造良好氛围

各地通过培训、编印科普书籍，制作测土配方施肥分区图、推荐表、建议卡、明白纸，通过张贴在村组政务事务公开公示栏、肥料经销网点和农民赶集庙会点等农民喜闻乐见的方式进行宣传。结合科技下乡、农民田间课堂等，实行课堂培训与田间观摩相结合、线上培训与线下指导相结合，对新型经营主体、种植大户、科技示范户等新型农民，运用手机微信、专家服务系统等定时推送科学施肥技术，扩大宣传。充分利用广播、电视、电话、网络等多种传播媒体，以及现场会、技术讲座、墙体广告、拉挂横幅、科技赶集、农民座谈、发放明白纸及施肥建议卡等多种形式，全方位、多角度、深层次开展测土配方施肥宣传和连续报道，积极营造良好氛围，提高全社会对测土配方施肥工作的认知度，扩大配方肥施用。

浙江省为提高测土配方施肥影响，每年组织开展专题宣传活动，十五年来，全省累计举办各类培训班 18 591 期，培训人员 141 万人次。全面宣传了测土配方施肥工作的重要性、增产增收的成效和典型经验。这期间，组织开展了"浙江省测土配方施肥宣传标语"有奖征集活动，举办了"惠多利"杯测土配方施肥有奖知识竞赛、举行了全省测土配方施肥宣传月活动等；在春耕备耕现场会布置测土配方施肥宣传展览，结合农业科技现场咨询，开展送测土配方施肥技术下乡活动，利用全国肥料双交会、浙江省农博会设立专题展区，宣传展示测土配方施肥成果。各地围绕全省宣传月活动内容，上下联动，实现了省、市、县三级同步推进，做到了报刊有文章、电视有播放、电台有报道、街上有标语、墙报有专栏、网络有信息，大大提高了测土配方施肥工作社会关注度和影响力。

广东省大力开展测土配方施肥宣传工作，印制了广东省水稻、蔬菜、甜玉米、香蕉、荔枝、龙眼、柑橘等作物的测土配方施肥挂图 13 万份、宣传册《测土配方施肥·广东行动》2 000 份，拍摄制作了《广东测土配方施肥在行动》和《测土配方施肥技术规范》宣传片，在《广东农业科学》2009 年第 4 期出版测土配方施肥专刊。全省举办现场会 5 029 次，广播电视宣传 9 257 次，发放测土配方施肥建议卡 5 654 万份，项目区施肥建议卡入户率达 90％以上。加强测土配方施肥工作宣传，配合中央电视台，拍摄了广东实施化肥减量增效的新闻短片，在 2020 年 8 月 18 日新闻频道"朝闻天下"播出。同时，广东省强化技术培训，联合南方农村报、广东电信等单位，组织专家到惠东、高州、阳山、龙门、廉江等地开展技术培训，传授水稻、马铃薯、玉米、水果、蔬菜等作物的施肥技术，并组织专家组成员在农业生产的关键时期深入田间地头开展巡回技术指导，深受群众欢迎。

宁夏回族自治区十五年来在测土配方施肥宣传的深度和广度上下功夫。一是通过出版《宁夏测土配方施肥技术》等相关书籍 3 本近 3 000 册扩大测土配方施肥的影响力；二是印发《测土配方施肥技术 116 例》及测土配方施肥建议卡等技术资料 556.45 万册，为各项目县宣传普及测土配方施肥技术提供了有力的技术支撑；三是组织专家对各项目单位进行面对面现场培训和技术指导，十五年来培训技术骨干 63 149 人次，培训农民 625.14 万人次，培训营销人员 27 977 人次，扩大测土配方施肥的受众群体；四是通过各种媒体宣传、报刊简报、网络宣传、现场观摩会等形式，营造测土配方施肥技术推广的良好氛围，如平罗县的"农民天地"、贺兰县的"农科新天地"、吴忠市的"专题报道"、中卫城区的"新闻视点"等专题节目。盐池县将施肥建议卡制成门帘和被单，使农民亲眼看到测土配方施肥的增产效果，让农民真切地感受到测土配方施肥带来的效益。

## 二、强化农企合作，促进配方肥下地

各地以农企合作为抓手，整合社会资源，按照定配方、定区域、定企业，有技术指导、有供肥网点、有连锁配送、有台账记录、有质量抽检的工作要求,深化农企合作。引导企业按方生产、指导农民按方施用。指导建立标准化的配方肥供应网点,做到统一挂(授)牌、统一门面、统一培训、统一指导、统一监管。扶持测土配方施肥社会化服务组织,开展统测统配统供统施一体化服务。推进智能化配肥中心建设,满足农户个性化需求。让农民用上放心肥、农业用上安全肥。

北京市经过多年实践摸索,逐步形成了适合北京郊区农业发展的技术推广模式,一是"测配一站型"模式,针对规模化种植的用户,采取统一测土、统一配方、委托企业统一生产、统一配送及技术指导的一条龙服务,实现精确精量、站对户、点对点的技术服务。二是"站企合作型"模式,通过土肥部门与肥料生产企业合作,由企业按方生产和配送,并提供配套的技术指导、宣传培训以及售后服务工作。三是"连锁配送型"模式,按照有经营主体、有科技人员、有固定经营场所、有优良诚信的"四有"原则,遴选资质与信誉好的肥料经销店,采取统一标识、统一服务、统一供货、统一配送、统一价格的"五统一"运行模式。四是"农资加盟型"模式,由农资经销人员按照配方对农户提供合理的肥料套餐。同时,土肥技术部门可以委托企业生产适合本区域应用的配方肥料,通过经销店直接销售给农民。

山西省总结推广了"一区一方、一县一厂、一户一卡、一村一点、一乡一人"的服务模式,确保配方肥科学使用到田。"一区一方"即每个项目县按照作物布局和土壤养分状况,确立测土配方施肥分区,每个区域每种作物由县农业农村局组织专家确定一个主导配方,然后农民按照"大配方、小调整"的方法施用。"一县一厂"即每个县通过严格认定,确定一个肥料生产企业作为项目区配方肥主要供应企业,按照农业农村局提供的肥料配方生产质优价廉的配方肥。"一户一卡"即农业农村局为项目区每个农户提供一张作物施肥建议卡,用大配方(农业农村局提供给生产企业的配方)小调整(用单质肥料调整总体养分用量)的办法来实现配方到户。"一村一点"即项目区每个村在县农业农村局和定点厂共同组织下,设立一个配方肥销售点,为每户农民按配方卡提供配方肥和单质肥料。在配方肥供应上,运用连锁、超市、配送等现代物流手段,采用配方肥直供等模式,尽量吸引大型连锁销售企业参与配方肥供应,利用大型农资销售公司的农资营销网络,提高了配方肥的供应面。"一乡一人"即每个乡(镇)由县农业农村局指派一名具有中级以上职称的农业技术人员作为技术骨干,和乡(镇)农业技术员共同完成施肥指导工作。

江苏省成功探索了"五个一"服务模式,即县有一个耕地资源信息管理系统、乡(镇)有一幅施肥分区图、村有一张施肥推荐表、户有一份施肥建议卡、供肥网点一次供齐肥料。在此基础上,2020年省级又提出新"五个一"(一张土壤养分测试表、一张施肥建议卡、一份施肥记录档案、一份肥料质量检验报告和一张遥感产量跟踪测产图)服务模式。同时,各地积极探索实施配方肥、有机肥料、水溶肥料、缓(控)释肥料等物化补助的机制,推进配方肥应用落地。此外,通过智能配肥服务平台建设,将测土配方施肥专家系统与肥料产销企业配供系统进行无缝对接,实现了技术与市场、线上与线下等模块的有效链接和整合,应用农户通过智能配肥云服务平台手机 App 读卡识别个人信息,即可实现肥料配方设计、配肥订制快速确认、移动下单,让"私人个性化肥料配方订制实现工业化生产",有效促进测土配方施肥技术成果应用进村入户。

浙江省把服务新型主体作为测土配方施肥的重要内容来抓。2007 年专门下发《关于组织实施农民专业合作社测土配方施肥服务"千万"工程的通知》，明确了目标和任务，2015 年下发《万家主体免费测土配方行动实施方案》以专业合作社、种植大户等新型主体为载体，围绕农业主导产业和优势产业，全面推进测土配方施肥工作，基本形成了"土肥技术部门＋合作社＋基地"的推广模式，取得了较好的实施成效。此外，突出强化农企、农商合作平台建设，探索建立"测、配、产、供、施"一条龙服务体系，通过公开招标确定配方肥定点加工企业，开发生产了一批作物专用配方肥。如仙居、青田开发的杨梅配方肥、缙云开发的茭白配方肥、临安开发的山核桃配方肥等，均受到当地农户的欢迎。松阳县通过实施测土配方施肥，有效矫治了玉米缺镁症，深受当地农民称赞。

湖南省在配方肥推广方面形成三大模式。一是整建制推进模式。根据各地不同的技术应用基础，分县、镇（乡）、村开展整建制推进示范，以此带动全区域的配方肥推广。通过强化"示范片"到村、"建议卡"上墙和施肥指导意见入户，有力地促进了技术落地。二是产需对接模式。鼓励和引导大中型肥料生产、销售企业积极参与测土配方施肥行动，推动配方肥向区域或大户定向生产供应，扩大配方肥覆盖范围。采取企业＋经销商＋农户、企业＋基地、企业＋农户等生产供应方式，建立农企合作配方肥推广机制。三是大户带动模式。发挥种植大户科技意识强、接受新技术快和示范辐射作用广等优势，把优先服务种植大户作为重中之重，采取"专家进大户、大户带小户"方式，开展个性化指导，提供测、配、产、供、施全套服务。

云南省结合高原特色产业发展的需求，在特色经济作物种植集中区大力推进智能配肥中心建设，通过"按方抓药"（施肥建议卡），"中草药代煎"（智能配肥点），"私人医生"（农化服务＋智能配肥）和"中成药"（农企合作企业全程参与）等技术服务模式，加快配方肥推广。

宁夏回族自治区在实践中不断探索，形成六大服务模式促进配方肥下地。一是政府主导，合力推进模式。将测土配方施肥整建制推进和粮油高产创建项目有机结合，对核心示范区、农民专业合作组织、种植大户、科技示范户实行配方肥物化补贴。二是新型经营主体带动模式。对农民专业合作社及土地规模经营户主要开展"七统一"服务：统一宣传培训、统一选点采样、统一化验分析、统一配方、统一供肥、统一技术指导、统一田间管理。三是配方肥直供模式。以订单式生产供应，在配方肥下地环节实行"大配方、小调整"策略，建立配方肥现代物流体系，发展企业连锁配送服务，方便农户购买配方肥。四是技企结合模式。由项目县农技部门制定施肥配方，依托定点生产企业加工配肥，农民按卡施用配方肥或购买单质肥按施肥建议卡自配，农技人员全程指导，形成"统一测配、定点生产、连锁供应、指导服务"的运行机制。五是统测统配统供模式。针对种植企业和种植大户提供个性化测土配方施肥技术服务，在推广应用配方肥的基础上，集合优良品种、丰产栽培及高效节水技术为一体，节本增收效果显著，示范辐射作用强。六是智能服务模式。应用专家推荐施肥系统，根据农民提供的产量目标和田块测土结果，现场打印施肥建议卡，变"专家配方"为"农民自助"，即时、高效地为农民进行不同区域和地块土壤养分现状查询和施肥技术指导服务，使测土配方施肥工作进入自动化、信息化层面。

贵州省创新提出"农企合作建平台，政府测土定配方，企业产肥保供应，经销网点配系统，农户购肥个性化，营养套餐肥庄稼"区域配方施肥技术运行机制；推行了"智能网点、按卡购肥、按方抓肥，配方到厂、配送到店，订单直供，智能终端"等配方肥推广技术模式。一是智能化配方供肥网点模式。依托服务网点的测土配方施肥信息服务系统帮助农户选配、配肥和购肥，并收集农户配方肥施用效果反馈信息和技术服务需求。二是按卡购肥，按方抓药模式。制作施肥分区图、打印指导卡发放给农户，农民根据测土配方施肥指导卡自行选购所需肥料，进行配合施用。三是配方到厂，配送到店模式。主要在水田土壤供肥能力相对一致、水稻种植面积较大、农民组织化程度比较高的地区推广。企业统一生产和统一供肥，经销网点负责配方肥统一销售。四是企业配方肥直供模式。通过构建"政府测土、专家配方、企业供肥、农民应用"的机制，帮助企业积极构建和完善基层配方肥经销服务网络，拓宽配方肥供应渠道。五是智能终端配肥站模式。引导供肥企业建设乡村配肥供肥网点，通过智能化配肥设备，为农民提供现场混配服务。

## 三、利用现代科技，优化技术服务

各地通过引入互联网技术实现施肥指导信息化、技术服务个性化，有效提高配方肥服务与管理效率，打通了配方肥下地的"最后一公里"，为配方肥从技术产品向产业化方向发展夯实了基础。

湖南省利用专家系统结合智能配肥设备进行配方配肥，利用信息技术创建测土配方施肥网络信息公共服务平台，开发测土配方施肥信息手机短信服务功能。在备肥、用肥关键季节，发布一些区域性或针对性的施肥配方，积极引导种植大户、科技示范户和重点户按方购肥、按方施肥到田。通过国家测土配方施肥数据管理平台和配方施肥手机专家系统开展测土配方施肥手机信息即时服务，手机用户通过发送含有经纬度信息或地块代码的短信即可查询到相应地块的施肥方案。

重庆市建立了以地块为管理单元的高效施肥专家咨询系统，农户和专家双向互动，施肥指导进农户、到田块，实现了精准化施肥。以专业合作社以及种植大户为服务重点，开展个性化服务，专家根据农事季节深入田间现场具体指导，"12316"三农服务热线专家坐诊，"专家进大户，大户带小户"，手机适时推送施肥管理信息。采用"参与式"的方法，将培训课堂搬到田间，搬进农家小院，通过"秋收日""院坝会"等形式，让农户参与到高效施肥过程中，共同分享增产增收的喜悦。

贵州省设计开发智能手机测土配方施肥系统。依托嵌入式 GIS 实现基于地图的浏览和查询等功能，并将系统单元确定为乡镇，把属性数据库、空间数据库、施肥模型等复杂的问题通过智能手机操作平台展示出来，把复杂的技术简单化、可视化，较其他系统而言提高了推广的精确性，方便为基层农技人员和农民提供便捷的科学施肥指导。

甘肃省不断完善手机短信个性化、12316 共性技术推送等信息化模式，大力推广"千乡千店、一屏一机"掺混配方服务，及时发布肥料配方，鼓励引导肥料生产企业建立乡村级配方肥经销门店，促进测土配方施肥技术进村入户、配方肥下地。在继续推广"一卡两用"、逐户发放的基础上，在村社办公驻地、肥料经销网点及小卖部醒目墙体上广泛开展"测土信息公告、施肥建议上墙"活动；充分利用取土化验、田间试验等阶段性成果，不断修订完善施肥参数，及时进行系统升级维护，不断扩大"触摸屏进店"活动范围；在春耕秋种等关键季节，及时向社会发布主栽作物肥料配方，确保施肥建议进村入户、按方施肥落实到田间地头。通过农企对接、手机短信个性化、12316 共性技术推送、智能化配方站、"千乡千店、一屏一机"等服务，优选种植大户、专业合作社等新型经营主体，建立化肥减量增效典型示范样板田，补贴推广配方肥、缓释肥、水溶性肥料、有机肥料等新型肥料，带动全省化肥施用总量减少。

## 第八节　技术指导服务

各地充分发挥测土施肥技术专家组和专家团队技术支撑作用，落实专家包片负责制，指导责任片区进行测土配方施肥技术攻关、软件开发应用以及科学施肥指导意见、区域配方制定等工作，在关键农时季节组织县乡农技人员深入田间地头开展施肥指导服务，宣传普及测土配方施肥知识，为实施测土配方施肥提供了有力技术保障。

天津市组织项目技术专家组成员研讨本市各年度主要农作物施肥指导意见，并下发到各区，审核项目区县的施肥配方。对测土配方施肥技术应用于农业生产提出了总体方案，并要求项目县在示范村的展示窗上公布通过审核的施肥配方，对涉及的每一户发放具体的施肥建议卡。结合保春耕促生产和肥料专项治理行动，组织专家进入田间地头和广播间在线解答农民的问题，指导农民科学、环保、经济施肥。

辽宁省建立专家技术人员包村包户责任制，制定《辽宁省主要大田作物科学施肥指导意见》《主要设施蔬菜和苹果科学施肥指导意见》《蔬菜连作障碍治理技术指导意见》《化肥减量增效技术指导意见》，强化督促检查，促进工作落实。在做好技术专家常年进村入户进行技术服务的基础上，开展测土配方施肥百万农户大培训、巧施肥促增产和专家服务月、秋冬种测土配方施肥指导服务等活动，在春耕备耕等关键农时季节，集中组织技术专家进村入户开展备肥备耕水肥管理等技术指导服务。

上海市按建设都市现代绿色农业的要求，结合科技入户、粮食合作社科技结对等农技推广手段，全面开展测土配方施肥全程服务和个性化服务，实施"生态引领、绿色生产、示范带动、减肥增效"的推广模式，推选区、镇农技人员挂钩水稻种植合作社，确保技术和物资落地到田。结合科技下乡活动，组织科技人员进村入户、深入田间地头，和农户科技结对，面对面指导服务农民，提高农民科学施肥技术水平和意识。

福建省根据主要农时季节生产的特点，起草制定春季和秋季科学施肥指导意见，对水稻、花生、早甘薯、香蕉、柑橘和茶叶等作物提出施肥建议，指导农民"科学、经济、环保"施肥，并在网上公布。项目县成立技术专家组，结合当地的农业生产实际，对测土配方施肥项目县基层农技人员在野外调查采样、分析化验、田间试验、肥料配方、配方肥生产与供应等核心环节的关键技术进行指导。

湖南省实施测土配方施肥以来，注重发挥测土配方施肥技术专家组作用，从 2011 年开始，全省在抓好分散经营农户施肥指导服务基础上，大力实施新型农业经营主体测土配方施肥示范工程，加强"一对一"个性化施肥指导服务：对规模经营大户实行"入户测土、送肥上门"；对咨询农户实行"坐堂指导、开具配方"；对购肥农民实行"智能配肥、售后跟踪"；对远程农户实行"网络诊断、短信服务"，实现测土配方施肥由广泛性指导向个性化指导的根本性转变。在抓好一般性施肥指导的同时，将加强种植大户、农民专业合作组织、农业企业、家庭农场等农业新型经营主体的个性化施肥指导服务作为主攻方向，针对规模经营主体建立个性化施肥指导服务台账。2011 年来，全省各级农业部门共为 2 万多个规模种植户提供"一对一"全程个性化施肥指导服务，测土配方施肥技术到位率和配方肥推广普及率进一步提高，得到大户一致好评，呈现了"专家进大户、大户带小户"推进测土配方施肥的良好局面。

　　广东省联合南方农村报、广东电信等单位，组织专家到惠东、高州、阳山、龙门、廉江等地开展技术培训，传授水稻、马铃薯、玉米、水果、蔬菜等作物的施肥技术，并组织专家组成员在农业生产的关键时期深入田间地头开展巡回技术指导，深受群众欢迎。

　　贵州省组织专家指导各项目县因地制宜制定测土配方施肥技术推广实施方案，在关键农时季节，组织机关干部和农技人员深入田间地头，指导开展科学施肥。组织教学、科研、推广、企业、协会协同攻关，加快研发推广肥料新产品、施肥新机具、实用新技术。

　　青海省开展了多层次、多方位的技术培训工作，通过举办农民田间学校和开展田间巡回指导，根据农民需求，突出田间实际操作技能和肥水管理技术培训，开展现场指导服务，让农民易学易懂易操作，增强农民的实际操作能力。

　　新疆生产建设兵团聘请了科研、教学、农业推广方面的专家，组成技术专家组，负责制定技术方案，开展技术培训、服务与指导、设计配方、修正参数及模型、制定营养诊断指标、建立专家咨询系统以及技术咨询和研发等技术工作，测土配方施肥各项技术及时准确到位。

# 第三章
# 主要农作物肥料配方的制定

2005 年以来，全国测土配方施肥实施区域逐步扩大，实现 2 498 个农业县全覆盖。各地按照农业农村部《测土配方施肥技术规范》要求，围绕"测、配、产、供、施"五大环节，在认真组织开展采样调查、测试分析、田间试验的基础上，针对主要农作物制定多种施肥配方，组织开展配方肥生产和供应，促进配方施肥技术落实到田。

## 第一节　配方制定的原则和方法

### 一、配方制定的原则

**1. 维持营养平衡**

（1）协调植物体内营养元素充足和平衡　植物体内各种养分含量维持在一定范围是作物正常新陈代谢的保证。由于不同植物体内各养分含量不同，同一植物不同器官、不同时期，其体内各养分含量也不同，因此，在农业生产中要通过施肥确保植物生长所需的各种养分充足供应。

作物正常生长发育不仅要求各种养分供应充足，还要确保各种养分的比例适当。植物体内正常的代谢要求各种营养元素含量保持相对平衡，不平衡就会导致代谢混乱，出现生理障碍。作物必需的各种营养元素在体内均有其特殊的营养功效，缺乏时会影响各种生理生化过程，当缺乏某种营养元素达到一定程度，就会在外观上表现出一定的症状；反之，如果过剩也会产生特定的症状，出现不同程度的病态特征，即生理性病害，影响产量和品质。

（2）协调土壤营养元素平衡　植物在生长过程中以不同的方式从土壤中吸收大量营养元素，使土壤养分逐渐减少，随着作物的多次收获会使土壤贫瘠。为了保持土壤肥力和持续产出，就必须把植物带走的养分以施肥的方式归还给土壤，使土壤养分损耗和归还之间保持一定的平衡。土壤每年矿化释放的养分不能满足高产作物生长的需要，为了维持土壤中各种营养元素的投入和产出平衡，确保作物产量，必须向土壤中施肥。

土壤中各种养分的有效含量相差甚远，不同作物的养分吸收量也不同，土壤中氮、磷、钾等元素有效含量的比例随作物的吸收发生变化，土壤中养分含量的比例影响作物生长，通过施肥协调土壤各种养分的比例，才能有效满足作物生长需求。

**2. 协调产量与品质**　肥料是粮食的"粮食"，化肥施用对提高作物产量具有重要作用。同样，化肥施用也是作物品质形成的关键因素，任何一种必需养分在农作物品质形成中都是必不可少的，养分缺乏或过量都无法生产出高产优质的农产品。施肥对作物产量和品质的影响有以下三种情况：①随着施肥量的增加，最佳品质出现在最高产量之前；②随着施肥量的增加，最佳品质和最高产量同时出现；③随着施肥量的增加，最高产量出现在最佳品质之前。

化肥和有机肥均对农作物具有显著增产效果，但是作物产量和品质的变化往往是不同步的，运用测土配方施肥技术设计不同的施肥方案和配方来协调产量和品质的关系十分必要。根据不同的施肥目标可分为：①以实现最高产量目标确定施肥量；②以实现最佳品质目标确定施肥量；③以提高产量为目标，选择较好品质确定施肥量；④以提高品质为目标，选择较高产量确定施肥量。

**3. 促进养分高效利用**　肥料配方的制定应有利于养分吸收利用。影响作物养分吸收利用效率的因素很多，包括气候条件、土壤类型、种植品种以及生产管理技术等。肥料利用率是重要衡量指标，肥料利用率的高低是肥料配方及施肥方案制定是否合理的重要参考。制定肥料配方时要根据不同区域的实际情况，合理确定肥料配比，提高肥料利用率，减轻养分流失和环境污染。如利用测土配方施肥技术，要根据作物的需肥规律、土壤养分含量、目标产量等情况，结合田间实验结果，确定最佳施肥量和肥料配方，确保养分供应合理、充足，最大限度地发挥作物增产提质潜力。

**4. 提高土壤肥力**　土壤是农业生产的基本，是供应作物生长所需营养和其他生态因子的载体。作物产量对土壤有很高的依赖性，要进一步提高作物产量，除保证各种因子的充足供应外，还要不断提高土壤肥力。土壤肥力受到外部自然因素及人类社会生产活动的影响，对土壤不科学不合理的开发和利用，势必会造成土壤成分、结构、性质和功能的变化，引发土壤退化。

提高土壤肥力是农业生产水平提高和维持其可持续发展的基本保证，对实现作物高产、资源高效利用和环境保护具有重要意义。在肥料配方的制定过程中，要充分考虑培肥土壤这一重要目标，结合多方面田间结果合理确定，实现用地养地相结合。

**5. 促进肥料生产经济高效**　合理的肥料配方不仅需要考虑农艺因素，满足农业生产需要，还要考虑工业因素，以降低成本，方便工业化生产。科学施肥技术最终要通过肥料产品物化才能实现，因此配方制定还应本着经济高效的原则，协调好农业需求端和工业供给端之间的关系。根据农艺因素，如土壤、作物、气候、施肥技术、耕作栽培制度等确定作物肥料养分元素配比之后，在肥料实际生产过程中，根据工业化要求，如养分形态、原料选择、原料配比等对配方进行校正，使其适应肥料工业批量化生产的要求。

## 二、配方制定的方法

肥料配方制定重点是确定不同养分的用量和配比，主要方法有土壤养分丰缺指标法、养分平衡法、肥料效应函数法、作物营养诊断法、区域配方法等。

**1. 土壤养分丰缺指标法**　通过土壤养分测试和田间肥效试验结果，建立不同作物、不同区域的土壤养分丰缺指标。根据土壤养分状况，制定肥料配方。土壤养分丰缺指标田间试验可采用"3414"部分实施方案，处理 1 为无肥区（CK），处理 6 为氮磷钾区（NPK），处理 2、4、8 为缺素区（即 PK、NK 和 NP）。收获后计算产量，用缺素区产量占全肥区产量百分数即相对产量的高低来表达土壤养分的丰缺情况。相对产量低于 50% 的土壤养分为极低、相对产量 50%～75% 为低、75%～95% 为中、大于 95% 为高，从而确定适用于某一区域、某种作物的土壤养分丰缺指标及对应的肥料施用数量。对该区域其他田块进行土壤养分测定，就可以评价土壤养分的丰缺状况，提出相应的推荐施肥量。该方法容易造成在分段节点时肥料配方用量的较大跳跃，可以形成分段连续的施肥指标，减少分段节点肥料用量的大幅增加，更加贴合实际生产需求。

**2. 养分平衡法**　根据作物目标产量需肥量与土壤供肥量之差，以及肥料效应情况估算施肥量，计算公式如下：

$$施肥量 = \frac{目标产量所需养分总量 - 土壤供肥量}{肥料中养分含量 \times 肥料当季利用率}$$

养分平衡法涉及目标产量、作物需肥量、土壤供肥量、肥料利用率和肥料中有效养分含量五个参数。

（1）目标产量　可采用平均单产法来确定。平均单产法是利用施肥区前三年平均单产和年递增率为基础确定目标产量，其计算公式是：

$$目标产量 = (1 + 递增率) \times 前 3 年平均单产$$

一般粮食作物的递增率以 10%～15% 为宜，露地蔬菜一般为 20% 左右，设施蔬菜为 30% 左右。

（2）作物需肥量　通过对正常成熟的农作物全株养分的化学分析，测定各种作物百千克经济产量所需养分量即可获得作物需肥量。

$$作物目标产量所需养分量（千克）= \frac{目标产量（千克）}{100} \times 百千克产量所需养分量$$

（3）土壤供肥量　土壤供肥量可以通过测定基础产量估算。

通过基础产量估算：不施养分区作物所吸收的养分量作为土壤供肥量。

$$土壤供肥量（千克）= \frac{不施养分区农作物产量（千克）}{100} \times 百千克产量所需养分量$$

（4）肥料利用率　一般通过差减法来计算：利用施肥区作物吸收的养分量减去不施肥区农作物吸收的养分量，其差值视为肥料供应的养分量，再除以所用肥料养分量就是肥料利用率。

$$肥料利用率（\%）= \frac{施肥区农作物吸收养分量（千克/亩）- 缺素区农作物吸收养分量（千克/亩）}{肥料施用量（千克/亩）\times 肥料中养分含量（\%）} \times 100\%$$

（5）肥料养分含量　供施肥料包括无机肥料与有机肥料。无机肥料、商品有机肥料含量按其标明量，不明养分含量的有机肥料其养分含量可参照当地不同类型有机肥养分平均含量获得。

**3. 肥料效应函数法**　肥料效应函数法是指根据"3414"方案田间试验结果建立当地

主要作物的肥料效应函数，直接获得某一区域、某种作物的氮、磷、钾肥料的最佳施用量，为肥料配方和施肥推荐提供依据。一般以田间多点肥料试验为基础，求得产量与施肥量之间的肥料效应方程，根据效应方程和边际分析法计算最佳施肥量。

此方法是以田间试验为基础而不是测定土壤，虽然计算出的施肥量精确度高、反馈性好，但缺点是需要预先做大量复杂的田间试验、大量的室内测定和复杂的数据统计计算才能求出肥料效应方程，而求出的方程也仅适合做田间试验的这些地区，大面积推广应用受到限制。

**4. 作物营养诊断法**　作物营养诊断法的核心是通过测试植物的营养状况以指导施肥。该方法综合了目标产量法、养分丰缺指标法和作物营养诊断法的优点。对于大田作物，在综合考虑有机肥、作物秸秆应用和管理措施的基础上，根据氮、磷、钾和中微量元素养分的不同特征，采取不同的养分优化调控与管理策略。我国 20 世纪 80～90 年代先后研究应用过的作物营养诊断方法有植物组织全量分析测定法、植物组织速测法、DRIS 法和果树叶分析法等。作物营养诊断法在国内外应用较成功的是果树叶分析法。

**5. 区域配方法**　通过总结田间试验、土壤养分数据等，将区域划分不同施肥分区。根据气候、地貌、土壤、耕作制度等区域特征相似性和差异性，结合专家经验，提出不同作物的施肥配方。一般情况下分区与区域地貌气候和土壤类型密切相关，可通过地理信息技术划分施肥分区。在 GPS 定位土壤采样与土壤测试的基础上，综合考虑行政区划、土壤类型、土壤质地、气象资料、种植结构、作物需肥规律等因素，借助信息技术生成区域性土壤养分空间变异图和县域施肥分区，优化设计不同分区的肥料配方。如山东省可按照地形地貌和生态状况分为鲁西北平原区、鲁东北盐渍化区、鲁中北部平原区、鲁中山地丘陵区、鲁中南部平原区和胶东低山丘陵区 6 个生态区域，在土壤类型和种植制度相对统一的情况下，施肥配方的制定会更加容易。

# 第二节　全国大配方的制定发布

2005—2009 年，在汇总分析土壤测试和田间试验数据结果的基础上，采用专家会商等方法，全国累计设计主要农作物施肥配方 108 464 个。在 2009 年，通过全国肥料双交会发布主要农作物基肥主体配方 1 455 个，涉及小麦、玉米、水稻、油菜、大豆、棉花、蔬菜等作物。

2013 年，农业部组织测土配方施肥技术专家组在总结 9 年全国测土配方施肥成果的基础上，根据小麦、玉米、水稻三大粮食作物需肥特点、不同区域土壤养分供应状况及肥效反应，研究制定并发布了《小麦、玉米、水稻三大粮食作物的区域大配方与施肥建议（2013）》。

大配方是根据区域生产布局、气候条件（积温和降水）、栽培条件（种植制度、灌溉条件和耕作方式）、地形（平原、丘陵、山地和高原）和土壤条件（土壤类型和土壤地力），将我国玉米、小麦和水稻各划分为不同大区。依据区域内土壤养分供应特征、作物养分需求规律和肥效反应，结合"氮素总量控制、分期调控，磷肥恒量监控，钾肥肥效反应"推荐施肥基本原则，提出了 38 个推荐配方和施肥建议（表 3-1），覆盖了全国三大主粮 98% 的区域。

### 表 3-1 小麦、玉米、水稻区域大配方

| 作物 | 区域名称 | 区域范围 | 推荐配方（N-P₂O₅-K₂O） |
|---|---|---|---|
| 小麦 | 东北春麦区 | 黑龙江省西部部分市县、内蒙古自治区东北部 | 12-20-13 |
| | 西北雨养旱作麦区 | 河北省北部、北京市北部、内蒙古自治区乌兰察布南部、山西省大部、陕西省北部、河南省西部、宁夏回族自治区北部、甘肃省东部 | 28-12-5 |
| | 西北灌溉麦区 | 内蒙古自治区中部、宁夏回族自治区北部、甘肃省的中西部、青海省东部、新疆维吾尔自治区的全部 | 17-18-10 |
| | 华北灌溉冬麦区 | 山东省和天津市的全部、河北省中南部、北京市中南部、河南省中北部、陕西省关中平原、山西省南部 | 15-20-12 |
| | 华北雨养冬麦区 | 江苏及安徽两省的淮河以北地区、河南省东南部 | 18-15-12（基追结合）<br>25-12-8（一次性施肥） |
| | 长江中下游冬麦区 | 湖北、湖南、江西、浙江和上海5省（直辖市）全部，河南省南部，安徽和江苏两省的淮河以南地区 | 12-10-8（中低浓度）<br>18-15-12（高浓度） |
| | 西南麦区 | 重庆、四川、贵州和云南4省（直辖市）全部以及陕西南部 | 12-10-7（中低浓度）<br>19-15-11（高浓度） |
| 玉米 | 东北冷凉春玉米区 | 黑龙江省大部和吉林省东部 | 14-18-13 |
| | 东北半湿润春玉米区 | 黑龙江省西南部、吉林省中部和辽宁省北部 | 15-18-12（基追结合）<br>29-13-10（一次性施肥） |
| | 东北半干旱春玉米区 | 吉林省西部、内蒙古自治区东北部、黑龙江省西南部 | 13-20-12 |
| | 东北温暖湿润春玉米区 | 辽宁省的大部和河北省东北部 | 17-17-12 |
| | 华北中北部夏玉米区 | 山东省和天津市全部、河北省中南部、北京市中南部、河南省中北部、陕西省关中平原、山西省南部 | 18-12-15（基追结合）<br>28-7-9（一次性施肥） |
| | 华北南部夏玉米区 | 江苏及安徽两省的淮河以北地区、河南省南部 | 18-15-12（基追结合）<br>26-10-8（一次性施肥） |
| | 西北雨养旱作春玉米区 | 河北省北部、北京市北部、内蒙古自治区南部、山西省大部、陕西省北部、宁夏回族自治区北部、甘肃省东部 | 15-20-10（基追结合）<br>26-13-6（一次性施肥） |
| | 北部灌溉春玉米区 | 内蒙古东部和中部、陕西省北部、宁夏回族自治区北部、甘肃省东部 | 13-22-10 |
| | 西北绿洲灌溉春玉米区 | 甘肃省的中西部、新疆维吾尔自治区全部 | 17-23-6 |
| | 四川盆地玉米区 | 四川省东部、重庆市西部 | 17-16-12 |
| | 西南山地丘陵玉米区 | 陕西省南部、四川省北部、河南省西南部、重庆市东部、湖北省西部、湖南省西部、贵州省中东部、广西壮族自治区西部 | 20-15-10 |
| | 西南高原玉米区 | 贵州西部、四川西南部和云南省全部 | 19-15-11 |

（续）

| 作物 | 区域名称 | 区域范围 | 推荐配方（N－P₂O₅－K₂O） |
|---|---|---|---|
| 水稻 | 东北寒地单季稻区 | 黑龙江省的全部以及内蒙古自治区呼伦贝尔市的部分县 | 13－19－13 |
| | 东北吉辽内蒙古单季稻区 | 吉林、辽宁两省的全部以及内蒙古自治区的赤峰、通辽和兴安盟三市（盟）的部分县 | 15－16－14 |
| | 长江上游单季稻区 | 四川省东部、重庆市的全部、陕西南部、贵州北部的部分县、湖北省西部 | 11－11－8（中低浓度）<br>16－16－13（高浓度） |
| | 长江中游单双季稻区 | 湖北省中东部、湖南省东北部、江西省北部、河南南部、安徽省的全部 | 早稻12－10－7（中低浓度），18－15－10（高浓度）；<br>中稻11－11－9（中低浓度），16－16－13（高浓度）；<br>晚稻12－9－9（中低浓度），19－13－13（高浓度） |
| | 长江下游单季稻区 | 山东省西南部分县、江苏省全部、浙江省北部 | 12－10－7（中低浓度）<br>19－15－11（高浓度） |
| | 江南丘陵山地单双季稻区 | 湖南省中南部、江西省东南部、浙江省南部、福建省中北部、广东省北部 | 早稻19－13－13；<br>中稻17－14－14；<br>晚稻19－13－13 |
| | 华南平原丘陵双季稻区 | 广西壮族自治区南部、广东省南部、海南省的全部、福建省东南 | 早稻18－12－16；<br>晚稻18－12－16 |
| | 西南高原山地单季稻区 | 云南省全部、四川省西南部、贵州省的大部、湖南省的西部、广西壮族自治区北部 | 17－13－15 |

# 第三节　区域小配方调优推广

2010—2020年，以土壤测试为基础，根据作物养分需求、土壤类型、区域特点和灌溉条件，设计区域大配方的技术逐步成熟，提出了适合于工业生产的"大配方、小调整"思路。在这一思路指导下，全国各级农业部门围绕"促增产、提效率、保安全"三大目标，本着"增产施肥、经济施肥、环保施肥"相统一的科学施肥理念，开展了大量田间试验并制定了大量配方。基于农业农村部公布的三大粮食作物38个大配方，省级农业部门因地制宜制定并发布本省的配方，指导所辖市县共发布"小配方"5 000多个，作物涵盖了水稻、小麦、玉米、马铃薯、大豆、棉花、油菜、花生、果树、蔬菜等主要农作物（表3－2）。

小配方是各省、市、县按照主要区域、土壤类型和种植模式细分制定的，其分区主要包括八种方式：①按行政区划；②按土壤类型；③按种植模式；④按行政区划和土壤类型；⑤按土壤类型和种植模式；⑥按行政区划和种植模式；⑦按行政区划、土壤类型和种植模式；⑧按模糊边界界定（如某省北部、丘陵区等）。配方制定方法主要有四种，分别是土壤养分丰缺指标法、养分平衡法、肥料效应函数法、区域配方法。

### 表 3-2 各地省、市、县级配方数量

| 序号 | 省份 | 作物 | 省级配方数量/个 | 市县级配方数量/个 | 合计/个 |
| --- | --- | --- | --- | --- | --- |
| 1 | 北京市 | 冬小麦 | 1 | 0 | 1 |
| 2 | 北京市 | 春玉米 | 1 | 0 | 1 |
| 3 | 北京市 | 夏玉米 | 1 | 0 | 1 |
| 4 | 天津市 | 春小麦 | 3 | 1 | 4 |
| 5 | 天津市 | 冬小麦 | 3 | 10 | 13 |
| 6 | 天津市 | 春玉米 | 2 | 15 | 17 |
| 7 | 天津市 | 夏玉米 | 1 | 5 | 6 |
| 8 | 天津市 | 棉花 | 1 | 5 | 6 |
| 9 | 天津市 | 蔬菜 | 0 | 7 | 7 |
| 10 | 天津市 | 果树 | 0 | 4 | 4 |
| 11 | 河北省 | 冬小麦 | 0 | 158 | 158 |
| 12 | 河北省 | 春玉米 | 0 | 34 | 34 |
| 13 | 河北省 | 夏玉米 | 0 | 152 | 152 |
| 14 | 河北省 | 大豆 | 0 | 2 | 2 |
| 15 | 河北省 | 马铃薯 | 0 | 6 | 6 |
| 16 | 河北省 | 棉花 | 0 | 24 | 24 |
| 17 | 河北省 | 花生 | 0 | 13 | 13 |
| 18 | 河北省 | 蔬菜 | 0 | 41 | 41 |
| 19 | 河北省 | 果树 | 0 | 3 | 3 |
| 20 | 山西省 | 春小麦 | 0 | 1 | 1 |
| 21 | 山西省 | 冬小麦 | 0 | 27 | 27 |
| 22 | 山西省 | 春玉米 | 0 | 68 | 68 |
| 23 | 山西省 | 夏玉米 | 0 | 18 | 18 |
| 24 | 山西省 | 大豆 | 0 | 3 | 3 |
| 25 | 山西省 | 马铃薯 | 0 | 26 | 26 |
| 26 | 山西省 | 蔬菜 | 0 | 17 | 17 |
| 27 | 山西省 | 果树 | 0 | 22 | 22 |
| 28 | 山西省 | 其他 | 0 | 27 | 27 |
| 29 | 内蒙古自治区 | 春小麦 | 0 | 12 | 12 |
| 30 | 内蒙古自治区 | 冬小麦 | 0 | 1 | 1 |
| 31 | 内蒙古自治区 | 春玉米 | 0 | 67 | 67 |
| 32 | 内蒙古自治区 | 大豆 | 0 | 10 | 10 |
| 33 | 内蒙古自治区 | 马铃薯 | 0 | 21 | 21 |
| 34 | 内蒙古自治区 | 棉花 | 0 | 1 | 1 |
| 35 | 内蒙古自治区 | 油菜 | 0 | 2 | 2 |

（续）

| 序号 | 省份 | 作物 | 省级配方数量/个 | 市县级配方数量/个 | 合计/个 |
|---|---|---|---|---|---|
| 36 | 内蒙古自治区 | 花生 | 0 | 1 | 1 |
| 37 | 内蒙古自治区 | 蔬菜 | 0 | 12 | 12 |
| 38 | 内蒙古自治区 | 其他 | 0 | 35 | 35 |
| 39 | 辽宁省 | 一季稻 | 3 | 34 | 37 |
| 40 | 辽宁省 | 春玉米 | 4 | 92 | 96 |
| 41 | 辽宁省 | 大豆 | 3 | 9 | 12 |
| 42 | 辽宁省 | 马铃薯 | 0 | 1 | 1 |
| 43 | 辽宁省 | 花生 | 3 | 19 | 22 |
| 44 | 辽宁省 | 蔬菜 | 0 | 4 | 4 |
| 45 | 辽宁省 | 果树 | 0 | 5 | 5 |
| 46 | 吉林省 | 一季稻 | 0 | 29 | 29 |
| 47 | 吉林省 | 春玉米 | 0 | 44 | 44 |
| 48 | 吉林省 | 大豆 | 0 | 8 | 8 |
| 49 | 吉林省 | 花生 | 0 | 2 | 2 |
| 50 | 黑龙江省 | 一季稻 | 0 | 110 | 110 |
| 51 | 黑龙江省 | 春小麦 | 0 | 6 | 6 |
| 52 | 黑龙江省 | 春玉米 | 0 | 136 | 136 |
| 53 | 黑龙江省 | 大豆 | 0 | 92 | 92 |
| 54 | 黑龙江省 | 马铃薯 | 0 | 27 | 27 |
| 55 | 上海市 | 晚稻 | 0 | 3 | 3 |
| 56 | 上海市 | 一季稻 | 0 | 9 | 9 |
| 57 | 上海市 | 蔬菜 | 0 | 3 | 3 |
| 58 | 上海市 | 果树 | 0 | 1 | 1 |
| 59 | 江苏省 | 早稻 | 0 | 8 | 8 |
| 60 | 江苏省 | 晚稻 | 0 | 22 | 22 |
| 61 | 江苏省 | 一季稻 | 0 | 77 | 77 |
| 62 | 江苏省 | 春小麦 | 0 | 1 | 1 |
| 63 | 江苏省 | 冬小麦 | 0 | 101 | 101 |
| 64 | 江苏省 | 春玉米 | 0 | 7 | 7 |
| 65 | 江苏省 | 夏玉米 | 0 | 12 | 12 |
| 66 | 江苏省 | 大豆 | 0 | 1 | 1 |
| 67 | 江苏省 | 油菜 | 0 | 12 | 12 |
| 68 | 江苏省 | 蔬菜 | 0 | 1 | 1 |
| 69 | 江苏省 | 果树 | 0 | 1 | 1 |
| 70 | 浙江省 | 早稻 | 0 | 19 | 19 |

（续）

| 序号 | 省份 | 作物 | 省级配方数量/个 | 市县级配方数量/个 | 合计/个 |
|---|---|---|---|---|---|
| 71 | 浙江省 | 晚稻 | 0 | 23 | 23 |
| 72 | 浙江省 | 一季稻 | 0 | 49 | 49 |
| 73 | 浙江省 | 大豆 | 0 | 1 | 1 |
| 74 | 浙江省 | 油菜 | 0 | 7 | 7 |
| 75 | 浙江省 | 蔬菜 | 0 | 7 | 7 |
| 76 | 浙江省 | 果树 | 0 | 11 | 11 |
| 77 | 安徽省 | 早稻 | 0 | 10 | 10 |
| 78 | 安徽省 | 晚稻 | 0 | 10 | 10 |
| 79 | 安徽省 | 一季稻 | 0 | 84 | 84 |
| 80 | 安徽省 | 冬小麦 | 0 | 97 | 97 |
| 81 | 安徽省 | 春玉米 | 0 | 1 | 1 |
| 82 | 安徽省 | 夏玉米 | 0 | 55 | 55 |
| 83 | 安徽省 | 大豆 | 0 | 9 | 9 |
| 84 | 安徽省 | 棉花 | 0 | 13 | 13 |
| 85 | 安徽省 | 油菜 | 0 | 47 | 47 |
| 86 | 安徽省 | 花生 | 0 | 6 | 6 |
| 87 | 安徽省 | 蔬菜 | 0 | 11 | 11 |
| 88 | 安徽省 | 果树 | 0 | 4 | 4 |
| 89 | 安徽省 | 其他 | 0 | 8 | 8 |
| 90 | 福建省 | 早稻 | 0 | 12 | 12 |
| 91 | 福建省 | 晚稻 | 0 | 1 | 1 |
| 92 | 福建省 | 一季稻 | 0 | 10 | 10 |
| 93 | 福建省 | 大豆 | 0 | 3 | 3 |
| 94 | 福建省 | 蔬菜 | 0 | 33 | 33 |
| 95 | 福建省 | 果树 | 0 | 16 | 16 |
| 96 | 江西省 | 早稻 | 1 | 57 | 58 |
| 97 | 江西省 | 晚稻 | 1 | 52 | 53 |
| 98 | 江西省 | 一季稻 | 1 | 48 | 49 |
| 99 | 江西省 | 棉花 | 0 | 1 | 1 |
| 100 | 江西省 | 油菜 | 1 | 16 | 17 |
| 101 | 江西省 | 花生 | 0 | 1 | 1 |
| 102 | 江西省 | 果树 | 0 | 8 | 8 |
| 103 | 山东省 | 冬小麦 | 0 | 154 | 154 |
| 104 | 山东省 | 春玉米 | 0 | 2 | 2 |
| 105 | 山东省 | 夏玉米 | 0 | 148 | 148 |

（续）

| 序号 | 省份 | 作物 | 省级配方数量/个 | 市县级配方数量/个 | 合计/个 |
|---|---|---|---|---|---|
| 106 | 山东省 | 大豆 | 0 | 4 | 4 |
| 107 | 山东省 | 马铃薯 | 0 | 16 | 16 |
| 108 | 山东省 | 棉花 | 0 | 25 | 25 |
| 109 | 山东省 | 花生 | 0 | 50 | 50 |
| 110 | 山东省 | 蔬菜 | 0 | 54 | 54 |
| 111 | 山东省 | 果树 | 0 | 39 | 39 |
| 112 | 河南省 | 一季稻 | 0 | 26 | 26 |
| 113 | 河南省 | 冬小麦 | 0 | 350 | 350 |
| 114 | 河南省 | 春玉米 | 0 | 8 | 8 |
| 115 | 河南省 | 夏玉米 | 7 | 257 | 264 |
| 116 | 河南省 | 大豆 | 3 | 71 | 74 |
| 117 | 河南省 | 花生 | 0 | 31 | 31 |
| 118 | 河南省 | 蔬菜 | 0 | 21 | 21 |
| 119 | 河南省 | 果树 | 0 | 3 | 3 |
| 120 | 河南省 | 其他 | 0 | 4 | 4 |
| 121 | 湖北省 | 早稻 | 0 | 21 | 21 |
| 122 | 湖北省 | 晚稻 | 0 | 20 | 20 |
| 123 | 湖北省 | 一季稻 | 0 | 81 | 81 |
| 124 | 湖北省 | 春小麦 | 0 | 3 | 3 |
| 125 | 湖北省 | 冬小麦 | 0 | 45 | 45 |
| 126 | 湖北省 | 春玉米 | 0 | 23 | 23 |
| 127 | 湖北省 | 夏玉米 | 0 | 22 | 22 |
| 128 | 湖北省 | 大豆 | 0 | 7 | 7 |
| 129 | 湖北省 | 棉花 | 0 | 13 | 13 |
| 130 | 湖北省 | 油菜 | 3 | 47 | 50 |
| 131 | 湖北省 | 花生 | 0 | 11 | 11 |
| 132 | 湖北省 | 蔬菜 | 0 | 34 | 34 |
| 133 | 湖北省 | 果树 | 0 | 11 | 11 |
| 134 | 湖北省 | 其他 | 0 | 2 | 2 |
| 135 | 湖南省 | 早稻 | 0 | 47 | 47 |
| 136 | 湖南省 | 晚稻 | 0 | 51 | 51 |
| 137 | 湖南省 | 一季稻 | 0 | 63 | 63 |
| 138 | 湖南省 | 春玉米 | 0 | 32 | 32 |
| 139 | 湖南省 | 夏玉米 | 0 | 9 | 9 |
| 140 | 湖南省 | 大豆 | 0 | 2 | 2 |

（续）

| 序号 | 省份 | 作物 | 省级配方数量/个 | 市县级配方数量/个 | 合计/个 |
|------|------|------|------|------|------|
| 141 | 湖南省 | 棉花 | 0 | 9 | 9 |
| 142 | 湖南省 | 油菜 | 5 | 28 | 33 |
| 143 | 湖南省 | 蔬菜 | 0 | 10 | 10 |
| 144 | 湖南省 | 果树 | 0 | 27 | 27 |
| 145 | 广西壮族自治区 | 早稻 | 0 | 10 | 10 |
| 146 | 广西壮族自治区 | 晚稻 | 0 | 8 | 8 |
| 147 | 广西壮族自治区 | 一季稻 | 0 | 7 | 7 |
| 148 | 广西壮族自治区 | 春玉米 | 0 | 5 | 5 |
| 149 | 广西壮族自治区 | 夏玉米 | 0 | 2 | 2 |
| 150 | 广西壮族自治区 | 花生 | 0 | 2 | 2 |
| 151 | 广西壮族自治区 | 蔬菜 | 0 | 3 | 3 |
| 152 | 广西壮族自治区 | 果树 | 0 | 2 | 2 |
| 153 | 海南省 | 早稻 | 0 | 3 | 3 |
| 154 | 海南省 | 晚稻 | 0 | 2 | 2 |
| 155 | 海南省 | 蔬菜 | 0 | 7 | 7 |
| 156 | 重庆市 | 一季稻 | 1 | 44 | 45 |
| 157 | 重庆市 | 冬小麦 | 0 | 2 | 2 |
| 158 | 重庆市 | 春玉米 | 1 | 43 | 44 |
| 159 | 重庆市 | 油菜 | 1 | 35 | 36 |
| 160 | 重庆市 | 花生 | 0 | 2 | 2 |
| 161 | 重庆市 | 蔬菜 | 6 | 129 | 135 |
| 162 | 重庆市 | 果树 | 0 | 44 | 44 |
| 163 | 四川省 | 早稻 | 0 | 3 | 3 |
| 164 | 四川省 | 晚稻 | 0 | 2 | 2 |
| 165 | 四川省 | 一季稻 | 6 | 107 | 113 |
| 166 | 四川省 | 春小麦 | 0 | 5 | 5 |
| 167 | 四川省 | 冬小麦 | 5 | 51 | 56 |
| 168 | 四川省 | 春玉米 | 0 | 74 | 74 |
| 169 | 四川省 | 夏玉米 | 4 | 38 | 42 |
| 170 | 四川省 | 油菜 | 3 | 80 | 83 |
| 171 | 四川省 | 蔬菜 | 0 | 19 | 19 |
| 172 | 四川省 | 果树 | 0 | 46 | 46 |
| 173 | 贵州省 | 一季稻 | 3 | 0 | 3 |
| 174 | 贵州省 | 春玉米 | 3 | 0 | 3 |
| 175 | 贵州省 | 油菜 | 3 | 0 | 3 |

（续）

| 序号 | 省份 | 作物 | 省级配方数量/个 | 市县级配方数量/个 | 合计/个 |
|---|---|---|---|---|---|
| 176 | 云南省 | 早稻 | 0 | 1 | 1 |
| 177 | 云南省 | 晚稻 | 0 | 2 | 2 |
| 178 | 云南省 | 一季稻 | 0 | 115 | 115 |
| 179 | 云南省 | 冬小麦 | 0 | 37 | 37 |
| 180 | 云南省 | 春玉米 | 0 | 146 | 146 |
| 181 | 云南省 | 夏玉米 | 0 | 2 | 2 |
| 182 | 云南省 | 油菜 | 0 | 30 | 30 |
| 183 | 云南省 | 花生 | 0 | 1 | 1 |
| 184 | 云南省 | 蔬菜 | 0 | 31 | 31 |
| 185 | 云南省 | 果树 | 0 | 7 | 7 |
| 186 | 西藏自治区 | 青稞 | 0 | 3 | 3 |
| 187 | 陕西省 | 冬小麦 | 0 | 35 | 35 |
| 188 | 陕西省 | 春玉米 | 1 | 20 | 21 |
| 189 | 陕西省 | 夏玉米 | 1 | 21 | 22 |
| 190 | 陕西省 | 油菜 | 1 | 1 | 2 |
| 191 | 陕西省 | 蔬菜 | 0 | 4 | 4 |
| 192 | 陕西省 | 果树 | 0 | 18 | 18 |
| 193 | 甘肃省 | 春小麦 | 2 | 9 | 11 |
| 194 | 甘肃省 | 冬小麦 | 1 | 15 | 16 |
| 195 | 甘肃省 | 春玉米 | 2 | 20 | 22 |
| 196 | 甘肃省 | 夏玉米 | 1 | 11 | 12 |
| 197 | 甘肃省 | 棉花 | 0 | 2 | 2 |
| 198 | 甘肃省 | 油菜 | 0 | 2 | 2 |
| 199 | 甘肃省 | 蔬菜 | 0 | 8 | 8 |
| 200 | 甘肃省 | 果树 | 1 | 2 | 3 |
| 201 | 青海省 | 春小麦 | 1 | 1 | 2 |
| 202 | 青海省 | 油菜 | 0 | 2 | 2 |
| 203 | 青海省 | 蔬菜 | 4 | 0 | 4 |
| 204 | 宁夏回族自治区 | 春小麦 | 0 | 5 | 5 |
| 205 | 宁夏回族自治区 | 冬小麦 | 0 | 1 | 1 |
| 206 | 宁夏回族自治区 | 春玉米 | 0 | 6 | 6 |
| 207 | 新疆维吾尔自治区 | 春小麦 | 0 | 4 | 4 |
| 208 | 新疆维吾尔自治区 | 冬小麦 | 0 | 16 | 16 |
| 209 | 新疆维吾尔自治区 | 春玉米 | 0 | 10 | 10 |
| 210 | 新疆维吾尔自治区 | 夏玉米 | 0 | 2 | 2 |

（续）

| 序号 | 省份 | 作物 | 省级配方数量/个 | 市县级配方数量/个 | 合计/个 |
|------|------|------|------|------|------|
| 211 | 新疆维吾尔自治区 | 棉花 | 0 | 15 | 15 |
| 212 | 新疆维吾尔自治区 | 蔬菜 | 0 | 4 | 4 |
| 213 | 新疆维吾尔自治区 | 果树 | 0 | 2 | 2 |

# 第四节　肥料配方的发展变化

## 一、基本情况

推荐肥料配方是指导农民科学施肥的重要手段。测土配方施肥项目实施以来，各级农技推广部门分析田间肥效试验等数据结果，制定、发布、推广了一批高效施肥配方，为保障国家粮食安全、促进农业绿色发展作出了重要贡献。农业农村部收集整理各级农技部门发布的作物推荐配方，2014年共收集到各地有效推荐配方6 241个，2019年共收集到各地有效推荐配方5 992个，这些配方覆盖了小麦、玉米、水稻、马铃薯、大豆、油菜、棉花、花生、蔬菜、果树及其他经济作物。配方覆盖了全国除港澳台地区外的31个省级行政区，县级行政区覆盖率超过80%。

## 二、数量变化

2019年与2014年相比，全国推荐配方数量总体略有减少，从6 191个减少到5 992个，减少了3.2%。分区域来看，各区域推荐配方总数中，华北地区、西南地区增长最多，分别增加了306个和208个，增幅为18.4%、20.2%；华东地区小幅增加，增加了42个；东北地区、西北地区和华中南地区配方数量均有减少，分别减少了139个、542个和74个，减幅为15.0%、65.0%和9.6%。

从省级推荐配方来看，配方总数大幅增加，从2014年50个增加到2019年124个，增长了148%，主要是省级推荐配方在覆盖作物上更加丰富。分区域来看，除东北地区无变化外，其余地区数量均有所增加，其中西北、华东、华中南三个地区实现了从无到有的变化。

从县级推荐配方来看，配方总数略有减少，从2014年6 141个降低到2019年5 868个，减少了4.4%。分区域来看，华北地区、西南地区增长最多，分别增加了289个和192个，增幅分别为17.5%和19.1%；华东地区小幅增加，增加了32个；东北地区、西北地区和华中南地区配方个数均有减少，分别减少了139个、569个和78个，减少了15.2%、68.2%和10.1%（表3-3）。

表3-3　推荐配方数量变化

| 年份 | 省级配方/个 | | 县级配方/个 | | 配方总数/个 | |
|------|------|------|------|------|------|------|
| | 2014 | 2019 | 2014 | 2019 | 2014 | 2019 |
| 东北地区 | 12 | 12 | 917 | 778 | 929 | 790 |

（续）

| 年份 | 省级配方/个 | | 县级配方/个 | | 配方总数/个 | |
|---|---|---|---|---|---|---|
| | 2014 | 2019 | 2014 | 2019 | 2014 | 2019 |
| 华北地区 | 11 | 28 | 1 656 | 1 945 | 1 667 | 1 973 |
| 西北地区 | 0 | 27 | 834 | 265 | 834 | 292 |
| 西南地区 | 27 | 43 | 1 005 | 1 197 | 1 032 | 1 240 |
| 华东地区 | 0 | 10 | 956 | 988 | 956 | 998 |
| 华中南地区 | 0 | 4 | 773 | 695 | 773 | 699 |
| 全国总体 | 50 | 124 | 6 141 | 5 868 | 6 191 | 5 992 |

# 三、类型变化

2014—2019 年，全国各级农技部门推荐的平衡配方（即氮、磷、钾含量相等或相差不超过 1 个百分点的配方）比例均显著下降，全国总体从 11.9% 下降到 3.3%。其中东北地区从 30.5% 下降到 3.9%，下降幅度最大，说明各地推荐配方更趋精细化（图 3-1）。

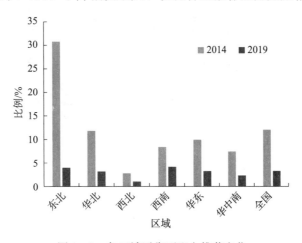

图 3-1　各区域平衡型配方推荐变化

2014—2019 年，全国整体推荐的高氮配方（氮含量大于 20 的配方）比例有所增加，从 31.8% 增长到 33.8%。但华东地区从 38.5% 下降至 21.9%、华中南地区从 27.7% 下降至 26.6%，这与两个区域生态环境保护目标要求推荐配方氮素含量下降有关（图 3-2）。

2014—2019 年，全国各区域推荐的高浓度配方（总养分含量大于等于 40 的配方）比例与高氮配方变化趋势基本一致，从 66.5% 增加至 78.4%；只有华东地区略有下降，从 87.0% 下降至 85.5%。2019 年东北地区、华北地区的高浓度肥料配方推荐比例高，分别为 96.8% 和 90.3%；西北地区、西南地区的中低浓度配方比例较多，高浓度配方仅占 61.3% 和 51.6%（图 3-3）。

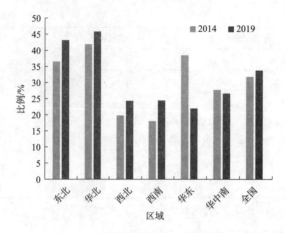

图 3-2　各区域高氮配方推荐变化

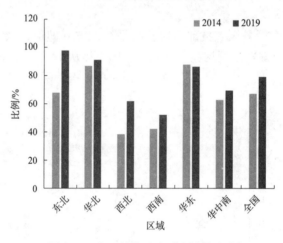

图 3-3　各区域高浓度配方推荐变化

## 四、内容变化

2014—2019 年，推荐配方的氮含量均值东北地区从 18.0% 提高到 19.5%，华北地区从 20.8% 提高到 21.8%，西北地区从 16.0% 提高到 18.0%，西南地区从 15.9% 提高到 16.9%，华东地区、华中南地区变化不明显（图 3-4）。

2014—2019 年，全国推荐配方的磷含量均值从 11.4% 提高到 11.8%。东北地区从 17.0% 提高到 18.1%，西北地区从 11.0% 提高到 13.4%，呈显著增加趋势；华北地区从 13.0% 降低到 12.1%，华东地区从 10.7% 降低到 10.2%；西南地区、华中南地区变化不明显（图 3-5）。

2014—2019 年，推荐配方的钾含量均值东北地区从 12.1% 提高到 12.8%，西北地区从 6.5% 提高到 7.3%，西南地区从 9.2% 提高到 9.7%；华北地区、华东地区和华中南地区变化不明显（图 3-6）。

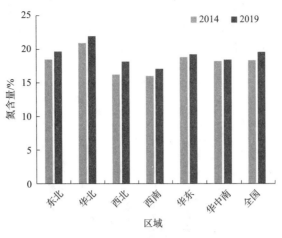

图 3-4　各区域推荐配方氮含量变化

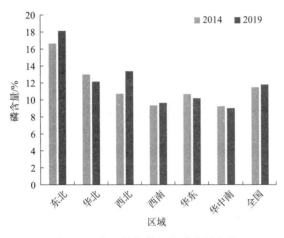

图 3-5　各区域推荐配方磷含量变化

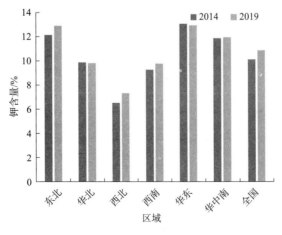

图 3-6　各区域推荐配方钾含量变化

2014—2019 年，全国推荐配方的总养分含量均值从 37.6% 显著提高到 42.0%。其中东北地区从 35.3% 显著提高到 50.4%，华北地区从 41.0% 提高到 43.6%，西北地区从 33.2% 提高到 38.7%，西南地区从 34.3% 提高到 36.3%；华东地区、华中南地区变化不明显（图 3-7）。

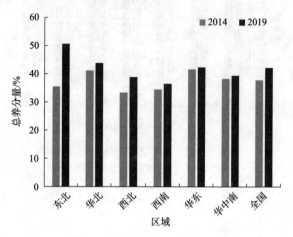

图 3-7　各区域推荐配方总养分量变化

# 主要参考文献

杜森，徐晶莹，钟永红，等，2020. 主要农作物肥料配方制定与推广 [M]. 北京：中国农业出版社.

张福锁，2011. 测土配方施肥技术 [M]. 北京：中国农业大学出版社.

# 第四章
# 测土配方施肥数据库建设

## 第一节　基本情况

2005 年，农业部启动全国测土配方施肥工作，组织开展全国性农户调查、土样采集、分析化验、田间试验等工作，产生了大量的测土配方施肥数据。为进一步收集测土配方施肥数据，并整理汇总入库，按照农业农村部种植业管理司、全国农业技术推广服务中心要求，从 2009 年 3 月开始，扬州市耕地质量保护站承担测土配方施肥数据管理系统软件研发和相关技术服务工作。根据测土配方施肥数据管理工作总体要求，该软件通过对全国测土配方施肥数据的规范采集、集中存储、统一管理，实现县级、省级、国家级各个层面的统计汇总和应用。接受任务后，扬州市耕地质量保护站用了不到 2 个月的时间就完成了一期工程开发，经江苏省 43 个项目县 2 个月应用测试，2009 年 7 月 5 日，全国农业技术推广服务中心组织专家在扬州市对该软件进行了验收，专家一致认为该软件可以提供给全国项目县实际应用。2009 年 8—11 月，扬州市耕地质量保护站组织力量进行测土配方施肥数据管理系统二期工程开发，主要任务是研发数据汇总和分析功能模块，随后研发了数据审查、数据导出、肥料利用率田间试验汇总、土壤养分丰缺指标计算、"3414"试验结果分析等专业应用模块。全国农业技术推广服务中心先后在扬州举办 2 期培训班，对各省份数据管理员进行应用技术培训。全国项目县应用该软件正常进行数据应用、数据上报。根据全国农业技术推广服务中心的工作要求，通过对全国上报的数据汇总分析，多次提供各种汇总统计、土壤养分分级、理化性状分布图等成果信息，为全国测土配方施肥数据汇总、分析、应用提供了有力的技术支撑。

为进一步加强测土配方施肥数据管理与开发应用，提高数据应用水平，农业农村部种植业管理司委托扬州市耕地质量保护站建设"国家测土配方施肥数据管理平台"（农办农〔2012〕54 号），并研发"测土配方施肥专家系统工具软件"，为全国测土配方施肥数据管理和开发应用提供技术支撑。接到任务后，扬州市耕地质量保护站开展了深入调研，按照"四统一"原则，即统一技术规程、统一数据标准、统一数据管理平台、统一配方肥追溯体系，设计筹建国家测土配方施肥数据管理平台。2012 年 8 月 9 日，全国农业技术推广服务中心下发《关于县域测土配方施肥专家系统工具发放与技术培训的通知》（农技土肥水函〔2012〕314 号），进一步提出了软件发放和培训要求。2012 年以来，针对全国县域测土配方施肥专家系统、测土配方施肥数据管理系统共举办 20 多期培训，31 省（直辖市、自治区）3 000 多名土肥技术人员参加了培训，进一步规范了测土配方施肥数据收集管理，确保了数据准确性。每年，全国农业技术推广服务中心都要求各项目县如期上报测土配方施肥数据，并汇总到测土配方施肥数据库。

2005—2020 年，测土配方施肥数据库覆盖全国 2 498 个项目县，收集了 1 680 万个土壤样品数据（包括采样地块的行政信息、经纬度、耕层厚度、地貌类型、土壤类型、剖面构型、质地、肥力水平、产量水平、意向作物等）、近亿个土壤测试数据（质地、容重、常规五项、中微量元素等）、12 万个田间试验数据（"3414"试验，作物类型、品种、施肥量及不同处理的植株、籽粒的产量等）、15 万个田间示范（示范试验，配方施肥区、农民常规区、空白区的产量、化肥用量、有机肥用量、降水量、灌溉总量、作物品种等）以及 1 374 万个农户调查数据（作物类型、产量、实际施用化肥用量、有机肥用量）。

# 第二节　数据库功能

## 一、基本要求

**1. 独立性**　测土配方施肥数据库主要采集全国测土配方施肥项目相关数据，项目自身建立了统一的数据规范和标准，不同于其他项目任务和要求，因此单独建库，确保项目数据的科学性、权威性。

**2. 可扩展性**　可扩展性是数据库部署的一个重要指标，可扩展的数据库才是一个"活"的数据库。测土配方施肥是农业绿色发展的重要措施，是一项长期的工作，因此数据库必须考虑测土配方施肥数据更新的连续性和技术应用的可扩展性。

**3. 安全性**　测土配方施肥数据库覆盖范围广、时间跨度大，数据具有一定的敏感性，必须保证数据库安全，避免数据的丢失、损坏等。

## 二、数据库结构

数据库按行政单位进行分类，设置国家级、省级、地市级、县级四级，并以行政代码命名。测土配方施肥数据库用户分为国家级、省级、地市级、县级 4 类，不同级别设置不同权限，国家级权限用户可访问所有数据库，省级权限用户只能访问该省级及以下数据库，地市级权限用户只能访问该市级及以下数据库，县级权限用户只能访问本县的数据。

## 三、数据库功能模块（软件、硬件存储）

测土配方施肥数据库主要包括软件系统、硬件设施两部分，实现测土配方施肥数据的采集、汇总、上报、分析、存储等功能。

**1. 软件系统**　测土配方施肥数据库软件系统包括测土配方施肥数据管理系统、县域测土配方施肥专家系统。测土配方施肥数据管理系统是相关数据进行录入、存储、管理、上报及应用的工具软件，能够快速、规范、准确地进行数据入库，有效地组织数据管理和应用（图 4-1）。

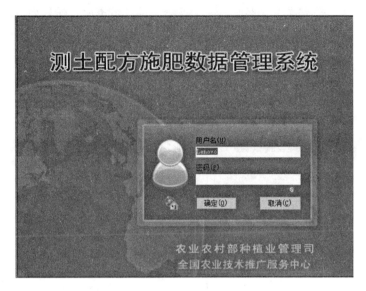

图 4-1　测土配方施肥数据管理系统

县域测土配方施肥专家系统是基于 GIS 开发的一款应用软件，该软件可以完成从空间及属性数据的采集、编辑、分析、存储、统计、输出、Internet 信息发布等一系列功能，以《测土配方施肥技术规范》为依据，系统的数据标准、数据流程、处理模型、分析方法、成果表达、肥料预测方法等符合全国农业技术推广服务中心统一要求，为当地科学施肥技术推广提供服务（图 4-2）。

图 4-2　县域测土配方施肥专家系统

主要功能如下：

（1）数据库备份

①**数据库文件备份**。在数据库备份界面下，输入备份文件名，然后点击"保存"按

钮，即可将当前状态的数据库保存成为一个备份文件。数据库备份界面上的列表框会显示所有存在的数据库备份文件。数据库备份主要是防止电脑损坏而引起数据的丢失，从而保障数据的安全可用（图4-3）。

②数据库文件还原。在数据库还原界面上，列表框会列出所有系统中存有的数据库备份文件，选中所要恢复的数据库备份文件，然后点击"还原"按钮，即可将该数据库备份文件恢复到数据库中。数据库还原的是数据库备份的文件，确保数据再使用（图4-4）。

图4-3　数据库备份

图4-4　数据库还原

③备份文件管理。在备份文件管理的页面上，列表框会列出所有系统中存有的数据库备份文件。用户可以删除或重命名某个数据库备份文件（图4-5）。

选中某个数据库备份文件，点击"删除"按钮即可将该数据库备份文件删除，点击"重命名"按钮，即可为该数据库备份文件输入一个新的名称。

④备份设置。图4-6显示，在备份设置页面上，用户可以指定数据库备份文件存放路径。文件存放路径不能是分区根目录（如：E:\），也不能是含空格符的目录（如：桌面，桌面是个特殊的文件夹，该文件夹目录中含有空格），建议用户将数据库备份地址选在非系统盘上，确保数据安全。

图4-5　备份文件管理

图4-6　备份设置

通过"浏览"按钮选择新的存放路径。选择好新的路径后，点击"保存"按钮保存设置。

（2）数据审核

①"3414"田间试验数据审核。"3414"试验数据审核模块如图4-7所示。该功能主要对"3414"试验数据进行浏览、分析，并且可以将测土配方施肥田间试验结果数据表和植物测试结果表的数据进行关联，更加直观地浏览和分析数据。计算出百千克籽粒耗养分量、农学效率、肥料利用率等。

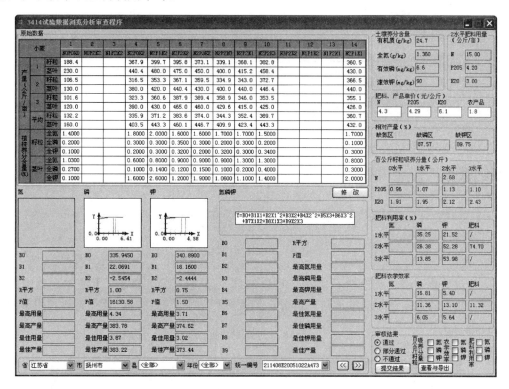

图4-7　"3414"试验数据审核模块

操作流程如下：

a. 匹配测试部位，在弹出的窗口中进行勾选匹配（图4-8）。

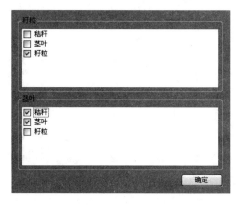

图4-8　籽粒与茎叶选择界面

b. 通过调节行政单位、年份等选择需要审核的统一编号。

c. 系统将列出该记录的原始产量、养分含量等。

d. 系统将根据用户所有的原始数据进行“3414”试验分析并计算出百千克籽粒耗养分量、农学效率、肥料利用率等并显示相应的图与计算结果。

e. 用户可根据当地行情修改肥料及产品的价格，可以重新进行分析与计算。图 4 - 9 中实线为分析曲线，虚线为最高产量，粗实线为经济最佳施用量与产量。

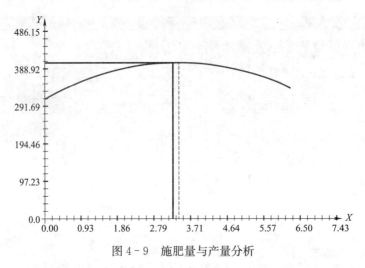

图 4 - 9　施肥量与产量分析

f. 通过分析，最终提交分析结果。可以选择：通过、部分通过、不通过。其中部分通过时，要在后方勾选相应的通过的部分，如肥料利用率中氮通过，就在肥料利用率中氮前方打钩。

g. 点击“审核结果查看”，查看数据库中“3414”试验数据的审核结果（图 4 - 10）。

审核结果查看

| 统一编号 | 审核结果 | 百千克籽粒吸养分量 | | | 农学效率 | | | 肥料利用率 | | |
|---|---|---|---|---|---|---|---|---|---|---|
| | | N | P | K | N | P | K | N | P | K |
| 211414E20051031A192 | 部分通过 | ☑ | ☑ | ☑ | ☐ | ☑ | ☑ | ☐ | ☑ | ☑ |
| 211414E20051031A196 | 通过 | ☑ | ☑ | ☑ | ☑ | ☑ | ☑ | ☑ | ☑ | ☑ |
| 211413E20051028A324 | 部分通过 | ☑ | ☑ | ☑ | ☐ | ☑ | ☑ | ☐ | ☑ | ☑ |
| 211413E20051028A325 | 部分通过 | ☑ | ☑ | ☑ | ☐ | ☑ | ☑ | ☐ | ☑ | ☑ |
| 211408E20051022A472 | 部分通过 | ☑ | ☑ | ☑ | ☐ | ☑ | ☑ | ☐ | ☑ | ☑ |
| 211408E20051022A473 | 通过 | ☑ | ☑ | ☑ | ☑ | ☑ | ☑ | ☑ | ☑ | ☑ |
| 211409E20051022C009 | 部分通过 | ☑ | ☑ | ☑ | ☐ | ☑ | ☑ | ☐ | ☑ | ☑ |
| 211403E20051022D530 | 通过 | ☑ | ☑ | ☑ | ☑ | ☑ | ☑ | ☑ | ☑ | ☑ |
| 211401E20051018D765 | 部分通过 | ☑ | ☑ | ☑ | ☐ | ☑ | ☑ | ☐ | ☑ | ☑ |
| 211400E20051016D861 | 部分通过 | ☑ | ☑ | ☑ | ☐ | ☑ | ☑ | ☐ | ☑ | ☑ |
| 211404E20051018E018 | 部分通过 | ☑ | ☑ | ☑ | ☐ | ☑ | ☑ | ☐ | ☑ | ☑ |
| 211417E20051022E533 | 部分通过 | ☑ | ☑ | ☑ | ☐ | ☑ | ☑ | ☐ | ☑ | ☑ |
| 211401E20051009F765 | 部分通过 | ☑ | ☑ | ☑ | ☐ | ☑ | ☑ | ☐ | ☑ | ☑ |
| 211409E20061008A116 | 通过 | ☑ | ☑ | ☑ | ☑ | ☑ | ☑ | ☑ | ☑ | ☑ |
| 211400E20060511B199 | 部分通过 | ☑ | ☑ | ☑ | ☐ | ☑ | ☑ | ☐ | ☑ | ☑ |
| 211409E20061008D401 | 通过 | ☑ | ☑ | ☑ | ☑ | ☑ | ☑ | ☑ | ☑ | ☑ |
| 211409E20061008D402 | 部分通过 | ☑ | ☑ | ☑ | ☐ | ☑ | ☑ | ☐ | ☑ | ☑ |
| 211403E20061017E619 | 通过 | ☑ | ☑ | ☑ | ☑ | ☑ | ☑ | ☑ | ☑ | ☑ |
| 211400E20071006A156 | 通过 | ☑ | ☑ | ☑ | ☑ | ☑ | ☑ | ☑ | ☑ | ☑ |

审核　关闭

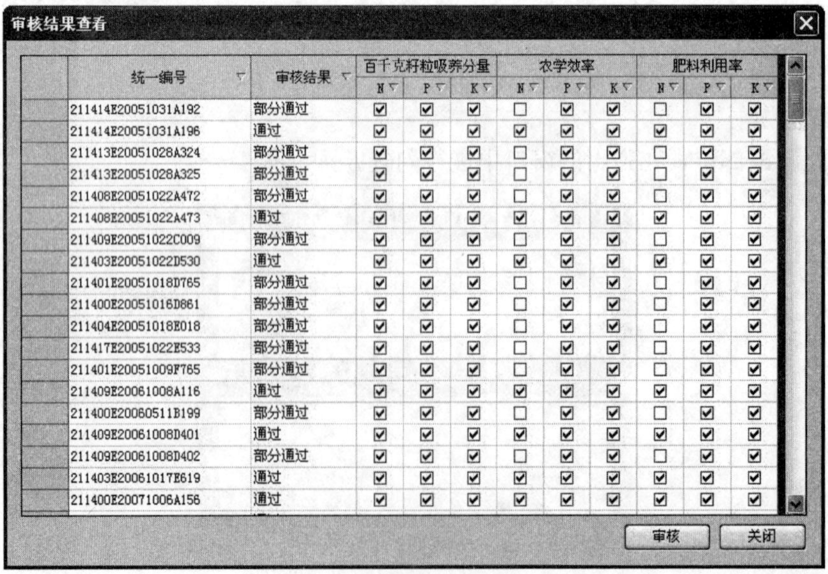

图 4 - 10　查看审核结果

h. 点击"导出本次审核"，导出这条"3414"试验数据的分析结果（图 4-11）。

| | | | 1 | 2 | 3 | 4 | 5 | 6 | 7 | 8 | 9 | 10 | 11 | 12 | 13 | 14 |
|---|---|---|---|---|---|---|---|---|---|---|---|---|---|---|---|---|
| | | | N0P0K0 | N0P2K2 | N1P2K2 | N2P0K2 | N2P1K2 | N2P2K2 | N2P3K2 | N2P2K0 | N2P2K1 | N2P2K3 | N3P2K2 | N1P1K2 | N1P2K1 | N2P1K1 |

**测土配方施肥"3414"田间试验结果分析汇总表**

**一、基本信息**

| 统一编号 | 211408E20051022A473 | 省(市)名称 | 江苏省 | 地(市)名称 | 扬州市 | 县(旗)名称 | 仪征市 |
|---|---|---|---|---|---|---|---|

**二、原始数据**

小麦

| 产量(公斤/亩) | 1 | 籽粒 | 188.4 | | | 367.9 | 399.7 | 395.8 | 373.1 | 339.1 | 368.1 | 382.8 | | | | 360.5 |
|---|---|---|---|---|---|---|---|---|---|---|---|---|---|---|---|---|
| | | 茎叶 | 230 | | | 440.4 | 480 | 475 | 450 | 400 | 415.2 | 458.4 | | | | 430 |
| | 2 | 籽粒 | 106.5 | | | 316.5 | 353.3 | 367.1 | 359.5 | 334.9 | 343 | 372.7 | | | | 366.5 |
| | | 茎叶 | 130 | | | 380 | 420 | 440.4 | 430 | 400 | 440 | 446.4 | | | | 440 |
| | 3 | 籽粒 | 101.6 | | | 323.3 | 360.6 | 387.9 | 389.4 | 358.9 | 346 | 353.5 | | | | 355.1 |
| | | 茎叶 | 120 | | | 390 | 420 | 465 | 460 | 429.6 | 415 | 425 | | | | 426 |
| | 平均 | 籽粒 | 132.2 | | | 335.9 | 371.2 | 383.6 | 374 | 344.3 | 352.4 | 369.7 | | | | 360.7 |
| | | 茎叶 | 160 | | | 403.5 | 443.3 | 460.1 | 446.7 | 409.9 | 423.4 | 443.3 | | | | 432 |
| 植株养分含量(%) | 籽粒 | 全氮 | 1.4 | | | 1.8 | 2 | 1.6 | 1.6 | 1.7 | 1.7 | 1.5 | | | | 1.7 |
| | | 全磷 | 0.2 | | | 0.3 | 0.3 | 0.35 | 0.3 | 0.2 | 0.3 | 0.2 | | | | 0.1 |
| | | 全钾 | 0.1 | | | 0.2 | 0.3 | 0.32 | 0.2 | 0.32 | 0.3 | 0.34 | | | | 0.3 |
| | 茎叶 | 全氮 | 1.03 | | | 0.6 | 0.8 | 0.9 | 0.9 | 0.9 | 1.3 | 1.3 | | | | 0.8 |
| | | 全磷 | 0.27 | | | 0.1 | 0.14 | 0.12 | 0.15 | 0.1 | 0.2 | 0.4 | | | | 0.3 |
| | | 全钾 | 0.1 | | | 1.6 | 2.6 | 1.2 | 1.9 | 1.06 | 1.1 | 1.4 | | | | 2 |

**三、土壤养分含量**

| 有机质(克/千克) | 24.7 | 全氮(克/千克) | 1.36 | 有效磷(毫克/千克) | 6.6 | 速效钾(毫克/千克) | 90 |
|---|---|---|---|---|---|---|---|

**四、2水平肥料用量(千克/亩)**

| N | 15 | P₂O₅ | 4.2 | K₂O | 3 |
|---|---|---|---|---|---|

**五、肥料、产品单价(元/千克)**

| N | 4.3 | P₂O₅ | 4.29 | K₂O | 6.1 | 农产品 | 1.8 |
|---|---|---|---|---|---|---|---|

**六、相对产量(%)**

| 缺氮区 | | 缺磷区 | 87.57 | 缺钾区 | 89.75 |
|---|---|---|---|---|---|

**七、分析结果**

| 公式 | Y=B0+B1X+B2X1^2+B3X2+B4X2^2+B5X3+B6X3^2+B7X1X2+B8X1X3+B9X2X3 | | | | | 氮磷钾 | |
|---|---|---|---|---|---|---|---|
| | 氮 | | 磷 | | 钾 | | B0 | R平方 |

| | 氮 | | 磷 | | 钾 | | |
|---|---|---|---|---|---|---|---|
| B0 | | B0 | 335.945 | B0 | 340.89 | B0 | R平方 |
| B1 | | B3 | 22.0691 | B5 | 18.16 | B1 | F值 |
| B2 | | B4 | -2.5454 | B6 | -2.4444 | B2 | 最高氮用量 |
| R平方 | | R平方 | | R平方 | 0.75 | B3 | 最高磷用量 |
| F值 | | F值 | 16130.58 | F值 | 1.5 | B4 | 最高钾用量 |
| | | | | | | B5 | 最高产量 |

图 4-11　导出审核结果

i. 点击"3414 批量分析"，填写好农产品和肥料价格，批量分析"3414"试验数据(图 4-12)。

②数据审查。主要是对系统中各字段进行数值分析，从分析结果中，用户可以得到该字段的字段名称、数据类型、量纲、极小值、极大值、平均值、标准差、变异系数、样本数、独立值。

打开需要统计的表格（如测土配方施肥土壤测试结果汇总表）后该菜单将激活，点击菜单运行即可（图 4-13）。

操作流程：

a. 用户选择要审核的行政单位与年份，默认为用户在"行政单位设置"菜单中设置的行政单位。

b. 用户选择要统计的数据表，默认为软件打开的数据表。

c. 用户可以通过"SQL 设置"按钮进行自定义筛选条件设置（图 4-14）。

图 4-12　批量分析模块

d. 点击"执行"按钮进行统计，系统将会列出数据表中的所有字段。

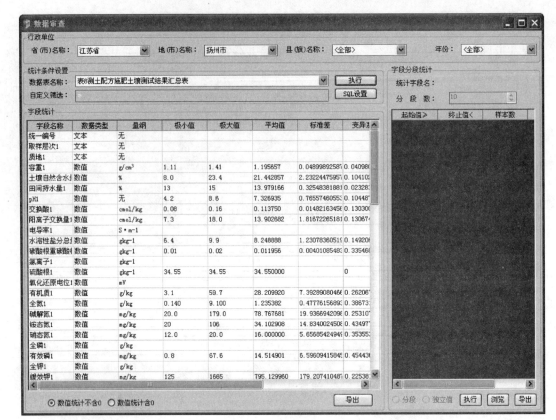

图 4-13  数据审查模块

e. 点击字段统计中统计出来的某一字段所在行，系统将会根据字段类型，进行分段统计。

③自定义极值检查。主要是对数据库各字段进行极值分析，用户可以根据各县情况设置该字段的极小值、极大值和数据长度。系统将对文本型数据进行长度分析，对数值型数据进行极大值、极小值分析（图4-15）。

操作流程：

a. 用户选择要审核的行政单位与年份，默认为用户在"行政单位设置"菜单中设置的行政单位。

b. 用户选择要统计的数据表，默认为软件打开的数据表。

图 4-14  SQL 设置模块

c. 用户可以通过"SQL 设置"按钮进行自定义筛选条件设置。

d. 用户可以双击极值设置中的表格单元，进行极值设置。

e. 点击"执行"按钮进行统计，系统将会对行政单位下的数据进行分析，得到以县为单位的各字段的检测报告（图4-16）。

图 4-15 自定义极值检查模块

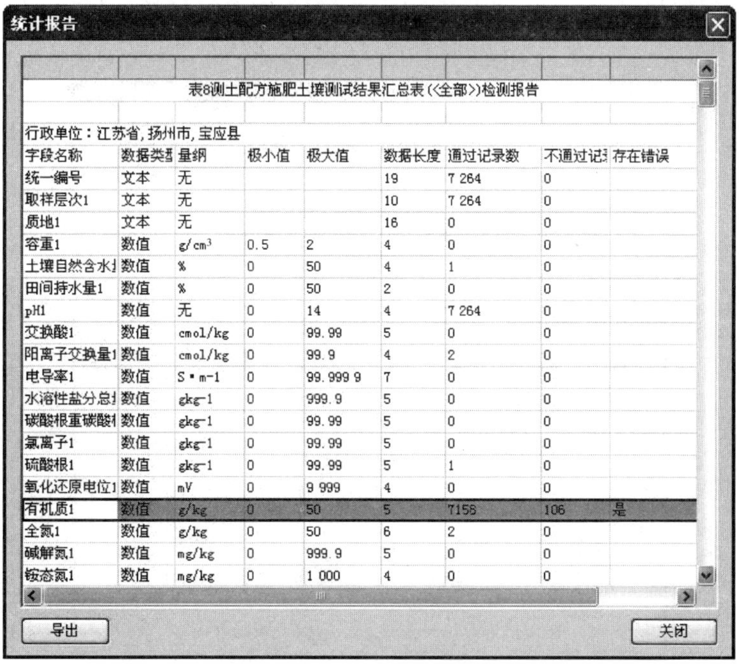

图 4-16 统计检测报告

（3）**数据库上报** 该功能主要用于县级用户生成一份上报文件，提交给上一级部门。为防止数据的重复和混淆，县级部门每年只能生成一份上报文件（图 4-17）。

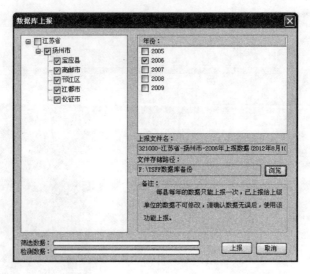

图 4-17　数据库上报模块

选择相应的行政单位和年份，系统会自动生成相应的上报文件名（不可修改）。选择文件存储路径（不能为桌面），点击"上报"按钮即可。

用户无法直接打开该文件，也不可更改文件名，需要通过数据管理系统才能打开。

（4）数据库接收　该功能为市级以上用户接收上报数据（图 4-18）。

图 4-18　数据库接收

点击"浏览"按钮，选择接收上报文件的文件夹，可以看到导入的上报文件。选择需要导入的上报文件，点击"导入"即可。导入成功后及时查看系统日志，看是否有遗漏。

数据接收功能是接收下级单位由数据库上报功能生成的文件，且名称有一定规则，无法接收直接备份的文件。

（5）数据汇总

①测土配方施肥田间试验结果统计汇总。用于记录"3414"田间试验的结果，记录试验的地理位置信息、土壤分类信息、试验地土壤养分测试结果、试验作物品种信息、试验气象信息、前一茬作物施肥情况、灌溉信息、2水平肥料用量以及各处理水平下的籽粒与茎叶产量等。

该命令主要是对数据库中"测土配方施肥田间试验结果"进行汇总统计。

执行该命令后，系统弹出"测土配方施肥田间试验结果统计汇总"窗体（图4-19）。

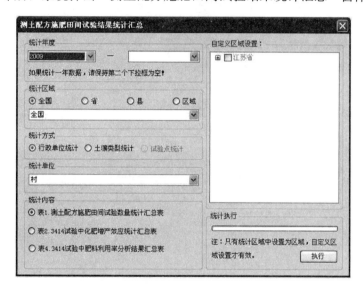

图4-19 试验结果统计汇总模块

统计年度：选择统计资料的起始年度和终止年度，默认为最新一年数据。如果统计一年的数据请保持第二个下拉框为空。

统计区域：用户选择的统计区域，分为全国/省/县/区域（区域需先定义后使用，区域由多个行政单位组成，从省开始向下逐级选择）。

统计方式：分行政单位统计与土壤类型统计两种方式。统计"表4 3414试验中肥料利用率分析结果汇总表"时添加试验点统计方式。

统计单位：行政单位统计方式下包含"村/乡/县/省"；土壤类型统计方式下包含"土种/土属/亚类/土类/亚纲/土纲"。

统计内容：按要求执行统计后，得到的汇总表格（如统计数据量）。

②测土配方施肥田间示范结果统计汇总。图4-20显示，该功能用于记录田间示范试验（常规施肥对照区、测土配方施肥区及空白处理）结果，记录试验的地理位置信息、土壤分类信息、试验地土壤养分测试结果、试验作物品种信息、生长日期、作物施肥情况、灌溉降雨信息、示范面积以及各处理水平下的籽粒与茎叶产量等。

统计年度：选择统计资料的起始年度和终止年度，默认为最新一年数据。如果统计一

图 4-20　示范结果统计汇总

年的数据请保持第二个下拉框为空。

统计区域：用户选择的统计区域，分为全国/省/县/区域（区域需先定义后使用，区域由多个行政单位组成，从省开始向下逐级选择）。

统计方式：行政单位统计与土壤类型统计两种方式。统计"表3　肥料利用率分析结果汇总表"时添加试验点统计方式。

统计单位：行政单位统计方式下包含"村/乡/县/省"；土壤类型统计方式下包含"土种/土属/亚类/土类/亚纲/土纲"。

统计内容：按要求执行统计后，得到的汇总表格。

③测土配方施肥肥料利用率田间试验结果统计汇总。该命令主要是对数据库中"测土配方施肥肥料利用率田间试验结果"进行汇总统计（图 4-21）。

统计范围：设置统计的省名与年份。

图 4-21　肥料利用率结果统计

统计方式：逐点统计（全部按统一编号统计）与品种统计（按品种名统计）。

统计内容：分析的元素。

执行：将数据导出到 Excel 文件中。

④土壤养分情况统计。该命令主要是对数据库中养分数据进行统计（图 4-22）。

统计年度：选择统计资料的年度。

统计区域：用户选择的统计区域，分为全国/省/县/区域（区域需先定义后使用，区域由多个行政单位组成，从省开始向下逐级选择）。统计的最小单位为县级，统计方式为按行政单位统计。

统计内容：勾选需要统计的养分名称，并通过"分段设置"设置分段信息。

图 4-22 土壤养分情况统计

（6）数据分析

①导出标准格式数据。该功能可以把已录入的数据导出为标准格式的 Access 文件和 Excel 文件（通过该功能导出的标准格式数据可以使用"导入标准格式数据"功能再次导入系统）。运行该功能弹出如图 4-23 所示界面，选择需要导出的数据表，点击编辑按钮可以选择更多的导出字段，选择相应的年份，如果在查询状态也可以勾选"只导出查询结果"选项，然后点击导出，选择一个 Access 文件或 Excel 文件即可。

②导出自定义格式数据。通过该功能可以把已录的数据导出为自定义格式的 Access 文件和 Excel 文件（通过该功能导出的自定义格式数据不能再导入系统）。图 4-24 显示，选择需要导出的数据表，点击编辑按钮选择需要的导出字段，选择相应的年份，如果在查询状态也可以勾选"只导出查询结果"选项。

图 4-23 导出标准格式数据

图 4-24 导出自定义格式数据

③"3414"田间试验缺素区产量与养分相关分析。主要是对系统中"3414"试验数据进行缺素区产量与养分的相关线性分析（图4-25、图4-26）。

图4-25 缺素区产量与养分相关分析

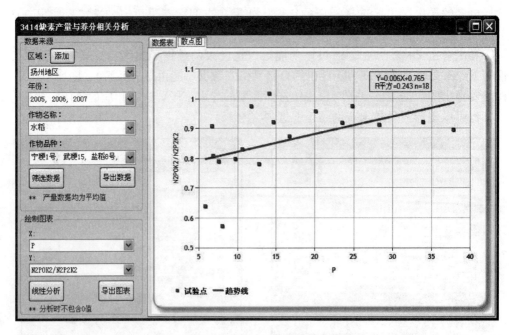

图4-26 缺素区产量与养分相关分析结果

④土壤养分丰缺指标计算。主要是对"3414"试验数据进行分析，通过对养分和相对产量进行对数回归，得到回归方程和丰缺指标（图4-27、图4-28）。

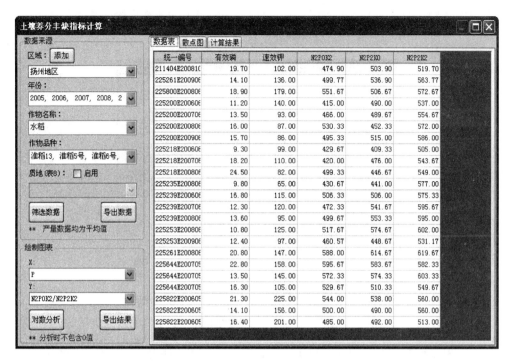

图 4-27 土壤养分丰缺指标计算

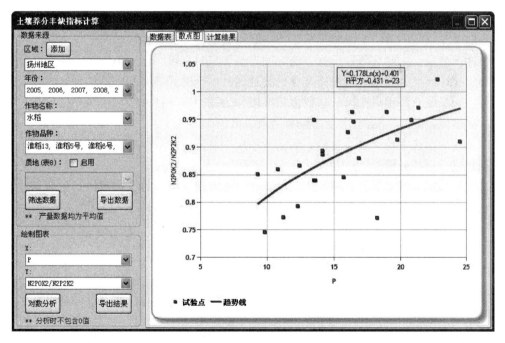

图 4-28 土壤养分丰缺指标计算结果

（7）数据库空间分析

①缓冲区分析。该命令的作用是计算图层中图元的缓冲区，生成的缓冲区图层文件保

存为多边形类型（图4-29）。缓冲区分析窗体主要分为四部分："输入要素""输出要素类""缓冲区半径"和"以输入图层选中要素缓冲分析"。

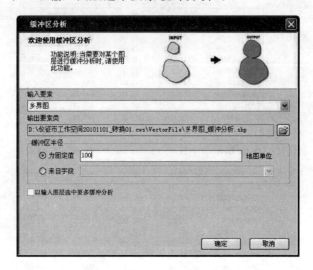

图4-29　缓冲区分析模块

输入要素：指定当前要进行缓冲分析的图层，下拉框中列出了当前图集中的所有图层。

输出要素类：该图层可以保存在当前工作空间中，也可以保存在其他地方。当选择保存在当前工作空间中时，不能与当前工作空间中其他图层同名。

缓冲区半径：主要有两种设置方法，固定值和来自字段。固定值方法：系统允许用户指定固定缓冲半径大小，该方法建立的缓冲区每一个图元都有相同的缓冲区半径。来自字段方法：系统允许用户选择一个数值型字段作为缓冲区半径大小，该属性值就是本图元的缓冲区半径，因此不同的图元可能有不同的缓冲区半径。

以输入图层选中要素缓冲分析：当输入图层中有选中的数据集时可以使用，只对选择的数据集进行缓冲分析。

②图层切割。该命令的作用是用裁剪要素（通常情况下是行政边界图）去切割输入要素，输出要素类是输入要素中在裁剪要素范围内的那部分（图4-30）。图层切割主要分为四部分："输入要素""裁剪要素""输出要素类"和"以裁剪图层选中要素切割"。

输入要素：列出了当前图集中所有要素，用户从这些要素中选择一个准备切割的要素，如"土壤图"。

裁剪要素：列出当前图集中所有多边形要素，用户从这些要素中选择一个要素，最常用的是行政边界图。

输出要素类：该图层可以保存在当前工作空间中也可以保存在其他地方。当选择保存在当前工作空间中时，不能与当前工作空间中其他图层同名。

以裁剪图层选中要素切割：当裁剪要素中有选中数据集时可以使用，只把选择的数据集作为裁剪要素。

③图层拼接。该命令的作用是对多个输入要素做拼接处理，输出要素类是由多个输入

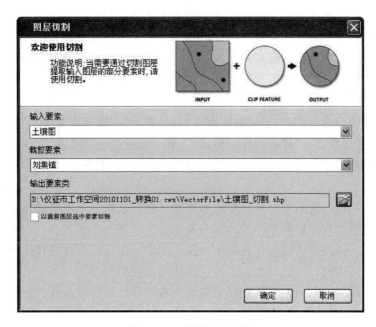

图 4 - 30　图层切割功能

要素黏合起来的总的部分，属性表中字段是多个要素中的全部字段（图 4 - 31）。图层拼接对话框主要分为三部分："输入要素""输出要素类"和"移动和删除输入要素"。

图 4 - 31　图层拼接

输入要素：列出当前图集中所有要素，用户选择多个拼接处理的要素作为输入要素。

输出要素类：该图层可以保存在当前工作空间中，也可以保存在其他地方。

移动和删除输入要素：选中输入要素，即可实现删除和移动操作。

④属性提取。该功能也称为属性统计，是用一个矢量图层（称为目标要素）统计另一个多边形矢量图层（称为提取要素）中的一个或多个属性数据。其输出要素类的空间数据仍为目标要素，属性表中追加了提取要素属性字段（提取要素字段列表）中选定字段的统计结果（图4-32）。

属性提取主要分为七部分："提取要素""目标要素""输出要素类""提取要素字段列表""目标要素字段列表""提取操作（可选）"和"匹配选项（可选）"。

提取要素：列出当前图集中所有要素，用户选择一个准备进行计算的要素作为提取要素。

目标要素：列出当前图集中所有多边形要素，用户选择一个准备进行计算的要素作为目标要素，目标要素与提取要素不能为同一要素。

输出要素类：该图层可以保存在当前工作空间中，也可以保存在其他地方。当选择保存在当前工作空间中时，不能与当前工作空间中其他图层同名。

提取要素字段列表：列出了提取要素中的所有字段，用户可选择部分或全部加入输出要素的属性表中。

目标要素字段列表：列出了目标要素中的所有字段，用户可选择部分或全部加入输出要素的属性表中。

提取操作（可选）：一对一映射选项是指输出要素与目标要素的属性数据记录数是相同的；一对多映射选项是指目标要素某个图元含有多个提取要素的点时，可以把每个点的值都记录下来。

匹配选项（可选）：相交选项是指匹配与目标要素相交的要素；包含选项是指匹配目标要素包含的要素；含于选项是指匹配目标要素含于的要素；最近选项是指匹配与目标要素最近的要素。

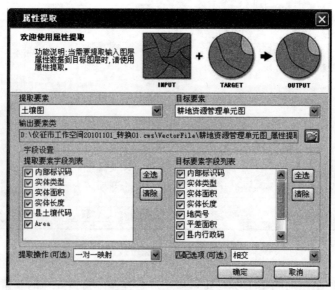

图4-32　属性提取

⑤以点代面。该模块是数据插值的一种方法，用目标要素（多边形）统计输入要素（点）中的属性数据，结果保存为输出要素类。输出要素类单元的形状、大小、个数与目标要素完全一样，属性数据来自输入要素和目标要素中被选中的字段（图4-33）。

以点代面主要分为六部分："输入点图""目标要素""输出要素类""输入点图字段列表""目标要素字段列表"和"高级选项"。

输入要素：选择当前图集中用来提取数据的点位要素。

目标要素：选择当前图集中用来统计点位图中数据的面状要素。

输出要素类：该图层可以保存在当前工作空间中也可以保存在其他地方。当选择保存在当前工作空间中时，不能与当前工作空间中其他图层同名。

输入点图字段列表：列出了输入要素中的所有字段，用户可选择部分或全部加入输出要素的属性表中。

目标要素字段列表：列出了目标要素中的所有字段，用户可选择部分或全部加入输出要素的属性表中。

高级选项：对于那些没有统计到点的多边形，如果没有选择关键字段，则只能统计到内部有点的多边形；而选择了关键字段，则可以用相邻同属性多边形替代。

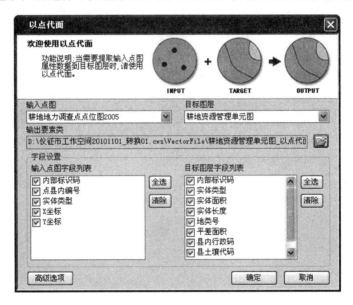

图4-33　以点代面

**2. 硬件设施**　测土配方施肥数据库采用原始数据、应用数据纯物理隔离分类存储。按照《网络安全法》《数据安全法》《数据中心设计规范》（GB 50174—2017）要求，按照B级机房建设，部分参照A级机房建设，设置了屏蔽室（15米$^2$），原始数据均存储在屏蔽室，确保测土配方施肥数据的独立性、安全性。应用数据如配方、施肥用量等信息存储于机房的数据服务环境，并搭建了一套网络安全防护系统，增加了硬件防火墙、防毒墙、入侵防御系统、虚拟化安全环境以及消防预警、恒温恒湿、UPS等设施，每年进行网络系统及环境的三级保护测评，确保了应用访问的流畅和安全。数据库机房如图4-34所示。

图 4-34 机房实景

硬件防火墙：防火墙系统在保护内部网络安全的前提下，提供中心和客户端网络通信，提高网络安全和减少核心中心网络的风险，提供对数据的访问控制，阻止攻击者获得网络系统的有用信息，记录和统计网络利用数据以及非法使用数据、攻击和探测策略执行，充分保证数据中心网络的可用性与高可靠性。

防毒墙：保护数据中心核心区不被病毒、蠕虫以及木马等的侵袭。

入侵防御系统：提供主动的、实时的防护，可以有效检测并实时阻断隐藏在网络中的恶意代码、攻击与滥用行为，也可以对分布在网络中的各种流量进行有效管理，从而达到对网络架构防护、网络性能保护和核心应用防护。

虚拟化安全：采用软件无代理部署方式，通过防火墙、杀毒、日志审计、完整性检查、虚拟补丁、网站防护六大模块对虚拟机进行安全防护。

## 四、数据处理方法

数据的处理遵循合理性、规范性、准确性、科学性原则。

**1. 数据质量分析**　质量分析是数据挖掘中的重要一环，也是数据挖掘分析结论有效性和准确性的基础。数据质量分析的主要任务是检查原始数据中是否存在脏数据。脏数据一般是指不符合要求以及不能直接进行相应分析的数据。数据质量分析主要包括缺失值分析、异常值分析和一致性分析等。

（1）缺失值分析　数据的缺失主要包括记录的缺失和记录中某个字段信息的缺失，两者都会造成分析结果不准确。

缺失值分析主要是使用简单的统计分析，得到缺失样本数、缺失率等，并根据结果对缺失数据进行插补、删除、不处理等。

（2）异常值分析　异常值是指数据样本中的个别值，其数值明显偏离其他的观测值。

异常值也称为离群点，异常值分析也称为离群点分析。异常值分析是检验数据是否有录入错误，是否含有不合常理的数据。忽视异常值的存在是十分危险的，不加剔除地将异常值放入数据的计算分析过程中，会对结果造成不良影响；重视异常值的出现，分析其产生的原因，常常成为发现问题进而改进的契机。

异常值的检测主要是通过描述性统计、$3\sigma$ 原则、箱型图等方法来判断。

（3）一致性分析　数据不一致性是指数据的矛盾性、不相容性。直接对不一致的数据进行分析，可能会产生与实际相违背的结果。数据分析过程中要审核不同数据源数据之间的一致性。

**2. 数据特征分析**　数据特征分析指通过绘制图表、计算特征量等手段进行数据的特征分析，目的在于从数据中提取出有用信息，从而提高数据的使用效率。对于定量数据，常常计算均值、中位数等集中趋势及极差、四分位距、标准差等离散趋势，绘制频率分布直方图、茎叶图等进行分析；对于定性数据，常常计算众数，绘制饼图、条形图等进行分析；包含空间信息的数据，还要对其空间分布进行分析，通过对数据的分析找到存在的特征。

对于数据间有相互联系的指标可以进行相关性分析，计算相关系数、绘制散点图等，分析指标间的相关程度。

对于周期性的养分数据可以进行时空变异分析，分析养分指标随时间及空间上的变化趋势。

**3. 数据挖掘与建模**　利用业务知识对数据预处理后的干净数据进行建模与挖掘，从中发现有用的方法、规律等，提升数据价值。

回归分析是通过建立模型来研究变量之间相互关系，是预测属性与其他变量间相互依赖的定量关系最常用的统计学方法，包括线性回归、非线性回归、Logistic 回归、岭回归等。如通过对有效磷、缺素区产量、常规区产量进行分析，计算土壤养分丰缺情况。

聚类分析是在没有给定划分类别的情况下，根据数据相似性和差异性进行样本分组的一种方法。与分类模型需要使用有类标记样本构成的训练数据不同，聚类模型可以建立在无类标记的数据上，是一种非监督的学习算法。聚类的输入是一组未被标记的样本，聚类根据数据自身的距离或相似度将它们划分为若干组，划分的原则是组内样本最小化而组间距离最大化。

关联规则分析是指在一个数据集中找出各项指标之间的关联关系，而这种关系并没有在数据中直接表示出来，即隐藏在数据间的关联或相互关系，常用的算法有 Apriori 算法、FP - Tree 算法、灰色关联法等。

时间序列分析是指用给定一个已被观测的时间序列，预测未来值，从而给出预警。

数据挖掘的方法很多，如决策树、人工神经网络等。

**4. 数据处理原则**　以省为审核单元，审核定位数据，主要包括重复样点、超位（经纬度）点和无定位样点等。

旱地按照土类分类，每个省有机质、全氮、pH 数据，每项数据从小到大重新排列，去除小于 5% 和大于 95% 的数据，5%～95% 范围内数据参考第二次全国土壤普查土类和近十年区域文献数据审核。有效磷、速效钾区分粮食作物和经济园艺作物，粮食作物有效磷、速效钾去除小于 5% 和大于 95% 的数据，5%～95% 范围内数据参考第二次全国土壤普查数据和近十年区域文献数据审核；园艺经济作物根据实际情况由专家确定去除极端值范围。

水稻土按照土属分类，每个省有机质、全氮、pH，每项数据从小到大重新排列，去除小于5％和大于95％的数据，5％～95％范围内数据参考第二次全国土壤普查数据和近十年区域文献数据审核；有效磷、速效钾再区分粮食作物和经济园艺作物，粮食作物有效磷、速效钾剔除小于5％和大于95％的数据，5％～95％范围内数据参考第二次全国土壤普查数据和近十年区域文献数据审核；园艺经济作物根据实际情况由专家确定剔除极端值范围。详见表4-1。

表4-1　5％～95％范围内数据审核参考

| 项目 | 5％～25％ | 75％～95％ | 25％～75％ |
|---|---|---|---|
| 有机质、全氮 | 低于第二次全国土壤普查数据的下限，东北区低于文献数据5％数据限；剔除 | 高于文献数据90％数据限；剔除 | 合格 |
| Olsen‐P | 低于文献数据10％数据限；剔除 | 高于文献数据90％数据限；剔除 | 合格 |
| 交换性钾 | 低于文献数据10％数据限；剔除 | 高于第二次全国土壤普查数据的上限，并高于文献数据90％数据限；剔除 | 合格 |
| pH | 低于第二次全国土壤普查数据的下限（1.0单位），并低于文献数据5％数据限；剔除 | 高于第二次全国土壤普查数据的上限，并高于文献数据90％数据限；剔除 | 合格 |

# 五、配方设计与推荐施肥

**1. 基于田块的肥料配方设计**　基于田块的肥料配方设计首先确定氮、磷、钾养分的用量，然后确定相应的肥料组合，通过提供配方肥料或发放配肥通知单，指导农民使用。肥料用量的确定方法主要包括土壤与植物测试推荐施肥方法、肥料效应函数法、土壤养分丰缺指标法和养分平衡法。

（1）土壤与植物测试推荐施肥方法　对于大田作物，在综合考虑有机肥、秸秆还田应用和管理措施的基础上，根据氮、磷、钾和中微量元素养分的不同特征，采取不同的养分优化调控与管理策略。其中，氮肥推荐根据土壤供氮状况和作物需氮量，进行实时动态监测和精确调控，包括基肥和追肥的调控；磷、钾肥通过土壤测试和养分平衡进行监控；中微量元素采用因缺补缺的矫正施肥策略。该技术包括氮素实时监控、磷钾养分恒量监控和中微量元素养分矫正施肥技术。

①氮素实时监控施肥技术。根据不同土壤、不同作物、同一作物的不同品种和不同目标产量确定作物需氮量，以需氮量的30％～60％作为基肥用量。具体基施比例根据土壤全氮含量，同时参照当地丰缺指标来确定。一般在全氮含量偏低时，采用需氮量的50％～60％作为基肥；在全氮含量居中时，采用需氮量的40％～50％作为基肥；在全氮含量偏高时，采用需氮量的30％～40％作为基肥。30％～60％基肥比例可根据上述方法确定，并通过"3414"田间试验进行校验，建立当地不同作物的施肥指标体系。有条件的地区可在播种前对0～20厘米土壤无机氮（或硝态氮）进行监测，调节基肥用量。

$$基肥用量（千克/亩）=\frac{（目标产量需氮量－土壤无机氮含量）×（30％～60％）}{肥料中养分含量×肥料当季利用率}$$

土壤无机氮含量（千克/亩）＝土壤无机氮测试值（毫克/千克）×0.15×校正系数

氮肥追肥用量推荐以作物关键生育期的营养状况诊断或土壤硝态氮的测试为依据，这是实现氮肥精准推荐的关键环节，也是控制过量施氮或施氮不足、提高氮肥利用率和减少损失的重要措施。测试项目主要是土壤全氮含量、土壤硝态氮含量或小麦拔节期茎基部硝酸盐浓度、玉米最新展开叶叶脉中部硝酸盐浓度，水稻采用叶色卡或叶绿素仪进行营养诊断。

②磷钾养分恒量监控施肥技术。根据土壤有（速）效磷、钾含量水平，以土壤有（速）效磷、钾养分不成为实现目标产量的限制因子为前提，通过土壤测试和养分平衡监控，使土壤有（速）效磷、钾含量保持在一定范围内。对于磷肥，基本思路是根据土壤有效磷测试结果和养分丰缺指标进行分级，当有效磷水平处在中等偏上时，可以将目标产量需要量（只包括带出田块的收获物）的100％～110％作为当季磷肥用量；随着有效磷含量的增加，需要减少磷肥用量，直至不施；随着有效磷含量的降低，需要适当增加磷肥用量，在极缺磷的土壤上，可以施到需要量的150％～200％。在2～3年后再次测土时，根据土壤有效磷和产量的变化再对磷肥用量进行调整。钾肥首先需要确定施用钾肥是否有效，再参照上面方法确定钾肥用量，但需要考虑有机肥和秸秆还田带入的钾量。一般大田作物磷、钾肥料全部作基肥。

③中微量元素养分矫正施肥技术。中微量元素养分的含量变幅大，作物对其需要量也各不相同。主要与土壤特性（尤其是母质）、作物种类和产量水平等有关。矫正施肥就是通过土壤测试，评价土壤中微量元素养分的丰缺状况，进行有针对性的因缺补缺施肥。

（2）肥料效应函数法　根据"3414"方案田间试验结果建立当地主要作物的肥料效应函数，直接获得某一区域、某种作物的氮、磷、钾肥料的最佳施用量，为肥料配方和施肥推荐提供依据。

（3）土壤养分丰缺指标法　通过土壤养分测试结果和田间肥效试验结果，建立大田作物、不同区域的土壤养分丰缺指标，提供肥料配方。

土壤养分丰缺指标田间试验也可采用"3414"试验部分实施方案。"3414"试验方案中的处理1为空白对照（CK），处理6为全肥区（NPK），处理2、4、8为缺素区（即PK、NK和NP）。收获后计算产量，用缺素区产量占全肥区产量百分数即相对产量的高低来表达土壤养分的丰缺情况。以相对产量低于60％（不含）的土壤养分为低，相对产量60％～75％（不含）为较低，75％～90％（不含）为中，90％～95％（不含）为较高，95％（含）以上为高，从而确定适用于某一区域、某种作物的土壤养分丰缺指标及对应的肥料施用数量。对该区域其他田块，通过土壤养分测试，就可以了解土壤养分的丰缺状况，提出相应的推荐施肥量。

（4）养分平衡法　根据作物目标产量需肥量与土壤供肥量之差估算施肥量，计算公式为：

$$施肥量（千克/亩）=\frac{目标产量所需养分总量-土壤供肥量}{肥料中养分含量×肥料当季利用率}$$

养分平衡法涉及目标产量、作物需肥量、土壤供肥量、肥料利用率和肥料中有效养分含量五大参数。

目标产量确定是基于作物生产潜力指数计算的分段函数

$$Y_t = \begin{cases} Y_p \times A & X \geqslant U_a \\ Y_p \times B + \dfrac{Y_p \times A - Y_p \times B}{U_a - U_b} \times (SPI - U_b) & U_a > X \geqslant U_b \\ 0 & X < U_b \end{cases}$$

式中，$Y_t$ 为作物目标产量，千克/公顷；$U_a$ 为高度适宜区生产潜力临界值，无量纲；$Y_p$ 为作物品种产量潜力，无量纲；$U_b$ 为不适宜区生产潜力临界值，无量纲；$SPI$ 为耕地生产潜力指数，无量纲；$A$ 为高度适宜目标产量系数，无量纲；$B$ 为临界适宜目标产量系数，无量纲。

目标产量确定后采用地力差减法来计算施肥量。

地力差减法是根据作物目标产量与基础产量之差来计算施肥量的一种方法。其计算公式为：

$$施肥量（千克/亩）= \frac{目标产量 \times 全肥区经济产量单位养分吸收量 - 缺素区产量 \times 缺素区经济产量单位养分吸收量}{肥料中养分含量 \times 肥料利用率}$$

**2. 县域施肥分区与肥料配方设计** 县域测土配方施肥以土壤类型（土种）、土地利用方式和行政区划（村）的结合作为施肥指导单元，具体工作中可应用土壤图、土地利用现状图和行政区划图叠加求交生成施肥指导单元。应用最适合于当地实际情况的肥料用量推荐方式计算每一个施肥指导单元所需要的氮肥、磷肥、钾肥及微肥用量，根据氮、磷、钾的比例，结合当地肥料生产、销售、使用的实际情况为不同作物设计肥料配方，形成县域施肥分区图。

（1）施肥指导单元目标产量的确定及单元肥料配方设计 施肥指导单元目标产量确定可采用平均单产法或其他适合于当地的计算方法。

根据每一个施肥指导单元氮、磷、钾及微量元素肥料的需要量设计肥料配方，设计配方时可只考虑氮、磷、钾的比例，暂不考虑微量元素肥料。在氮、磷、钾三元素中，可优先考虑磷、钾的比例设计肥料配方。

（2）区域肥料配方设计 区域肥料配方一般以县为单位设计，施肥指导单元肥料配方要做到科学性、实用性的统一，应该突出个性化，区域肥料配方在考虑科学性、实用性的基础上，还要兼顾企业生产供应的可行性，数量不宜太多。

区域肥料配方设计以施肥指导单元肥料配方为基础，应用相应的数学方法（如聚类分析）将大量的配方综合形成有限的几种配方。

设计配方时不仅要考虑农艺需要，还要综合考虑肥料生产厂家、销售商及农民用肥习惯等多种因素，确保设计的肥料配方不仅科学合理，还要切实可行。

（3）制作县域施肥分区图 区域肥料配方设计完成后，按照最大限度节省肥料的原则为每一个施肥指导单元推荐肥料配方，具有相同肥料配方的施肥指导单元即为同一个施肥分区。将施肥指导单元图根据肥料配方进行渲染后即形成了区域施肥分区图。

**3. 施肥方案推荐** 累积曲线分级法：根据氮、磷、钾需用量设计配方是一个三维聚类的过程，尽管技术上可行，但算法过于复杂。因为实际施肥时配方肥中的氮肥通常是不够的，需要通过施用单质氮肥补充，因此设计配方时可暂不考虑氮肥比例，只考虑磷、钾的用量，这就简化成了二维聚类。另外配方设计主要解决的是养分比，绝对量可通过配方肥用量调节，因此实际上可通过磷、钾比值进行聚类即可。如此可将复杂的三维聚类简化成一维聚类。又由于磷、钾肥用量是通过丰缺指标法确定的，其用量并不是连续变化的而是具有分级的特征，因此该聚类过程可简单地采用累积曲线分级法完成。县域水稻（粳稻机插秧）基肥磷钾比累积曲线图如图4-35所示。

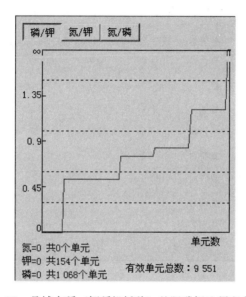

图4-35 县域水稻（粳稻机插秧）基肥磷钾比累积曲线图

图中横坐标为单元数，0～9 551；纵坐标为磷钾比，0～∞。由于磷、钾用量计算方法采用的是丰缺指标法，根据《测土配方施肥技术规范》规定，分级对应施肥标准，因此累积曲线应呈阶梯状。主要考虑下列原则：

（1）理论上一个平台（一个磷钾比值）一个配方。

（2）虽为一个平台，但所对应的单元数量很少，不作为一个单独的配方。

（3）比值相近的平台可设计为一个配方。

（4）在尽可能接近磷钾比的同时，综合考虑肥料生产、销售等因素确定具体的养分含量。

（5）在合理范围内，尽可能多地设计氮素含量。

系统根据肥料用量推荐基于配方肥的施肥方案，氮肥不足部分用尿素补充。该施肥方案以"一图一表"的形式表达，"一图"即施肥分区图（即施肥指导单元图），该图由土壤图与行政区划图叠加而成，主要用于确定施肥指导单元所在村及土壤类型；"一表"即施肥方案推荐表，根据施肥指导单元的村名及土壤类型在该表上检索出该单元的施肥方案。仪征市水稻施肥方案推荐（部分）如表4-2所示。

表 4-2　仪征市水稻测土配方施肥方案推荐表（部分）

| 土壤类型 | 乡镇 | 村 | 基肥（千克/公顷） | | | 分蘖肥（千克/公顷） | 穗肥（千克/公顷） | |
| --- | --- | --- | --- | --- | --- | --- | --- | --- |
| | | | 配方 | 用量 | 补施尿素 | | 配方 | 用量 |
| 黄泥土 | 陈集镇 | 高营村 | 17-15-13 | 280.5 | 97.5 | 85.5 | 20-0-10 | 90 |
| 沙底黑马肝土 | 青山镇 | 团结村 | 17-15-13 | 280.5 | 55.5 | 67.5 | 20-0-10 | 90 |
| 冲淤土 | 陈集镇 | 夏营村 | 17-15-13 | 349.5 | 88.5 | 93 | 20-0-10 | 90 |
| 马肝土 | 陈集镇 | 刘营村 | 17-15-13 | 349.5 | 78 | 88.5 | 20-0-10 | 126 |
| 小粉白土 | 陈集镇 | 双圩村 | 17-15-13 | 349.5 | 19.5 | 63 | 20-0-10 | 126 |
| 薄层小粉白土 | 陈集镇 | 刘营村 | 17-15-13 | 420 | 70.5 | 97.5 | 20-0-10 | 126 |
| 黏马肝土 | 大仪镇 | 高田村 | 15-10-10 | 441 | 34.5 | 76.5 | 20-0-10 | 126 |
| 腐泥底马肝土 | 刘集镇 | 盘古村 | 12-6-7 | 450 | 109.5 | 97.5 | 20-0-10 | 90 |
| 黄白土 | 陈集镇 | 红星村 | 15-10-10 | 535.5 | 0 | 67.5 | 20-0-10 | 153 |
| 淤泥土 | 朴席镇 | 杨涵村 | 15-10-10 | 535.5 | 30 | 87 | 20-0-10 | 153 |
| 沙底马肝土 | 新城镇 | 凌桥村 | 15-10-10 | 535.5 | 52.5 | 97.5 | 20-0-10 | 153 |
| 黑淤泥土 | 朴席镇 | 新桥村 | 15-10-10 | 535.5 | 30 | 87 | 20-0-10 | 153 |
| 黄杂土 | 陈集镇 | 夏营村 | 12-6-7 | 630 | 43.5 | 88.5 | 20-0-10 | 126 |
| 冷浸马肝土 | 陈集镇 | 高营村 | 12-6-7 | 630 | 58.5 | 96 | 20-0-10 | 126 |
| 黑马肝土 | 陈集镇 | 高集居委会 | 12-6-7 | 630 | 46.5 | 90 | 20-0-10 | 126 |
| 沙底棕淤泥土 | 其他单位 | 市水产试验场 | 12-6-7 | 630 | 40.5 | 87 | 20-0-10 | 126 |

# 第三节　推广应用

随着互联网等信息技术的发展，智能手机越来越普及，农技人员、农民获取施肥方案的方式越来越多。用户可以通过手机短信、微信、App、互联网、触摸屏、智能配肥设备等方式获取配方方案与用量，科学合理开展农业生产活动。

方式 1：手机短信平台（图 4-36）。2013 年开通全国统一号码（051487346579 或 1069055012316）的手机短信平台，江苏省实现了与 12316 绑定，全国手机用户（中国移动、联通、电信用户均可）只需发送一条田块编码或含有田块位置（经纬度）的短信，即可收到该田块的土壤养分、施肥方案、耕地等级等短信回复。带有 GPS 功能的智能手机，发送一条含有经纬度信息的位置短信，即可收到所在田块施肥方案短信，如果安装"测土配方施肥短信通"软件，则发送短信更加方便，内容更加丰富。系统开通以来已累计发送

图 4-36　手机短信平台

配方肥方案短信近300万条。扬州市耕地质量保护站基于土地确权工作开展化肥减量技术应用，农户可以发送土地确权证编码或身份证号码到手机短信平台即可查询主要作物的配方施肥方案信息，已完成邗江区杨寿镇的试点应用。

方式2：微信服务（图4-37）。用户通过添加微信服务号"测土配方施肥服务平台"，在界面中通过发送位置短信或施肥指导单元图代码和地块编号，可以免费、方便查询耕地等级、施肥方案、土壤养分等信息，指导农民科学施肥。

方式3：触摸屏查询系统（图4-38）。农民在肥料销售点通过点击、浏览触摸屏，查询到自家田块，即可获取相应配方施肥方案，直接在肥料销售点购买。目前，扬州市触摸屏查询系统均有分布，其中邗江结合村村通服务已基本全覆盖。

图4-37 微信服务

图4-38 触摸屏查询系统

方式4：App（图4-39）。农技人员通过手机App"施肥咨询系统"，在辖区内均可通过在线浏览地图，查询土壤养分状况和施肥建议。目前，扬州市开发了苹果版、安卓版在线查询服务，均可以在线查询施肥方案。也可以通过"农技耘"App土肥库，在线浏览主要农作物施肥方案。

方式5：互联网查询。用户通过计算机浏览器浏览地图服务 http://m.soildbc.com/，可以快速准确找到目标地块，鼠标点击地块后可以查询到地块的土壤养分状况和作物的施肥方案信息。

方式6：智能化配肥系统（图4-40）。农民在触摸屏上查到施肥建议后，只需输入自家的田亩数，点击配置配方肥料，机械即可现场为农民准确配置所需的氮肥、磷肥、钾肥等单质肥料，真正实现个性化的配方肥料，一块田即一个配方肥。

随着互联网、云计算技术的应用，基于远程信息采集和自动化控制的配方肥智能化生产技术快速发展。以智能配肥站或智能工厂为基点，不同用户（种植大户、合作社、家庭农场等）通过微信、手机 App、PC 端等提交移动交易订单上传到肥料"云智造"应用及管理系统平台，采用自动化精准配料远程控制技术，智能化生产订单肥料，生产过程标准化、可视化，运输过程订单化、定向化，确保配方肥准确、可靠。

图 4-39　施肥咨询系统 App

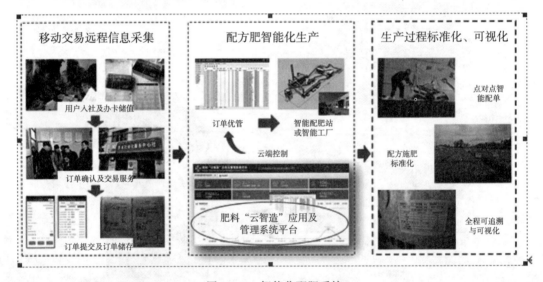

图 4-40　智能化配肥系统

# 主要参考文献

李文西，毛伟，陈明，等，2020. 县域测土配方施肥专家系统研制与应用. 现代农业科技（21）：208-212.

张月平，张炳宁，王长松，等，2011. 基于耕地生产潜力评价确定作物目标产量. 农业工程学报，27（10）：328-333.

中华人民共和国农业部，2017. 测土配方施肥技术规程　非书资料：NY/T 2911—2016. 北京：中国农业出版社.

# 第五章

# 化肥利用率测算

## 第一节 化肥利用效率测算的目的意义

化肥是重要的农业生产资料，是国家粮食安全的重要保障。化肥利用率作为表征化肥科学使用水平的重要指标，与农民产量效益、农业绿色发展和农村生态环境息息相关，受到社会各界广泛关注。2005年以来，农业农村部组织实施测土配方施肥项目，推广普及科学施肥技术。2015年，实施到2020年化肥使用量零增长行动，促进化肥减量增效。在此期间，组织各地开展小麦、水稻、玉米三大粮食作物化肥利用率田间试验，收集试验数据并进行测算，每隔两年向社会发布。同时，各省也在积极测算三大粮食作物化肥利用率。目前，化肥利用率已成化肥减量增效工作成效和农业绿色高质量发展的重要指标，受到各级领导和社会各界广泛关注。

### 一、化肥利用效率是科学施肥水平的重要评价依据

化肥是重要的农业生产资料。我国化肥生产和使用量均居世界第一位，约占世界的三分之一。化肥的广泛应用，为促进粮食增产和农业生产水平的提升，保障国家粮食安全发挥了重要作用。但近年来我国部分地区或部分作物化肥使用量偏多、肥料利用率不高等问题较为突出，也带来了生产成本增加和农业环境污染。一般而言，化肥利用效率越高，施肥的技术经济效果就越好，经济效益也就越高。影响化肥利用效率的因素有很多，如肥料品种、作物种类、土壤状况、栽培管理措施、环境条件、施肥数量、施肥方法及施肥时期等。因此，通过测算化肥利用效率，及时反映科学施肥的技术水平，对于不断改进施肥方式、提高养分利用效率意义重大。以化肥利用率（RE）指标为例，RE指特定作物整个生长季吸收化肥中养分的数量占施用化肥中该养分总量的百分数，是用来衡量是否科学施肥或施肥水平高低的重要指标之一。目前，普遍采用这个指标来衡量我国科学施肥水平，并得到广泛认可。

### 二、化肥利用效率是农业绿色发展的关键参数

化肥的施用为粮食等农产品的有效供给提供了重要保障，为促进农业生产做出了重要贡献。但是，过量的化肥投入也会造成资源浪费和环境压力，影响农业的绿色可持续发

展。其原因是未被作物吸收利用的部分通过挥发、淋洗、径流等途径流失，造成面源污染，影响生态环境。提升化肥利用效率，减少化肥损失，是减轻环境负面压力的重要措施。绿色发展要求提高资源利用效率，减少对生态环境的影响。化肥利用率能够直观表征养分被作物吸收利用的比例，是衡量绿色发展水平的重要参数。2020 年，国家发展改革委《美丽中国建设评估技术规程（试行）》将化肥利用率列为考核指标，作为美丽乡村建设、农业高质量发展的重要内容。2021 年，农业农村部、国家发展改革委、科技部、自然资源部、生态环境部、国家林草局联合印发《"十四五"全国农业绿色发展规划》，把化肥利用率作为重要指标。科学测算化肥利用效率，对于农业绿色发展具有重要意义。

## 三、化肥利用效率是社会广泛关注的重要指标

社会各界广泛关注化肥减量工作，尤其是化肥施用对粮食产量、农产品品质、生态环境的影响，同时也有很多对化肥的片面认识和错误观念广泛流传。农业农村部自 2015 年开始向社会发布三大粮食作物化肥利用率，至 2020 年已经发布了 4 次。化肥利用率指标一经发布，就成为社会各界关注的焦点，各种媒体纷纷报道。"十三五"期间，农业农村部实施化肥使用量零增长行动，2020 年化肥利用率达到 40%。"十四五"期间，稳步提升化肥利用率依然是科学施肥的重要工作和目标。六部委发布的《"十四五"全国农业绿色发展规划》提出了到 2025 年化肥利用率达到 43% 的指标要求。科学测算化肥利用率，有利于回应社会多方关注，引导公众对科学施肥的认识。

# 第二节　化肥利用效率的评价指标

表征肥料利用效率的参数有许多，如化肥利用率（apparent crop recovery efficiency，RE）、化肥偏生产力（partial factor productivity，PFP）、化肥农学效率（agronomic efficiency，AE）、养分利用效率（nutrient use efficiency，NUE）和化肥生理效率（physiological efficiency，PE）等。这些参数从不同角度描述作物对肥料养分的利用效率，各有特点，一般可以概括为两类：吸收效率和生产效率。前者如化肥利用率（RE），反映了作物对施入土壤中肥料的吸收效率，后者则注重化肥的物质生产效率（如 PFP 和 AE）以及化肥吸收后向经济器官（如籽粒）的转移和分配情况（如 PE）。

中华人民共和国成立以来，我国化肥资源长期紧缺，节约化肥非常重要。同时土壤肥力水平普遍低下，土壤和环境来源的养分少，化肥增产效应很显著。在这种情况下，化肥利用率（RE）能较好地反映作物对化肥养分的吸收状况，且计算简单、容易获得，因此，我国普遍采用化肥利用率（RE）评价化肥的利用状况。

## 一、化肥利用率（RE）

化肥利用率也常被称作肥料吸收利用率或回收率，分为当季利用率和累计利用率。当季利用率是指特定作物整个生长季吸收化肥中养分的数量占施用化肥中该养分总量的百分

数，累计利用率则考虑残留在土壤中肥料的后效。化肥施入土壤后一般有 3 个去向：一是被当季作物吸收；二是残留在土壤中，作为土壤养分可以被下一季作物吸收利用；三是损失到大气和水体环境中。所以，不能简单认为当季未被植物吸收的养分就损失到环境中去了。当化肥施入土壤后，氮肥以铵态氮挥发和硝态氮淋溶的形式损失较多，而磷易被土壤矿物晶格固定。氮肥施用量最多，养分较容易流失，对环境的影响也较大，因此国际和国内对化肥利用率的关注焦点主要集中在氮肥当季利用率上，通常以氮肥的当季利用率来表征化肥利用率。化肥利用率需要通过田间试验来获取，有差减法和同位素示踪两种方法。以氮肥为例，需要设置施氮和不施氮两个处理来进行计算。

**1. 差减法** 在田间试验中设置不施氮区和施氮区两个处理，分别测定两个处理作物体内氮素吸收量，按式（5-1）计算。

$$氮肥利用率（RE）= \frac{施氮区作物吸氮量（U）－不施氮区作物吸氮量（U_0）}{施氮量（F）} \times 100\%$$

$$(5-1)$$

施氮区作物吸氮量（U）应包括作物地上部和地下部以及枯枝落叶中的含氮量。由于枯枝落叶和残留于土壤中的根系难以收集完全，且二者的含氮量一般不到作物总吸收量的 5%，因此通常只计算作物地上部植株和相连的根系中的吸氮量。

实际生产中，施氮处理中作物吸收的氮素一部分源于施入的肥料，一部分源于土壤本身，也包括大气沉降和灌溉等方式携入的氮，即式（5-1）中，施氮作物吸氮量＝作物吸收肥料氮量＋作物吸收土壤氮量，则式（5-1）又可表述为式（5-2）。

$$氮肥利用率（RE）= \frac{U_f + U_s - U_0}{F} \times 100\%$$ $$(5-2)$$

式中，$U_f$ 为吸收的源于施入的肥料中的氮；$U_s$ 为吸收的源于土壤本身的氮；$U_0$ 为不施氮处理作物氮吸收量；$F$ 为施入的肥料中的氮。

由式（5-2）可知，仅仅当 $U_s = U_0$ 时，即施氮处理作物吸收的土壤氮量与不施氮处理作物吸收的氮量（全部来自土壤）相等时，该公式才能准确反映作物对施入土壤中肥料氮的利用效率（传统概念内涵）。由此可见，$U_s = U_0$ 也是差减法计算氮肥利用率的基本假设和前提。但是，由于正激发效应（ANI）的存在，施氮处理的作物会较对照处理的作物吸收更多的土壤氮，即表现为 $U_s > U_0$。因此，在大多数情况下，差减法计算的氮肥利用率较传统概念意义的理论值偏高。

**2. 同位素示踪法** 即用 $^{15}N$ 标记的氮肥进行田间试验，测定吸入作物体内氮素的 $^{15}N$ 原子百分超，进而根据 $^{15}N$ 丰度的稀释原理，计算利用率。计算方法如式（5-3）所示。

$$标记肥料氮利用率（RE）= \frac{\begin{matrix}植株地上部\\干质量\end{matrix} \times \begin{matrix}植株全氮\\含量（\%）\end{matrix} \times \left(\begin{matrix}标记区植株^{15}N\\原子百分超\end{matrix} - \begin{matrix}植株自然丰度^{15}N\\原子百分超\end{matrix}\right)}{\begin{matrix}标记肥料\\施用量\end{matrix} \times \begin{matrix}肥料氮含量\\（\%）\end{matrix} \times \begin{matrix}肥料^{15}N原子\\百分超\end{matrix}} \times 100\%$$

$$(5-3)$$

同位素示踪法测定化肥利用率有以下几个方面的优点：①可以同时测定出作物任一生育

阶段由土壤供应的有效氮素，即土壤供氮能力。②可研究一季甚至几季作物期间肥料氮的平衡或去向。③借助$^{15}$N标记，可进一步测定土壤中残留氮的形态、移动深度和植株吸收氮在作物体的存在形态及累积部位。④应用$^{15}$N标记氮肥，可对化学氮肥的后效进行测定。

长期以来，由于$^{15}$N同位素标记技术可以动态监测被标记氮肥施入土壤后的各种去向，因此被广泛地应用于作物对氮素的吸收、利用、分配以及氮素在土壤中的转化和损失等方面的研究。利用$^{15}$N标记技术可以将作物吸收来自土壤的氮和来自肥料的氮严格区分开来，从而精确定量被标记肥料氮被作物吸收利用的比例，曾一度被认为是测定氮肥利用率最准确可靠的方法。事实上，该方法作为施肥意义上的氮肥利用率的测定，其结果的可靠性同样值得商榷。因为通常$^{15}$N和$^{14}$N作为肥料概念上的氮素，其物理、化学和生物性质没有区别，作物吸收时对两者并不作区分。由于正激发效应（ANI）作用，$^{15}$N交换出的土壤养分$^{14}$N有一部分被作物吸收利用了，归根结底它是$^{15}$N的作用效果，但是$^{15}$N示踪法测定的结果没有包括这部分养分的效果。因此，$^{15}$N标记法的测定值仅是$^{15}$N的利用率，作为施肥意义上的氮肥利用率测定，其计算值较传统概念的理论值偏小。但是需要指出的是，如果作为传统狭义概念上的氮肥利用率的测定，则$^{15}$N标记法是非常准确的。

**3. 差减法和示踪法测定值比较**　差减法测定的氮肥利用率在大多数情况下并不能准确反映作物对施入土壤中肥料氮的利用效率，而$^{15}$N示踪法测定的结果也仅是$^{15}$N的利用效率，均不能准确反映施肥意义上真实的氮肥利用率。在绝大多数情况下，氮肥施入土壤后会使作物吸收较对照处理作物更多的土壤氮（$U_s > U_0$），即表现为正激发效应（ANI），此时差减法测定值大于$^{15}$N标记法测定值。巨晓棠等（2003）指出，示踪法计算的氮肥利用率比差减法低，这是由于差减法还包括了作物因施氮肥而多吸收的土壤氮。朱兆良（2008）也认为，示踪法测得的氮肥利用率一般低于差减法，由于$^{15}$N示踪法计算的氮肥利用率仅包括作物吸收的示踪氮肥，没有包含因施肥交换出土壤原有氮素的部分。

差减法和示踪法是最常用的肥料利用率测定方法。在实际生产中，测算肥料利用率更倾向于使用差减法。相对于同位素示踪法，差减法操作较为简便，成本也低，应用基础的化验设备和条件就可以完成。示踪法不仅操作复杂，$^{15}$N标记的试验材料成本高，测定同位素丰度还需要用到质谱仪，仪器价格昂贵，只有较大的科研机构才具备条件，因此示踪法更适合于科研单位开展相关研究，例如肥料养分的平衡或去向，养分在土壤中残留的形态、移动深度，植株吸收氮在作物体的存在形态及累积部位，养分的后效分析，土壤氮素矿化的净激发效应，以及秸秆矿化和氮素转化试验等。

## 二、化肥偏生产力（PFP）

化肥偏生产力指每投入单位肥料所生产的作物籽粒产量，在一定程度上反映了生产一定产品需要付出的化肥代价。因为产量的形成是多因素的，这里只考虑施肥量一个因素，所以称为偏生产力。该指标反映的是土壤基础地力和肥料共同作用的效果。计算公式如式（5-4）所示。

$$PFP = Y/F \qquad\qquad (5-4)$$

式中，$PFP$单位为千克/千克；$Y$为某一种特定的化肥施用下作物的产量（千克）；$F$

代表化肥的投入量（千克）。

化肥偏生产力指标多用于全国或区域等大尺度养分效率状况的评价，产量可以来自统计数据或调研数据，施肥量来自调研数据。综合来看，化肥偏生产力仅需要作物产量和施肥量的数值就可以计算得出，比较容易获得，易为农民所掌握和理解，比较适合我国目前土壤和环境养分供应量大、化肥增产效益下降的现实，是评价肥料效应较为直观的指标。但是，化肥偏生产力往往反映的是一个区域养分利用效率的总体情况，并不能准确反映地力、施肥量等单个因素对产量的影响，也不能反映施肥增产情况。化肥偏生产力只是说明投入同样的化肥，生产产品数量多的，养分效率可能高一些，以此来警示化肥偏生产力低的地区。

## 三、化肥农学效率（AE）

化肥农学效率（AE）指单位施肥量所增加的作物籽粒产量，即平均增产量。AE 是评价肥料增产效应较为准确的指标。用来比较增加单位养分投入量的作物增产量，目标是指导合理施肥量，提高肥料投入的经济效益。计算方法如式（5-5）所示。

$$AE = (Y - Y_0) / F \qquad\qquad (5-5)$$

式中，$AE$ 单位为千克/千克；$Y$ 为某一种特定的化肥施用下作物的产量（千克）；$Y_0$ 为对照不施特定化肥条件下作物的产量（千克）；$F$ 代表化肥的投入量（千克）。

综合来看，化肥农学效率用来比较施用单位养分投入量的作物增产量，是评价肥料增产效应较为准确的指标。也可以用来指导合理施肥，提高肥料投入的经济效益。与化肥利用率指标相比，不用测定养分含量，操作起来较直接。但是，获取该指标必须测无肥区产量，应用起来也较为不便；化肥农学效率虽然表明了单位肥料的增产效果，但它并不能说明肥料养分的吸收状况与产量水平的高低。用化肥农学效率来评价不同品种对养分的吸收利用能力，其结论带有片面性。

## 四、养分生理效率（PE）

养分生理效率（PE）指作物地上部每吸收单位肥料中的养分量所获得的籽粒产量的增加量。计算公式如式（5-6）所示。

$$PE = (Y - Y_0) / (U - U_0) \qquad\qquad (5-6)$$

式中，$PE$ 单位为千克/千克；$U$ 为某一种特定的化肥施用下作物的养分吸收量（千克）；$U_0$ 为对照不施特定化肥条件下作物的养分吸收量（千克）；$Y$ 为某一种特定的化肥施用下作物的产量（千克）；$Y_0$ 为对照不施特定化肥条件下作物的产量（千克）。

养分生理效率高低反映了作物利用肥料养分形成籽粒产量的能力。养分生理效率说明的是作物体内肥料养分的利用效率，而不能说明肥料的增产效应。因此，其应用范围相对有限。

## 五、养分利用效率（NUE）

养分利用效率（NUE）指作物地上部每吸收单位养分（包括肥料和环境中的养分）

所获得的籽粒产量。计算公式如式（5-7）所示。

$$NUE=Y/U \qquad (5-7)$$

式中，$NUE$ 单位为千克/千克；$U$ 为某一种特定的化肥施用下作物的养分吸收量（千克）；$Y$ 为某一种特定的化肥施用下作物的产量（千克）。

养分利用效率是产量与吸收的某种养分总量的比值，不管吸收的养分来自肥料还是来自土壤，单位是每千克养分所对应的产量，指的是植物体内所有养分的利用效率。养分利用效率高低反映了作物利用所吸收养分形成籽粒产量的能力，而肥料利用率则是作物从肥料中吸收的养分占投入养分的比值，二者存在较大区别。

## 第三节　化肥利用率现状及研究进展

我国农田化肥利用率的研究始于 20 世纪 60 年代，此后大量学者对化肥利用率的研究逐步深入，积累了宝贵的田间试验资料，为农田生态系统养分优化管理奠定了坚实的基础。总体来看，我国主要粮食作物肥料利用率经历了一个"先下降、再回升"的过程。从 20 世纪 90 年代开始，随着化肥投入的不断增加，化肥利用率出现下降趋势。以氮肥为例，利用率从 20 世纪 90 年代中期的 30%～35%，下降到 2005 年的 28%。近十多年来，通过测土配方施肥等项目实施，促进了传统施肥方式向科学施肥方式转变，遏制了化肥用量过快增加的势头，推动了肥料利用率的稳步回升。朱兆良等（1992）在总结 782 个田间试验数据的基础上，得出当时主要粮食作物的氮肥利用率为 28%～41%，平均为 35%。李庆逵等（1998）进一步指出当时我国主要粮食作物氮肥利用率变幅为 30%～35%，磷肥利用率变幅为 15%～20%，钾肥利用率变幅为 35%～50%。闫湘等（2008）基于全国 20 个省 165 个田间试验资料的统计表明，我国小麦、水稻和玉米的当季氮肥利用率在 8.9%～78.0%，平均为 28.7%。2008 年，张福锁等对 2001—2005 年不同作物和不同区域试验结果分析发现，我国主要粮食作物的氮肥利用率为 26.1%～28.3%，平均为 27.5%，较 20 世纪 80 年代显著降低。

2013 年以前，我国没有系统测算和发布过三大粮食作物化肥利用率，主要由科研教学单位开展相关研究，以单点试验、总结归纳为主。2011—2012 年，农业部组织测土配方施肥专家组，利用测土配方施肥项目在全国开展的小麦、玉米、水稻田间试验结果，进行了化肥利用率测算工作。2013 年，农业部组织专家对我国三大粮食作物肥料利用进行测算，发布了《中国三大粮食作物肥料利用率研究报告》。该报告表明，目前我国水稻、玉米、小麦三大粮食作物氮肥、磷肥和钾肥当季平均利用率分别为 33%、24%、42%。其中，小麦氮肥、磷肥、钾肥利用率分别为 32%、19%、44%，水稻氮肥、磷肥、钾肥利用率分别为 35%、25%、41%，玉米氮肥、磷肥、钾肥利用率分别为 32%、25%、43%。三大粮食作物氮肥当季利用率为 33%，比测土配方施肥补贴项目实施前（2005 年）提高了 5 个百分点，磷肥和钾肥当季利用率分别比 2005 年提高了 12 个和 10 个百分点。这是我国第一次较为正式发布全国层面的三大粮食作物化肥利用率结果。2015 年，农业部发布我国水稻、玉米、小麦三大粮食作物化肥利用率（氮肥当季利用率）为 35.2%，比 2013 年提高 2.2 个百分点，但与发达国家相比仍然偏低。2015 年，农业部印发《到

2020年化肥使用量零增长行动方案》，提出到2020年三大粮食作物化肥利用率达到40%。农业农村部分别于2015年、2017年、2019年和2020年组织了4次全国范围的三大粮食作物化肥利用率测算工作。据测算，2020年全国小麦、玉米、水稻三大粮食作物化肥利用率为40.2%，比2015年提高5个百分点，完成预期目标。

# 第四节　化肥利用率测算方法

为规范小麦、玉米、水稻三大粮食作物化肥（氮、磷、钾）利用率测算方法，指导化肥利用率田间试验和测算工作，全国农业技术推广服务中心和农业农村部科学施肥专家指导组在总结多年田间试验和数据测算的基础上，制定发布了全国三大粮食作物化肥利用率测算方法。测算方法包括试验设计、试验实施、数据汇总分析和结果计算等部分。

## 一、试验设计

设计试验时，要统筹考虑区域内小麦、玉米、水稻的播种面积以及肥料新产品、施肥新方式和施用新技术推广应用等情况，兼顾土壤肥力和产量水平，试验结果应能反映当地实际情况，试验点数量应能满足测算要求。在布局上要与化肥减量增效示范区建设结合，与科研教学单位田间试验工作衔接。

**1. 试验类型**　根据实际施肥情况，试验分为农民习惯施肥和科学施肥（包括测土配方施肥、新型肥料施用、机械深施、水肥一体化）。

测土配方施肥指按照测土配方施肥要求进行施肥，但未采用新型肥料施用、机械深施、水肥一体化等技术。

新型肥料施用、机械深施和水肥一体化分别指在测土配方施肥基础上，施用新型肥料、采用机械深施和水肥一体化技术。类型间不得交叉重复，机械深施和水肥一体化中用到新型肥料的，按机械深施和水肥一体化对待。

**2. 试验数量**　按照播种面积比重确定田间试验数量。分作物按照农民习惯施肥、测土配方施肥、新型肥料施用、机械深施、水肥一体化等技术模式应用面积权重，分别确定不同模式的田间试验数量。

**3. 试验处理**　试验设5个处理，3次重复，随机区组排列。

（1）处理1　空白区，即试验小区不施用化肥。

（2）处理2　无氮区，即试验小区不施氮肥，仅施用磷、钾肥。

（3）处理3　无磷区，即试验小区不施磷肥，仅施用氮、钾肥。

（4）处理4　无钾区，即试验小区不施钾肥，仅施用氮、磷肥。

（5）处理5　氮、磷、钾区，即试验小区施用氮、磷、钾肥。

处理5氮、磷、钾用量依据施肥技术模式的要求设定，且符合当地生产实际。处理2、处理3、处理4的氮、磷、钾肥种类、剂型、用法、用量尽可能与处理5保持一致。例如，处理5应用缓释氮肥时，处理3、处理4也应选用缓释氮肥。

## 二、试验实施

**1. 试验地选择**　选择平坦、齐整、肥力均匀，具有代表性的不同肥力水平的地块。试验地为坡地时，应尽量选择坡度平缓、肥力变异较小的地块。试验地块应避开居民区、道路、堆肥场所、树木遮阴、土传病害严重和有其他人为活动影响的特殊地块。

**2. 试验小区设置**

（1）农民习惯施肥

①小区设置。小区形状一般为长方形，长宽比以（2～3）：1为宜。各处理的小区面积应一致，水稻、小麦每个小区面积一般20～30米²，玉米应扩大到40～50米²。小区间设置隔离，小区外设置保护行。采取措施保证各小区单灌单排，避免串灌串排。

②肥料施用。处理5根据当地农民习惯施肥的用法、用量施用，其他处理可用单质肥料配施。

（2）科学施肥

①测土配方施肥。

小区设置：同农民习惯施肥小区。

肥料施用：处理5按照测土配方施肥推荐方案进行施肥，可以施用配方肥、专用肥，也可用单质肥料配施。施肥量应较农民习惯施肥减少。其他处理可用单质肥料配施。

②新型肥料施用。

小区设置：同农民习惯施肥小区。

肥料施用：处理5按照测土配方施肥推荐方案施用新型肥料，包括缓控释肥料、稳定性肥料、功能型肥料、增值肥料等。施肥量应较常规测土配方施肥减少。其他处理肥料可用单质肥料配施。

③机械深施。

a. 小麦。

小区设置：受机械作业影响，小区面积可适当增加。一般小区宽度不低于2个播幅（播种施肥机往返），小区长度根据实际确定，可不做随机区组排列。

肥料施用：基肥采用机械深施，可在小麦播种前，撒施肥料后用旋耕机进行旋耕后播种，或采用旋播一体机直接旋耕播种；也可直接采用播种施肥一体机一次性完成播种施肥作业。处理5按照测土配方施肥推荐方案施用颗粒型肥料，其中氮肥可选用缓控释型氮肥。施肥量应较常规测土配方施肥减少。其他处理肥料可用单质肥料配施，有条件的可统一对肥料进行造粒处理。

b. 玉米。

小区设置：同小麦机械深施。

肥料施用：采用种肥同播机将种子与底肥一次性施入土壤。处理5按照测土配方施肥推荐方案施用颗粒型肥料，其中氮肥优先选用缓控释型氮肥。施肥量应较常规测土配方施肥减少。其他处理肥料可用单质肥料配施，有条件的可统一对肥料进行造粒处理。

c. 水稻。

小区设置：同小麦机械深施，小区间应用塑料薄膜等进行隔离。

肥料施用：基肥采用侧深施肥，在插秧机上配装深施肥器，在插秧的同时将基蘖肥施于秧苗侧边 3～5 厘米、深度约 5 厘米处。处理 5 按照测土配方施肥推荐方案施用专用肥料，要求粒形整齐，粒度（2.00～4.00 毫米）≥90％，硬度适宜（强度≥30 牛），吸湿度较低（25℃，65％湿度吸湿率≤5％）。施肥量应较常规测土配方施肥减少。其他处理肥料可用单质肥料配施，有条件的可统一对肥料进行造粒，以达到侧深施肥相关技术要求。也可采取人工施肥方式将肥料施入。

④水肥一体化。水肥一体化试验主要在玉米、小麦上开展。一般分为低压管灌、滴灌、喷灌等灌溉方式。

a. 滴灌。

小区设置：滴灌条件下，小区形状一般为长方形，面积较大时，长宽比以（3～5）：1 为宜；面积较小时，长宽比以（2～3）：1 为宜。密度大的作物小区不应小于 60 米²，密度小的作物小区不应小于 130 米²。也可采用简易重力滴灌系统开展试验，小区面积不小于 60 米²。考虑实际操作等问题，小区可不做随机区组排列。

肥料施用：滴灌采用文丘里施肥器、施肥机、比例施肥泵等施肥浓度均匀可控的施肥设备。肥料施用按照 NY/T 2623《灌溉施肥技术规范》要求执行，施用前要精确称量。施肥方案按照当地水肥一体化试验结果确定，也可在当地测土配方施肥推荐用量基础上减肥 20％左右，选择施用配方水溶肥。滴灌时，氮肥基施一般不超过总量的 30％。各小区确保施肥设备单区单用。

b. 喷灌。

小区设置：喷灌条件下，小区面积应根据喷头类型确定。采用摇臂式喷头的不应小于 300 米²；采用折射式喷头或微喷带灌溉的不应小于 60 米²。不具备喷灌条件的可以采用人工模拟方式进行喷灌，小区面积不应小于 60 米²。喷灌处理小区之间应有不小于 2 米的隔离带，在无风时进行灌水施肥，避免相互影响。

肥料施用：喷灌系统技术参数和灌溉制度按照 GB/T 50085《喷灌工程技术规范》要求执行。肥料施用同滴灌小区。

c. 低压管灌。

小区设置：低压管灌条件下，小区形状一般为长方形，小区面积不应小于 60 米²。面积较大时，长宽比以（3～5）：1 为宜；面积较小时，长宽比以（2～3）：1 为宜。

肥料施用：按照实际采用的施肥方法施肥后灌水。肥料施用按照 NY/T 2623《灌溉施肥技术规范》执行，施用前要精确称量。施肥量按照测土配方施肥推荐方案确定或适当减少。氮肥基施一般不超过总量的 50％。

**3. 化肥施用**　试验过程中，按照试验设计要求进行施肥，施肥量填入附表 5-1。施用前要精确称量化肥，避免因施肥引起试验误差。试验施用肥料应留样检测，减少养分含量引起的误差。

**4. 田间管理**　各小区除施肥措施不同外，其他灌水、除草、病虫防治、化控等田间管理措施均一致且符合当地生产习惯，由专人在同一天内完成。

**5. 试验记录**　按照 NY/T 3241《肥料登记田间试验通则》的有关规定进行试验记录，见附表 5-1。

**6. 采样测产**

（1）土壤样品采集　按照 NY/T 2911《测土配方施肥技术规程》的有关规定进行土壤样品采集。

采样时间：前茬作物收获后，整地施基肥前。

采样点选择：在试验小区内按照"梅花"形或 S 形，选择 15~20 个点进行取样。取样时应避开路边、田埂、沟边、肥堆等特殊位置。

采样操作：每个采样点的深度保持一致，采集 0~20 厘米深度的土样，取样器应垂直地面入土取样。土壤样品采集捏碎混匀后，用"四分法"取约 1 千克土壤装入已标记好的自封袋中。

标签记录：采集的样品放入统一的样品袋，样品袋内外均需有标记，用铅笔写明样品编号、土壤类型、采样日期、采样地块名称、采样深度、前茬作物、采样人等信息。

（2）植株样品采集　按照 NY/T 2911《测土配方施肥技术规程》的有关规定进行茎叶和籽粒样品采集。

①小麦。

采样点选择：在小区内按照"梅花"形或 S 形设置 10 个采样点，每个采样点周围随机采集 10 穗（共计 100 穗）小麦全植株。采样时间为小麦完熟期，最好与收获同步。采样分为茎叶部分和籽粒部分。茎叶部分包括茎叶和脱粒后的颖壳，籽粒即为麦粒。

采样操作：采集时直接用手将小麦植株连根拔起，在根茎结合处剪除根系，然后麦穗朝内，与茎叶一并装入塑料袋中并扎紧。

标签记录：填好采样记录和标签，标签一式两份，一份装入样品包装内，一份挂在样品包装外，内容包括：样品编号、作物名称、品种名称、采样地点、采样田块、采样时间、采样人。

②玉米。

采样点选择：在小区内按照"梅花"形或 S 形设置 10 个采样点，每个采样点周围随机采集 2 株玉米植株。采样时间为玉米完熟期，最好与收获同步。采样分为茎叶部分和籽粒部分。茎叶部分包括茎叶和玉米轴、玉米须、玉米苞叶，籽粒即为玉米粒。

采样操作：采集时用镰刀等将玉米植株在根茎结合处切断。将玉米从茎秆上掰下，以免养分转运，然后将玉米植株切断为多个部分与玉米穗一并装入塑料袋中并扎紧（每株玉米装入同一塑料袋）。

标签记录：同上。

③水稻。

采样点选择：在小区内按照"梅花"形或 S 形设置 10 个采样点，每个采样点周围随机采集 3 穴水稻植株。采样时间为水稻完熟期，最好与收获同步。采样分为茎叶部分和籽粒部分，其中籽粒为带壳籽粒。

采样操作：采集时直接用手将水稻植株连根拔起，在根茎结合处剪除根系。然后稻穗朝内，与茎叶一并装入塑料袋中并扎紧。

标签记录：同上。

（3）样品处理

①土壤样品处理。

按照 NY/T 2911《测土配方施肥技术规程》的规定进行土壤样品处理。

样品风干：采集的土壤样品及时放在风干盘或样品盘上自然风干，严禁暴晒，并注意防止污染。风干过程中要经常翻动土样，并将大土块捏碎以加速风干，同时剔除异物。

样品制备及贮存：风干后的土样平铺在制样板上，用木棍或塑料棍碾压，并将植物残体、石块等侵入体剔除干净，细小已断的植物根须可采用静电吸附的方法清除。压碎的土壤过 2 毫米筛，未通过的土粒继续碾压过筛，直至全部通过。也可将土壤中的侵入体剔除后采用不锈钢土壤粉碎机制样。将过筛土样按照"四分法"取出约 100 克继续研磨，使之全部通过 0.25 毫米筛，装瓶用于测定有机质、全氮等指标。余下的按照"四分法"取出约 500 克装瓶，用于测定 pH、有效磷、速效钾等指标。制备好的样品要妥善保存，避免日晒、高温、潮湿和接触酸碱气体。

②植株样品处理。按照 NY/T 2911《测土配方施肥技术规程》的规定进行茎叶和籽粒样品处理。

a. 小麦。

样品清洗：小麦样品如需洗涤，应在刚采集的新鲜状态时，用湿棉布擦净表面污染物。然后用蒸馏水或去离子水淋洗 1～2 次后，尽快擦干。

茎叶部分处理：将小麦茎叶切碎成 1 厘米或更短的小段，铺成薄层在 60℃的鼓风干燥箱中干燥 12 小时左右，直到茎秆容易折断为宜，样品稍冷后立即用磨样机磨碎，使之全部过 0.5 毫米筛。脱粒后的颖壳按照茎叶部分方法处理。

籽粒处理：脱壳后的麦粒在 60～70℃鼓风干燥箱干燥 4 小时后，用磨样机磨碎，全部过 0.5 毫米筛。

样品贮存：制成样品贮于密封袋，贴好标签备用，样品制备量应不少于 100 克。分析前于 90℃烘 2 小时恒重后称取。

b. 玉米。

样品清洗：同小麦样品清洗方法。

茎叶部分处理：在所取 20 株玉米植株样品中随机选取 5 株玉米植株，进行处理。玉米茎叶切碎成 1～2 cm 或更短的小段（玉米茎秆、轴可用锋利的刀劈开后切碎），铺成薄层在 60℃的鼓风干燥箱中干燥 12 小时左右，直到茎秆容易折断为宜，样品稍冷后立即用磨样机磨碎，使之全部过 0.5 毫米筛。

籽粒处理：玉米籽粒在 60～70℃鼓风干燥箱干燥 4 小时后，用磨样机磨碎，全部过 0.5 毫米筛。

样品贮存：同小麦样品贮存方法。由于玉米植株较大，可单株分别处理后混合按照四分法留样。

·c. 水稻。

样品清洗：方法同小麦样品清洗。

茎叶部分处理：方法同小麦茎叶部分样品处理。

籽粒处理：水稻籽粒不需要脱壳，处理方法同小麦籽粒处理方法。

样品贮存：同小麦样品贮存方法。

（4）收获测产　组织有经验的专家，进行收获测产和考种。每个小区单独测产。收获测产与取样同时进行。

采取样方实收测产。各处理任意选取3个样方，样方选择时避开取样点。准确量取样方的长和宽，进行实收测产。分别计算作物籽粒和茎叶部分重量，并填入附表5-2。考种测定亩穗数、亩有效穗数（水稻）、穗粒数、结实率（水稻）等指标，并填入附表5-1。

**7. 化验分析**

（1）土壤样品检测　按照NY/T 1121.2《土壤检测第2部分：土壤pH的测定》测定土壤pH；按照NY/T 1121.6《土壤检测第6部分：土壤有机质的测定》测定土壤有机质含量；按照NY/T 1121.24《土壤检测第24部分：土壤全氮的测定自动定氮仪法》测定土壤全氮含量；按照NY/T 1121.25《土壤检测第25部分：土壤有效磷的测定连续流动分析仪法》测定土壤有效磷含量；按照NY/T 889《土壤速效钾和缓效钾含量的测定》测定土壤速效钾含量。

测定结果分别填入附表5-1。

（2）植株样品检测　按照NY/T 2419《植株全氮含量测定自动定氮仪法》分别测定各处理茎叶、籽粒全氮的含量；按照NY/T 2421《植株全磷含量测定钼锑抗比色法》或采用钒钼黄比色法分别测定各处理茎叶、籽粒全磷的含量；按照NY/T 2420《植株全钾含量测定火焰光度计法》分别测定各处理茎叶、籽粒全钾的含量；测定的上述数值分别填入附表5-2。

# 三、数据汇总分析

**1. 数据统计**　统计农民习惯施肥、测土配方施肥、新型肥料施用、机械深施、水肥一体化的小麦、玉米、水稻的播种面积（以最新的统计年鉴数据为准），填写附表5-3。

**2. 数据审核**　组织专家认真审核数据，对异常数据逐一进行核实，查找原始记录，剔除异常数据，确保数据质量。数据审核可参考以下参数要求：

（1）各处理产量水平　关注各处理产量水平是否符合当地生产实际，与土壤养分含量和肥料效应是否相符。

（2）植株和籽粒养分含量　重点关注测试的作物茎叶及籽粒的氮、磷、钾含量是否在合理区间内，是否存在数量级的差异。

（3）草谷比　关注作物茎叶部分与籽粒部分产量数据是否合理。

**3. 数据分析与评价**　结合关键施肥技术推广应用情况和各要素在提高化肥利用率中的贡献，按影响化肥利用率的肥料新产品、施用新技术、施肥新方式的推广应用面积确定权重。

# 四、结果计算

**1. 单个试验化肥利用率计算**　化肥利用率（%）＝（氮、磷、钾区作物吸收的养分量－缺素区作物吸收的养分量）/养分施入量×100%。

（1）氮肥利用率（$RE_N$）

$$RE_N = \frac{U_{NPK} - U_{PK}}{F_N} \times 100\%$$

式中，$U_{NPK}$ 为氮、磷、钾区植株氮吸收量，$U_{PK}$ 为无氮区植株氮吸收量，$F_N$ 为氮肥投入量。

（2）磷肥利用率（$RE_P$）

$$RE_P = \frac{U_{NPK} - U_{NK}}{F_P} \times 100\%$$

式中，$U_{NPK}$ 为氮、磷、钾区植株磷吸收量，$U_{NK}$ 为无磷区植株磷吸收量，$F_P$ 为磷肥投入量。

（3）钾肥利用率（$RE_K$）

$$RE_K = \frac{U_{NPK} - U_{NP}}{F_K} \times 100\%$$

式中，$U_{NPK}$ 为氮、磷、钾区植株钾吸收量，$U_{NP}$ 为无钾区植株钾吸收量，$F_K$ 为钾肥投入量。

**2. 区域化肥利用率测算**

第一步：分别计算每种作物农民习惯施肥、测土配方施肥、新型肥料施用、机械深施、水肥一体化的平均利用率 $RE_1$、$RE_2$、$RE_3$、$RE_4$、$RE_5$。

第二步：按照区域内农民习惯施肥、测土配方施肥、新型肥料施用、机械深施、水肥一体化的面积进行权重赋值（$Q_1$，$Q_2$，$Q_3$，$Q_4$，$Q_5$），加权计算得出每种作物氮（磷、钾）肥利用率：

小麦/玉米/水稻（$w/c/r$）$RE = RE_1 \times Q_1 + RE_2 \times Q_2 + RE_3 \times Q_3 + RE_4 \times Q_4 + RE_5 \times Q_5$。

第三步：按照区域内小麦、玉米、水稻三大作物播种面积进行权重赋值，加权平均得到区域三大粮食作物的化肥利用率。

氮肥利用率（$RE_N$）：

$$RE_N = wRE_N \times 权重1 + cRE_N \times 权重2 + rRE_N \times 权重3$$

磷肥利用率（$RE_P$）：

$$RE_P = wRE_P \times 权重1 + cRE_P \times 权重2 + rRE_P \times 权重3$$

钾肥利用率（$RE_K$）：

$$RE_K = wRE_K \times 权重1 + cRE_K \times 权重2 + rRE_K \times 权重3$$

式中，权重1为小麦播种面积占三大粮食作物总播种面积的比重；权重2为玉米播种面积占三大粮食作物总播种面积的比重；权重3为水稻播种面积占三大粮食作物总播种面积的比重。

# 五、组织方式

三大粮食作物化肥利用率测算是科学施肥工作的一项重要内容，基于田间试验开展，通过田间试验获取试验数据，根据测算方法进行测算。目前，三大粮食作物化肥利用率测算已经在全国层面和省级层面广泛开展，形成了较为成熟的组织工作方式。

**1. 统筹谋划，合理布局**　三大粮食作物化肥利用率测算是一项基于田间试验的系统工程，需要统筹谋划、合理布局，以期实现测算结果科学准确。全国农业技术推广服务中心作为全国化肥利用率测算的组织单位，统一制定工作方案，统筹考虑小麦、玉米、水稻区域布局、播种面积、地力等级，以及测土配方施肥、机械施肥、新型肥料施用和水肥一体化技术应用等情况，合理安排不同要素化肥利用率田间试验。每次测算需要在全国31个省（自治区、直辖市）以及新疆生产建设兵团、黑龙江农垦分作物、分模式安排三大粮食作物化肥利用率田间试验1 000组以上。

**2. 上下联动，狠抓落实**　结合化肥减量增效试点县创建等工作，压实省（自治区、直辖市）级责任，落实县（市、区）级任务，形成上下联动的工作机制。全国农业技术推广服务中心印发通知，提出统一工作要求。省级肥料技术推广部门印发本区域工作通知，依据当地农业生产实际情况，选县定点。省级肥料技术推广部门指定专人负责此项工作，发挥科研、教学、推广等单位的技术优势，严把试验地点选择、小区设置、收获测产和数据审核分析等关键环节的质量关。县级田间试验点明确责任人，严格按照试验方案的要求做好肥料施用、田间管理、观察记载和取样化验等工作，确保工作落到实处。

**3. 密切跟踪，强化指导**　田间试验布局上逐步实现与化肥减量增效示范区建设相结合，与科研教学单位工作相衔接，强化跟踪指导。分作物、分时期调度田间试验落实情况，确保试验有序开展，做到不误农时、不减数量、不违规范。2019年，在多年田间试验的基础上，全国农业技术推广服务中心会同农业农村部科学施肥专家指导组制定《基于田间试验的三大粮食作物化肥利用率测算规范（试行）》，此后又进行了修改完善，形成全国三大粮食作物化肥利用率测算方案。明确试验地点选择、小区设置、收获测产和分析测试等关键环节，强化试验操作的准确性。充分发挥属地科研、教学、推广等单位的技术优势，深入田间地头，开展技术指导。举办全国测土配方施肥技术培训班，对化肥利用率田间试验进行系统培训，省级肥料技术推广部门也分别组织了相关技术培训，加强技术指导。多措并举，确保了田间试验准确有效，试验数据可靠。

**4. 严格要求，及时报送**　建立严格的数据调度统计报送制度，加强原始数据管理，保障测算结果准确性。田间试验结束后，试验承担单位按照统一表格，及时准确填报田间试验数据。严把试验数据质量关，省级土肥技术推广部门汇总审核后统一报送，全国农业技术推广服务中心组织专家汇总试验数据、进行集中审核。同时，制定统计表格，调度全国小麦、玉米、水稻播种面积和习惯施肥、测土配方施肥、机械施肥、新型肥料和水肥一体化技术应用面积，摸清各项因素的权重占比。

**5. 科学测算，专家评审**　依据全国三大粮食作物化肥利用率测算方案有关要求，分作物类型、分技术模式科学测算化肥利用率试验结果。依据播种面积和技术应用面积分别测算小麦、玉米、水稻播种面积权重和习惯施肥、测土配方施肥、机械施肥、新型肥料、水肥一体化等技术应用面积权重。采用加权平均法，测算三大粮食作物化肥利用率，起草测算报告。依托农业农村部科学施肥专家指导组，组织行业专家，对测算报告进行会商评审，形成审定意见。

# 第五节　化肥利用率测算结果

## 一、2005—2012 年测算结果

张福锁等对 2001—2005 年全国粮食主产区肥料利用率进行了分析研究，结果显示水稻、小麦和玉米氮肥利用率分别为 28.3%、28.2% 和 26.1%，小麦、玉米、水稻的平均化肥利用率为 27.5%、11.7%、31.6%。2012 年，全国测土配方施肥专家组利用 2011—2012 年期间的 301 个小麦试验、509 个水稻试验、372 个玉米试验数据分析发现，三大粮食作物氮肥、磷肥、钾肥利用率的加权平均分别为 33%、24%、42%，分别比 2001—2005 年期间提高了 5.1 个、12.2 个和 10.4 个百分点，化肥利用率得到显著提升（表 5 - 1、表 5 - 2）。

表 5 - 1　化肥利用率变化

| 年代 | 作物 | 肥料利用率（%） | | | 来源 |
| --- | --- | --- | --- | --- | --- |
| | | 氮肥 | 磷肥 | 钾肥 | |
| | 小麦 | 32.0 | 19.2 | 44.4 | |
| 2011—2012 | 玉米 | 32.0 | 25.0 | 42.8 | 农业部测土配方施肥专家组 |
| | 水稻 | 34.9 | 24.6 | 41.1 | |
| | 小麦 | 28.2 | 10.7 | 30.3 | |
| 2001—2005 | 玉米 | 26.1 | 11.0 | 31.9 | 张福锁 等，2008 |
| | 水稻 | 28.3 | 13.1 | 32.4 | |
| 2002—2005 | 小麦、水稻、玉米 | 28.7 | 13.1 | 27.3 | 中国农业科学院，2008 |

表 5 - 2　2005 年化肥利用率

| 作物 | 氮肥利用率（%） | 磷肥利用率（%） | 钾肥利用率（%） |
| --- | --- | --- | --- |
| 小麦 | 32 | 19 | 44 |
| 玉米 | 35 | 25 | 41 |
| 水稻 | 32 | 25 | 43 |
| 三大粮食作物 | 33 | 24 | 42 |

## 二、2015 年测算结果

2015 年，农业部开始在全国范围内开展大规模的三大粮食作物化肥利用率测算工作，建立工作机制，细化组织实施，测算数据来源于测土配方施肥项目"3414"试验和文献数据。

**1. 田间试验开展情况**　2014—2015 年，全国农业技术推广服务中心结合测土配方施肥项目在 150 个重点县（市、区、旗）布置化肥利用率田间试验，每个县（市、区、旗）5～10 个试验点。在操作过程中，严选试验地块、精确称量化肥、分区撒施，确保数据真实严谨。

各地结合当地农作物生产布局，布置田间试验点，对化肥利用率田间试验观测记载、样品采集、考种测产和化验分析等，并汇总田间试验数据。在项目支持下，各地有序开展调查工作，重点收集关键施肥技术推广应用面积、化肥效益、农户施肥情况等数据。同时查阅收集近 2 年关于小麦、玉米、水稻化肥利用率科技文献数据。

**2. 化肥利用率测算结果**　各地将田间试验数据和调查数据进行汇总、初审后上报国家测土配方施肥数据平台，全国农业技术推广服务中心会同农业部测土配方施肥专家指导组审核数据，并结合近两年化肥生产使用情况，分析化肥利用率趋势，评价当前化肥使用效益。

根据三大粮食作物化肥利用率测算方法，计算得到全国三大粮食作物氮、磷、钾肥化肥利用率分别为 35.2%、22.4%、40.9%。按照惯例，以氮肥利用率表征化肥利用率，计算结果表明，2015 年我国水稻、玉米、小麦三大粮食作物氮肥当季平均利用率为 35.2%，比 2012 年提高 2.2 个百分点，比测土配方施肥补贴项目实施前的 2005 年提高了 7.2 个百分点，表明我国化肥利用率已进入稳步提高的阶段。磷肥、钾肥的当季利用率分别与 2012 年基本持平，主要受养分结构调整和肥料价格下降驱动，农民磷肥和钾肥用量均有增加。

## 三、2017 年测算结果

2017 年，化肥减量增效项目在全国启动实施，化肥利用率提升是推动化肥减量增效的重要途径和手段。农业部要求各地紧密结合化肥减量增效工作，继续在全国范围内开展化肥利用率田间试验，测算全国三大粮食作物化肥利用率。

**1. 田间试验开展情况**　2016 年，全国农业技术推广服务中心根据小麦、玉米、水稻播种面积和科学施肥技术应用情况，印发工作通知，在全国统筹安排各类化肥利用率田间试验 970 个。依托各地汇总上报的三大粮食作物田间试验数据，集合关键施肥技术应用面积、化肥效益、农户施肥情况等数据，科学测算化肥利用率。

**2. 化肥利用率测算结果**　根据三大粮食作物化肥利用率测算方法，计算得到全国三大粮食作物氮、磷、钾肥化肥利用率分别为 37.8%、20.1%、39.2%。同样以氮肥利用率表征化肥利用率，2017 年发布我国水稻、玉米、小麦三大粮食作物氮肥当季利用率为 37.8%，比 2015 年提高 2.6 个百分点，比测土配方施肥补贴项目实施前的 2005 年提高了 9.8 个百分点。磷肥、钾肥的当季利用率分别与 2015 年基本持平。

## 四、2019 年测算结果

按照化肥利用率每两年发布一次的要求，农业农村部组织了 2019 年全国三大粮食作物化肥利用率测算工作。为科学测算 2019 年三大粮食作物化肥利用率，统一测算方法，农业农村部种植业管理司会同全国农业技术推广服务中心，组织科学施肥专家指导组专家制定了《基于田间试验的三大粮食作物化肥利用率测算规范（试行）》，指导各地开展化肥利用率田间试验和测算工作。

**1. 田间试验开展情况**　印发关于做好三大粮食作物化肥利用率工作的通知，要求各地结合施肥新技术、肥料新产品应用情况，在全国 31 个省（自治区、直辖市）以及新疆生产建设兵团、北大荒农垦集团有限公司共安排田间试验 1 003 个。各地在做好田间试验的同时，严格做好试验过程记录、采样测试、分析测试和数据填报等工作，为化肥利用率测算奠定了坚实的基础。

**2. 化肥利用率测算结果**　根据《基于田间试验的三大粮食作物化肥利用率测算规范（试行）》，经过测算，2019 年我国三大粮食作物氮肥当季平均利用率为 39.2％，比 2017 年和 2015 年分别提高 1.4 个百分点和 4.0 个百分点，比测土配方施肥项目实施前的 2005 年提高了 11.2 个百分点。专家分析，我国三大粮食作物化肥利用率已进入稳步提高阶段，到 2020 年化肥利用率达到 40％的目标有望顺利实现。

## 五、2020 年测算结果

2020 年是"十三五"的收官之年，也是《到 2020 年化肥使用量零增长行动方案》实施的最后一年，科学测算化肥利用率更加重要。

**1. 田间试验开展情况**　为科学测算 2020 年三大粮食作物化肥利用率，种植业管理司和全国农业技术推广服务中心先后印发工作通知，组织开展化肥利用率田间试验、数据收集和测算工作。

按照《基于田间试验的三大粮食作物化肥利用率测算规范（试行）》要求，结合测土配方施肥、化肥减量增效等项目工作，2020 年在全国 31 个省（自治区、直辖市）以及新疆生产建设兵团、黑龙江农垦共安排三大粮食作物化肥利用率田间试验 1 020 个。充分总结前期经验，此次的田间试验布局、数量更加合理，数据具有更强的代表性。

**2. 化肥利用率测算结果**　经测算，2020 年我国三大粮食作物氮肥当季平均利用率为 40.2％，比 2019 年、2017 年和 2015 年分别提高 1.0 个、2.4 个和 5.2 个百分点，比 2005 年测土配方施肥项目实施前提高了 12.2 个百分点。磷肥的当季利用率为 20.8％，比 2019 年提高 1.0 个百分点；钾肥的当季利用率为 46.2％，比 2019 年提高 0.7 个百分点。按照惯例，以氮肥当季利用效率表征化肥利用率，公布 2020 年三大粮食作物化肥利用率为 40.2％，实现了《到 2020 年化肥使用量零增长行动方案》提出的 2020 年化肥利用率达到 40％的目标。据专家分析判断，近五年来我国实施化肥零增长行动，大力推广科学施肥技术，化肥使用总量减少 10％以上，实现了零增长到负增长，三大粮食作物化肥利用率快速提高。在我国种植强度大、产量要求高、耕地质量偏低的现实情况下，化肥利用率已经达到较高水平，进入稳定和缓慢提高阶段。

# 第六节　化肥利用率提升的因素分析

## 一、化肥利用率提升的支撑因素

2013—2020 年，我国小麦、玉米、水稻三大粮食作物化肥利用率从 33％提升到

40.2%（图 5-1），提高了 7.2 个百分点，是科学施肥的重大成就，也是测土配方施肥技术推广应用的最好体现。

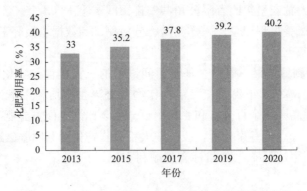

图 5-1 2013—2020 年三大粮食作物化肥利用率变化

化肥利用率的提高，是多项技术、多个因素综合作用的结果。2015 年以来，国家启动到 2020 年化肥使用量零增长行动，以测土配方施肥技术为基础，在重大技术集成创新和推广应用上取得不断进展，成为支撑化肥利用率提高的主要原因。

**1. 测土配方施肥深入推广** 测土配方施肥是化肥利用率提高的重要基础。近年来，农业农村部持续推进采样调查、分析化验、田间试验等基础性工作，为配方制定与校正、配方肥生产与应用等提供技术支撑。各地充分利用测土配方施肥技术成果，紧紧围绕"测、配、产、供、施"五大环节，不断完善配方发布机制，强化农企对接，优化配方肥生产，强化技术指导和农化服务，大力推进配方肥下地。以土壤测试为基础的测土配方施肥技术广泛普及，各地共制定发布了 2 万多个肥料配方，发放施肥建议卡超过 10 亿张，推动企业照"方"生产配方肥，引导农民按"卡"合理施肥。截至 2020 年，全国测土配方施肥技术推广面积超过 20 亿亩次，技术覆盖率达到 90%。其中三大粮食作物测土配方施肥技术推广面积达 13.4 亿亩次，技术覆盖率达 93.6%。全国配方肥施用面积超过 9.6 亿亩次，配方肥用量超过 1 900 万吨（折纯），配方肥已占到三大粮食作物施肥总量的 60% 以上。

**2. 施肥方式不断改进** 施肥方式改进是化肥利用率提高的重要途径。各地按照农机农艺融合、基肥追肥统筹的原则，引导企业围绕配方肥料、有机肥料、缓控释肥料等产品，研发高效精准施肥机械设备，重点推广小麦机械深施、玉米种肥同播、水稻侧深施肥等农机农艺融合施肥模式，减少养分损失，提高化肥利用率。截至 2020 年，全国三大粮食作物各类机械施肥面积超过 6 亿亩次。以玉米、小麦、马铃薯、棉花、蔬菜、果树等作物为重点，推广膜下滴灌、集雨补灌、微喷灌水肥一体化技术，促进水肥耦合，水分生产效率提高 20%～50%，节肥 10%～25%。据统计，2020 年全国水肥一体化推广面积已超过 1.5 亿亩次。

**3. 新型肥料应用加速** 新型肥料应用是化肥利用率提高的重要载体。各地整合科研、教学、推广和企业力量，加快推广应用氮磷钾配比合理、中微量元素互补、有机和无机结合、速效与缓释融合的新型肥料产品。缓控释肥、增效肥、水溶肥等新型肥料推广应用力度持续增大。截至 2020 年，全国三大粮食作物缓释肥、水溶肥等新型肥料的推广应用面积达到 1.2 亿亩次。

**4. 有机肥替代化肥技术加快推进**　增施有机肥、有机无机配合是化肥利用率提高的重要措施。各地鼓励引导农民因地制宜利用畜禽粪便积造有机肥，通过堆沤肥、秸秆还田、种植绿肥等途径，有效地推进了有机肥施用和畜禽粪污资源化利用。通过实施果菜茶有机肥替代化肥行动，研究有机肥替代化肥比例，因地制宜大力推广"配方肥＋有机肥""果（菜、茶）-沼-畜""自然生草＋绿肥"等技术模式，以有机替代无机，减少化肥用量，提高了化肥利用效率，改善了土壤理化性状，有效减少了养分流失，提高了化肥利用效率。2020 年，全国有机肥施用面积超过 5.5 亿亩次，绿肥种植面积超过 5 000 万亩次，秸秆还田面积近 9 亿亩次。

## 二、化肥利用率提高带来的成效

化肥利用率的不断提高，提高了养分利用效率，减少了化肥投入量，有力促进了化肥减量增效。同时，带来显著的经济、社会和生态效益。

**1. 促进节本增效**　在等养分吸收的情况下，化肥利用率的提高减少了化肥的投入量，降低了农业生产成本投入。据专家测算，按照每年农业投入 2 800 万吨氮肥计算，氮肥利用率提高 1 个百分点，相当于减少尿素投入 150 万吨，节约农业生产性投入成本 30 多亿元。

**2. 促进提质增效**　通过化肥使用量零增长行动的开展，在减少化肥用量、提高利用率的同时，提升了产品品质、创响了绿色品牌。例如江苏省通过实施化肥零增长行动，打造了金坛雀舌茶叶、邳州大蒜、东海草莓、丰县牛蒡等一大批知名农产品品牌，实现了农民增产增收。

**3. 促进减排增效**　化肥的生产伴随着能源的消耗和氮氧化物的排放。据专家测算，氮肥利用率提高 1 个百分点，减少的氮肥投入相当于减少氮排放 7.7 万吨、节省燃煤 232 万吨或天然气 1.5 亿米$^3$，有利于节能减排和资源节约。

**4. 促进绿色发展**　化肥减量增效已成为各级政府推进绿色发展的重要内容，科学施肥理念深入人心，得到了社会各界普遍认同。各地加快集成推广化肥减量增效绿色高效技术模式，绿色生产方式加快形成。同时，促进了化肥工业的供给侧结构性改革，缓释肥、增效肥、水溶肥等绿色高效产品创新研发和推广应用不断加快。

## 三、化肥利用率提升面临的困难

受我国基础条件和种植方式制约，化肥减量宜稳中求进。2015—2020 年，我国农用化肥施用总量已经从 6 022.6 万吨（折纯）减少到 5 250.7 万吨，减幅 12.8%，减量增效工作成效显著。然而，化肥利用率要进一步提升，受到以下限制因素的制约。

**1. 粮食安全压力加大**　我国是人口大国，粮食安全始终是关系国民经济发展、社会稳定的全局性重大战略问题。特别是在新冠肺炎疫情全球性暴发、国际形势日趋复杂的新形势下，"十四五"及今后一个时期，保障粮食安全的压力将持续加大。化肥是作物的"粮食"，粮食产量的一半来自化肥，化肥对产量的贡献不可替代。保障国家粮食安全、促进人们生活水平提高，必然要求持续高产、增产，化肥减量空间有限。

**2. 种植强度持续偏高**　我国人多地少，土地等资源利用强度很大，南方大部分地区是一年多熟，黄淮海地区是一年两熟，仅长城以北是一年一熟。而欧洲、美洲等国家多为一年一熟，一些国家还实行休耕和轮作。日本、韩国都是一年一熟，土壤肥力保持较好。在高强度种植情况下，进一步提升化肥利用率的难度加大。

**3. 产量目标不断提升** 我国耕地资源有限，随着经济社会的发展，面临耕地"非农化""非粮化"的严峻形势。我国水稻亩产比印度高近1倍、比日本高25%，小麦亩产分别比美国、加拿大高60%和70%，更高的产量目标设定，必然带来更高的化肥投入。

**4. 耕作方式相对落后** 欧美等发达国家农业机械化水平高，深耕深松和秸秆还田较为普遍，一般耕层在35厘米以上。而我国多数地方的耕层只有15～20厘米，保水保肥能力差。欧美国家粮食作物以化肥机械深施为主，果树和蔬菜多以水肥一体化为主，而我国由于经营规模偏小、地块分散，一些地方还是表施、撒施或者"一炮轰"。

**5. 耕地质量偏低** 目前，我国优质耕地（1～3等）仅占27%左右，基础地力贡献率约为50%，比发达国家低20～30个百分点。我国最优质的东北黑土区，现在有机质含量仅有3%左右，比美国中部的五大湖区"黄金玉米带"、巴西的亚马孙流域玉米主产区土壤有机质含量低2个百分点。耕地质量偏低，带来了养分投入的增加。

# 第七节　化肥利用率测算展望

## 一、科学认识化肥利用率指标

化肥利用率作为评价农田化肥施用效率的指标，在农学领域应用十分广泛。化肥利用率的合理测算对于客观评价化肥施用效果、优化农田养分管理、确定区域或国家尺度农田化肥用量等方面意义重大。然而，需要引起注意的是，化肥利用率并不是越高越好。大量实践表明，对于某一特定的农业生产体系，作物产量与化肥用量的关系一般符合抛物线、线性＋平台或二次式＋平台等模型，最高产量施肥量往往高于经济最佳施肥量和环境友好施肥量。按照报酬递减律，随着化肥投入的增加，单位养分的增产量逐渐下降，最高的化肥利用率往往出现在化肥投入量低、产量水平低的阶段。因此，我们要客观认识化肥利用率，不能一味追求高化肥利用率指标。实践中也需正确看待化肥的损失问题。氮肥当季利用率40%，并非其余60%都损失浪费了，其中大部分储存在土壤中，能够被后续的作物吸收利用。如果能对这部分养分进行科学管理和利用，养分损失问题并不是十分严重。从某种意义上讲，适量的矿质养分累积对于培肥地力、维持稳定的土壤生产力也是必要的。此外，社会所关注的化肥利用率是宏观层面的指标，主要反映的是在国家和大区域层面的化肥利用效率，不能把这个指标层层落实，甚至对县、乡一级都提出化肥利用率指标要求。测算化肥利用率只是手段，不是目的。我们的最终目标是通过客观合理测算化肥利用率，优化农田生态系统养分管理措施，更好地服务于现代农业生产。

## 二、客观评价当前化肥利用率水平

2020年农业农村部发布小麦、玉米、水稻三大粮食作物化肥利用率达到40.2%。据专家分析判断，"十三五"期间，我国实施化肥使用量零增长行动，大力推广科学施肥技术，化肥使用总量减少 12.8%，实现了零增长到负增长，三大粮食作物化肥利用率快速提高。在我国种植强度大、产量要求高、耕地质量偏低的现实情况下，化肥利用率已经达到较高水平，进入稳定和缓慢提高阶段。当然，我国化肥利用率与一些西方发达国家相比仍有很大差距。但需要说明的是，我国存在人多地少、人增地减，粮食安全问题突出的基本国情，不能效仿西方一些人少地多国家的做法，通过降低氮肥用量、牺牲产量来换取较高的氮肥利用率。在现阶段，我国的农业生产必须依赖大量投入化肥的集约化生产模式保持产量水平。在科学施肥方面，我们只能在保证较高产量水平的前提下，通过各种技术手段尽量提高化肥利用率，减轻养分损失对环境的压力，绝不应盲目追求较高的化肥利用率而忽视产量。

## 三、不断优化化肥利用率测算方法

自 2013 年开始组织全国性化肥利用率测算以来，如何制定行之有效的化肥利用率测算方法，规范、准确、有效地开展化肥利用率测算，一直是这项工作成败的关键。为规范三大粮食作物化肥利用率测算，2019 年农业农村部种植业管理司印发《基于田间试验的三大粮食作物化肥利用率测算规范（试行）》。2021 年全国农业技术推广服务中心对测算方法进行了重新梳理，印发了《三大粮食作物化肥利用率测算方案》，重点对试验设计、试验实施、采样测产、样品测试、数据汇总分析、测算方法等方面进行了详细说明。根据科学施肥技术推广应用情况和农业生产实际，科学设置田间试验处理、精准规范试验操作、升级分析测试手段、合理划分技术推广权重、不断优化测算方法，有力指导粮食作物化肥利用率田间试验开展及测算工作。随着新技术的不断研发，化肥利用率测算方法也要进行不断优化，特别是探索差减法与同位素示踪法相结合的方式，优势互补，建立更加科学的化肥利用率测算方法。

## 四、建立科学、多元的评价指标体系

当前我国正处于社会、经济和技术的快速转型期，农田生产经营方式以高投入、高产出和高资源消耗为特征的集约化模式为主，土壤和环境养分供应量逐渐增大、化肥增产效益不断下降，单纯应用化肥利用率（RE）指标，已经难以完全、准确表征化肥科学施用水平。另外，化肥利用率受气候、土壤、光热水条件、产量水平、施肥量、施肥方法和时期、其他营养元素供应等多种因素的影响，单一的化肥利用率指标很难反映出不同农业生产水平下作物对化肥的利用状况。在人口增长对粮食的刚性需求下，我国农业必须寻求一条以提高作物单产为核心，同时兼顾环境效应的可持续发展之路。为了更高效地指导农业生产，必须建立具有正确价值导向、符合现阶段我国农业生产现状的化肥利用效率评价参数，采用科学、多元、综合的评价指标体系，更好地指导科学施肥工作。

## 附表 5-1 田间试验记录表

| 试验类型 | 试验地点 | 试验地形 | 前茬作物名称 | 前茬作物类型 | 前茬施肥量 氮(N)(千克/亩) | 前茬施肥量 磷($P_2O_5$)(千克/亩) | 前茬施肥量 钾($K_2O$)(千克/亩) | 土壤类型 | 有机质(克/千克) | 全氮(克/千克) | 有效磷(毫克/千克) | 速效钾(毫克/千克) | pH | 试验处理 | 小区长(米) | 小区宽(米) | 小区面积(米²) | 播种日期(年月日) | 播种量(千克/亩) | 施肥时间 | 苗数 | 穗数 | 穗粒数 | 结实率(水稻)(%) | 千粒重(克) | 肥料类型 | 生产厂家 | 全肥区供试肥料 养分构成 N | $P_2O_5$ | $K_2O$ |
|---|---|---|---|---|---|---|---|---|---|---|---|---|---|---|---|---|---|---|---|---|---|---|---|---|---|---|---|---|---|---|
| | | | | | | | | | | | | | | 1 | | | | | | | | | | | | | | | | |
| | | | | | | | | | | | | | | 2 | | | | | | | | | | | | | | | | |
| | | | | | | | | | | | | | | 3 | | | | | | | | | | | | | | | | |
| | | | | | | | | | | | | | | 4 | | | | | | | | | | | | | | | | |
| | | | | | | | | | | | | | | 5 | | | | | | | | | | | | | | | | |

## 附表 5-2 ____ 省（自治区、直辖市、农垦）小麦、玉米、水稻化肥利用率田间试验数据汇总表

| 试验类型 | 试验地点 | 作物名称 | 作物品种 | 试验时间 | 处理1 施肥量 氮(N) | 磷($P_2O_5$) | 钾($K_2O$) | 产量(千克/亩) | 籽粒 全氮(N) | 全磷($P_2O_5$) | 全钾($K_2O$) | 茎叶 全氮(N) | 全磷($P_2O_5$) | 全钾($K_2O$) | 处理2 | 处理3 | 处理4 | 处理5(氮磷钾区) 施肥量(千克/亩) 氮(N) | 磷($P_2O_5$) | 钾($K_2O$) | 产量(千克/亩) | 籽粒 全氮(N) | 全磷($P_2O_5$) | 全钾($K_2O$) | 茎叶 全氮(N) | 全磷($P_2O_5$) | 全钾($K_2O$) |
|---|---|---|---|---|---|---|---|---|---|---|---|---|---|---|---|---|---|---|---|---|---|---|---|---|---|---|---|
| | | | | | | | | | | | | | | | 同处理1 …… | 同处理1 …… | 同处理1 …… | | | | | | | | | | |

注：试验类型填写数字1代表农民习惯施肥；2代表测土配方施肥；3代表新型肥料施用；4代表机械深施；5代表水肥一体化。

附表 5－3 ＿＿＿＿＿省（自治区、直辖市、农垦）＿＿＿＿＿年度三大粮食作物科学施肥技术应用面积

| 作物 | 播种面积（万亩次） | 农民习惯施肥（万亩次） | 科学施肥（万亩次） | | | |
|---|---|---|---|---|---|---|
| | | | 测土配方施肥 | 新型肥料施用 | 机械深施 | 水肥一体化 |
| 小麦 | | | | | | |
| 玉米 | | | | | | |
| 水稻 | | | | | | |

注：①面积按播种面积计算，小麦包括当年冬小麦和翌年春小麦，玉米包括春玉米和夏玉米，水稻包括早稻、晚稻、一季稻；②面积统计注意与上报国家统计局数据协调一致，测土配方施肥技术全覆盖则农民习惯施肥面积为"0"；③播种面积＝农民习惯施肥面积＋科学施肥面积。

# 主要参考文献

巨晓棠，张福锁，2003. 关于氮肥利用率的思考. 生态环境，12（2）：192 - 197.

李庆逵，朱兆良，于天仁，1998. 中国农业持续发展中的肥料问题. 南昌：江西科学技术出版社，1 - 133.

闫湘，金继运，何萍，等，2008. 提高肥料利用率技术研究进展. 中国农业科学，41（2）：450 - 459.

张福锁，王激清，张卫峰，等，2008. 中国主要粮食作物肥料利用率现状与提高途径. 土壤学报，45（5）：915 - 924.

朱兆良，2008. 中国土壤氮素研究. 土壤学报，45（5）：778 - 783.

朱兆良，文启孝，1992. 中国土壤氮素. 南京：江苏科学技术出版社：228 - 245.

# 第六章
# 测土配方施肥农企合作典型案例

## 中化化肥控股有限公司

### 一、基本情况

中化化肥控股有限公司（简称"中化化肥"，前身为"中化香港控股有限公司"）涵盖资源、研发、生产、分销、农化服务全产业链。

中化化肥在国际化肥市场上具有重要影响力，是国际肥料工业协会（IFA）会员单位、国际植物营养研究所（IPNI）全球17家理事单位之一。中化化肥拥有逾60年的化肥国际贸易经验和国际贸易关系网络实力，是中国进口化肥的主渠道，为保障国内紧缺化肥资源供应、调剂余缺发挥骨干和建设性作用。

中化化肥拥有齐全的大量元素、中微量元素肥料以及专用肥、缓控释肥、生物肥等新型肥料的研发、生产能力。在中国主要的农业省、农业县拥有分销服务网络。

### 二、农企合作情况

中化化肥深入推进化肥减量增效，促进农业提质增效，助力乡村振兴战略实施。

**1. 新产品研发及试验示范推广**　在全国各省份开展种植业化肥使用情况调查，根据地方农业环境及用肥习惯，研发及升级符合地方特色的产品，提高肥料在地方的适宜性，达到减肥增效目的。在粮食生产功能区、重要农产品保护区和特色农产品优势区，开展提质增效类化肥产品的试验示范推广。开展多地域、多类型、多作物的土壤培肥和化肥减量试验、示范。建设以缓释肥、螯合肥、有机无机肥、功能性单质肥等提质增效类产品为主的新型肥料试验示范点，筛选优质高效肥料在各地推广。

**2. 加强政企合作，开展技术培训，建立农业提质增效的社会化服务模式**　围绕建立健全"政府-企业"紧密结合的新型农业经营主体培育机制，以培养专业种植及管理人才为核心，共享人才培养资源。围绕主栽作物，通过"现场看、田间讲、室内学"的形式，共同开展作物培训班，提升基层技术服务人员种植能力。发挥全国农业技术推广服务中心和中化化肥各自优势，以种植大户、家庭农场、专业合作社等新型经营主体为依托，运用市场手段，探索建立形式多样、特色鲜明的社会化服务模式，为农民提供全链条、专业化、个性化服务。

**3. 改善施肥方式，提升肥料利用率** 肥料利用率高低与施肥方式及施肥技术水平密切相关，在全国机耕区推广种肥同施、机械深施等科学施肥方式，大力推广水肥一体化技术，在山东、云南、江苏、辽宁等省，联合地方土肥系统开展系列宣传推广活动，进一步扩大水肥一体化实施规模，提高肥料和水资源利用效率。在黑龙江、江苏、安徽等地大力推广水稻侧深施肥技术，改进施肥方式，实现适期适法适量施肥，提高化肥利用率，减少化肥用量。组织新产品研发及试验示范推广；联合开展技术培训，建立农业提质增效的社会化服务模式；共同致力于改善施肥方式，提升肥料利用率。

## 三、主要成效经验

**1. 提升测土配肥实验室工作效率** 成立于 2012 年，经过近 9 年的运行，实验室的工作效率、服务质量得到客户的充分肯定。目前已为中化化肥、中化现代农业等公司检测土样 8 万份，涉及全国主要土壤类型和重点经济作物。该实验室的土壤检测体系执行《高效土壤养分测试技术与设备》实现测土配方施肥中分析设备自动化、样品测试批量化、数据管理信息化、施肥推荐程序化。解决了传统方法的效率低、成本高、养分测试周期长的问题。

**2. 研发推广智能水肥一体化** 聚焦农业种植主体节本增效、提升肥料使用效率，中化化肥有限公司通过渐进式创新，自主开发高效液体缓控释水溶肥、高工效智能配施肥机、智能水肥管理软件，并引入边缘计算智能网关、物联网终端、远程自动化设备等关键产品或设备，LoRa（超远距离广域网）与 4G 通信组网集成了数字化水肥一体管理技术。2021 年 4 月，公司以智能水肥一体化为基础开发可持续解决方案，以棉花为主要作物，在甘肃、山东、新疆等地实施。

目前，中化化肥有限公司在全国大力推广水肥一体化的相关产品与技术。开发的系列液体肥料产品大量应用到各种作物中，累计应用面积超过 300 万亩次。中化化肥有限公司的全自动配施肥机在全国布设了 216 个试点，近 2 年来应用 LoRa 通信技术的智能化水肥一体化解决方案已经有 45 个项目落地，示范面积超过 130 万亩。

**3. 研发推广水稻侧深施肥专用肥，提高肥料利用率** 水稻侧深施肥项目自 2014 年立项，结合水稻生长对养分的需求以及土壤养分数据，中化化肥研发出水稻侧深施肥专用肥产品，并通过"研产销＋服务"团队，进行多次的升级迭代，确定了 21－15－16 控释掺混肥料，2021 年销量 4.4 万吨，推广面积 210 万亩，8 年累计推广面积 730 多万亩，平均亩增产 8％，平均亩增收益 100 元，累计粮食增产 35 万吨，为农民增收 7.3 亿元。侧深施肥比常规施肥氮肥利用率提高 9.5％，磷肥利用率提高 8.6％，钾肥利用率提高 15.1％。

## 四、农企合作推进科学施肥机制思考

**1. 项目合作** 通过项目合作，增加农企合作黏性，扩大项目影响力，促进科技支撑乡村产业振兴。

**2. 专家支持** 对企业业务和技术人员进行专业培训，并共同为终端农户提供培训服务；开展农企合作系列技术直播活动；组织专家编写智能水肥一体化行业标准；针对种植痛点问题，共同研究解决方案。

**3. 共建高标准示范基地** 通过共建高标准示范田，展示测土配方施肥效果，联合召开现场会，并通过线上线下相结合的方式，扩大活动影响。

# 新洋丰农业科技股份有限公司

## 一、基本情况

新洋丰农业科技股份有限公司是磷复肥龙头企业，国家级高新技术企业。公司主营业务为磷复肥及新型肥料的研发、生产和销售，以及提供现代农业产业解决方案。公司始建于1982年，总部位于湖北荆门和北京，依托母公司洋丰集团5亿吨磷矿资源以及全国十大生产基地，形成年产逾830万吨高浓度磷复肥和新型肥料的生产能力及320万吨低品位磷矿洗选能力，配套生产硫酸280万吨/年、合成氨15万吨/年、硫酸钾15万吨/年、硝酸15万吨/年，企业规模位居全国磷复肥企业前列。截至2021年6月，公司总资产达到125亿元，员工7000多人，是全国磷复肥龙头企业、中国石油和化工民营企业百强、中国民营企业500强、中国制造业500强。

公司在科学研究市场差异化需求与现有产品结构的基础上，不断加大研发投入、强化产学研合作，具备行业内品类最齐全的产品线，覆盖新型复合肥、特种肥料、有机生物类肥料、功能性肥料、德国康朴进口肥料、常规复合肥以及磷酸一铵等多个系列，构建并持续优化满足土壤健康和作物营养需求的新型肥料产品体系，能够充分满足不同区域、不同作物全生长期的营养需求和土壤改良需求。同时，加强产品科普与技术服务，全力引导农民科学施肥，改善土壤环境，降低种植成本，实现增产增收。

## 二、农企合作情况

**1. 合作历程与方式** 2010年开始与中国农业大学合作成立新洋丰-中国农大新型肥料研发中心，着力打造国家级的新型肥料研发平台，研究肥料产业发展方向，研究和开发贴近农业需求的新型肥料产品，组建全国试验示范网络，逐步树立全国品牌，引导行业发展。新洋丰-中国农大新型肥料研发中心于2018年申报成为作物专用肥料重点实验室，正式成为国家级新型肥料研发中心。

具体措施：一是建立全国试验示范网络，与测土配方施肥相结合，选择主要县市科技及推广单位，以县乡村示范点、示范片建立为重点，应用测土配方施肥技术，做到土壤测试—配方设计—肥料生产—科学施用紧密结合，满足需要。二是研发新型肥料，开展环保、高效、低成本的包膜肥料开发和产业化，开发区域农业发展需要的叶面肥等液体肥料，以及肥料施用设备和配套产品等。三是研究肥料发展战略，研究区域农业发展及相配套的肥料产业发展战略，以及肥料产业管理相关的标准与政策措施等。四是技术推广，主要开展企业科技人员、营销人员的培训，逐步建成面向全社会的顶级肥料培训中心。培养肥料技术服务和推广的专业学位硕士，开展优质技术和产品的田间试验示范，建立企业服务力量等。

**2. 配方肥生产与销售**　积极参与测土配方施肥工作，研发形成了洋丰正好系列作物专用肥。大田作物系列包括玉米专用肥、水稻专用肥、小麦专用肥；经济作物系列包括猕猴桃专用肥、大蒜专用肥、苹果专用肥、马铃薯专用肥、花生专用肥、葡萄专用肥、莲藕专用肥、柑橘专用肥和石榴专用肥。2010—2021年，洋丰正好系列作物专用肥累计生产并销售了18万吨。

**3. 农化服务情况**　为推广科学施肥技术和高效系列作物专用肥，多维度进行宣传推广。一是与中央电视台《科技苑》开展战略合作，拍摄了苹果、柑橘、莲藕、香蕉等作物的科技宣传片，通过普及科学种植知识，引导农户科学合理施肥。二是专门针对西北地区的苹果产业成立苹果肥销售分公司，配备业务人员和技术人员，通过广泛的试验示范和频繁的驻村宣传，引导农户科学选肥、合理施肥。三是成立技术推广部，这支队伍全部由农学专业的本科生和硕士研究生组成，目前已达到220人，通过试验示范、测土配方、会议营销、观摩培训和大户拜访等方式，为农户提供全程的种植解决方案。

## 三、主要成效

**1. 企业研发实力不断增强**　新洋丰不断根据市场需求，研发出了能提高作物抗逆性的含海藻精粉的复合肥；改善土壤状况，提高肥料利用率的洋丰硫复合肥；能延缓铵态氮的转化，提高氮肥利用率的稳定性复合肥；针对作物生产痛点、难点而研发的高附加值作物专用复合肥。

**2. 企业品牌影响力不断增加**　针对作物养分需求规律，结合我国土壤养分状况，研发出了洋丰正好作物专用肥，让科学施肥的观念深入人心。

**3. 经销商和农户在产品和技术需求方面的进步**　新洋丰根据作物养分需求规律研发出的作物专用肥，极大地增强了经销商销售农资产品的信心，有力地保护了他们的市场。

## 四、下一步工作设想

**1. 加强新型肥料产品研发**　继续加大对新型肥料产品的研发，包括能减少氮素等养分流失的包膜缓释肥料、能提高作物吸收利用效率的功能型肥料，以及能改善作物缺素现象、提高作物品质的含中微量元素的肥料等。

**2. 加强新型肥料产品、新技术等宣传**　强化农企合作，开展专家讲座，强化农户对新型肥料产品和新技术的认识，能加快他们思想的转变，打消他们的顾虑，有助于新型肥料产品的大面积推广。

**3. 加强对农技推广人员的培训**　加强对企业农技推广人员的培训，提升服务能力；加强对各地土肥站农技推广人员的培训，让他们能及时了解最新的技术和产品；优选合作社，加强对合作社全体人员的培训，通过合作社的实施，加快对新产品和新技术的推广；优选农村的种植能手，通过对种植能手的培训，借助其为农户进行技术指导，加快新产品和新技术的推广等。

**4. 强化大配方小调整，促进按需供应**　通过加强农企合作，将科研成果转化为产品，与生产实践进行融合，改善施肥现状，提升肥料利用率。下一步将强化配方肥研发，针对我国各地作物的种植难点和痛点，形成作物专用肥大配方，再根据不同地区的施肥习惯对大配方进行小调整。

**5. 继续推进测土配方施肥**　做好测土工作，根据土壤检测结果，为农户提供科学的整体解决方案，助力农户增产增收、提质增效。

# 金正大生态工程集团股份有限公司

## 一、基本情况

金正大生态工程集团股份有限公司（以下简称"金正大公司"）成立于 1998 年，公司聚焦种植业产前、产中、产后一体化服务，致力于成为种植业解决方案提供商。经过 23 年发展，目前已从一家新型肥料制造商转型为专业从事种植业服务的综合性上市企业。公司在全国建立 12 个生产基地和 9 个农业服务公司，并在国外建有 12 个工厂和 10 余个分支机构。

金正大公司是国家火炬计划复合肥产业基地骨干企业，是我国复合肥制造业的龙头企业，建有全球最大的缓控释肥基地和全国最大的水溶肥生产基地，产业规模处于同行业首位。公司建有国家企业技术中心、养分资源高效开发与综合利用国家重点实验室、国家缓控释肥工程技术研究中心、复合肥料国家地方联合工程研究中心、土壤肥料资源高效利用国家工程实验室、农业农村部植物营养与新型肥料创制重点实验室、博士后科研工作站、新型肥料创制国际科技合作基地等一批具有行业影响力的创新平台，与国内外 50 余家科研院校建立长期合作关系。牵头成立全国缓控释肥产业技术创新战略联盟、高效复合肥料国家农业科技创新战略联盟。先后承担了"十三五"国家重点研发计划、山东省重点研发计划等 50 余项国家级和省级重大科研项目；获国家科技进步二等奖 2 项，省部级科技奖励 41 项；拥有有效专利 299 项，其中有效发明专利 255 项；主导制定各类标准 34 项，其中国际标准 2 项、国家标准 9 项。

## 二、农企合作情况

从 2005 年开始，针对肥料价格高位运行，部分地区过量施肥、盲目施肥，肥料利用率偏低等现象，农业农村部启动实施了测土配方施肥财政补贴项目，建立了有效的工作机制和技术体系，为全国粮食连续增产、农民持续增收做出了重要贡献。2012 年农业部启动全国农企合作推广配方肥试点行动，选择 100 家化肥企业与农业部门对接，在 100 个县开展农企合作推广配方肥试点，促进测土配方施肥技术落到田间地头。

金正大公司致力于新型配方肥料的研发与推广，2008 年启动缓控释配方肥试验示范与推广应用活动，2012 年公司被农业部列入全国 100 家配方肥推广试点企业，十几年来通过试验示范、技术培训、农机农艺结合、农化服务等不同方式，建立农企对接、产需对接，积极生产推广配方肥，提高农化服务水平，向农民提供货真价实、质量过硬的放心产品。

自 2008 年以来，通过每年布置不同区域的新型配方肥料试验，根据试验结果优化配方肥料生产工艺和区域化配方，不断提高产品的专用化水平，促进了农民的增产增收；在产品试验示范的基础上，每年召开全国缓控释配方肥及其他新型配方肥推广工作会议和区域化会议，系统总结当年的示范工作，分析示范中存在的问题，不断优化区域化配方，并通过缓控释肥高峰论坛、万村千乡科技入户工程、现场观摩会等活动，共同推动新型配方肥的推广。为促进新型配方肥的规模化推广，2011 年起启动了"农化服务万里行"活动，为农民提供缓控释肥"种肥同播"技术服务，通过农机农艺结合的方式，促进了产品的推广和应用。2011 年 9 月，全国农业技术推广服务中心、东丰县土肥站和金正大公司三方共建"金正大（东丰）农化服务中心"，该服务中心是我国第一个县级农化服务中心。2015 年 8 月，公司和农业部科教司合作，共建农民田间学校，对农民开展测土配方施肥技术推广服务与培训。这些农化服务模式的探索，开启了农技部门与企业合作服务"三农"的新模式，有助于推动我国农化服务体系的创新。

## 三、主要成效经验

### 1. 实施技术创新战略，提升配方肥料核心竞争力

（1）加大科技创新投入，完善基础研究条件　建立了持续稳定的科技研发投入机制，每年将销售收入的 3％左右作为科研经费，已建成科研用房充足、仪器设备先进、配套设施完善的研发场所，具备了良好的基础研究条件。目前，公司已建成 17 600 米² 的综合科研楼、6 000 米² 的中试车间、2 688 米² 的温室、160 米² 的地下模拟根窖室，拥有各类研发设备 450 台（套），原值达 5 600 万元，在新型配方肥料研发方面处于国内领先水平。

（2）构建科技创新体系，提升产品创新软实力　建有国家认定企业技术中心、养分资源高效开发与综合利用国家重点实验室、国家缓控释肥工程技术研究中心等一批具有行业影响力的创新平台，并牵头组建全国缓控释肥产业技术创新战略联盟、高效复合肥料国家农业科技创新联盟。承担国家科技支撑计划、国家重点研发计划等科研项目；授权专利 299 项，其中发明专利 255 项；主导制定各类标准 34 项，其中国际标准 2 项、国家标准 9 项；获国家科技进步二等奖 2 项，省部级科技奖励 41 项；入选国家重点新产品 3 项。公司构建了一支知识结构合理，具有持续创新能力和意识的研究队伍，其中各类研发人员 300 余人，包括博士 10 余人、硕士 80 余人，62 人具有高级职称，2 名院士作为特聘顾问，形成了多个新型肥料研发团队，其中缓控释肥技术创新团队分别入选为科技部重点领域创新团队和农业农村部科技创新团队。

（3）加强产学研合作，提高研发效率　始终坚持走产学研合作发展的道路，通过技术转让、委托研究、联合攻关、共建科研平台、人才培养等方式，走出了一条"引进—消化吸收—创新提高"的产学研协同创新之路。

（4）通过科技创新，形成了系列物化产品和实用技术 研发了系列高效低成本原料、增效物质生产技术，如湿法磷酸生产聚磷酸铵技术、硝酸钾联产液体硝酸铵工艺技术、湿法磷酸生产工业磷酸一铵生产技术、磺化法提取腐植酸功能载体技术、复合降解法制备海藻酸功能载体技术等；开发了系列新型配方肥产品，如生物基包膜缓控释配方肥料、营养型和功能型水溶性配方肥料、功能型微生物肥料、稳定性肥料、环保型药肥产品等；同时，开发出系列土壤调理剂，结合障碍土壤改良技术，形成了酸性土、盐碱土、连作障碍土壤改良系列产品；通过优化减肥增效、土壤调理等系列产品的配伍应用技术，综合相关农艺措施，构建了集肥料养分供给、土壤调理、药肥协同、机械化施肥、高产栽培等于一体的区域作物全程营养管理方案。公司自2015年起在全国做了3 500多个试验，根据不同的区域土壤特点、种植模式，形成了350多套区域化作物全程营养解决方案。

**2. 深化农业科技服务，促进配方肥料规模化推广**

（1）设计四级服务培训体系，开展测土配肥技术培训 一是构筑了"专家队伍、专职农化队伍、一线农化队伍、县级农技专家队伍"四级服务人员体系，2015年开始组织"肥料配方师"专业技术培训，目前已累计培训专业技术人员2 000余人。二是全面开展测土配肥技术传播、培训、免费测验等活动，建立土地档案，及时更新配方，引导农民科学平衡施肥。

（2）开展施肥技术培训与推广 在种肥同播技术培训与推广方面，通过农机农艺相结合的方式开展大规模的种肥同播服务，实现了农民的省时省力、增产增收。选送规模种植户等到山东农业大学、中国农业大学、清华大学、人民大学等知名学府进行短期培训，系统学习作物种植、农业经营管理等专业知识，提升农民的职业化水平。组织大规模种植户赴欧洲、美国、韩国、以色列等农业发达国家或地区参观世界先进的农业经营模式，学习成功的农业种植、经营经验。

（3）积极开展生态种植模式示范推广 积极推进科技成果落地，以"土壤改良修复、减肥减药节水、作物全程营养、农产品品质提升、品牌农产品打造"为核心，将研制的新型肥料、土壤调理剂等产品及其高效应用技术进行示范和推广，开发出适宜各地的作物优质高产种植管理方案。在全国开展减肥增效示范推广工作，先后在全国118个县36种作物进行减肥增效试验示范，示范面积达8 000余亩，减肥增效产品推广面积超过3亿亩，每年节省肥料约200万吨。相当于节约184万吨标准煤、3.84亿米$^3$ 天然气、11.2亿度电，节省成本约60亿元。大大节省了农民投入，减少了环境污染，促进了农业的可持续发展。

（4）探索农业社会化服务模式，助推传统农业向现代农业全面转型 为了破解农业发展新难题，多方合力加快培育新型经营主体。2017年7月，建立中国首家现代农业服务平台——"金丰公社"。截至目前，已在全国22个省份成立县级社450多家，成立镇村级服务站31 000多家，累计服务小农户600余万户，累计服务土地面积超过2 700万亩，为农户降低种植成本10%以上，产量提高了10%。

## 四、农企合作推进科学施肥机制思考

**1. 统筹各方力量，强化肥料产品创新研发**　深化农企合作，统筹农业农村部科学施肥专家组、现代农业产业技术体系、国家农业科技创新联盟的力量，协助企业组建创新联合体，加快提升科技创新能力，提高肥料产品的科技水平。改善和优化原料结构，推动产品质量升级，加强氮、磷、钾配合和中微量元素补充，提高传统肥料产品的复合化、专用化和优质化，开发高效、环保的新型肥料，鼓励引导发展缓控释配方肥、水溶性配方肥和生物肥料等新型产品，不断提高绿色新型配方肥料占比。

**2. 强化新产品、新技术试验示范推广，探索高效施肥新途径**　围绕肥料新产品，强化"高效、生态、安全"理念，全面开展绿色高效新型肥料产品试验示范，探索高效施肥新途径，促进肥料新产品与施肥技术相吻合、养分供应与作物需求相配套。以种植大户、家庭农场、农业专业合作社等新型经营主体为依托，结合测土配方施肥、化肥减量增效、果菜茶有机肥替代化肥重大项目实施，示范推广有机替代、种肥同播、机械施肥和水肥一体化等新型施肥方式，实现水肥资源耦合、有机无机融合、农机农艺配合，促进农业资源高效利用、农村环境持续改善。

**3. 建立多元化培训体系，加快构建社会化服务新模式**　引入市场机制，对化肥生产企业进行积极引导，在设定一定准入条件与淘汰机制的条件下，鼓励其积极参与新型农业经营主体培训，纳入国家培训体系范畴，作为目前农业机构培训机制的有益补充，形成多元化的培训体系，有利于科学施肥技术的推广。

按照"政府推动、市场牵动、龙头带动"的总体思路，开展大联合、大协作，充分发挥大型企业投身农业社会化服务，开展物资供应、技术指导、金融保险等综合配套服务，顺应现代农业绿色安全、节本增效、高效集约的发展方向。围绕农业综合效益和农产品品质提升双重目标，转变理念，从"产品制造"向"服务制造"转型，通过农企对接等方式，开展施肥全过程服务、托管式服务、专业化服务，为广大农民提供作物专用肥配送、植物营养全程化方案。

# 史丹利农业集团股份有限公司

## 一、基本情况

史丹利农业集团股份有限公司成立于1992年，是一家专业从事复合肥生产及销售、粮食收储、农业信息咨询、农业技术推广、农资贸易等在内的综合性农业服务商。

史丹利重视自主创新平台建设和产学研合作，不断加强技术创新与产品研发，形成了科学、完善的现代农业研发体系。公司建设了"功能性生物肥料国家地方联合工程实验室""国家企业技术中心""全国复混肥工程研究中心""国家博士后科研工作站""院士工作站"等国家级研发平台。

在产品品类方面，史丹利聚焦配方肥的专业化生产，针对不同的需求层次，研制出包括史丹利三安、第四元素、劲素等专用性配方肥产品。针对不同的农作物，史丹利通过配方与配比的调整，研制出具有针对性的专用性配方肥系列产品。

为响应国家化肥减量增效战略，史丹利坚持技术创新，着力推动配方肥、水溶肥、有机肥、新型肥料的研究和推广，为客户提供科学完善的作物解决方案和专业的农化技术服务。

## 二、农企合作情况

自 2014 年以来，在自身渠道网络优势基础上，结合配方肥产品研发工作，根据全国不同区域土壤及作物种植情况，在全国范围内有针对性地开展配方肥试验示范及配方肥产品推广工作。先后在北京、天津、内蒙古、黑龙江、吉林、辽宁、河北、山东、河南、甘肃、青海、陕西、重庆、湖南、江西、广东、广西等多个省份，与各省市土肥推广系统共同开展配方肥田间试验示范工作，积极进行配方肥产品的推广，同时配套农化跟踪服务，促进了全国测土配方施肥工作及配方肥的推广应用。

2021 年积极参与中微量元素配方施肥试验示范和"强筋小麦增产提质高效施肥技术集成创新"项目，开展相关试验示范工作。同时，联合北京、天津、河北、山西、吉林、安徽、上海、浙江、福建、海南、西藏、陕西、青海、宁夏 14 个省份 35 个试验示范站点，积极开展中微量元素配方肥的示范推广，促进中微量元素缺乏土壤的改善和对中微量元素缺乏较为敏感的作物品质提升。

与中国农业科学院签订战略合作协议。"蚯蚓测土·整村推进"项目由史丹利农业集团、蚯蚓测土实验室，联合中国农业科学院共同开展，在 5 年内选取 100 个村，开展"蚯蚓测土·整村推进"项目，以蚯蚓测土、配方施肥、专家指导等方式，深入推进测土配方施肥技术应用及配方肥推广，帮助农民实现作物产量和品质双提升。每一个测土代表村，取土检测后都会绘制该村的不同养分图供当地种植户了解土壤养分情况，针对种植户存在的施肥问题，技术人员提供相应的解答和施肥示范指导，带动周边作物科学高效种植，推动测土配方施肥技术及配方肥的广泛应用。

积极在各试点村整村推进配方肥高效示范田建设，扩大"配方施肥、减肥增效"示范宣传效果。根据不同区域土壤及作物种植情况，建设配方肥高效示范田，组织配方肥高效示范田现场观摩会，宣传推广"配方施肥、减肥增效"，让广大种植户深刻体会配方施肥、高效种植带来的增产增收效果，带动周边科学高效种植，深入推进测土配方施肥技术及配方肥产品的应用推广。

## 三、主要成效经验

### 1. 产品技术研发与创新

（1）2017 年牵头申报的"基于高塔熔体造粒关键技术的生产体系构建与新型肥料产品创制"项目，荣获国家技术发明奖。高塔熔体造粒工艺和生产技术体系填补了复合肥行业的多项技术空白，突破了复合肥造粒技术的多项技术瓶颈，申请发明专利达 47 项。高塔熔体造粒工艺和生产技术体系为国内团粒法装置改造与产品质量提升提供了可靠的技术路径，为国家淘汰落后产能的产业政策提供了技术支撑。

（2）2019 年参与完成的"花生抗逆高产关键技术创新与应用"项目获国家科技进步奖。项目明确了花生非生物逆境胁迫机理，探明了花生单粒精播增产机理，创制了花生抗逆高产新型肥料产品，建立了花生抗逆高产栽培技术体系，突破了制约花生单产提升的瓶颈，为花生抗逆高产栽培提供了科技支撑。

（3）2019 年参与完成的"花生抗逆高产关键技术创新与应用"和"我国主要粮食作物一次性施肥关键技术与应用"项目科技创新成果项目获山东省科技进步一等奖。"我国主要粮食作物一次性施肥关键技术与应用"项目研发及筛选了一次性施肥肥料，发明了亲水性和半亲水性水基树脂包膜系列缓释肥料，研发了配套机械部件及机械产品；建立了四大区域三大粮食作物一次性施肥技术及技术模式。

**2. 探索配方施肥与减肥增效解决方案**　2018 年，公司与美国农业综合检测服务领先者 AgSource 联合建立蚯蚓测土实验室，为用户提供测土施肥、植物检测等农业检测一体化服务。2020 年蚯蚓测土实验室顺利获得 CMA 中国计量认证资质，2020 年蚯蚓测土实验室顺利通过山东省土肥水项目承建机构检测能力评估，2021 年蚯蚓测土实验室获得国家认证认可监督管理委员会颁发的 CNAS 证书，2021 年蚯蚓测土实验室顺利通过国家耕地质量标准化实验室能力验证。为客户提供精准、高效的检测服务的同时，还积极参与全国土壤信息大数据资源共建共享，共同推进国家测土配方施肥事业发展。

**3. 深入开展配方肥推广农化技术服务**　蚯蚓测土实验室联合中国农业科学院共同开展"蚯蚓测土·整村推进"助农项目，目前已经完成 129 个测土配方施肥示范村，服务面积 410 余万亩，检测土样 5 000 多个。通过摸索及优化，不断完善项目的运作流程，选择代表性作物和村庄，开展科学化的方格取土，通过土壤检测、公示养分图、农化人员解读养分状况和施肥建议，进行测土施肥示范指导，带动整村作物科学种植管理，增加农民收入。

依托公司新产品及测土施肥成果，积极在全国范围内开展配方肥高效示范田建设，扩大"配方施肥，减肥增效"示范宣传效果。根据全国不同区域土壤及作物种植情况，在主要作物集中种植区域建设配方肥标准高效示范田 100 余处，制定针对性强的作物营养解决方案，将作物管理区全程营养方案系统化、精确化。配方肥高效示范田涉及 37 种作物，增产率 10％以上示范田占 85.7％，对科学高效的配方施肥作物营养解决方案的推广应用起到了显著的宣传带动作用。例如：花生配方肥高效营养解决方案示范效果平均亩增产达 10.7％（开封鲜果亩增产 103 千克；南阳荚果亩增产 32.9 千克；潍坊荚果亩增产 48 千克；临沂荚果亩增产 31.8 千克）。2019—2020 年继续在花生主产区域进行市场示范和测土施肥技术推广，新型花生专用肥新品和配方肥技术推广辐射 10 万余亩，对配方肥的应用和推广起到了显著的宣传作用。

# 四、农企合作推进科学施肥机制思考

进一步探索农企合作新模式，继续扩大在测土配方施肥和配方肥推广方面所取得的成效，继续深化在测土配方和施肥过程中农化技术跟踪服务创新。通过加大产品技术研发与创新方面的投入，基于蚯蚓测土所积累的全国土壤信息大数据，不断研发和推出符合市场实际需求的高效肥料产品，利用蚯蚓测土所涉及的广泛的客户资源优势，进一步完善土肥系统、高校/科研院所、农服公司/农资果业/合作社、肥料公司、种植大户等服务对象在探索配方施肥、减肥增效方面的解决方案。在大田作物种植区，深化种植大户跟踪服务模式创新，积极进行全面的测土配方、科学施肥理念的引导，帮助种植大户实现高效种植。在经济作物种植区，加强土壤改良、作物营养合理利用方面的研究，在测土配方、科学施肥的基础上，推进作物全程种植解决方案的制定、实施、跟踪服务，切实践行作物科学施肥、高效种植理念。

实践证明，只有农企双方有机配合，才能达到测土配方施肥和配方肥推广应用的预期效果，提高科技入户率，为农业增产、农民增收提供坚实的保障，企业应积极参与到测土配方施肥工作中来，不仅要提供产品，更要提供服务。

国家应该继续完善机制，强化企业与农技推广有机结合。应进一步完善测土配方施肥定点企业招投标办法，积极引导、鼓励、支持更多的肥料生产经营企业，特别是有实力的大中型企业参与配方肥生产、营销，鼓励和支持肥料企业运用现代物流手段，构建基层肥料直供网络。在推进这项工作时，既要明确公益性，又要考虑经营性。

# 河南心连心化学工业集团股份有限公司

## 一、基本情况

河南心连心化学工业集团股份有限公司自 1969 年成立以来，专注化肥 50 余年，现已发展为拥有河南、新疆、江西等生产基地的大型化肥企业集团，产品涵盖尿素、复合肥、三聚氰胺、甲醇、二甲醚等。集团曾获得"国家高新技术企业""绿色工厂"等多项荣誉称号。连续多年被国家工业和信息化部和中国石油和化学联合会授予"能效领跑者标杆企业（合成氨）"荣誉称号。

集团始终秉承科技领先发展战略，目前拥有"国家企业技术中心""中国氮肥工业（心连心）技术研究中心""氮肥高效利用创新中心""博士后科研工作站""水肥一体化工程技术研究中心""国家认可实验室"等科研平台，并与中国科学院合肥物质科学研究院等科研院校战略合作，共同研发推广了黑力旺腐植酸、水触膜控失肥等系列产品，以差异化产品赢得市场。

集团坚持"总成本领先、差异化竞争"的发展战略，做强做大化肥主业，依托新乡、新疆、九江等地区资源，向上游煤矿等资源地发展，向下游新能源、新材料等产品链延伸，向煤化工相关多元化方向发展。

## 二、农企合作情况

**1. 推进测土配方施肥** 坚持"增产、经济、环保"的施肥理念，以提高肥料资源利用率为主线，以强化配方肥推广应用和改进施肥方式为重点，补充完善取土化验、田间试验示范等基础工作，巩固测土配方施肥成果，深化技术普及行动，拓展实施范围和作物，创新服务模式和工作机制，大力推进测土密度，提高测土频率，突出供肥、施肥关键环节，扩大技术进村入户、配方肥施用到田覆盖范围，全面增强农民科学施肥意识，着力提升科学施肥技术水平，改进施肥方式，促进粮食增产、农业增效、农民增收和节能减排。集团自2006年被河南省农业厅首批认定为河南省测土配方施肥定点生产企业以来，与河南省40余家土肥站进行合作，结合市场的具体需求，共生产出小麦、玉米、花生、蔬菜、果树等30余种专用肥，通过乡村基层销售网络推广配方肥，有效促进了粮食的增产增效和肥料使用结构的优化。与河北农业大学合作，研发推广"超控士"尿素。与河南农业大学合作，在焦作温县对玉米、小麦、山药等作物进行深入研究提出适合地域性的施肥方案。

**2. 持续探索智能终端配肥项目**　从2013年开始，根据农业部、工业和信息化部、国家质量监督检验检疫总局下发的《关于加快配方肥推广应用的意见》，开始探索建设智能终端配肥服务中心，直接将测土配方施肥项目建设到田间地头，让农户真正地享受到测土配方施肥带来的帮助和实惠。2017年筹建县级高效农业服务中心和测土化验室，探索"服务中心＋配肥站＋测土化验室"三位一体的推广模式，引导当地具有丰富经验的农业专家，结合公司农化系统专家，进行指导配方、植保管理等，不断提升测土配方施肥的软硬件实力。

**3. 不断扩大建设规模及服务区域**　2013年开始推广终端配肥服务中心以来，在河南省及周边区域内累计建设终端配肥站150余家，覆盖超110个县域，累计建设高效农业服务中心120余家、测土化验室32家，基本实现河南区域内测土配肥施肥项目的实施落地。

截至2021年10月底，测土配肥站累计生产配方肥超30万吨，服务种植面积超600万亩，取得有效测土数据近6万个；仅2021年累计生产配方肥超8万吨，实地测土化验超8 000次。

## 三、主要成效经验

**1. 农户层面**　由于智能终端配肥系统是建设在田间地头的，原料的运输直供站点可以节省一部分运费资金，销售方面节省了零售商这一环节，从而降低了成本。农民朋友们可以用较少的钱买到高质量的产品，农户平均每亩地化肥投入能节约8～12元成本，该项目累计推广服务超600万亩耕地，累计为农民节约化肥资源投入约6 000万元。

根据公司农化技术部门反馈，以2019年小麦季19块测土配方小麦示范田进行测产为例，均表现出增产效果，增产率为3.73％～16.13％。其中增产量最多的地块在长葛市，亩产605千克，每亩增产75.5千克，增产率14.26％；增产量最小的地块在汝州市，每亩增产16千克，增产率3.73％。19块示范田平均亩产522.5千克，平均亩增产40.5千克，平均亩增产率7.75％。按照小麦0.6元/千克价格计算，平均每亩增收97.2元，而每亩投入节约8～12元，综合计算农户每亩增收100～110元。该项目累计推广服务超600万亩耕地，以此推算总体为农民增收超过6亿元。

**2. 经销商层面**　由于测土配方肥直销农户,节约了零售商的销售环节,利润空间增大。如果经营得好,经销商可以获得良好的收益,为身处于激烈竞争的农资行业经销商找到了新的方向。

**3. 公司层面**　经过多年的摸索,公司建立了一套系统的推广体系。以统一的品牌授权管理、店面形象设计、网络后台监控、原料采购配送、包装设计制作、质量管理程序、市场价格指导、农化服务体系的"八统一"管理内核,以精准的测土化验技术、优秀的专家配方系统、一袋一配的智能生产工艺、高效的物流供应、科学的施肥方案为优势,打造出具有特色的"测—配—产—供—施"一体化服务体系,得到了经销商和农户的高度认可,同时也提高了品牌的美誉度和知名度。

## 四、农企合作推进科学施肥机制思考

要围绕做深渠道服务,强抓农化技术服务系统的建设,以"三位一体"的终端服务模式,精准化、专业化服务终端种植户,指导当地种植户合理有效地进行施肥,将农技农化服务落到实处,为当地的农业事业做出贡献。继续完善和优化智能配肥服务中心的规范性操作模式,扩大智能配肥服务中心的队伍,充分发挥集群化建设智能配肥服务中心的系统效应,引导运营服务模式转型,加大种植大户开发力度,帮助农户减少土地投入,提高作物产量和产品品质。继续扩大测土配方施肥项目规模,进行测土配方施肥项目的推广。

企业在市场终端实施测土配方施肥项目,有规模才有效益,有规模才能使国家减肥增效的政策落地,探索期建议政府给予资金方面支持,建议把配肥站纳入农机补贴目录或给予项目资金支持。测土配方施肥终端建设方面建议能够从政府层面给予支持,如终端配肥站联合挂牌、包装标识政府农业机构和企业共同联合推荐等,给终端测土配肥营造一个良好的环境。针对测土配方施肥出台有针对性的政策标准,对配肥站的合法性运营和抽检工作进行规范,在制度上确保配肥站的合规性。

# 中盐安徽红四方肥业股份有限公司

## 一、基本概况

中盐安徽红四方肥业股份有限公司(以下简称公司)是国务院国资委直属的中国盐业集团有限公司直接管理的二级企业。公司前身合肥化肥厂始建于 1958 年,是全国最早的小氮肥、小联碱生产企业之一。建厂初期,党和国家领导人毛泽东、邓小平、陈云、陈毅、杨尚昆等老一辈无产阶级革命家先后来企业视察指导工作,为公司发展提供了宝贵的精神财富。

公司拥有 5 家全资、控股子公司,在合肥、湖南、湖北、吉林均建有生产基地,是中盐集团唯一一家从事化肥生产经营与农业产业化服务的专业性公司。公司现有尿素 40 万吨/年、各种功能性复合(混)肥料(含控失肥、缓控释肥、稳定性肥料、水溶肥料等)280 万吨/年生产能力,企业综合实力位于国内磷复肥行业的领先行列。截至 2018 年 10

月，中盐合肥化工基地基本建成，占地面积 5 250 亩，形成农用肥料、煤化工、盐化工、精细化工、新能源等产业板块。

公司技术力量雄厚，现为国家高新技术企业，拥有全国首家化工农化服务中心、省级企业技术中心，是国家首批环保生态肥料认证企业、绿色肥料认证及工业和信息化部"两化融合"管理体系认证企业，先后通过了质量、环境、职业健康安全、能源和商品售后服务管理体系认证。

公司长期致力中国农业绿色高质量发展，广泛开展产学研合作，以"安徽省缓控释肥料工程技术研究中心"为平台，分别与中国科学院合肥物质研究院、中国农业大学、中国农业科学院农业资源与农业区划研究所、华南农业大学、合肥工业大学、安徽农业大学等科研院所和高校合作，深度进行新产品的开发和技术创新。现拥有授权专利 71 项，先后承担省级以上农业重点项目 7 项，荣获省部级科技奖 7 项。积极响应国家化肥农药用量负增长的号召，大力践行土壤健康理念，率先在同行业中提出"智慧农业 6S"服务理念，开展智慧金融、智慧肥料、智慧种植、订单农业、测土配方及土壤修复、农技培训等创新实践。

## 二、农企合作情况

公司于 1987 年开始配方肥料的研究开发工作，是安徽省首批测土配方施肥生产企业、"十三五"安徽省土壤肥料工作先进集体、全国首批农企合作推广配方肥企业、全国化肥减量增效示范企业。

公司拥有全国首家化工农化服务中心和省级企业技术中心，可针对不同土壤、作物特点设计产品工艺配方，提供智慧种植方案。将测土配方施肥技术成果物化，解决农技推广"最后一公里"问题。通过不断探索、构建政产学研用多方合作模式，大力开展配方肥生产、试验示范和推广应用工作，践行减肥增效国家战略，满足现代农业发展需要。

为做好测土配方施肥技术成果转化和应用，公司按照各地农技推广部门公示的配方认真组织配方肥生产和推广。在安徽合肥、湖北随州、湖南醴陵、吉林扶余拥有四大生产基地，拥有多条配方肥生产线，采用电脑配料，自动包装，质量稳定，能完全满足配方肥区域性强、批量小的实际需求。

30 多年来，公司农化服务一直深耕基层、扎根沃土、倾情三农，做了大量的土壤样品采集和测试、农业调查和市场调研、肥料试验和示范、施肥技术宣传和配方肥推广等工作，研制开发适合不同地区的多种作物专用配方肥和增效控释肥等新型肥料。

公司农化服务从过去的科普赶集、送电影下乡，到每年的"三下乡"、精准扶贫助农，再加上在全国各地持续开展的各类农业技术交流会、新型肥料试验示范与推广应用活动，到近期在新冠疫情的影响下通过"互联网＋"创新服务模式而开展的网络直播、短视频等，持续开展减肥增效、服务三农，助力乡村振兴。

## 三、主要成效经验

公司测土配方肥的研制与区域作物配方来源主要是农业主管部门发布，并根据当地土壤养分数据、作物需肥特性、历年肥效试验示范和推广应用结果，集中农业专家智慧，研制绿色智能产品农艺配方，再结合不同生产工艺需求，制定相应工艺配方，生产出具有安全性、有效性、实用性、功能增效性一体化的配方肥料。

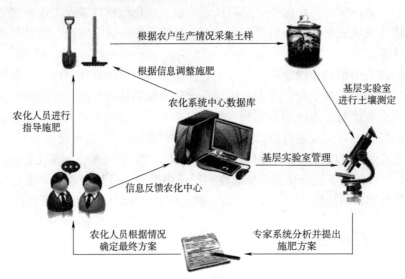

公司拥有系列氮肥资源和成熟的化工管理和配方肥生产经验，建立了稳定的原料供应链，磷肥、钾肥规模化采购的优势明显，可满足配方肥区域性强、批量小的实际需求。根据"大配方，小调整"原则，研制适应不同地区、不同作物的配方肥，广泛适用于水稻、小麦、玉米、油菜、花生、马铃薯、大蒜、药材、辣椒等数十种作物。同时，还将控释技术、缓释技术、新型增效技术应用于测土配方施肥中。

2005 年，农业部开始实施测土配方施肥试点，公司利用生产规模、技术研发、农化服务、品牌和营销网络等优势，积极参与各地测土配方施肥工作，使测土配方施肥项目逐步落地生根，落到实处。2006 年 3 月，安徽省长丰县农技推广中心联合安徽红四方等 11家单位和个人发起成立了长丰县新农测土配方施肥专业合作社，这是安徽省首家测土配方施肥专业合作社。2008 年，安徽省肥东县农技中心联合安徽红四方等肥料生产企业、农民专业合作组织、农资经营户和种田大户，成立了肥东县民天配方肥专业合作社。

2010 年全国测土配方施肥技术普及行动实施，公司第一时间积极开展测土配方施肥普及技术行动，以扩大配方肥推广应用为重点，配合地方政府整村、整乡、整县等整建制推进，在更大规模和更高层次上推广普及测土配方施肥技术，大力推进配方肥供应到户、施用到田，着力改进粗放施肥方式，努力提升农民科学施肥技术水平。公司积极参与安徽省内 30 多个县、市测土配方施肥工作，并通过招标等方式参与了河南、江苏、山东、上海、浙江、湖北、河北、吉林、广东、湖南、甘肃等省份配方肥生产供给。近年来，运用"互联网＋"创新服务模式，利用网络直播、抖音等，宣讲农技知识，与农户在线交流，帮助农户解决种植问题，实现线上、线下融合发展，深受广大用户欢迎。

公司不断通过加大测土配方施肥和肥料新技术推广应用，在粮食主产区、园艺作物优势产区和设施蔬菜集中产区推广种肥同播、侧深施肥、机械深施、水肥一体化、无人机施肥作业等减肥增效技术，推广先进施肥机械。积极推进机制创新，加快培育一批有技术、有实力的社会化服务组织，开展统配统施、统防统治服务，共建化肥减量增效示范基地。

公司提出"智慧农业 6S"服务理念，先后与安徽农业大学共建智慧农业研究院、与中国农业大学张福锁院士团队共建绿色智能复合肥研究院，引领行业发展，提升企业品牌影响力，更好地促进测土配方施肥推广应用，助推现代农业可持续发展。加强与全国农业院校和科研院所合作，先后与中国科学院合肥物质研究院、中国农业大学、中国农业科学院农业资源与农业区划研究所、华南农业大学、合肥工业大学、安徽农业大学等科研单位合作，开发红四方增效控失肥、易降解包膜缓释肥、稳定肥、抗旱肥、悬浮水溶肥、增值尿素、功能性智能肥料、聚核酸复合肥料等新型肥料，并将这些肥料新技术新产品与测土配方施肥技术成果有机结合，提高肥料利用率，减轻农业面源污染，促进农业绿色高质量发展。

据不完全统计，1992—2019 年，公司累计推广应用各种测土配方肥和功能性肥料1 207 万吨，应用面积达 2.68 亿亩，减少化肥施用近 100 万吨，农业节本增效达 90.06 亿元，用实际行动践行国家减肥增效的号召。

## 四、农企合作推进科学施肥机制思考

**1. 进一步加强农企合作和产需对接** 充分发挥示范引领作用，发挥企业的技术、管理、资金、品牌、原材料及网络优势等，主动开展农企对接合作。持续深化测土配方施肥数据资源的应用，探索完善"政府测土、专家配方、企业供肥、农民应用"的服务模式，将"农技推广部门＋配方肥生产企业＋配方肥销售点＋农户"的合作模式不断向纵深发展。积极探索以整村、整乡等整建制推进测土配方施肥，在更大规模和更高层次上推广普及科学施肥技术，解决测土配方施肥技术推广"最后一公里"问题，使测土配方施肥技术真正转化成生产力。

**2. 积极组织生产和保障配方肥及时供应** 按照"大配方、小调整"的思路，破除个性配方和规模化生产之间的矛盾，加强与专业合作社、家庭农场、种植大户、肥料经销商对接，订单生产供应配方肥。协助建立乡村小型智能化配肥供肥服务网点，发挥企业的生产管理、原材料采购、资金与技术优势，应用智能化配肥设备，为农民开展现场智能化混配服务，尽力满足农民对配方肥小批量、个性化的需求。强化配方肥内外质量统一标准化管理，进一步优化产品农艺配方，降低肥料生产成本，竭力打造高质高效、高性价比的配方肥料。充分发挥农业专家智慧，大力推进绿色智能肥料的研究与开发应用，促进减量增效成果更加有效。

**3. 逐步建立完善配方肥供应网点** 在现有成熟测土配方施肥供应网点基础上，通过升级改造提升，并在全国范围内逐步建立完善测土配方肥供应点，开展配方肥连锁配送服务，宣传测土配方施肥成果，方便用户购买使用配方肥产品。

**4. 建立绿色智能配方肥料示范区** 发挥高校院所的科技资源，开展各项关键施肥技术研究，以测土配方施肥技术应用为载体，建立配方肥料推广应用示范区，提高测土配方施肥的整体技术含量，全面提高综合效益。

**5. 探索建立以测土配方施肥为重点的科技小院** 建设以测土配方施肥为主的农业科

技小院，加大测土配方施肥示范基地建设力度和示范推广应用，积极开展服务模式创新工作，普及科学施肥知识，为家庭农场、农民专业合作组织、种田大户等新型经营主体提供专业化和量身定制"营养套餐"服务。

**6. 大力推进测土配方施肥宣传推广活动**　积极利用网络平台，结合农民实际需求开展测土配方施肥技术培训，强化农民对测土配方施肥技术的认知。持续安排发放测土配方施肥宣传手册，不断推动配方肥下地，提高测土配方施肥技术的覆盖率和配方肥到田率。要将测土配方施肥工作纳入"我为群众办实事"中，要通过政府召开的农业农村会议、种植专业培训会等多种形式，通过扩大宣传舆论引导，加强配方肥料及其新型肥料施用技术的科学普及。

**7. 推动建设测土配方施肥管理系统**　实施数字赋能，充分利用数字与信息技术，建立由政府提供资金和主导、农业和科研部门提供数据与配方支持、测土配方企业负责运营的"测土配方施肥管理系统"；实现"测土—配方—试肥—造肥—售肥—农化服务"的互联互通模式，全面提升测土配方施肥管理水平。

# 深圳市芭田生态工程股份有限公司

## 一、基本情况

深圳市芭田生态工程股份有限公司（以下简称芭田股份）是一家集新型肥料、农业生态营养安全生产、磷矿资源综合利用、品牌种植为一体的国家级高新技术企业、国家科技创新型星火龙头企业、广东省重点农业龙头企业，是国内复合肥行业首家上市公司。芭田股份主导产品为新型肥料，产能超过 200 万吨，拥有深圳松岗、江苏徐州、广西贵港、贵州瓮安、北京阿姆斯等生产基地。

芭田股份与中国农业科学院、华南农业大学、中国科学院沈阳应用生态研究所等 10 多家高等院校、科研院所建立了长期紧密型技术合作关系，还聘请了国内外 20 多名行业顶级技术专家作为研发顾问。芭田股份先后参与承担国家 863 计划项目 2 项、国家科技支撑计划"十一五""十二五""十三五"项目各 1 项、国家科技部农业科技成果转化项目 4 项，省、市级科技项目 20 项，厅区级项目 6 项。

芭田股份 1989 年建厂，2007 年成为首家复合肥上市企业，拥有 1 000 多项专利技术，其中有效发明专利 170 多项，属行业领军企业之一。"芭田"商标在行业内最早获得国家驰名商标。芭田股份在行业内共创造了 11 项行业第一，其中高塔复合肥工艺造粒技术、纳米增效、低成本缓控释技术、国产化冷冻法硝酸磷肥装置技术、螯合集成骤冷工艺等技术国内首创，先后荣获深圳市政府奖、国家技术发明二等奖、中国专利优秀奖等奖项。芭田股份居国内复合肥企业前列，是中国肥料 100 强、中国磷复肥企业 100 强。公司产品销售范围覆盖全国 28 个省（自治区、直辖市），在广东、广西、山东、云南等地位居行业领导地位，特别是新型肥料产品销量连续 30 年位居广东省同行业第一位。

## 二、农企合作情况

**政府企业专家相结合，创新服务模式**

（1）开展多层次覆盖广的试验示范推广　在北京、河北、广西、内蒙古、山西安徽8个省份进行，试验示范的作物种类有玉米、马铃薯、蔬菜、香蕉、果树等。公司在深圳公明设有面积2 000米²的遮光大棚、300亩的试验田基地，随时满足对盆栽和大田试验的不同需求，进行不同肥料、不同施用方法、不同设施的综合试验，验证其科学性和合理性，为肥料生产、灌溉设施改进与配置提供支持。试验不仅为技术改进与创新提供依据，还为推广应用提供依据。在推广地由农化服务人员组织农民直接参与试验示范，讲给农民听、做给农民看、带着农民干，提高农民对作物专用肥等新型肥料使用的认识。

（2）开展优质农产品高端用户植物营养套餐服务　公司开展植物营养套餐技术服务促进粮食增产和农民增收活动，开展测土施肥配方技术服务，建立推广示范点，组织专家指导服务，开展技术培训，召开技术推广现场会。通过筛选优秀种植户，建立试验田、示范点，将农民的常规施肥方法和植物营养套餐技术进行对比试验，用看得见、摸得着、最直接、最客观的形式展示植物营养套餐技术的优势，使农民们一看就懂、一听就会。根据试验示范的情况，总结植物营养套餐技术的最佳模式、增产增收效果，以及经济、社会和生态效益。通过组织有关专家进行植物营养套餐技术培训，向全社会推广。此活动在河北、陕西、广西、浙江等地开展并取得良好的效果。例如河北省邯郸市成安县黄瓜试验数据表明，常规施肥亩产量为6 966千克，经济效益为4 096元/亩；植物营养套餐施肥亩产量为8 067千克，经济效益5 090元/亩。

（3）通过群众喜闻乐见的方式，让科学施肥的理念深入人心　2000年开始联合发行全彩色月报《广东农业科技信报》，免费发行累计100多万份，派送范围遍及26个省份。与《中华合作时报》《南方农村报》《农资导报》《广东肥业》《广西南方科技报》等报纸杂志长期合作，集中开展"芭田摇钱树""种植状元争霸战""金土地""与农同乐""芭田与你看世界农业""芭田洋专家，田头解忧愁""科学施肥，助子成才"等送化肥下乡、送科技下乡、送服务下乡的服务三农行动。

## 三、主要成效经验

**1. 参与重大课题研究**　2011—2015年参与了国家"十二五"重点专项"作物专用复合（混）肥料研制与应用"，研制区域作物专用复混肥料配方，可为复合（混）肥产业布局、生产、流通和施用提供科技支撑。通过田间试验研究不同区域作物对氮、磷、钾及中微量元素的肥料效应，在总结田间试验数据的基础上，根据土壤养分数据和作物的需肥规律，在一个区域内还考虑天气、地貌、土壤类型、耕作制度等相似性和差异性，研究出华南地区的水稻、甘蔗、香蕉、菜心和山东地区小麦、玉米等作物专用的农艺配方肥和区域专用肥。

**2. 创新作物专用复混肥料生产的技术、工艺与设备**　2003年12月我国第一座年产

20万吨高塔造粒生产颗粒复合肥料的生产装置在内蒙古乌拉山建成投产，标志着研究开发的高塔造粒生产颗粒复合肥料的生产技术进入实用性商业运营阶段。该技术填补了国内空白，使我国的复合肥技术跨上了一个新的台阶，达到了国际先进技术水平。同时也开创了我国大型高浓度复合肥装置国产化的新局面，推动了我国复合肥技术创新。

**3. 建立新型农化服务体系**  公司十分重视农化服务工作，逐步建立了以企业主导、产学研结合的新型农化服务体系，以测土配方施肥、作物专用肥等新型肥料为载体，通过多方面多途径向农民普及科学施肥知识，提高了农产品质量，实现了增产增收，提高了经济、社会、生态效益。

**4. 为农民提供无偿服务**

（1）农化服务热线直接免费服务于农民  开通了全国免费服务电话4008815787并配备专职人员，使得农户在田间地头就能得到公司专业农化人员答疑解惑，通过开通"芭田农化服务热线"指导农民正确选肥、科学施肥、防治病虫害，服务区域遍及全国30个省份。

（2）服务直通车服务于田间地头  公司配备直达田间地头的服务直通车12辆，覆盖广东、广西、海南、山东、河北、河南、上海、浙江、云南、辽宁等23个省份，同时每辆直通车上配备广播音响设备、手提电脑、投影仪等电教工具，以及农化服务人员3人，为农民送去贴心农化服务。

（3）为农民免费测土，指导农民合理施肥  由公司农化服务人员深入各地指导农民在种植作物前取土样，样品寄送回公司，不少农民主动将土壤样品寄到公司进行检验。送来土样由登记人员负责登记分类，再由化验人员对土壤养分进行测定，最后根据测试结果制定施肥建议书，免费反馈给农户。农化人员与营销人员根据施肥建议书推荐肥料并指导科学合理施用。公司共投入400多万元免费为全国各地农户化验土壤，覆盖广东、山东、河南、河北、湖北、江苏、浙江、安徽、内蒙古、云南、四川等省份，包括粮食作物、蔬菜、树木、经济作物、花卉五大类，化验土壤样品近万个，分析植株样品1 000多个，提供配方施肥建议书2万多份，直接指导农民科学施肥65 892次；技术培训指导6 000多万次，设计出适合不同地区、不同作物需要的肥料生产配方100多个。

**5. 大面积推广应用**  利用现有的渠道网络在广东、广西、山东、河北、河南、海南等省份进行作物专用肥的试验示范及推广应用，取得了良好的效果，开展专用肥料专场培训会300场次，建立示范试验800多个，近三年累计推广应用54.85万吨作物专用肥，应用面积达到600万亩。

# 四、农企合作推进科学施肥机制思考

**1. 进一步加大物联网技术在测土配方上的应用**  把物联网、云计算、大数据、移动互联网等现代信息技术融入肥料现配现施的服务中，催生跨区域、线上线下等多种服务，在时间和空间上创新服务形式、拓展测土配方施肥服务内容。

**2. 跨学科交叉合作，推进测土配方集团作战**  农业科技人员和测土配方企业不能再按老套路，关起门来自己研究，应该协同作物学、植物营养学、土壤学、气象学、农业水利工程、化学工程、机械学、地理信息学等多学科、多领域，跨学科跨领域合作，发挥各自所长，加快科研成果转化速度。

**3. 测土配方肥要把控好肥料源头** 肥料企业紧紧围绕农业绿色发展、食物链安全营养以及降低产品生产和使用过程对环境的影响，持续打造优势产业链。上游与优质原材料对接，从根本上创造安全、营养、环保的高品质产品；下游与用户需求对接，根据土壤、气候和作物等因素完善产品配方技术，增强农化服务能力，提升产品附加值，打造服务品牌。

# 成都云图控股股份有限公司

## 一、基本情况

成都云图控股股份有限公司（以下简称云图控股）原名为成都市新都化工股份有限公司，成立于 1995 年，总部位于四川省成都市新都工业开发区。2011 年 1 月，公司在深圳证券交易所挂牌上市，2016 年 9 月，公司更名为成都云图控股股份有限公司。公司下设五大事业部、100 多家子公司，并在美国、加拿大、泰国、马来西亚、越南设立了海外公司。2020 年，云图控股复合肥年产能达 510 万吨，纯碱、氯化铵年产能 60 万吨，磷酸一铵年产能 43 万吨、活性石灰年产能 30 万吨，总资产超 100 亿元。

云图控股已掌握磷、氮、硫、盐等丰富的上游资源，进而全面掌握了合成氨、硝酸铵、氯化铵、磷酸二铵、硫酸钾及纯碱、硝酸钠、亚硝酸钠等主要原料，是业内唯一拥有完整产业资源链的企业。公司通过多年来的资源整合、品牌运营、市场开拓、研发、生产能力建设等举措，已形成覆盖全产业链的复合肥业务、农村电商业务协同发展的产业格局。2020 年云图控股实现销售收入 91.54 亿元，实现复合肥销量 260.28 万吨，位居同类企业全国第二。

云图控股作为水溶肥国际标准唯一主起草单位和行业标准的制定者，整体技术水平位居国内领先地位。公司先后多次荣获中国石化联合会科技进步二等奖、省级科技进步三等奖、市级科技进步三等奖等荣誉，连续多年获中国化肥企业 100 强、中国磷复肥企业 100 强、中国石油和化工上市公司 100 强等称号。

成都云图控股股份有限公司下辖 3 家省级工程技术研究中心、10 余家国家高新技术企业、1 家农业产业化国家重点龙头企业，公司技术中心于 2019 年被认定为国家企业技术中心。公司还先后与上海化工研究院、四川大学等国内知名高校和科研院所紧密合作，并以此为平台在复合肥产业链上下游相关领域以及提升企业服务示范作用方面开展多层次、多角度、多渠道的产学研深度合作，取得了多项丰硕成果。

云图控股现已有授权发明专利 43 项、实用新型专利 241 项，另有 9 项公司自主研发的数字乡村农业服务类软件产品获得了软件著作权。公司还先后承担"十三五"国家重点研发计划、四川省重大科技成果转化、四川省科技计划、四川省战略性新兴产业、成都市科技计划等国家、省、市级科研项目。

## 二、农企合作情况

云图控股在全国有 5 000 多家一级经销商、10 万多个零售网点，产品销售覆盖内地各省份，能快速高效地为经销商、大型农业企业和种植户提供优质服务。

**1. 测土服务**　云图控股从 2008 年开始为用户提供免费测土服务，已先后为 20 多万名种植户提供测土服务，从而提高肥料利用效率，推进合理施肥。

**2. 订制化配方服务**　公司拥有 41 条智能化生产线，结合用户当地土壤情况和作物需求，提供针对性订制化生产服务。累计已为大型种植企业提供超过 200 万吨的针对性配方生产服务。

**3. 精准配送服务**　公司构建了完整的物流配送服务体系，每年通过自建物流系统发货量达 150 万吨以上，为全国用户提供精准送达服务。一定程度解决了旺季发货难和假冒伪劣商品困扰客户的问题。

**4. 种植服务**　2020 年成立丰云农服公司，对种植者进行农业技术服务，让农民在降低农业生产资料投入成本的同时享受到更好的服务。为用户提供肥药喷洒服务，已为河南、东北等多地超 2 000 位用户提供种植技术服务，服务的农田面积超过百万亩。

**5. 供应链金融服务**　通过区块链＋金融模式，帮助解决农业资金短缺问题，吸引优秀人才长留农村，促进现代农业技术落地。截至 2021 年 3 月已上链客户 500 余笔，完成化肥交易量 6 000 余吨，上链应收账款资产超过 2 000 万元，供应链贷款方面已完成 4 笔复合肥经销商放贷，放款总金额 517.18 万元。

## 三、主要成效经验

公司非常重视配方肥产品的技术研发，通过集团公司的国家企业技术中心以及下辖的 3 家地方认定工程技术研究中心，分类别开展产品技术研发，已拥有授权发明专利 43 项、实用新型专利 241 项，获得国家、省、市级科技进步奖 6 项，承担国家、省、市级科研项目 10 余项。

为提高产品应用效果，引进专业技术人员 5 人专项负责各类增效产品的研发工作，确保产品技术水平不断提升，从单一的普通复合肥逐渐向土壤修复、减肥增效、品质农业方向综合发展产品，促进农业绿色发展，更好地服务广大种植户。

在为用户开展测土配方施肥服务过程中，根据长期土壤分析测试积累结果，总结中国土壤目前存在的问题，经过科学分析及不断实践总结出以下的解决方案：①调土治虚。改善土壤理化性质，恢复土壤生态功能。利用有机类物质，提高有机无机胶体复合度，增加土壤团粒结构，平衡土壤酸碱。②养土补弱。高效补充各类营养，提升土壤肥力。利用各类有机酸类，如黄腐酸、氨基酸、腐植酸、海藻酸等综合高效有机物质，提升土壤肥力。③护土抑病。增强土壤免疫力，提升作物抗逆能力。添加有益菌，通过向土壤中施入有益菌，抑制有害病菌繁殖，有效应对重茬、低温、旱涝和土传病害，增强土壤免疫力，进而增强作物抗逆能力。④亲土防害。减少土残盐害，亲和土壤保健康。

## 四、农企合作推进科学施肥机制思考

**1. 产品层面**　围绕土壤修复、减肥增效、品质农业等国家农业发展政策导向，加强传统复肥产品的研发生产，对传统产品进行技术和品牌升级。

**2. 营销层面**　充分发挥企业的"资源＋营销＋科技"优势，不断扩大市场销量和占有率，持续聚焦品质农业和高效种植，加强专业、精准农技服务，推进测土配方施肥工作开展和新业务模式建设。

**3. 产业发展层面**　不断完善上下游产业链，在上游矿业、化工、盐产业持续发力，最大限度发挥产业协同优势。

# 安徽省司尔特肥业股份有限公司

## 一、基本情况

安徽省司尔特肥业股份有限公司（以下简称司尔特）总部位于宁国经济技术开发区，现已成为一家专业从事各类磷复肥、缓控释肥料、专用测土配方肥、生态肥料、有机无机肥料及其他新型肥料研发、生产与销售为一体的现代化高科技上市公司。公司充分依托自有的宣州马尾山硫铁矿山、贵州开阳磷矿山储量丰富的优质原料资源优势，建立起一整套完善的磷复肥生产服务体系和循环经济产业布局，以安徽宁国、宣州、亳州及贵州开阳四大化肥生产基地为中心，发挥各自优势，互为联动，向周边各销售区域辐射，为各作物主产区广大用户及时提供更多更好的优质产品与服务。

公司主要产品有各类高浓度缓释复合肥、测土配方肥、高塔复合肥、高端水溶肥、生物有机肥、氯基肥、硫基肥、硝基肥、花卉肥、粉状磷酸一铵、颗粒磷酸一铵、磷酸二铵、硫酸钾、土壤调理剂、硫酸、磷酸、盐酸、铁粉等，综合实力跻身中国化肥行业百强、中国磷复肥行业十强、中国民营企业制造业500强、安徽企业百强行列，是安徽省最大的磷复肥生产和出口基地之一、农业农村部测土配方施肥定点生产企业，现已实现立体式、多渠道、全覆盖的销售模式，产品畅销全国29个省份2 000多个县市，公司先后荣膺"第三届安徽省政府质量奖""全国守合同重信用企业""中国新型肥料行业十大领军企业""安徽百强高新技术企业""安徽省创新型企业""安徽省产学研联合示范企业""苏浙皖赣沪地区质量工作先进单位""安徽省质量奖企业"等殊荣。

## 二、农企合作情况

**1. 建立测土配方施肥研究平台**　2011年，公司与中国农业大学开展合作，成立中国农业大学-司尔特测土配方施肥研究基地，聘请中国农业大学、安徽省农业科学院等单位专家学者组成测土配方施肥研究基地专家委员会，由农业农村部科学施肥工作组组长张福锁院士担任委员会主任委员，大力实施测土配方施肥工程，实行订制化、保姆式服务，为农作物量身订制优质、高效的配方肥。

**2. 建立测土配方施肥研究基地展示中心**　测土配方施肥研究基地展示中心充分利用多点互动、多通道融合、幻影成像、裸眼 3D、VR 互动、虚拟漫游、传感器及 DSP 控制技术等先进的信息化展示技术，以及公司产品实物展示体验等方式，通过人员讲解、现场演示、虚拟体验和互动交流等方式提供测土配方施肥知识普及、科学农技指导等信息消费服务。

**3. 积极研发新产品**　公司在原有测土配方施肥研究基地土壤检测分析室、测土配方施肥小试和中试实验室的基础上进行改进和升级，建设集土壤分析、配方肥小试和中试试验室、温网室、试验田及测土配方施肥技术展示中心于一体的研究和创新平台。开展不同区域土壤样品的采样和检测，并结合区域栽培作物的需肥规律和特点，通过科学合理的试验设计与广泛的肥料产品田间试验，确定作物所需肥料产品的氮、磷、钾及中微量元素配方，以及配方肥料的施用数量、施肥时期和施用方法，形成集测土、配方、配肥、供应、施肥指导于一体的配方施肥技术推广体系。公司研发团队沿着专用、高效、系列化方向，按照生产一代、试用一代、开发一代、推广一代的要求稳步推进。一方面，根据不同区域、不同作物对养分的需求，开发作物专用肥品种，加强小麦、棉花等专用肥的研发推广力度，加快开发针对各种蔬菜、果树等经济作物的专用肥，丰富专用肥产品系列。另一方面，加快水溶性肥料、土壤改良型等生态、环保型肥料产品的研发力度，形成了一批具有自主知识产权的高端产品。

**4. 积极践行"互联网+"，构建测土配方施肥综合服务体系**　公司大力实施"122345"营销战略，坚定不移地走生态配方肥之路。依托中国农业大学-司尔特测土配方施肥研究基地、国家认定企业技术中心、安徽省棉花专用新型肥料工程技术研究中心、安徽省博士后科研工作站、安徽省化肥减施增效技术工程研究中心、肥料研究所等产品研发和技术创新平台，融合自主研发的"二维码上学种田"农业生产技术智慧服务系统、"季前早知道"大数据分析预测系统，利用大数据、云计算等信息技术不断累积、反哺、清洗、优化土壤养分、农业气候、种植结构、农业知识等各类数据库，实时跟踪政策、市场变化，不断创新。通过"测、研、配、产、供、施"一条龙的测土配方施肥服务与平台的有机融合，将农业信息数据化，以数据指导农业生产发展，面向全国农户免费提供全方位、多样性、互动式的知识服务、测土服务、农资产品展销等个性化服务。公司建立健全了化肥基层网络及乡村专卖店等多种营销模式，在各个基层销售网点及广大农村积极开展"送科技下乡"活动，宣传普及科学种田技术。同时，利用报纸、电视、网络、户外广告以及"二维码上学种田"等多种形式进行全方位、立体式宣传，让公司微信公众号等成为培养知识型、技术型、专业型现代农民的大讲堂。

## 三、主要成效经验

自测土配方施肥技术推广服务体系应用以来，已经为江苏、安徽、江西、河南、河北、湖南、山东等省份 15 万农户提供了测土配方施肥的个性化订制服务、技术指导和产量预测服务，补充基础数据库有效数据 10 万余条、生产指导数据近万条。

在向农民提供"测、研、配、产、供、施"一条龙农化服务的同时，通过系统平台向广大农民提供最优施肥建议，得到了用户的一致好评。截至目前，该平台所含"季前早知道"大数据分析预测系统已为公司产品销售覆盖区域农户提供免费预测服务 6 万余次，"刘教授科学种田"语音资讯平台发布农业技术信息（含测土配方类）1 500 余篇，涉及农作物 142 种，总阅读量 6 000 万余人次。

各地相继开展主要作物专用肥的大面积示范推广，作物产量和品质都得到了明显提升。"十三五"国家重点研发计划——安徽水稻化肥农药减施增效技术核心示范区在宣州区杨柳镇建立，通过公司技术人员指导科学施肥，作物瘪籽率明显下降，产量和品质都得到极大提升。2020 年全国暨安徽省文化科技卫生"三下乡"集中示范活动，深入基层，为农户免费提供科学实用的测土配方知识和农业种植技术，有效地改进服务及产品，进一步推进测土配方肥的推广应用。

目前公司配方肥产能已达 140 万吨，主要产品数量达 130 余种。并且公司已形成一套完善的销售体系和稳定的销售网络，建立起一支稳定的经销商队伍，产品销售已覆盖全国，并远销东南亚、南亚、美洲、大洋洲等国际市场。特别是在安徽、江西等周边省份，与各级土肥、植保、农技推广等农业部门紧密合作，大力开展测土配方施肥工作，指导农民科学施肥。此外，公司还运用"互联网＋"有计划地建设线上到线下农资电商平台和上万家村级农资电商线下服务站，形成传统营销和现代营销有机结合、优势互补、线上线下联动的新型营销服务模式，进一步促进了配方肥的大面积示范推广。

## 四、农企合作推进科学施肥机制思考

（1）在政府的调控引导下，以农业主体个性化需求为中心，紧密结合高等院校和科研机构的研发平台及企业的有利资源，积极打造"政产学研用"五位一体模式，进一步加大宣传力度，把科学施肥理念和配方施肥技术送到千家万户。

（2）有关部门应继续下大力气整治市场秩序，极力维护市场公平竞争，严格保护，全力帮扶产品质量好、技术含量高、经营信誉好的诚信肥企，严厉打击那些以次充好、偷减养分、低价倾销、扰乱市场、坑农害农的不法肥企行为。

# 山东农大肥业科技有限公司

## 一、基本情况

山东农大肥业科技有限公司（以下简称农大肥业）创立于 1995 年，是一家集新型肥料的研发、生产、销售及农业大数据技术服务于一体的国家高新技术企业，目前新型肥料年产能 200 万吨，腐植酸肥料多年保持全国销量领先，荣获全国"制造业单项冠军"示范企业称号。

农大肥业以技术创新为核心，引领行业发展，建有国家企业技术中心、国家工程实验室、农业农村部重点实验室等 8 个省级以上科研平台，拥有技术人员 178 人（其中省级以上人才 5 人），承担了国家、省、市级科研项目 80 余项，承担制定国家标准 4 项、行业标准 7 项、地方/团体标准 22 项，获授权专利 47 项、软著 4 项，荣获山东省科技进步一等奖、中国专利优秀奖、全国农牧渔业丰收奖等省部级科技奖励 19 项。

农大肥业以新型肥料创新为主航道，为客户创造效益，开发了腐植酸活化、包膜控释、功能菌生防、土壤调理等四大自主核心技术，通过整合农业种植数据，分析并挖掘高效施肥技术，形成了作物整体解决方案，让广大种植户种出品质更优、品相更好、上市更早、产量更高的农产品，实现护理土壤、平衡营养、土肥和谐的目标。

农大肥业以农业信息化技术服务为支撑，推动数字经济转型，建立了专家团、农化讲师团、基层推广团的三级培训团队，着重示范对比观摩传播推广模式，借助农业大数据服务平台和移动终端，为广大种植户提供专业技术服务，解决新产品的科技性与种植户的未知性之间的矛盾，让广大种植户用好肥、用对肥。

## 二、农企合作情况

**1. 合作历程及合作方式**　公司成立 20 多年来，立足农业，专注为作物与土壤提供优质好肥料产品的创新研发和推广普及，通过专家农化技术服务为农户提供培训，联合金融为农户提供资金支持，2010 年被中国石油和化学工业协会评为全国农化服务中心。

2014—2017 年，分别在 5 省 10 地 1 种作物、7 省 11 地 8 种作物、13 省 36 地 12 种作物、13 省 40 地 14 种作物上开展腐植酸肥料肥效推广试验示范工作，累计试验示范面积 350 余亩，确认了农大腐植酸复合肥、玉米免追肥、水稻免追肥等多种新型肥料使用效果。2012—2020 年，与国家现代农业产业技术体系合作，连续参加玉米、水稻、甘薯、花生、棉花、茶叶、葡萄等多个产业体系，建设标准试验示范田累计达 80 余块，试验推广验证面积达 3 000 余亩。2015—2020 年，与省级土肥站、农技站合作，连续开展涉及玉米、小麦、水稻、花生等作物全省各地布点示范推广工作，示范验证面积累计达 5 000 余亩。2014—2020 年，与德州、威海、滨州、东营多地土肥站合作，分别开展调酸和调碱的定位试验，在胶东酸化严重的 17 个县级市和滨州渤海粮仓基地免费提供针对酸化和盐渍化土壤的调理改良产品，示范推广面积 2 000 余亩。

公司近年来先后与山东农业大学、中国科学院、中国农业科学院、山东大学等 30 余家高校、科研院所开展了科研合作与交流，共同致力于新型肥料在国内外的研发与推广应用。联合开展新产品开发、工艺技术研究、质量标准制定、试验示范等合作，取得了丰硕成果。先后转化成果 20 余项，开发新产品 30 多种，直接经济效益 2.2 亿元。

**2. 配方肥生产销售**　公司研发肥料注重作物不同生育期需肥规律匹配，注重有机无机及大、中、微量元素的协调配合，注重测土配方的区域适应性，开发适应粮棉油、果菜茶等各大类常见作物的专用增效配方肥 30 余种，包含腐植酸增效复合肥、缓控释肥、生物肥、水溶肥、土壤调理剂、生防功能肥 6 大类。公司各类新型肥料年产能累计达 200 万吨，开发三级营销网络覆盖 26 个省份，累计服务种植面积达 1.2 亿亩。

**3. 农化服务情况**

（1）建设"农大村"，提供专业化服务示范　公司通过针对不同区域不同作物配备专用腐植酸类肥料、积极建设示范田、提供农化技术服务等，以过硬的产品质量与优质的服务赢得农户与客户的认可，在部分村中占据肥料用量总额的 90% 以上。经常组织"农大村"农户来公司参观展厅、生产车间、技术中心等，让农户了解公司规模及科研实力，组织农化讲师培训农户合理施肥，实现增产增收。

（2）打造"农大商学院"、建设三级农化服务体系　聚集山东农业大学资源与环境、农学、园艺学、林学、植物保护、植物营养等领域的数位知名教授、专家以及当地专业农技人员，打造"农大商学院"，整合企业农化服务专职队伍，提高服务科技含量，对公司产品进行售前、售中和售后服务，构建集测土配方施肥、套餐肥配送、科学施肥技术指导、农技知识咨询培训、示范推广及信息服务等为一体的农化服务网络体系，将科技务农知识送到千万农家。公司农化服务推广团队由专家团、农化讲师团、基层推广团三级构成，积极深入田间开展测土配方、指导推广应用作物专用增效产品套餐方案、解决作物栽培管理实际生产问题，让广大种植户用好肥、好技术种出高产优质农产品，获得好收益。

（3）搭建农业大数据服务平台　公司通过产学研结合，建立了农业大数据推广服务平台，积极开展测土配方并整合已有测土配方数据、气候气象数据等农业种植数据，借助移动终端开发农大种植 App，为种植户提供适应区域环境的全套高产优质作物需肥管理技术指导。该平台试运行 1 年以来，已覆盖面积 100 万亩，带动营收超过 1 亿元，为公司进一步发展提供了有力支撑。面对农资终端的不断下沉，公司努力将技术服务、商务服务和平台服务整合一体化。围绕"1 个好产品＋1 个好服务＋1 个金融支持"，公司通过联合行业协会、化肥生产、流通企业整合电子商务平台，积极开展"互联网＋农资"活动，提供农化服务信息、进行在线展示展销和推广，为农户提供农化技术服务培训，联合金融机构为农户提供资金支持，利用农资电商等新型业态和商业新模式为农业种植提供有效保障。

## 三、主要成效经验

**1. 推广配方肥情况**　公司不断优化配方肥料产品开发模式，通过建设"农大村"和"农大商学院"，在农业主产区开展"粮王大赛""农大腐植酸、挑战吉尼斯"等一系列种植技术服务和示范传播，通过区域提振带动企业品牌影响力提升。

**2. 产品技术研发情况**　近年来，公司持续开展以腐植酸肥料、微生物肥料为核心的新型肥料产品创新，研发了腐植酸硫酸脲-氨化活化技术、微生物菌剂后处理技术及有机水溶肥配方技术，创制了一系列腐植酸增效肥料、微生物肥、有机肥及有机水溶肥产品并实现产业化生产，集成化肥减施增效关键技术，通过数字农业技术创新，实现了新产品、新技术的大面积推广和应用。

**3. 提升智能化服务水平**　根据全国粮食主产区不同区域土壤类型、作物结构及施肥特点，开展基于数字农业的土壤养分与肥料精准管理技术研究，开发面向多终端可订制的"一键式"农田土肥水精准管理服务平台，结合新型肥料产品及其配套工艺开发，实现土壤养分高效管理、靶向作物精准施肥、农情调度、病虫害防控等农业生产的智能化服务，依托"互联网＋"农业技术服务推广模式，解决好相关技术成果转化和应用推广"最后一公里"的问题。

2020 年以来，在前期数字农业技术基础上，联合中国科学院南京土壤研究所、山东农业大学等单位开发了农业大数据平台，建立了农田信息采集生产决策系统、农业智慧管理、销售运营管控等的管理软件系统，实现了企业生产运营、服务信息化水平的有效提升，提高了市场销量，为农民春耕种植提供了有效保障。结合公司三级培训体系，为农户提供专业化技术服务，解决肥料"科技性"与农户"未知性"的难题。借助公司农业大数据服务平台，经销商和农户可实现与专家教授、农化讲师等"一对一"实时对接，农户重点需求由提高作物产量逐步转变为如何提高作物品质、提高施肥水平等关键科学技术问题，为公司精准化服务技术研发和应用提供了支持。

**4. 推进农业绿色高质量发展**　近年来以"智能制造"和"绿色发展"为重要抓手，在产品设计、工艺改革、模式创新中实现转型升级，腐植酸肥料产品获 2020 年度绿色设计产品称号，企业获 2021 年度工业和信息化部"产品绿色设计示范企业""山东省绿色工厂"称号。自主创新腐植酸在线活化技术，创制资源集约型生产工艺，充分利用物料反应生热、减少水分添加。与国外传统工艺相比，腐植酸肥料生产过程中能耗降低 70%，单位能耗产出率增加了 21%；综合利用运筹学提升原料资源的高效利用，既减少 $CO_2$ 排放，又增加肥效，实现了腐植酸绿色肥料的低成本规模化生产。近三年销量 151.77 万吨，相当于减施化肥 26.78 万吨。有效减少农业种植碳排放和面源污染，社会效益明显。

## 四、农企合作推进科学施肥机制思考

**1. 农企合作继续向平台化、精准化发展**　随着我国农业土地集约化、现代化发展，农业生产对耕作数据的系统化、精准化需求逐年提升。通过建设农业大数据智能服务平台，为农户提供精准土壤信息、配方施肥决策建议等科学技术服务，并集成肥料企业生产、物流信息，整合农民、经销商、生产企业等产业链资源，实现供需平衡、企业生产和物流供货精准化，将是下一步农企合作的主要途径。

**2. 测土配方施肥**　我国在农田环境关键参数方面，存在现有数据不系统、共享度低等问题。农田环境实时数据收集方面的研究比较滞后。现有实时数据收集依赖传感器和物联网等，数据的精确度依靠传感器的数量，数据的大范围、高精确度和及时获取等方面难度较高。通过建立土壤数据库，开发遥感、物联网等智能获取技术采集农田环境关键参数，实现农田环境关键参数的快速和准确获取。建议以农业服务企业为龙头整合政府、研究院所、高校、企业等部门的土壤、气象、环境、病虫害、农资数据等农业数据资源，解决传统农田环境关键 7 参数基础资料的共享度低、不系统等问题，为我国测土配方施肥提供系统化、精准化服务平台，实现农企协作发展。

# 第七章
# 测土配方施肥项目十五年评估

## 第一节　评估思路

### 一、评估目标

分析测土配方施肥项目实施 15 年来，我国科学施肥的发展，包括测土配方施肥技术落实情况、技术应用情况，农户施肥观念和施肥习惯变化情况，技术应用产生的效果等。通过评估项目实施情况，总结各地成功的经验和做法，探索测土配方施肥工作完善的方向，为下一阶段科学施肥发展提供建议。

### 二、评估原则

**1. 客观真实**　科学设置评估指标，客观反映测土配方施肥项目实施情况和效果。

**2. 全面系统**　从基础建设、农户应用和实施效果三个方面，全面评估测土配方施肥应用情况。

**3. 广泛参与**　评估过程中，积极调动政府部门、科研机构、推广系统和有关企业，各方广泛参与。

**4. 务实高效**　简化评价指标，多方获取基础数据，提升评估效率。

### 三、评估指标

15 年来，测土配方施肥项目重点围绕测、配、产、供、施五个环节开展工作，并把配方肥作为技术物化和推广应用的核心。为此，本次评估重点从配方设计—配方肥生产—配方肥供应—配方肥施用—社会贡献五个环节进行评估。由于测土配方施肥过去 15 年重点集中在粮食作物上，因此评估以小麦、玉米、水稻三种作物为核心（表 7-1）。

表 7-1　指标设计及解释

| 技术指标 | 定义及统计方法 |
| --- | --- |
| 1. 配方制定覆盖率 | 重点反映科学配方的制定是否涵盖了农业生产区域。 |

（续）

| 技术指标 | 定义及统计方法 |
|---|---|
| 国家大配方 | 国家大配方指的是 2013 年 7 月 17 日农业部办公厅发布的《小麦、玉米、水稻三大粮食作物的区域大配方与施肥建议（2013）》，以及历年发布的科学施肥指导意见。 |
| 省级大配方 | 各地省级农业部门通过汇总省、直辖市、自治区和计划单列市上报的省级配方，形成了更细化的配方，该指标于 2014 年之后才开始形成，主要是三大粮食作物，小部分配方为其他作物。 |
| 县级小配方 | 该指标是 2009 年农业部统计了各省份公布的配方后形成的。各市县在国家区域大配方和省级配方的基础上进一步细化形成，主要是三大粮食作物，小部分配方为其他作物。 |
| 2. 配方转化率 | 配方转化率 $= \dfrac{NUM_{匹配数}}{NUM_{配方数}} \times 100\%$；<br>$NUM_{匹配数}$：发布的三大粮食作物专用配方中已经登记的配方数量；<br>$NUM_{配方数}$：发布的三大粮食作物的配方总数。 |
| 匹配省份和作物 | $NUM_{匹配数}$ 计算匹配数量时严格按照省、作物、氮磷钾配比进行匹配。例如，河北省公布的小麦配方 14 - 16 - 20，与之相匹配的必须是河北省登记的用于小麦的 14 - 16 - 20 的产品。 |
| 仅匹配作物 | $NUM_{匹配数}$ 计算匹配数量时只按照作物、氮磷钾配合式进行匹配，不限定区域。例如，河北省公布的小麦配方 14 - 16 - 20，与之相匹配的是小麦的 14 - 16 - 20 的产品，但是这个产品可以在全国任何一个省份登记。 |
| 模糊匹配 | $NUM_{匹配数}$ 计算匹配数量时只按照氮磷钾配比进行匹配。例如，河北省公布的小麦配方 14 - 16 - 20，与之相匹配的是 14 - 16 - 20 的产品，这个产品登记时可以用于玉米、水稻，可以在全国任何一个地方登记。 |
| 3. 市场配方与农业部门发布的一致性 | 市场配方与农业部门发布的一致性 $= \dfrac{NUM_{匹配数}}{NUM_{登记数}} \times 100\%$；<br>$NUM_{匹配数}$ 为和农业部门发布配方相匹配的肥料登记的数量，而且登记仅限于标明三大粮食作物的专用肥产品；<br>$NUM_{登记数}$ 为各地登记的用于三大粮食作物的专用肥，而且登记仅限于标明三大粮食作物的专用肥产品。 |
| 4. 配方肥市场占有率 | 占有率 $= \dfrac{粮食作物的配方肥总用量}{粮食作物的化肥总用量} \times 100\%$；<br>此处配方肥的定义为袋面标识"配方肥"字样的化肥，通过入户访谈和化肥袋辨认获取数据；<br>由于市场销量的数据难以准确统计，所以用农户的使用比例代表配方肥的市场占有率。由于现场混配的肥料没有计入统计，所以该比例可能会低估配方肥用量占比。 |
| 5. 肥料运筹技术采用率 | 实现养分供应与作物需求在时间上一致是高产高效的基本原理，然而在欧美发达国家，尤其在高肥力土壤条件下，有时并不一定需要追肥。但我国土壤有机质低、障碍性中低产田较多，高产作物体系后期养分需求显著高于传统生产方式，尤其是氮和钾的需求。因此追肥是必要的，在高产体系中更是必要的。 |
| 6. 播种与施肥同步 | 播种和施肥在同一天，即认为两者同步，主要考虑肥料施用之后在较短的时间里被种子吸收利用，提高肥料的利用效率。播种和施肥同步包括种肥同播、种肥分播，但同一天进行。播种与施肥同步比例即播种和施肥在同一天的农户比例。理论上，播种和施肥同步比例应该达到 100%，利用率最高。 |
| 7. 最大效率期追肥比例 | 植物营养最大效率期，是指植物生长阶段中所吸收的某种养分能发挥最大增产效能的时期。此时期一般出现在作物生长发育的旺盛期。这个时期根系吸收养分的能力最强，植株生长迅速、生长量大、需肥量最多，因此为使作物高产，应及时补充养分。最大效率期一般处在植物生长发育的中前期，如玉米的大喇叭口期、小麦的孕穗期等。最大效率期追肥比例即在作物最大效率期追肥的农户比例。 |

（续）

| 技术指标 | 定义及统计方法 |
|---|---|
| 8. 基肥机械化率 | 基肥一般叫底肥，是在播种或移植前施用的肥料。它主要是供给植物整个生长期中所需要的养分，为作物生长发育创造良好的土壤条件，也有改良土壤、培肥地力的作用。基肥机械化即指以机械为载体，将肥料精确地施用到土壤中，能够控制肥料的用量与深度，较人工施肥更科学。基肥机械化包括施肥机施肥、种肥同播机施肥、整地施肥一体化机施肥，不包括依靠人力或畜力的"半机械化"的施肥方式。基肥机械化率指施用基肥的农户中采用机械来进行施肥的农户比例。 |
| 9. 追肥机械化率 | 追肥是指在作物生长中施用的肥料。追肥的作用主要是为了供应作物某个时期对养分的大量需要，或者补充基肥的不足。追肥机械化即使用机械进行追肥的一种方式，主要有靠拖拉机牵引的四轮追肥机以及手扶式追肥机，不包括靠人力或畜力牵引或助推农具式的追肥。追肥机械化率指追肥农户中采用机械化追肥的农户比例。 |
| 10. 采用秸秆还田的农户比例 | 秸秆还田是把没有其他经济用途（如饲料、燃料、材料）的秸秆直接或堆积腐熟后施入土壤中的一种方法，主要目标是在杜绝了秸秆焚烧所造成的大气污染的同时还可改良土壤、加速土壤熟化、提高土壤肥力。秸秆还田，在此评价中包括堆沤还田和直接还田，但不包括过腹还田。其中，直接还田又包括粉碎还田、翻压还田、覆盖还田等。秸秆还田已成为当今世界上普遍重视的一项培肥地力的增产措施，理论上这一项措施应该100%被农户接受，而实际还田量受到温度、湿度、土壤C/N等因素的制约，并不是100%。 |
| 11. 施用有机肥的农户比例 | 有机肥：俗称农家肥，包括以各种动物、植物残体或代谢物组成，如人畜粪便、秸秆、动物残体、屠宰场废弃物等。本文中农家肥主要指各种动物代谢物、人畜粪便。有机肥有利于改良土壤、培肥地力，增加产量、提高品质，提高肥料的利用率。常年种植作物的农田需要施用有机肥以维持土壤地力，尤其是农业生产越来越集约化，理论上有机肥使用比例应达到100%。 |
| 12. 农户施肥观念 | 否认"施肥越多产量越高"农户比例，认为"施肥和环境有关"农户比例，认识氮、磷、钾标识农户比例，认识养分含量的农户比例。 |

# 第二节 评估工作开展情况

第三次评估工作是在2009年和2014年评估工作上的延续。评估工作于2019年初启动至2019年10月结束，以全国小麦、玉米、水稻三大粮食作物为主要对象，采用数据收集、专项调研、专家会商等形式，主要内容如下：

## 一、配方制定情况

统计国家级、省级、市县级小麦、玉米、水稻配方制定覆盖度。此次调研覆盖全国所有省份和农业生产县、计划单列市、农垦、兵团，这些省份上报了已正式公布的配方，阐明配方制定原理并明确配方覆盖区域和作物。

## 二、配方肥生产情况

主要统计配方肥生产与农业需求的匹配度。各省（自治区、直辖市）及中央直属垦区统计了近 10 年（2009—2019 年）肥料产品的登记信息，包括产品登记证号、企业名称、产品通用名、商品名称、产品性状、养分含量的技术指标、适用区域和作物说明等，通过分析登记数据与农业部门公布配方的匹配情况，反映农业配方的转化率和工业配方与农业需求的匹配度。

## 三、配方肥产品和服务供应情况

主要统计各省份肥料销售量、配方肥销售量及对配方肥推广财政补贴情况，由各省份通过相关系统统计上报。同时统计了技术服务体系建设情况，例如触摸屏、信息系统和智能配肥设备建设情况。根据农户调研，分析了配方肥市场占有率及农户获得服务情况。

## 四、配方肥技术采用情况

重点评估农户技术到位情况。在 2014 年调研的基础上，继续对黑龙江（含农垦）、吉林、河北、河南、山东、陕西、甘肃、安徽、江苏、湖南、广西等 11 个省份进行实地调查。选择典型农户调查配方肥应用情况，评估配方肥与作物和区域的匹配、氮磷钾养分配比、施肥量变异大小、合理性和机械化等现代施肥技术应用情况。其中吉林、河北、河南、山东、陕西、江苏、湖南、广西 8 个省份为 2009 年调研过的跟踪区域。

三次调研问卷由中国农业大学统一设计，第三次调研自 2019 年 1—3 月历时 2 个多月完成论证和预调研工作。正式调研于 2019 年 3 月中旬开始，共组织了 150 人参与调研，得到了 11 个省份、44 个县土肥站的大力支持。至 2019 年 5 月下旬结束，共调研农户 2 094 户，其中跟踪 820 个农户，获得有效问卷 2 054 份，覆盖 2 749 个作物地块、2 738 公顷耕地。在报告中，为了保证数据的可对比性，仅保留了三期调研中省份和作物均一致的样本（表 7 - 2），具体描述见表 7 - 3。

**表 7 - 2　样本描述**

| | |
|---|---|
| 小农户 | 指普通规模的农户，非合作社社长和种粮大户。 |
| 跟踪农户 | 指 2014 年和 2019 年调研的同一农户的样本。 |
| 大户 | 指的是种粮大户、家庭农场和合作社社长，拥有的粮食作物播种面积显著大于当地人均耕地面积，考虑到地区间的差异，所以在全国没有设定统一的面积标准。例如，在湖南的山区，30 亩田为大户；在华北平原，1 000 亩的为大户。 |
| 调研样本量 | 指调研的地块数量。每个农户只调研一个地块，这个地块是最大的种粮地块，调研作物为周年轮作的三大粮食作物。例如，一个东北的农户一年只种植春玉米，则调研样本为 1；一个湖南的农户一年种植双季稻，则调研样本量为 2。 |
| 调研面积 | 因为每个农户仅调研了最大地块的粮食作物的化肥用量、产量和其他农技措施，所以调研面积仅统计每个农户的最大地块面积。 |

**表 7-3 农户调研样本分布**

| 作物 | 2001 年调研样本情况 | | | 2009 年调研样本情况 | | | 2014 年调研样本情况 | | | 2019 年调研样本情况 | | |
|---|---|---|---|---|---|---|---|---|---|---|---|---|
| | 覆盖区域 | 地块作物数量 | 调研面积（公顷） | 覆盖区域 | 地块作物数量 | 调研面积（公顷） | 覆盖区域 | 地块作物数量 | 调研面积（公顷） | 覆盖区域 | 地块作物数量 | 调研面积（公顷） |
| 水稻 | 广西（445）<br>湖南（307）<br>江苏（2 082） | 2 834 | 818.6 | 广西（263）<br>湖南（253）<br>江苏（190） | 706 | 69.5 | 广西（239）<br>湖南（249）<br>江苏（192） | 680 | 230.6 | 广西（158）<br>湖南（196）<br>江苏（186） | 540 | 290.7 |
| 小麦 | 河北（411）<br>河南（1 921）<br>山东（620） | 2 952 | 1071.6 | 河北（203）<br>河南（317）<br>山东（227）<br>陕西（180） | 927 | 217.8 | 河北（203）<br>河南（199）<br>山东（203）<br>陕西（148） | 753 | 815 | 河北（186）<br>河南（192）<br>山东（21）<br>陕西（170） | 569 | 2 028.5 |
| 玉米 | 广西（210）<br>河北（678）<br>河南（1 463）<br>吉林（76）<br>山东（688） | 3 115 | 905.8 | 广西（52）<br>河北（203）<br>河南（310）<br>吉林（301）<br>山东（227）<br>陕西（186） | 1 279 | 353.8 | 广西（51）<br>河北（202）<br>河南（200）<br>吉林（192）<br>山东（205）<br>陕西（179） | 1 033 | 965.3 | 广西（52）<br>河北（168）<br>河南（145）<br>吉林（59）<br>山东（125）<br>陕西（136） | 685 | 777.8 |

注：各省份名称后面括号里面的数字代表调研作物样本量。各作物样本构成如下：①小麦指冬小麦。② 玉米包括春玉米和夏玉米，其中吉林与广西的玉米全为春玉米，河南、河北和山东的玉米全为夏玉米；陕西包括春玉米和夏玉米，2009 年陕西春玉米与夏玉米样本量分别为 58 与 128，2014 年陕西春玉米与夏玉米样本量分别为 47 与 132，2019年陕西春玉米与夏玉米样本量分别为 20 与 116。③水稻由早稻、晚稻和一季稻构成，其中 2009 年广西、湖南的早稻、晚稻及一季稻的样本量分别为 139、111、13 和 64、67、122，江苏全为一季稻；2014 年广西、湖南早稻、晚稻及一季稻的样本量分别为 104、105、30 和 67、66、116，江苏全为一季稻；2019 年广西、湖南早稻、晚稻及一季稻的样本量分别为 65、65、28 和 30、19、147，江苏全为一季稻。

# 第三节 评估结果

## 一、配方制定情况

测土配方施肥 15 年来，围绕"大配方、小调整"开展了大量田间试验并制定了配方，2013 年农业部测土配方施肥技术专家组公布了三大粮食作物 38 个大配方。各地省级农业部门也汇总本省的配方，形成了更细化的配方，2014 年 29 个省份发布了省级配方 572个，2019 年发布了省级配方 67 个；各个市县进一步细化在 2019 年发布了 4 026 个"小配方"，比 2009 年各省份公布的县级小配方增加 1 821 个（表 7-4）。

**表 7-4 各级农业部门配方发布情况**

| 作物 | 国家大配方 | | 省级大配方 | | | 县级小配方 | | |
|---|---|---|---|---|---|---|---|---|
| | 2009 年 | 2014 年 | 2009 年 | 2014 年 | 2019 年 | 2009 年 | 2014 年 | 2019 年 |
| 小麦 | | 9 | | 192 | 16 | 757 | 751 | 1 281 |
| 玉米 | | 16 | | 146 | 22 | 818 | 977 | 1 145 |
| 水稻 | | 13 | | 234 | 29 | 630 | 707 | 1 600 |
| 合计 | | 38 | | 572 | 67 | 2 205 | 2 435 | 4 026 |

　　国家大配方是根据区域生产布局、气候条件（积温和降水）、栽培条件（种植制度、灌溉条件和耕作方式）、地形（平原、丘陵、山地和高原）和土壤条件（土壤类型和土壤地力）将我国玉米、小麦和水稻各划分为5个大区。依据区域内土壤养分供应特征、作物需求规律和肥效反应，结合"氮素总量控制、分期调控，磷肥恒量监控，钾肥肥效反应"的推荐施肥基本原则，提出了38个推荐配方和施肥建议，覆盖了全国三大主粮98%的区域。

　　各省份和市县进一步细分了主要地区、土壤类型和种植模式下的配方需求。小配方制定分区主要包括8种方式：①按行政区划；②按土壤类型；③按种植模式；④按行政区划和土壤类型；⑤按土壤类型和种植模式；⑥按行政区划和种植模式；⑦按行政区划、土壤类型和种植模式；⑧按模糊边界界定（如某省北部、丘陵区等）。配方制定方法主要有四种，分别是地力分级、目标产量、肥料效应函数和土壤与植物测试推荐法。

　　各地配方制定原则如表7-5所示。

**表7-5　各地配方制定原则**

| | 省级配方肥制定原则 | 市县级配方制定原则 |
|---|---|---|
| 地力分区（级）配方法 | 北京、福建、甘肃、广东、河南、湖北、江西、青海、厦门、山东、山西、上海、四川、天津 | 安徽、福建、大连、广西、海南、河北、河南、黑龙江、黑龙江农垦、湖北、湖南、吉林、江苏、江西、辽宁、内蒙古、宁夏、山东、山西、陕西、四川、天津、西藏、新疆、云南、浙江、重庆 |
| 目标产量配方法 | 安徽、福建、河南、湖北、湖南、江西、辽宁、山西、上海、浙江 | 安徽、福建、大连、广西、海南、河北、河南、黑龙江、黑龙江农垦、湖北、湖南、吉林、江苏、江西、辽宁、内蒙古、宁夏、山东、山西、陕西、上海、四川、天津、西藏、新疆、浙江、重庆 |
| 肥料效应函数法 | 甘肃、河南、江西、山西、四川、天津 | 安徽、福建、广西、河北、河南、黑龙江、黑龙江农垦、湖北、湖南、吉林、江苏、江西、辽宁、内蒙古、山东、山西、陕西、上海、四川、新疆、浙江、重庆 |
| 土壤与植物测试推荐法 | 北京、河南、吉林、辽宁、山西、陕西、天津、重庆 | 安徽、福建、大连、广西、海南、河北、黑龙江、河南、黑龙江农垦、湖北、湖南、吉林、江苏、辽宁、内蒙古、宁夏、青海、山东、山西、陕西、四川、天津、新疆、浙江、重庆 |

## 二、配方转化情况

　　农业部门设计的配方在田间示范和媒体公布的过程中被企业转化为产品。通过分析各级配方与市场公布产品的匹配性发现，如果仅匹配 $N-P_2O_5-K_2O$ 配合式，2019年国家大配方中的89.7%和省级大配方中的91.0%在全国市场上可以找到同样的产品，比2014年的92%稍有下降。而市县级公布的配方有88.7%在全国市场上可以找到同样的产品，比2014年的77%大幅提高。但如果与市场上登记的肥料产品按照配合式、省份匹配，则国家、省、市县级配方的转化率下降到31.0%、65.6%、68.9%，虽然与2014年的2%～3%相比有极大幅度提高，但仍然有上升空间。说明农业部门公布的配方广泛被肥料生产企业采用，企业也在更多地关注农业部门的测土配方施肥成果，努力按照配方设计的区域和作物去定向生产和销售肥料。今后可加强与肥料企业的对接，进一步提升配方转化率（表7-6）。

表7-6　配方转化率

| 层级 | 匹配到省份 | | | 模糊匹配 | | |
|------|------|------|------|------|------|------|
| | 2009 年 | 2014 年 | 2019 年 | 2009 年 | 2014 年 | 2019 年 |
| 国家 | | 3 | 31.0 | | 92 | 89.7 |
| 省级 | | 2 | 65.6 | | 92 | 91.0 |
| 县级 | 3 | 2 | 68.9 | 78 | 77 | 88.7 |

注：表格中数字的单位均为％。配方转化率＝企业登记的肥料氮磷钾配比和各级农业部门公布的配比相符合的数量/设计的配方总数×100％；匹配到省份指每个省发布的配方在本省登记的专用产品中可以找到的数量；模糊匹配指所有省发布的配方在全国登记的产品中可以找到的数量。

## 三、肥料产品丰富程度

2005 年测土配方施肥项目开展以来，土壤、作物、生产方式的演变对肥料发展提出了新的要求，引导肥料企业转变产品发展方向，各种肥料产品极大地丰富了肥料市场。农业农村部及各省份肥料登记信息显示，2008 年共登记产品 35 132 个，2013 年共登记产品 62 403 个。2019 年，除河北省、新疆维吾尔自治区 2 个省级行政单位已取消肥料登记，29 个省级单位共登记 64 299 个肥料产品（表7-7）。掺混肥料和有机肥料的登记数量一直呈增长趋势，而复混肥料和有机无机复混肥的登记数量则是先增加后减少。因为众多新型肥料如抑制剂型、包膜型等多以掺混肥登记，有机无机复混肥对提升土壤有机质的能力有限，不如有机肥效果明显。

表7-7　2008—2019 年肥料登记分类对比

| | 2008 年底登记数量（个） | 2013 年底登记数量（个） | 2019 年底登记数量（个） |
|------|------|------|------|
| 所有肥料登记数量 | 33 502 | 62 403 | 64 299 |
| 掺混肥料 | 4 511 | 20 346 | 26 420 |
| 复混肥料 | 24 222 | 32 942 | 28 132 |
| 有机无机复混肥 | 1 632 | 3 225 | 3 172 |
| 有机肥料 | 3 137 | 5 890 | 6 575 |

注：2008 年数据根据国家化肥质量监督检验中心（北京）网站（http://www.fernet.cn/SoisWeb/home/index.html）公布数据整理，2013 年数据为全国 38 个省级单位上报统计得出，2019 年数据为全国 29 个省级单位上报统计得出。

## 四、肥料产品科学性评估

从狭义的角度，配方肥就是含有氮、磷、钾且其配比与农业部门推荐配比一致的复混肥、掺混肥、有机无机复混肥、有机肥、土壤调理剂等。化肥产业产品登记的含氮、磷、钾三种元素的不重复配方数量从 2008 年的 6 128 个增长到 2013 年底的 8 071 个，2019 年不重复配方数量下降到 5 748 个。其中的高氮型配方比例从 2008 年的 39％上升到 2013 年的 43％，2019 年又下降到 33％。此外，2019 年的高浓度配方比例为 71％（表 7 - 8）。

表 7 - 8　含氮、磷、钾三种元素的复混肥生产情况

| 分析项目 | 2008 年 | 2013 年 | 2019 年 |
|---|---|---|---|
| 登记的配方总数（掺混肥、复混肥、有机无机） | 6 128 | 8 071 | 5 748 |
| 均衡型配方个数 | 87 | 129 | 118 |
| 高氮配方个数 | 2 419 | 3 445 | 1 895 |
| 高氮配方占配方总数比例（％） | 39 | 43 | 33 |
| 高浓度配方个数 |  |  | 4 091 |
| 高浓度配方占配方总数比例（％） |  |  | 71 |

注：登记配方总数为全国不重复的配方数量；通用型配方指 15 - 15 - 15、16 - 16 - 16、17 - 17 - 17、18 - 18 - 18、19 - 19 - 19、20 - 20 - 20 和氮、磷、钾浓度相差 1 的配方（如 14 - 15 - 16 等）；高氮配方指配方中氮含量大于 20；高浓度配方指配方总养分含量大于 40。

将登记产品的配方与各级农业部门发布的配方相比，如果不限定作物和区域，则国家、省、市县匹配度分别为 1.9％、8.8％、58.5％，与 2014 年的 2％、18％、42％相比，国家级配方变化不大，省级配方的匹配度降低，可能是因为 2019 年上报的省级配方数量过少，市县级配方匹配度大幅提高。如果限定区域，则匹配度分别下降到 0.6％、3.9％和 21.3％，但比 2014 年都有提高。2008—2013 年间，高氮肥是增长的主流，在登记产品配方中占 43％。但是在 2014—2019 年，这一比例有所下降。在粮食作物专用肥生产上，企业配方与各级农业部门推荐逐渐靠拢，在各个尺度来看匹配度都有上升（表 7 - 9）。由于我国地域广阔，肥料企业尚没有形成稳定的市场格局，因此尽可能生产不限定区域和作物的肥料，从而降低生产、物流、销售压力，这也成为区域和作物专用肥发展的关键瓶颈。

表 7 - 9　肥料产品配方与农业部门发布配方的一致性

| 层级 | 匹配到省份 | | | 模糊匹配 | | |
|---|---|---|---|---|---|---|
| | 2009 年 | 2014 年 | 2019 年 | 2009 年 | 2014 年 | 2019 年 |
| 国家 | | 0 | 0.6 | | 2 | 1.9 |
| 省级 | | 1 | 3.9 | | 18 | 8.8 |
| 县级 | 15 | 5 | 21.3 | 58 | 42 | 58.5 |

注：生产的配方与农业部门发布配方的一致性是指登记的肥料氮、磷、钾配比和各级农业部门公布的配比相符合的数量/登记的配方总数×100％；匹配到省份指按照省份和 N - $P_2O_5$ - $K_2O$ 配合式匹配；模糊匹配指仅 N - $P_2O_5$ - $K_2O$ 配合式匹配。

## 五、配方肥市场占有率

2013 年全国化肥施用总量为 5 912 万吨（折纯量，下同），其中配方肥销售量为 1 421 万吨，配方肥占比为 24.04％（因配方肥主要针对粮食作物，如果考虑粮食作物占化肥用量的 50％，那么配方肥市场占有率可能提高到 50％以上），2019 年全国化肥施用

总量为 5 403 万吨，其中配方肥销售量为 2 053 万吨，配方肥占比为 37.99%，较 2013 年提高了 14 个百分点（表 7-10）。

**表 7-10　2013 年和 2019 年全国配方肥市场占有率**

| 项目 | 2013 年 | 2019 年 |
|---|---|---|
| 配方肥销售量 | 1 421 万吨 | 2 053 万吨 |
| 化肥总用量 | 5 912 万吨 | 5 403 万吨 |
| 配方占比 | 24.04% | 37.99% |

注：配方肥销售量为各省份（含农垦、兵团）农业部门上报数据。

# 六、肥料运筹技术采用率

我国粮食种植户施肥次数不一，有施用 4 次肥料的，也有只施用 1 次肥料的，其中北方旱地的春玉米和夏玉米一次性施肥的农户比例较高。从年度变化情况来看，春玉米一次性施肥比例先增加后减少，夏玉米一次性施肥农户比例持续增加。原因可能是 2019 年东北春玉米主要种植区域遭遇干旱难以追肥。其他作物年际间整体变化不大（表 7-11）。

**表 7-11　农户施肥次数分布**

| 作物 | 年份 | 样本量 | 不同施肥次数农户家庭所占百分比（%） | | | | |
|---|---|---|---|---|---|---|---|
| | | | 1 次 | 2 次 | 3 次 | 4 次 | 5 次 |
| 春玉米 | 2008 | 359 | 30 | 59 | 11 | 0 | 0 |
| | 2013 | 243 | 63 | 35 | 2 | 0 | 0 |
| | 2018 | 131 | 41 | 41 | 15 | 3 | 0 |
| 冬小麦 | 2008 | 912 | 32 | 62 | 6 | 0 | 0 |
| | 2013 | 752 | 25 | 72 | 3 | 0 | 0 |
| | 2018 | 572 | 28 | 64 | 6 | 1 | 1 |
| 夏玉米 | 2008 | 830 | 47 | 47 | 6 | 0 | 0 |
| | 2013 | 739 | 50 | 48 | 3 | 0 | 0 |
| | 2018 | 554 | 64 | 32 | 4 | 0 | 0 |
| 一季稻 | 2008 | 325 | 4 | 47 | 25 | 24 | 0 |
| | 2013 | 338 | 2 | 46 | 27 | 20 | 5 |
| | 2018 | 366 | 9 | 41 | 32 | 17 | 1 |
| 早稻 | 2008 | 203 | 2 | 66 | 29 | 3 | 0 |
| | 2013 | 170 | 4 | 61 | 34 | 2 | 0 |
| | 2018 | 98 | 2 | 74 | 23 | 1 | 0 |
| 晚稻 | 2008 | 178 | 3 | 63 | 30 | 3 | 0 |
| | 2013 | 170 | 2 | 65 | 31 | 2 | 0 |
| | 2018 | 87 | 2 | 75 | 22 | 1 | 0 |

注：农户施肥次数所占百分比指针对最大地块上的每一种作物，农户的每一种施肥次数占所有类型施肥次数的农户百分数。此处不含施肥量为 0 的农户样本。

2013 年和 2018 年的结果都显示，在所有作物上，随着施肥次数的增加，单位面积氮肥的总用量是增加的，尤其是相对于一次性施肥，分次施肥都显著增加了投入量；而磷肥用量在春玉米上随着施肥次数增加有所下降，冬小麦、夏玉米、晚稻、早稻上则有所增加；钾肥用量在晚稻、夏玉米、早稻、冬小麦上也随着施肥次数的增多而增加，而在其他作物上变化不规律（图 7-1、图 7-2）。

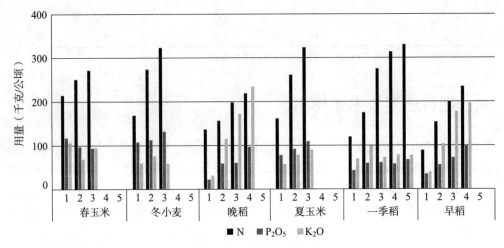

图 7-1　2013 年肥料用量与施肥次数的关系

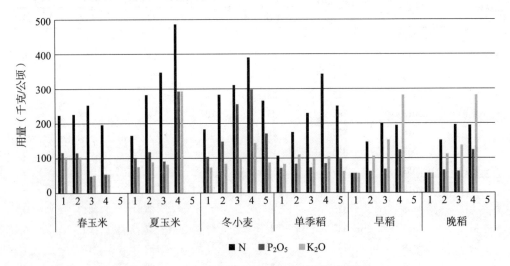

图 7-2　2018 年肥料用量与施肥次数的关系

# 七、播种与施肥同步率

播种和施肥在同一天，即认为播种与施肥同步。主要考虑肥料施用之后与种子生长发育同步，减少无效损失，提高肥料的利用效率。

从统计结果来看，农户施肥时间无序分布，以播种和施肥相差零天为中心点，第一次施肥的时间最早早于播种10天以上，最晚则在播种30天以后才施肥，在播种前一周内用肥的农户比例较高（表7-12）。从氮素的释放周期来看，一般一周就会达到释放高峰，但此时作物尚未播种，这部分营养损失较大。而在播种30天后才施肥，在土壤养分供应能力较弱的地区或者气候条件较差的地区，养分供应不足可能导致出苗差、高产群体建成不良等不利影响。

第一次施肥时间与播种时间在同一天的农户是最合理的。2008—2018年调研发现，已有三分之一以上的农户这样操作。2013年夏玉米同一天播种的比例甚至达到了83%。对于春玉米而言，播种施肥在同一天的农户比例呈增加趋势，从2008年的25%、2013年的38%，增加到2018年的59%。

表 7-12　第一次基肥距播种或移栽时间分布变化

| 作物 | 年份 | 样本量 | 施肥距播种或移栽天数百分比（%） | | | | | | | |
| --- | --- | --- | --- | --- | --- | --- | --- | --- | --- | --- |
| | | | 小于-7 | [-7, 0) | 0 | (0, 7] | (7, 30] | (30, 60] | (60, 90] | 大于90 |
| 春玉米 | 2008 | 314 | 37 | 34 | 25 | 3 | 1 | 0 | 0 | 0 |
| | 2013 | 237 | 32 | 29 | 38 | 1 | 0 | 0 | 0 | 0 |
| | 2018 | 129 | 19 | 12 | 59 | 5 | 2 | 3 | 1 | 0 |
| 冬小麦 | 2008 | 693 | 32 | 15 | 48 | 2 | 3 | 0 | 0 | 0 |
| | 2013 | 660 | 9 | 31 | 58 | 2 | 1 | 0 | 0 | 0 |
| | 2018 | 545 | 10 | 14 | 55 | 12 | 6 | 0 | 0 | 3 |
| 夏玉米 | 2008 | 158 | 17 | 6 | 72 | 0 | 3 | 3 | 0 | 0 |
| | 2013 | 380 | 1 | 7 | 83 | 2 | 4 | 1 | 0 | 1 |
| | 2018 | 495 | 6 | 14 | 62 | 12 | 4 | 2 | 1 | 0 |
| 一季稻 | 2008 | 318 | 8 | 49 | 39 | 2 | 1 | 0 | 0 | 0 |
| | 2013 | 330 | 12 | 36 | 45 | 3 | 3 | 0 | 0 | 0 |
| | 2018 | 222 | 23 | 43 | 23 | 5 | 5 | 0 | 0 | 1 |
| 早稻 | 2008 | 197 | 8 | 60 | 30 | 1 | 1 | 0 | 0 | 0 |
| | 2013 | 167 | 14 | 40 | 42 | 2 | 2 | 0 | 0 | 1 |
| | 2018 | 83 | 28 | 25 | 42 | 1 | 4 | 0 | 0 | 0 |
| 晚稻 | 2008 | 171 | 4 | 67 | 26 | 1 | 1 | 0 | 0 | 0 |
| | 2013 | 164 | 18 | 38 | 39 | 3 | 2 | 0 | 0 | 0 |
| | 2018 | 76 | 87 | 3 | 1 | 7 | 3 | 0 | 0 | 0 |

随着农业机械化的发展，播种和施肥可以由一台机械操作同时进行，即种肥同播，可以通过机械严格控制肥料与种子的相对位置。近10年来，种肥同播的农户比例在各个作物中均呈现持续增长的趋势，到2018年达到了25%。夏玉米种肥同播的农户比例增加最多，在2018年达到了45%（表7-13）。

表7-13  近五年播种与施肥同步率变化情况

| 作物 | 播种和施肥同步 | | | | | | 种肥同播率 | | | | | |
|------|------|------|------|------|------|------|------|------|------|------|------|------|
| | 样本量 | | | 农户比例（%） | | | 样本量 | | | 农户比例（%） | | |
| | 2008年 | 2013年 | 2018年 | 2008年 | 2013年 | 2018年 | 2008年 | 2013年 | 2018年 | 2008年 | 2013年 | 2018年 |
| 春玉米 | 359 | 243 | 129 | 47 | 44 | 59 | 168 | 106 | 155 | 0 | 17 | 21 |
| 冬小麦 | 912 | 752 | 545 | 55 | 61 | 55 | 498 | 457 | 570 | 10 | 17 | 23 |
| 夏玉米 | 830 | 739 | 495 | 42 | 68 | 62 | 347 | 500 | 561 | 17 | 37 | 45 |
| 一季稻 | 325 | 338 | 222 | 39 | 46 | 23 | 127 | 154 | 399 | 0 | 0 | 15 |
| 早稻 | 203 | 170 | 83 | 30 | 42 | 42 | 60 | 71 | 111 | 0 | 0 | 0 |
| 晚稻 | 178 | 170 | 76 | 26 | 38 | 1 | 47 | 65 | 98 | 0 | 0 | 0 |
| 全国 | — | — | — | 40 | 52 | 40 | — | — | — | 7 | 17 | 25 |

注：播种和施肥同步指施肥时间和播种时间是同一天，农户比例指播种和施肥同一天的农户占总农户的百分比。种肥同播指播种和施肥同时进行，而在两期数据中有所差别：2008年指肥种混播，2013年和2018年即种子与肥料同时施入土壤且播种和施肥在同一时刻进行。

播种和施肥的时间差距对肥料投入有一定的影响，不同作物年际间变化有所不同。春玉米和夏玉米因一次性施肥比例提高，播种施肥同一天的情况下施肥量比其他时间要高，2018年表现尤为明显。一季稻、早稻和晚稻随着施肥时间与播种时间的靠拢，基肥总用量呈现递减趋势，一般是播种与施肥在同一天的农户肥料用量最低，这几年的变化趋势表现一致。冬小麦则表现出与水稻相反的趋势，随着施肥时间与播种时间的靠拢，基肥总用量呈现增加的趋势（表7-14）。

表7-14  播种和施肥同步对基肥用量的影响

| 作物 | 年份 | 施肥距播种时间（最小单位：天） | 样本量 | N（千克/公顷） | P₂O₅（千克/公顷） | K₂O（千克/公顷） |
|------|------|------|------|------|------|------|
| 春玉米 | 2008 | 前一周以上 | 116 | 170 | 100 | 79 |
| | | 前一周以内 | 107 | 183 | 107 | 74 |
| | | 当天 | 79 | 153 | 92 | 50 |
| | | 当天之后 | 12 | 154 | 100 | 58 |
| | 2013 | 前一周以上 | 76 | 225 | 126 | 119 |
| | | 前一周以内 | 69 | 199 | 111 | 101 |
| | | 当天 | 89 | 145 | 98 | 67 |
| | | 当天之后 | 3 | 112 | 80 | 84 |
| | 2018 | 前一周以上 | 87 | 100 | 82 | 55 |
| | | 前一周以内 | 18 | 112 | 69 | 69 |
| | | 当天 | 24 | 222 | 90 | 93 |
| | | 当天之后 | 19 | 86 | 46 | 47 |
| 冬小麦 | 2008 | 前一周以上 | 227 | 159 | 119 | 63 |
| | | 前一周以内 | 108 | 142 | 99 | 46 |
| | | 当天 | 338 | 153 | 123 | 60 |
| | | 当天之后 | 29 | 140 | 112 | 57 |

（续）

| 作物 | 年份 | 施肥距播种时间<br>（最小单位：天） | 样本量 | N<br>（千克/公顷） | P₂O₅<br>（千克/公顷） | K₂O<br>（千克/公顷） |
|---|---|---|---|---|---|---|
| 冬小麦 | 2013 | 前一周以上 | 57 | 166 | 84 | 64 |
| | | 前一周以内 | 202 | 153 | 96 | 61 |
| | | 当天 | 380 | 150 | 114 | 64 |
| | | 当天之后 | 21 | 150 | 83 | 71 |
| | 2018 | 前一周以上 | 304 | 163 | 135 | 71 |
| | | 前一周以内 | 75 | 147 | 133 | 70 |
| | | 当天 | 52 | 183 | 141 | 76 |
| | | 当天之后 | 116 | 162 | 114 | 79 |
| 夏玉米 | 2008 | 前一周以上 | 27 | 143 | 80 | 77 |
| | | 前一周以内 | 9 | 91 | 64 | 30 |
| | | 当天 | 113 | 101 | 76 | 74 |
| | | 当天之后 | 9 | 177 | 59 | 54 |
| | 2013 | 前一周以上 | 3 | 204 | 184 | 56 |
| | | 前一周以内 | 27 | 142 | 79 | 68 |
| | | 当天 | 314 | 129 | 77 | 54 |
| | | 当天之后 | 36 | 150 | 61 | 46 |
| | 2018 | 前一周以上 | 307 | 143 | 95 | 74 |
| | | 前一周以内 | 68 | 159 | 92 | 76 |
| | | 当天 | 29 | 165 | 98 | 74 |
| | | 当天之后 | 92 | 163 | 102 | 68 |
| 一季稻 | 2008 | 前一周以上 | 27 | 101 | 46 | 44 |
| | | 前一周以内 | 157 | 88 | 43 | 43 |
| | | 当天 | 124 | 113 | 52 | 55 |
| | | 当天之后 | 10 | 104 | 55 | 66 |
| | 2013 | 前一周以上 | 39 | 96 | 55 | 54 |
| | | 前一周以内 | 120 | 98 | 52 | 57 |
| | | 当天 | 150 | 94 | 52 | 56 |
| | | 当天之后 | 21 | 92 | 55 | 55 |
| | 2018 | 前一周以上 | 51 | 98 | 66 | 75 |
| | | 前一周以内 | 99 | 93 | 71 | 68 |
| | | 当天 | 53 | 80 | 61 | 56 |
| | | 当天之后 | 29 | 82 | 60 | 75 |

（续）

| 作物 | 年份 | 施肥距播种时间<br>（最小单位：天） | 样本量 | N<br>（千克/公顷） | P₂O₅<br>（千克/公顷） | K₂O<br>（千克/公顷） |
|---|---|---|---|---|---|---|
| 早稻 | 2008 | 前一周以上 | 16 | 96 | 42 | 32 |
| | | 前一周以内 | 118 | 86 | 57 | 37 |
| | | 当天 | 59 | 72 | 53 | 38 |
| | | 当天之后 | 4 | 73 | 37 | 28 |
| | 2013 | 前一周以上 | 24 | 92 | 48 | 49 |
| | | 前一周以内 | 66 | 80 | 51 | 45 |
| | | 当天 | 70 | 80 | 46 | 39 |
| | | 当天之后 | 7 | 131 | 38 | 35 |
| | 2018 | 前一周以上 | 35 | 76 | 51 | 44 |
| | | 前一周以内 | 25 | 70 | 40 | 36 |
| | | 当天 | 24 | 78 | 38 | 41 |
| | | 当天之后 | 4 | 81 | 12 | 37 |
| 晚稻 | 2008 | 前一周以上 | 6 | 87 | 70 | 40 |
| | | 前一周以内 | 115 | 86 | 46 | 40 |
| | | 当天 | 45 | 73 | 49 | 38 |
| | | 当天之后 | 5 | 92 | 26 | 38 |
| | 2013 | 前一周以上 | 29 | 91 | 51 | 49 |
| | | 前一周以内 | 62 | 89 | 49 | 47 |
| | | 当天 | 64 | 79 | 45 | 42 |
| | | 当天之后 | 9 | 97 | 56 | 55 |
| | 2018 | 前一周以上 | 1 | 75 | 30 | 45 |
| | | 前一周以内 | 2 | 95 | 44 | 48 |
| | | 当天 | 68 | 78 | 41 | 37 |
| | | 当天之后 | 7 | 78 | 45 | 56 |

## 八、最大效率期追肥率

植物营养最大效率期是指植物生长阶段中所吸收的某种养分能发挥最大增产效能的时期。此时期一般出现在作物生长发育的旺盛期。这个时期根系吸收养分的能力最强，植株生长迅速、生长量大、需肥量最多，因此为使作物高产，应及时补充养分。最大效率期一般处在植物生长发育的中前期，如玉米的大喇叭口期、小麦返青-拔节期、水稻的孕穗期等。评估农户在最大效率期追肥行为，是评判科学施肥技术到位的一个重要指标。

统计结果显示，春玉米的追肥农户比例先减少后增加，冬小麦和夏玉米的追肥农户比例则呈现逐渐减少的趋势，而一季稻、早稻和晚稻的追肥农户比例几乎没变化。但最大效率期追肥的农户比例均呈现出先增加后减少的趋势（表 7-15）。

表 7-15 近五年农户追肥与作物养分最大效率期匹配情况

| 作物 | 追肥的农户 | | | | | | 最大效率期追肥的农户 | | | | | |
| | 样本量 | | | 农户比例（%） | | | 样本量 | | | 农户比例（%） | | |
| | 2008年 | 2013年 | 2018年 | 2008年 | 2013年 | 2018年 | 2008年 | 2013年 | 2018年 | 2008年 | 2013年 | 2018年 |
|---|---|---|---|---|---|---|---|---|---|---|---|---|
| 春玉米 | 411 | 294 | 134 | 67 | 47 | 57 | 223 | 87 | 75 | 15 | 28 | 5.3 |
| 冬小麦 | 927 | 753 | 574 | 67 | 77 | 66 | 618 | 577 | 376 | 17 | 27 | 18.9 |
| 夏玉米 | 868 | 739 | 560 | 85 | 65 | 41 | 736 | 480 | 227 | 34 | 23 | 23.3 |
| 一季稻 | 325 | 338 | 384 | 97 | 99 | 91 | 315 | 334 | 328 | 23 | 27 | 11.6 |
| 早稻 | 203 | 171 | 105 | 100 | 98 | 97 | 202 | 167 | 92 | 11 | 16 | 8.7 |
| 晚稻 | 178 | 171 | 93 | 99 | 99 | 97 | 176 | 169 | 81 | 11 | 15 | 7.4 |
| 平均 | — | — | — | 82 | 76 | 66 | — | — | — | 19 | 22 | 15.3 |

注：追肥比例指追肥的农户数量占所有农户数量的百分比；最大效率期追肥合理比例指在追肥的农户中，其中合理追肥的农户比例。

## 九、基肥机械化率

机械化率指采用动力型机械施用肥料的农户比例或者耕地面积比例。机械包括拖拉机、施肥机等；典型特征是肥料用量可有效控制，肥料施用位置可直达作物最佳位置，施肥效率高于人工施肥；具体方式包括拖拉机牵引型的机械化、喷灌施肥、滴灌施肥。但不包括无动力配套的小型施肥枪等。

基肥施用方式正在快速转变，传统的人工撒施正被机械施肥替代，而且逐渐将播种和施肥同步化（表 7-16）。旱地作物机械化发展快于水田，夏玉米的机械化发展快于其他作物，到 2018 年已经有 87% 实现了机械化，其次是冬小麦、76% 实现了机械化，春玉米 61% 实现了机械化。相对于旱地作物的快速发展，水田基肥机械化发展才刚起步。

表 7-16 不同作物基肥施肥方式变化

| 作物 | 样本量 | | | 机械施肥，非种肥同播（%） | | | 机械施肥，种肥同播（%） | | | 人工施肥（%） | | |
| | 2008年 | 2013年 | 2018年 | 2008年 | 2013年 | 2018年 | 2008年 | 2013年 | 2018年 | 2008年 | 2013年 | 2018年 |
|---|---|---|---|---|---|---|---|---|---|---|---|---|
| 春玉米 | 411 | 294 | 132 | 43 | 34 | 38 | 11 | 18 | 23 | 46 | 48 | 39 |
| 冬小麦 | 927 | 753 | 574 | 3 | 9 | 52 | 20 | 34 | 24 | 77 | 58 | 24 |
| 夏玉米 | 868 | 739 | 516 | 3 | 7 | 38 | 18 | 74 | 49 | 78 | 19 | 13 |
| 一季稻 | 325 | 338 | 382 | 0 | 4 | 28 | 0 | 0 | 15 | 100 | 96 | 57 |
| 早稻 | 203 | 171 | 104 | 0 | 2 | 5 | 0 | 0 | 0 | 100 | 98 | 95 |
| 晚稻 | 178 | 171 | 92 | 0 | 2 | 5 | 0 | 1 | 0 | 100 | 97 | 95 |
| 全国 | — | — | — | 7 | 10 | 37 | 16 | 31 | 27 | 77 | 59 | 37 |

注：机械施肥非种肥同播率指使用机械进行施肥且肥料和种子不同时施用的农户比例；机械施肥种肥同播率指使用机械将肥料和种子一起施用的农户比例；人工施肥指基肥施用过程中纯靠人力完成的农户比例。

## 十、追肥机械化率

追肥机械化即使用机械进行追肥，主要有靠拖拉机牵引的各种追肥机，不包括靠人力或畜力牵引或助推农具式的追肥。追肥机械化率指追肥农户中采用机械化追肥的农户比例。

我国粮食作物追肥机械化在过去 10 年实现了从无到有的飞跃，北方种植面积较小的冬小麦-夏玉米轮作体系内表现最为明显。2018 年冬小麦、夏玉米追肥机械化率分别达到了 14％和 13％，而春玉米追肥机械化率仅为 1％～3％。在南方水田中，一季稻的追肥机械化也有了巨大的变化，从 2008 年的 0％，到 2013 年的 1％，飞跃至 2018 年的 13％。早稻、晚稻的机械化也有所提升，到 2018 年均提升到了 4％。但与基肥机械化发展相比，旱地作物的追肥机械化率仍非常低（表 7－17）。

**表 7－17　不同作物追肥机械化情况变化**

| 作物 | 追肥的农户 | | | | | | 机械化追肥的农户 | | | | | |
| | 样本量 | | | 农户比例（％） | | | 追肥的田块数量 | | | 追肥农户中采用机械追肥的农户比例（％） | | |
| | 2008 年 | 2013 年 | 2018 年 | 2008 年 | 2013 年 | 2018 年 | 2008 年 | 2013 年 | 2018 年 | 2008 年 | 2013 年 | 2018 年 |
|---|---|---|---|---|---|---|---|---|---|---|---|---|
| 春玉米 | 411 | 294 | 134 | 67 | 47 | 57 | 275 | 138 | 76 | 5 | 1 | 3 |
| 冬小麦 | 927 | 753 | 574 | 67 | 77 | 66 | 620 | 578 | 377 | 1 | 6 | 14 |
| 夏玉米 | 868 | 739 | 560 | 85 | 65 | 41 | 742 | 480 | 232 | 0 | 11 | 13 |
| 一季稻 | 325 | 338 | 384 | 97 | 99 | 91 | 315 | 334 | 350 | 0 | 1 | 13 |
| 早稻 | 203 | 171 | 105 | 100 | 98 | 97 | 202 | 167 | 102 | 0 | 0 | 4 |
| 晚稻 | 178 | 171 | 93 | 99 | 99 | 97 | 176 | 169 | 90 | 0 | 0 | 4 |
| 全国平均 | — | — | — | 82 | 76 | 66 | — | — | — | 1 | 7 | 12 |

## 十一、秸秆还田率

过去 10 年我国秸秆处理方式发生了巨大变化，还田的农户比例大幅提高。到 2018 年，全国三大粮食作物的平均秸秆还田率达到了 88％，除了春玉米因为气候温度等原因还田比例较低，仅为 35％，其他作物的秸秆还田率均达到了 90％以上（表 7－18）。

**表 7－18　农户采用不同秸秆处理方式的比例变化**

| 作物 | 样本量 | | | 秸秆还田比例（％） | | |
| | 2008 年 | 2013 年 | 2018 年 | 2008 年 | 2013 年 | 2018 年 |
|---|---|---|---|---|---|---|
| 春玉米 | 411 | 294 | 255 | 14 | 26 | 35 |
| 冬小麦 | 927 | 753 | 738 | 79 | 98 | 93 |
| 夏玉米 | 868 | 739 | 561 | 81 | 90 | 97 |
| 一季稻 | 325 | 338 | 364 | 56 | 76 | 96 |
| 早稻 | 203 | 171 | 95 | 25 | 63 | 95 |
| 晚稻 | 178 | 171 | 95 | 33 | 57 | 94 |
| 全国 | — | — | — | 58 | 74 | 88 |

## 十二、农家肥施用率

过去 10 年主要粮田施用有机肥的农户越来越少,从 9%~53% 下降到 2%~30%,平均从 27% 降低到了 11%。主要原因是随着规模化养殖的快速发展,一般小农户缺乏农家肥原料。而且随着劳动力老龄化加重,农家肥施用已经越来越困难(表 7-19)。

表 7-19 有机肥施用率(%)

| 作物 | 2000 年 | 2008 年 | 2013 年 | 2018 年 |
|---|---|---|---|---|
| 春玉米 | 68 | 33 | 24 | 30 |
| 夏玉米 | | 9 | 4 | 2 |
| 冬小麦 | 61 | 24 | 10 | 4 |
| 一季稻 | | 38 | 29 | 20 |
| 早稻 | 81 | 53 | 30 | 27 |
| 晚稻 | | 22 | 25 | 18 |
| 全部 | 66 | 27 | 16 | 11 |

## 十三、农户施肥观念变化

农户施肥观念一般分为态度和技能两个方面。传统态度是"水大粪勤不用问人""施肥越多产量越高""施肥对环境没有影响";而科学施肥观念应该因土因作物需求施肥,不仅要施增产肥,而且要经济环保。调研结果表明,施肥观念正确的农户比例迅速从 2008 年的 30% 提升到 2013 年的 72%,到 2018 年达到了 86%。但是,从技能方面评估发现,农户对养分符号的认知度提升比较慢,2013 年较 2008 年还有所降低,到 2018 年整体施肥技能认知度提高到了 72%。说明农户对养分用量的精确掌握仍有提升空间。综合科学施肥观念和施肥技能发现,整体上农户的认知能力和技能水平呈现上升趋势,到 2018 年整体认知技能水平达到 79%,这与国家的农技推广服务和新型经营主体增多等有关(表 7-20)。

表 7-20 2008—2013 年农户肥料认知及技能变化

| | 样本量 | | | 农户比例(%) | | |
|---|---|---|---|---|---|---|
| | 2008 年 | 2013 年 | 2018 年 | 2008 年 | 2013 年 | 2018 年 |
| 科学理念 | | | | 30 | 72 | 86 |
| 否认"施肥越多产量越高" | 1 692 | 1 568 | 1 433 | 28 | 81 | 93 |
| 认为"施肥和环境相关" | 555 | 1 568 | 1 433 | 36 | 62 | 79 |
| 施肥技能 | | | | 56 | 50 | 72 |
| 认识氮磷钾标识 | 1 692 | 1 568 | 1 433 | 49 | 45 | 71 |
| 认识养分含量 | 1 137 | 1 568 | 1 433 | 66 | 55 | 73 |
| 综合指标知识技能指数(%) | | | | 43 | 66 | 79 |

注:由于在不同区域的问卷略有差别,所以 2008 年的样本量不完全一致。综合知识技能指数为科学理念和施肥技能的算数平均值。

# 第八章
# 测土配方施肥项目省级工作总结

## 北京市测土配方施肥十五年总结

2005 年，农业部印发通知，要求在全国范围内开展测土配方施肥春季与秋季行动。北京市委、市政府高度重视，结合北京都市型现代农业发展和社会主义新农村建设的需要，紧紧围绕发展安全、高效农业和循环经济的主题，制定了《北京市测土配方施肥五年规划》与《2006 年北京市测土配方施肥行动方案》，启动了测土配方施肥补贴项目，逐步在全市 13 个农业区实现了测土配方施肥全覆盖推广应用。

### 一、测土配方施肥的主要技术成果

**1. 建立了土壤养分数据库**　十五年来全市共采集 63 634 个土壤样品，实现了全市主要农业区耕地土壤肥力的全覆盖调查，是自 1979 年全国第二次土壤普查以来，又一次大规模全面系统的调查。采用 GIS 软件科学规划布点、GPS 定位采集土样、统一标准化验测试、数据规范整理入库，对土壤微量元素进行了系统采样与分析评价，建立了土壤资源管理信息系统，实现了数据的计算机管理与应用，为摸清全市耕地土壤资源的肥力现状，开展耕地培肥改良与因土推荐施肥工作提供了科学依据。

**2. 建立了耕地土壤肥力评价体系**

（1）**耕地土壤肥力现状**　2007 年，为了系统掌握全市耕地土壤肥力状况，参照北京市第二次土壤普查分级标准和最新的全市土壤养分数据库，制定了《北京市耕地土壤肥力分级标准》。按照北京市耕地土壤养分分级标准，在北京市耕地土壤资源管理信息数据库支持下，对全市耕地土壤肥力状况进行了统计分析，得出了 9 个项目区县的农田土壤主要养分分级指标及所占面积的比例。全市（9 个区县）耕地土壤极高肥力等级和极低肥力等级的面积比例较小，分别占 1％和 2％，高肥力等级的面积比例约占 7％，中、较低肥力等级的面积比例较大，分别占 55％和 35％，因此全市耕地总体处于中低肥力水平。

（2）**耕地土壤肥力变化**　与 1980 年第二次土壤普查结果比较，全市耕地土壤肥力稳中有升，其中有机质、全氮含量变化总体比较稳定，分别有 73.7％和 96％的比例保持稳定；土壤速效钾含量变化稳中有升，52.9％保持稳定、34.3％升高；土壤有效磷含量变化总体呈显著上升趋势，70.9％升高，其中 56.2％显著升高。

（3）**中微量元素现状**　中量元素硫处于临界值以下的地块占总样本数的 37％；微量

元素中有效硼有约54%的地块处于临界值以下，属缺硼地块；有效铁、有效锰和有效铜则分别有约28%、22%和20%的地块处于临界值以下，耕地存在较大比例的土壤中微量元素处于缺乏状态。

### 3. 建立了粮食、蔬菜、经济等主要作物施肥指标体系

（1）试验概况　十五年来在密云、顺义等9个区，选择高、中、低不同肥力地块，开展了各类试验1 072个；针对多作物开展试验，涉及了京郊的粮食、蔬菜、经济共计23种作物，其中11种主栽作物建立了土壤养分丰缺推荐施肥指标体系；开展了多类型的试验，包括氮磷钾肥料"3414"试验、量级试验及反馈试验，采集分析植株样品6 355个。

（2）试验方法　在作物施肥指标体系建设中，突出抓好几项工作：一是严格管理田间试验，全市统一设计方案，考虑高中低不同肥力地块，市站技术人员分片负责，在关键生育时期如追肥、测产严格监管，确保了试验数据的准确性和可靠性；二是科学分析试验数据，建立了统一的试验数据录入格式，与中国农业大学合作，运用SAS、Excel等分析软件，邀请专业人员对每个试验进行详细分析；三是采用合理的建立方法，将分析结果按作物种类汇总分析，采用土壤养分丰缺指标法建立推荐施肥技术体系。

（3）建立了主栽作物的施肥指标体系　运用土壤养分丰缺指标法，建立了玉米、小麦、大白菜、甘蓝、生菜、番茄、花椰菜、萝卜、西瓜、花生、甘薯11种作物的推荐施肥指标体系。

（4）制定了主要作物肥料配方　一是依据大面积的土壤养分测试结果建立的土壤肥力评价系统，将土壤有机质、氮、磷、钾进行科学施肥分区；二是依据主要作物的施肥指标体系及养分吸收规律，经专家多次论证，将全市土壤划定不同的施肥区，联合肥料企业共同研制出适合不同肥力水平的配方肥，科学指导农民施肥，从而有效地提高了测土配方施肥技术的到户入田率和应用效果。十五年来，本着"大配方、小调整"的原则和"物化量产、切实落地"目标，随着种植业结构调整，一些用量较少的配方逐步退出，全市共确立小麦、玉米、蔬菜、果树专用肥配方由50余个逐步调整到2019年的10个主推大配方和30余个相近配方。

### 4. 开发了信息管理与专家推荐施肥系统

（1）系统开发　从2006年开始，开发《测土配方施肥信息管理系统》，历时三年，进行了七次论证，三次改版。系统在SQL Server2000数据库管理平台上，采用VC++、VB、C#语言进行编程。整体结构为广域网分布式关系型数据库结构。市土肥站数据库作为控制点数据库，项目区县作为节点数据库。数据信息利用公网，通过虚拟管道实现定向传输，提高工作效率。共入库数据10.02万条，其中地块信息4.19万条、土样检测数据3.73万条、农户调查数据2.1万个。

（2）系统特点　一是实现对测土配方施肥数据有效管理。在统一模板上采集和填报数据，保证数据填报完整性、准确性和规范性。二是根据工作实际，设计分析模型。系统数据采集范围涵盖基础地块、土壤养分、植株养分、农民施肥、田间试验等土肥工作各个方面，使用者可以通过功能模型，充分利用各种数据进行分析，满足实际工作需要。三是建立施肥指标体系，实现施肥快速推荐。根据配方卡查询法和养分丰缺指标法建立施肥推荐模型，进行快速施肥推荐。

（3）管理推荐系统的应用　一是能够了解市、区、乡镇、村四级行政区划内采样田块基本信息、土壤养分检测结果、年度种植意向、参与农户数量、农户肥料施用概况等方面的内容；二是能够以耕地地力等级为单元统计分析调查数据，了解各耕地地力等级内土壤类型分布状况、地貌类型分布状况、障碍因素分布状况，全市耕地平均养分状况以及高中低养分水平的比例等，为北京市耕地地力评价提供了基础数据；三是能够查询田间试验、示范的实施情况，包括数量、作物、地域分布及试验结果；四是能够对粮田、蔬菜田、果园等不同作物种植业进行统计分析，了解各作物类型耕地平均养分状况和施肥水平的变化。为全市的配方推荐提供了技术支撑。十五年来，全市取土测土 6.3 万余个，根据每个测土数据代表的耕地面积及其作物种类的不同，累计通过专家推荐系统提供配方卡 156.9 万张，通过专家推荐系统实现了批量化配方，显著提高了配方的速度，确保配方卡能及时发放到农民手中。

## 二、测土配方施肥的工作成效

2006 年以来全市 13 个农业区实现了测土配方施肥全覆盖推广应用，农民科学施肥意识显著提升。

**1. 取得了显著的经济效益**　2006—2020 年测土配方施肥累计推广面积 4 043.0 万亩，总增产 145.45 万吨，不合理施肥减量 96 393 吨，总增收节支 33.34 亿元，测土配方施肥覆盖率逐年提高，到 2019 年达到 98%。

**2. 取得了显著的生态、社会效益**　十五年来，随着测土配方施肥项目的开展，全市累计推广专用配方肥 125.0 万吨，应用面积 2 212.2 万亩，全市配方肥应用比例由 20% 提高到 60% 以上，化肥用量（折纯）由 2005 年的 50 千克/亩下降到 2019 年的 25.7 千克/亩，下降 48.6%，肥料利用率由 2014 年的 27.1% 提高到 2020 年的 40.3%。

**3. 转变了农民的施肥观念**　随着各级土肥技术推广部门人员队伍不断壮大，技术力量不断提高，以及肥料经销商等社会力量的积极参与，通过加强宣传培训，推动了测土配方施肥技术在京郊全面推广应用，使广大农民的科学施肥意识和能力得以加强，逐步转变了重氮、磷肥，轻钾肥、有机肥的传统施肥观念，使农民从单一施用尿素、磷酸二铵转变为增施钾肥或施用配方肥。据对京郊 96 户农户开展的第三方调查，结果显示有 98% 的农户能够看懂配方卡，而且能够按照配方卡施肥的农户也达到了 78%。而且，随着近几年农业技术知识的培训和学习，农民对肥料知识有了更多的了解，例如有 88% 的农户知道复合肥料包装袋上"15 - 15 - 15"的含义，能够根据所购买复合肥料的养分比例，适时改变其他单质肥料的养分投入量，92% 的农户能够认识到施肥与产量的关系，改变了传统的施肥习惯。

**4. 探索建立了长效机制**

（1）技术试验示范推广相结合机制　通过试验研究，再以点带面，建立示范区；通过现场观摩和培训等多种行之有效的手段，实现大规模的技术推广。

（2）科研、推广、企业相结合机制　为了实现测土配方施肥技术经济与社会、生态效益的最大化，充分发挥土肥技术推广部门与肥料生产与销售企业的合作，调动企业的积极性，加大技术物化服务推广力度与广度，有效地解决了测土配方施肥技术推广"最后一公里"的问题，有效地提高了技术的到位率。

（3）监督检查与验收机制 测土配方施肥项目实行合同制管理，市与区签订合同，区与实施乡镇签订合同，量化各项指标，实行目标管理。同时成立了北京市测土配方施肥督导组，成员由领导小组、办公室、专家组成员与各区项目负责人共同组成，采取异地督导的方式，对项目实施区进行全面的督促检查和技术指导，对技术内容理解不到位、施肥建议卡发放不及时、测试数据不准确、调查资料不完整、资金使用不规范等情况给予及时纠正和指导，提出整改要求和解决办法，确保项目实施的进度和质量。

（4）项目资源整合机制 测土配方施肥项目开展以来，始终重视与有机培肥地力、高产创建、设施农业及京承走廊建设等项目的有机结合，形成了优势互补的格局，将测土配方施肥技术运用到各个项目中，为这些项目的实施提供了有力的技术支撑，同时也凭借其他项目优势在更大的范围内推广测土配方施肥技术。

# 三、测土配方施肥的主要经验做法

2006年以来，经过市、区两级从事测土配方施肥工作的领导和技术人员的共同努力，形成了5种典型技术推广模式、4种工作推动方法，有效推动了测土配方施肥技术的大面积推广应用。

## 1. 典型技术推广模式

（1）"测配一站型" 即传统的"测、配、产、供、施"一条龙服务模式，也是运用的主要技术服务模式。针对规模化生产的用户，采取统一测土、统一配方、委托企业统一生产、统一配送及技术指导的一条龙服务。由项目区土肥部门取土样之后集中进行测试分析，将测试数据传送给市土肥站，市土肥站根据土壤测试结果和作物需肥规律提出适合该区域应用的大配方，由区土肥部门组织肥料生产企业按照配方生产与配送配方肥。其优势在于能够实现精确精量、站对户、点对点的技术服务，针对性强，为农民提供了全程的技术跟踪服务。

（2）"站企合作型" 市、区土肥部门与肥料生产企业合作，负责取土化验后出具配方并由肥料生产企业发布，由企业按方生产出配方肥料并送到指定的农户或基地。合作企业的确定采取社会推荐与政府采购公开招标的方式进行。市土肥站对社会推荐或公开招标方式确定的配方肥生产企业，分别颁发配方肥合作企业证书或与其签订配方肥定点供合同。由市土肥站对企业的配方肥生产与配送服务过程进行全面的监督，并协助企业解决农化服务中出现的技术问题。企业则必须按照合同要求生产质量合格、配方科学的配方肥料，并配合市、区土肥技术部门对每个配方每个批次的肥料产品进行抽检。同时企业要对所服务的用户进行测土配方技术指导、宣传与培训，并做好售后服务工作。其优势在于初步实现了配方肥的市场化运作，将市、区土肥技术部门与肥料生产企业的资源合理配置，引导肥料企业加入测土配方施肥队伍中来，为农民提供质量优良、配方科学、价格合理的配方肥料。

（3）"连锁配送型" 土肥技术部门进行测土，提出配方，委托肥料生产企业生产。

同时按照一定的要求在不同的区域选择资质与信誉较好肥料经销店，按照有经营主体、有科技人员、有固定经营场所、有优良诚信的"四有"原则，采取统一标识、统一服务、统一供货、统一配送、统一价格的"五统一"运行模式，挂牌确定为"配方肥料连锁配送店"。企业生产的肥料由连锁配送店销售，农民自行购买。全市累计建立连锁配送店101家。其优势在于基本实现了配方肥的企业优化生产、市场化运作，缩短了技术推广与广大农民的距离。随着配送店的进村入户，逐步解决了"最后一公里"的问题，加快了技术物化与入户的速度。

（4）"农资加盟型"　将农资销售系统纳入测土配方施肥技术服务网络，由土肥技术部门提供技术培训，确定本区主要区域、主要农作物的施肥配方，由农资经销人员按照配方为每个购买肥料的农户提供合理的肥料套餐，给农户提供服务。同时，土肥技术部门委托企业生产适合本区域应用的配方肥料，通过肥料经销店直接销售给农民。由项目区土肥技术部门牵头成立测土配方施肥技术服务总站，以大型农资经营企业为龙头成立测土配方施肥技术服务站，区土肥技术部门与服务站签订连锁服务协议书，对服务站实行统一管理，直接送肥、送技术到户。其优势在于有效整合了社会资源，实现了优势互补，在一定程度上加速了先进农业技术的推广，大大缓解了基层农技推广人员严重不足的问题。

（5）"科技入户型"　以推广测土配方施肥技术为核心，以科技示范户建设为重点，以技术推广和技术培训宣传为主要措施，以整合资源与创新农技推广和服务机制为突破口，围绕新农村建设，通过政府推动、项目带动、市场引导，建立科技人员直接到户、测土配方施肥技术直接到人、配方肥直接到田的科技成果快速转化机制，有效解决农技推广"最后一公里"、技术转化"最后一道坎"的问题，其优势在于形式多样化、针对性强。一方面可以采取举办培训班、田间学校、组织现场观摩、科普赶集等形式，提高示范户的科学施肥水平和综合素质，培养一批掌握测土配方施肥技术的农民土专家，带动更多的农户；另一方面由科技人员进村入户，将田间地头作为课堂，对农民进行"面对面，手把手"的技术指导，送科技到每个示范户。

**2. 主要做法**

（1）领导重视，行政推动　为顺利推进测土配方施肥工作的开展，北京市组织成立了由市农委、农业农村局、财政局等单位负责人组成的领导小组，负责测土配方施肥工作方案制定、部门之间的协调，下设测土配方施肥办公室，负责测土配方施肥工作的落实与实施，具体方法：一是实行责任制管理，由市农业农村局与各项目区种植业服务中心签订责任书，各区与各项目乡镇签订责任书，层层落实责任；二是采取合同制管理，农业农村部与市农业农村局签订项目合同，市农业农村局与各项目区签订子项目合同，按照合同要求，市土肥站制定全市项目年度实施方案，各项目实施区分别制定本区项目年度实施方案，实现了项目管理的规范化和标准化。

（2）整合资源，专家带动　一是充分利用北京的人才技术优势，在市农业农村局统筹协调下，联合中国农业大学、中国农业科学院等科研院校共同组成专家组，定期召开专家研讨会；二是充分利用全市土肥系统资源，先后共有4 000以上人次参与了由北京市土肥工作站牵头，联合顺义、大兴、延庆等9个项目实施区土肥技术推广部门开展的技术推广与服务工作。

（3）探索机制，政策拉动　制定了"五定"（定配方、定企业、定经销商、定销售区域、定指导价格），"四免"（免费测土、免费配方、免费发卡、免费培训），"两补"（配方肥补贴、有机肥补贴）等政策。充分发挥企业产品优势，先后共有十几家复混肥生产企业参与了测土配方施肥技术推广，已形成了由中标企业为主的供应配方肥推广模式。从2007年开始，积极争取市级财政资金，开展配方肥补贴工作，同时制定了《北京市测土配方施肥项目专用配方肥补贴实施细则》，2009年采取政府公开招标的形式，在全市确立了6个专用配方肥生产企业进行各类专用配方肥的生产、配送工作。2007—2016年全市累计补贴专用配方肥99 275吨，补贴资金达到7 072万元。

（4）强化培训，农民主动　各级土肥技术部门始终将工作的重点放在针对农民的宣传与培训上。市、区结合自身的实际，制订了年度宣传培训计划，针对不同的宣传培训对象确定了不同的宣传培训内容与方式。充分利用举办培训班、农民田间学校、广播、电视、互联网、科技赶集、简报和信息、横幅等形式，全方位、深层次对测土配方施肥技术进行宣传和培训，最终赢得了社会各界对测土配方施肥工作的认可、重视和支持，并由此促进了农民施肥观念的转变，调动了广大农民参与测土配方施肥工作的积极性。

# 天津市测土配方施肥十五年总结

## 一、基本情况

从2006年开始，天津市承担农业农村部、财政部测土配方施肥补贴资金项目，在市农业农村局、财政局等有关部门的大力支持下，以科学发展观为指导，以农业增产、农民增收、农村增效和生态环境改善为目标，以提高科学施肥技术入户率、覆盖率、贡献率和肥料利用率为主攻方向，本着"统筹规划、分级负责、逐步实施，技术指导、企业参与、农民受益"的原则，突出主要作物、重点区域和关键环节，逐步在全市10个涉农区开展测土配方施肥工作。到2009年，经过全市技术人员的共同努力，取得了较好的经济效益、社会效益和生态效益。

2010年，为了加大测土配方施肥的技术覆盖面，汉沽和塘沽两区被列入市财政补贴计划，至此测土配方施肥工作在全市达到了真正意义上的县级全覆盖。围绕"测土、配方、配肥、供肥、施肥指导"五个环节开展工作，基本摸清了全市所有耕地的土壤养分状况，建立了测土配方施肥数据库，建立了养分丰缺指标和主要作物施肥指标体系；以粮食作物为重点，通过发放施肥建议卡、建立专家咨询系统、提供宣传培训和技术指导，推广测土配方施肥技术。

2011—2015年，在普遍开展测土配方施肥技术推广的基础上，开展了以整建制推广为主要内容的测土配方施肥技术推广工作，按照各区面积开展整建制示范县、乡、村的测土配方施肥技术推广工作。在全市10个涉农区开展测土配方施肥工作的基础上，以1个整建制示范县、4个整建制示范乡镇、58个整建制示范村为主与测土配方施肥认定生产企业开展合作，以市级农业部门搭台，县级农业部门与肥料生产企业相互协作，以技术物化配方肥的形式解决技术推广"最后一公里"的问题，得到了农户的认可。

2016—2020 年，以测土配方施肥基础工作为抓手，以化肥零增长行动为目标，开展化肥减量技术示范，推动测土配方施肥技术向精准化、集约化方向发展，从而提高化肥的当季利用率，实现化肥使用量零增长。2016 年以来，在总结推广测土配方施肥技术的基础上，不断优化施肥配方，推荐肥料新品种，在转变施肥方式上狠下功夫，总结推广了玉米、小麦种肥同播技术模式，水稻侧深施肥技术模式，设施番茄、黄瓜水肥一体化减肥增效技术模式等，推广应用了缓控释肥，大量元素水溶肥料、生物肥料、有机无机复混肥料等。全市化肥使用量实现了负增长。

测土配方施肥技术推广十五年来，部、市、县级累计投入 8 877 万元开展测土配方施肥工作，全市共调查采集检测土壤样品 51 546 个，开展肥料利用率试验 112 个、"3414"试验 374 个、肥效试验 552 个，按照不同区域不同种植模式提出施肥建议配方 70 余个。全市累计推广测土配方施肥技术 8 011 万亩；配方肥施用面积 3 109 万亩，用量 106 万吨。

## 二、技术成果

**1. 摸清了土壤养分状况和施肥情况**　通过农户调查和土壤养分数据的分析汇总，基本摸清了全市农业生产的施肥状况和土壤养分变化情况，依此做出了项目区县的施肥分区，掌握了全市土壤养分丰缺情况，对制定肥料配方提供了依据。修订发布主要农作物测土配方施肥配方 70 个，涉及冬小麦、春小麦、春玉米、夏玉米、水稻、棉花、大豆、天鹰椒、果树、蔬菜等多种作物。

**2. 建立了分区域作物施肥指标体系**　通过小麦、玉米、大豆等田间"3414"肥料效应试验、校正试验、肥料利用率试验等，确定了全市土壤养分校正系数、土壤供肥量、农作物需肥规律和肥料利用率等基本参数。掌握了作物合理施肥品种和数量，基肥、追肥分配比例，最佳施肥时期和施肥方法，建立了分区域的农作物施肥指标体系。

**3. 对全市的耕地质量进行了评价**　通过项目的开展，所获得的土壤田间调查检测数据为全市耕地质量评价提供了基础数据，对了解各区耕地质量，进行差异化技术指导提供技术支撑。

**4. 总结推广了化肥减量增效技术模式**
（1）天津市夏玉米种肥同播化肥减量增效技术模式。
（2）天津市小麦种肥同播化肥减量增效技术模式。
（3）水稻侧深施肥化肥减量增效技术模式。
（4）设施番茄水肥一体化化肥减量增效技术模式。
（5）设施黄瓜水肥一体化化肥减量增效技术模式。

**5. 获得农牧渔业丰收奖**　2012 年经过系统总结，形成测土配方施肥技术报告和工作报告，申报农业部农牧渔业丰收奖，经专家评审获得二等奖。

## 三、主要做法

**1. 加强领导、强化管理**　为全面深入地开展测土配方施肥工作，天津市专门组建了测土配方施肥工作领导小组和专家组。领导小组组长由农业农村局局长担任，局相关处室负责人、土肥站站长任副组长，下设三个工作组：综合协调工作组具体负责综合协调、工作督办、项目验收，行政推动工作组具体负责测土配方施肥的行政推动，项目实施工作组具体负责测土配方施肥项目的实施。聘请科研、教学相关专家为成员，专家组负责技术方案和关键技术的审定把关。

领导小组下设办公室，办公室设在市土肥站，负责项目组织实施和日常管理工作。为了将各项工作落到实处，办公室又划分为三个工作小组，明确人员分工，细化工作任务和考核目标。技术推进工作组：负责县、乡镇、村的技术指导，农企对接工作，推动成果转化。技术指导组：负责项目县施肥配方和施肥建议卡的拟定；开展技术培训与技术宣传，编写测土配方施肥技术培训教材和技术宣传材料；完成施肥专家系统的研发与应用。项目管理组：负责项目实施和组织协调工作，按时上报项目进度；加强项目实施中的信息采集与发布，搜集整理项目实施中的相关资料，起草相关文件、会议纪要、情况简报和项目工作报告；组织项目宣传和检查验收；监督项目资金使用。项目县也成立了相应的组织机构。

**2. 落实配方肥产需对接**　为了加快测土配方施肥成果转化，以物化的形式推动测土配方施肥技术落地，市测土配方施肥办公室组织开展了测土配方施肥部、市级试点企业认定，并组织进行天津市配方肥产需对接，各项目区县农业部门发挥牵头组织作用、规范配方肥监督管理、强化技术指导服务；肥料试点企业进一步增强合作意识、服务意识和诚信意识，共同推进测土配方施肥成果应用，扩大配方肥的施用规模，促进农业增效、农民增收。

**3. 搭建农企合作平台，加快技术物化落实**　市测土配方施肥办公室组织项目县和试点企业进行研讨，细化工作任务，明确工作目标，同时要求各项目区县和试点企业结合当地实际，细化落实工作方案，明确农企合作的任务，切实做好宣传发动和安排部署。试点企业积极与项目县进行接洽，研制配方肥，供示范区应用。试点企业分别与各区农业部门进行对接，签署农企合作推广配方肥协议，通过加强农业部门支撑服务和试点企业示范带动，搭建农企合作、产需对接推广配方肥的平台，引导更多的企业参与配方肥的生产供应，切实提高配方肥的市场占有率。

**4. 组织专家进行技术研讨并巡回指导**　组织项目技术专家研讨各年度主要农作物施肥指导意见，下发到各区，并审核项目区县的施肥配方。对测土配方施肥技术应用于农业生产提出了总体方案，并要求项目县在示范村的展示窗上公布通过审核的施肥配方，对涉及的每户发放具体的施肥建议卡。结合保春耕促生产和肥料专项治理行动，组织专家进入田间地头和广播间在线解答农民的问题，指导农民科学、环保、经济施肥。

**5. 狠抓示范区建设**　按照测土配方施肥工作的要求，抓好科学施肥示范展示区建设，加强技术引领，让农户看到实实在在的技术效果，十五年来全市共建设测土配方综合技术示范区 1 872 个，示范面积 194 万亩。

**6. 加强农户的技术培训工作**　在作物生产的关键季节，各项目区县组织农技人员深入田间地头、肥料经销点进行技术培训。

**7. 设立施肥建议卡专用展示墙**　在全市推进施肥建议卡上墙制度，在肥料经销网点和村民委员会张贴测土配方施肥配方信息和科学施肥常识，让农民了解并掌握科学施肥知识，直接"按方"购肥、施肥。

**8. 加大宣传力度** 积极与媒体合作，利用广播、电视、报刊、互联网等进行宣传培训，形成上下联动、横向互动的宣传态势，增强了农民科学施肥意识。

**9. 探索不同模式的科普宣传活动** 为了把测土配方施肥项目做得更深入细致，各项目区县结合当地实际，在土肥技术推广部门的指导下采取了举办培训班、文艺汇演、送肥下乡宣讲、配方肥施用补贴、示范方现场会、触摸屏指导等方式，确保测土配方施肥技术的全面落实。

## 四、主要成效

**1. 经济效益** 十五年累计推广测土配方施肥技术 8 011 万亩，总增产 287 万吨，减施化肥（折纯）10.84 万吨，总增产节支 53.5 亿元。

**2. 社会和生态效益**

（1）科学施肥意识得到了提高 通过项目的实施，农户认识到科学施肥的重要性，避免了肥料的浪费，肥料生产企业参与测土配方施肥技术推广，扩大了技术成果应用范围，做到推广肥料有针对性，缩短了肥料生产和推广周期，提高了工作效率，减少了原料和时间成本。整建制模式的推广应用加大了农企合作力度，整合了技术资源，使农户应用到技术物化成果。

（2）全市化肥利用率得到提高 通过项目的实施，全市施用的肥料品种由单质肥料、普通复混肥料向缓控释肥料、大量元素水溶肥料、腐植酸肥料、有机无机复混肥料转变，施肥方式也由单一的撒施转变为种肥同播、侧深施肥、水肥一体化等技术模式，这些方式的转变使全市化肥当季利用率由 2016 年的 36.08％提高到 2020 年的 40.63％。

（3）化肥使用量实现了负增长 十五年来，测土配方施肥技术、化肥减量增效施肥技术深入人心，施肥方式发生了变化，施肥品种、施肥量得到了优化，全市播面化肥使用量由 2015 年的 33.4 千克/亩减少到 2019 年的 26.4 千克/亩，化肥使用总量由 2015 年的 21.78 万吨减少到 2019 年的 16.24 万吨。超额完成化肥使用量零增长目标，实现负增长。

（4）测土配方施肥技术覆盖率保持在较高水平 通过项目的实施，农户对测土配方施肥技术有了比较广泛的了解，全市测土配方施肥技术覆盖率由 2006 年的 20％提高到 2010 年的 80％，2015 年后达到 90％以上，尤其是参与化肥减量增效项目示范的区县，测土配方施肥技术覆盖率达到 95％以上。

## 五、主要经验

**1. 企业参与** 测土配方施肥技术推广离不开宣传与培训，技术物化又是技术实施的简便途径之一。通过项目的开展，市农业部门搭台，各区农业部门与肥料生产企业对接合作，组织多种形式的技术培训，实现了技术推广部门与企业的双赢。在播种前，走村入户开展测土配方施肥技术培训，现场解答农户提出的问题，得到了广大农户的认可，提高了农户应用配方肥的积极性。

**2. 示范展示**　在做好技术推广工作的同时，加紧示范展示区的建设，通过建立测土配方施肥技术展示区，在作物生长期间组织乡镇技术人员和种植大户进行现场观摩，介绍技术规范，使测土配方施肥技术更易被农户接受，十五年来全市累积建设测土配方综合技术示范区 1 872 个，示范面积 194 万亩。

**3. 规模种植**　一家一户的农业生产模式下，大部分农户都参与企业生产，农业收入占农民收入的比重很少，使得农户应用技术的积极性不高。伴随小城镇建设的发展，种田大户积极参与土地流转，规模效益开始发挥积极作用，农户主动取土化验，应用测土配方施肥的积极性增强，利于全市测土配方施肥技术的推广。

# 河北省测土配方施肥十五年总结

自 2005 年以来，河北省在农业农村部的支持下，连续实施了国家测土配方施肥补贴项目，各级农业部门狠抓项目实施，扎实推进制度建设，积极探索推广模式，不断提升科学施肥水平，项目实施取得了显著成效。测土配方施肥项目的大面积实施为保障国家粮食安全和促进农业绿色生产发挥了重大作用。

## 一、测土配方施肥项目实施情况

河北省测土配方施肥发展经历了三个阶段：第一阶段是从 2005 年第一批测土配方施肥试点县开始起步，土肥体系得到加强；第二阶段是从 2009 年开始全省测土配方施肥项目全覆盖，测土配方施肥步入上升通道；第三阶段是从 2016 年开始着力发展化肥减量增效技术示范与推广。截至 2020 年，全省中央、省级共投资 7.59 亿元，十五年累计推广测土配方施肥面积 13.56 亿亩次，其中施用配方肥面积 6.69 亿亩次，平均每亩节本增效 30 元以上。通过项目实施，完善了"测土、配方、配肥、供肥、施肥指导"一条龙土壤肥料服务模式，全省土壤养分逐步趋于平衡。在全国率先采用测土配方施肥"一村一站、一户一卡"专家咨询系统和"一网两站"测土配方施肥服务系统，仅邯郸市建立测土配方施肥查询配肥站 1 628 个，为项目区农户制作配方施肥查询卡 160 万张。

## 二、测土配方施肥取得的主要成效

测土配方施肥项目的实施，有力推动了土肥技术体系的发展壮大和服务能力的不断提高，产生了巨大的经济、社会和生态效益。

**1. 为全省粮食丰产做出积极贡献**　据不完全统计，全省采集土壤样品 221 108 个，取得有效数据 240 万条，设立农作物田间肥效试验 6 856 个，制定耕地土壤理化性状等级标准 26 项，优化施肥配方 1 484 个，科学施肥为全区粮食安全和粮食丰收奠定了坚实的基础。2020 年全省粮食总产 3 795.9 万吨，比 2005 年增加 1 197.32 万吨，增产 46.1％。粮食产量的提高很大程度上依赖于化肥的使用，测土配方施肥为粮食连年丰收做出了历史性贡献。

**2. 化肥减量增效成效显著**

（1）化肥用量连续降低　通过实施测土配方施肥和化肥减量增效项目，化肥用量在2015年提前实现零增长，连续五年实现负增长。2020年化肥用量285.71万吨，比2015年（335.49万吨）下降14.9%，年度平均降幅达4.95%。

（2）施肥结构不断优化　随着测土配方施肥与化肥减量增效技术的持续推广，带动农户施肥结构持续优化，施肥品种由单一的氮、磷、钾向氮、磷、钾＋中微量元素转变。农民施用配方肥、复混肥、商品有机肥数量不断提高，促进了化肥生产企业转轨变型，改变了肥料产品结构。复合肥占化肥用量的比重由2005年的24.8%上升到2020年的49.6%，而氮肥占化肥用量的比重由51.1%下降到35.2%。

（3）化肥利用率提高　通过测土配方施肥技术和化肥减量增效技术推广，提升了精准施肥、灌溉施肥、机械深施等高效施肥技术的应用水平，加上采用水溶肥、缓释肥等环境友好型肥料品种，大大减少化肥用量，提高了化肥当季利用率，河北省2020年主要粮食作物化肥利用率达到了40.58%。

**3. 提升了土肥系统的技术服务能力**　项目的实施稳定了土壤肥料技术推广队伍，更新了知识结构，提高了技术服务水平和服务能力。项目实施前，县级土肥系统人员少、办公条件简陋，无任何自动化办公设备等，制约着土肥推广事业的发展。项目实施后，县级土肥系统由2~3人增加到鼎盛时期的8~11人，人员素质逐步提高，工作条件得到了改善，提高了工作效率。通过实施测土配方施肥补贴项目，完善了服务手段，提高了检测能力。项目县化验室面积均达到200米²左右，购置了仪器设备，增加了化验人员，各县化验室具备了大量元素及中微量元素的化验能力。并且制定了化验室建设技术规范，强化了化验质量控制。

**4. 形成了较为系统的科学施肥技术体系**　通过项目实施，摸清了土壤养分状况、农户施肥现状、肥料增产效应及耕地地力状况，建立了本区域主要土壤类型养分丰缺指标和主要粮食作物施肥指标体系。在此基础上，分区域形成了主要作物的肥料配方，结合测土配方施肥工作的开展，完善了耕地地力评价方法与程序，确定了耕地地力评价因子，提升了耕地地力水平。

**5. 增强了农业从业者的科学施肥意识**　通过免费为农业从业者提供测土技术指导、发放施肥建议卡及开展多形式的宣传培训活动，项目区广大农业从业者的施肥观念发生了变化，激发了测土施肥、配方施肥的科学施肥意识。项目区不少农业从业者主动要求农技人员进行取土，有些农业从业者还积极主动送土样到土肥部门要求化验，按化验结果开具的配方进行施肥。农业从业者科学施肥意识的增强为深入开展测土配方施肥奠定了基础。

# 三、主要做法

**1. 加强组织领导，明确工作目标**　河北省高度重视科学施肥工作，为确保测土配方施肥和化肥减量增效行动落实到位，成立了以主管厅长为组长的领导小组，负责组织协调和监督管理，推进各地任务落实落地。同时成立了测土配方施肥与化肥减量增效技术指导组，每年制定重点工作行动方案。如2015年7月印发《河北省化肥使用量零增长行动方案》，明确了河北省化肥使用量零增长行动的思路、目标、实现路径、重点工作和保障措施。2017 年化肥减量增效作为全厅 27 项重点工作，制定化肥减量增效专项推进方案。2018 年化肥减量增效列入省政府重点工作，作为一项重点任务考核指标，受到领导和社会的全面关注。全省农技系统层层落实工作责任，做到领导到位、组织健全、责任明确、措施落实，不断提高测土配方施肥和化肥减量增效工作标准。省、市农业部门对各县（市、区）测土配方施肥技术推广工作开展情况进行督导检查，特别对关键环节和关键季节，组织专业技术人员，深入各县（市、区）进行督导检查，发现问题及时解决，齐心协力共同把工作做好。

**2. 发动全民参与，广泛开展宣传培训** 利用电台、电视、报纸、杂志、网站等主流媒体开辟测土配方施肥宣传专栏，全方位、多角度、深层次地进行宣传。利用现场会、明白纸、宣传周（月）、流动广播车等形式广泛宣传，形成上下互动、立体式宣传态势，营造浓厚的宣传氛围，努力扩大测土配方施肥的社会影响，全面推动测土配方施肥工作开展。一是面向农村，培训农民。二是利用各种媒体，广泛宣传。三是突出重点，强化基层技术人员培训。

**3. 严格管理，建立较为完整的项目管理制度** 一是实行项目进度季报制度。针对项目实施过程中出现的新情况、新问题，及时研究解决。二是严格财务管理。严格执行《测土配方施肥试点补贴资金管理暂行办法》，设立测土配方施肥项目资金专户，实行专人专账管理，确保专款专用。三是搞好督促检查。深入各地对项目县实施情况开展督导检查，加强工作调度，及时了解情况，掌握工作进度，解决项目县在实施中遇到的困难和存在的技术问题。

**4. 发布配方，探索有效的技术服务模式** 每年用肥季节到来之前，河北省各县（市、区）组织专家和技术人员，根据气候条件、土壤类型、作物品种、产量水平、耕作制度等情况，汇总分析土壤测试、田间试验和农户调查等数据，结合施肥指标体系，分作物制定施肥方案，针对农户地块养分状况和施肥习惯，制定肥料配方，确定施肥比例和数量，并选择适当的肥料品种，提出合理的施肥时期和施肥方法，一并制成农户施肥建议卡，通过技术推广体系、基层经销商、村民委员会等途径发至农户，指导农业从业者科学施肥。同时，建立信息发布制度，向社会发布配方信息。各项目县（市、区）按照农业农村部和省农业农村厅统一部署和要求，因地制宜探索并建立了一些技术服务模式，有效促进了"测、配、产、供、施"的衔接。主要有：一是"大配方、小调整"型。即项目县（市、区）在定点企业已有定型肥料产品的基础上，制定满足全区域不同地力水平、不同作物、不同产量水平的配方，用其他单质肥料进行"小调整"来满足需要，采用这种形式的县比较普遍。二是农企结合型。项目县（市、区）选择在本区域既有销售基础，产品含量又与本区域主要作物配方基本一致的企业作为配方肥生产合作企业，在备肥高峰季节同企业一起组成多个宣传组，逐村逐户进行宣传。三是配方肥直供型。项目县负责配方肥推广工作，企业按照土肥站提供的配方组织生产掺混肥料，产品采用专用包装，实行全县统一价格，由厂家将肥料直供到村。

# 山西省测土配方施肥十五年总结

2005 年启动测土配方施肥技术推广工作以来，山西省以农业绿色发展为导向，紧紧围绕农业供给侧结构改革和有机旱作农业发展，测土配方施肥技术覆盖率和肥料利用率显著提高，测土配方施肥工作进展顺利、成效显著。

## 一、基本情况

十五年来，山西省共有 110 个农业县（市、区）开展了测土配方施肥技术推广工作，实现了测土配方施肥技术推广农业县"全覆盖"。2020 年，全省测土配方施肥技术覆盖率达到 91%。

全省用于测土配方施肥技术推广的国家和省级补贴资金共 39 771 万元，其中，中央财政资金 37 315 万元，省级财政资金 2 456 万元。财政补贴资金主要用于采集测试土壤样品、开展田间试验、制作发放施肥建议卡、设立观察点、建立数据库和施肥指标体系、培训指导、购置土壤采集测试和技术培训仪器设备、建立示范区等工作。

## 二、工作成效

2005 年以来，紧紧围绕"测土、配方、配肥、供肥、施肥指导"五个关键环节，在玉米、小麦、棉花、果树、蔬菜、小杂粮等作物上共推广测土配方施肥 60 817 万亩次，2020 年全省测土配方施肥技术覆盖率达到 91%。

**1. 野外调查** 按照资料收集整理与野外定点采样调查相结合、典型农户调查与随机抽样调查相结合的办法，通过广泛深入的野外调查和取样地块农户调查，基本掌握了全省耕地立地条件、土壤理化性状与施肥管理水平。

**2. 土样采集测试** 按照《测土配方技术规范》要求，根据土壤类型、行政区域等选择具有代表性的采样单元进行了土样采集，共采集测试土壤样品 718 816 个、植株样品 21 136 个。

**3. 田间试验** 全省按照土壤养分测定结果，划分不同的施肥区域，根据土壤肥力水平设置玉米、小麦、马铃薯、高粱、谷子和果树、蔬菜等作物的"3414"试验、化肥利用率田间试验、"2+X"肥料效应田间试验、中微量元素试验和配方校正试验共 16 929 个。

**4. 配方设计** 根据取土化验、田间肥效试验结果和作物目标产量，综合考虑耕地地力、生产条件、气候特征、栽培管理、作物品种等因素制定施肥方案，划分施肥类型区，省、市、县每年制定发布主要作物的施肥指导意见。2005 年以来，全省累计推荐不同作物区域施肥配方 4 088 个，制作发放不同作物、不同区域的施肥建议卡 3 070 万份，指导农民科学施肥。

**5. 配方肥推广应用** 通过农企合作，肥料企业按照审定发布的肥料配方、需求数量，针对性生产供应配方肥。按照"一区一方、一县一厂、一户一卡、一村一点、一乡一人"的运作模式，全省累计推广应用配方肥（纯养分）6 210 792 吨，施用面积累计达到 28 098 万亩次。

**6. 示范推广** 全省在 110 个县累计建立不同规模的以测土配方施肥技术为核心内容的示范区 26 271 个。通过示范带动，全省增施有机肥面积 28 859 万亩次、新型肥料应用面积 1 652 万亩次、机械施肥面积 18 853 万亩次、水肥一体化技术应用面积 113.75 万亩次。

**7. 宣传培训** 通过集中培训、广播电视宣传引导、电话及网络咨询指导、科普宣传车、明白纸、现场会等多种形式的宣传培训，省、市、县、乡土肥技术人员的专业水平和实地指导农民科学施肥的能力进一步增强，培养了一批农业科技应用的带头人，提高了测土配方施肥技术的到位率，营造了推广应用测土配方施肥技术的良好社会氛围，提升了广大农民应用测土配方施肥技术的能力水平。全省累计举办各种规模的技术培训班 35 695 期，培训技术骨干 411 461 人次，培训农民 12 783 951 人次，培训肥料营销人员 138 720 人次。通过广播电视宣传、网络宣传、科技赶集等 49 093 次，召开各种规模现场会 2 346 次。

**8. 数据库建设** 运用计算机技术、地理信息系统和全球卫星定位系统，采用规范化的测土配方施肥数据字典，按照《测土配方施肥技术规范》要求，省、市、县三级建立和完善了施肥指标体系，项目县全部完成了数据录入和数据库升级工作。

**9. 技术研究和开发** 对田间试验、土壤养分测试、肥料配方、数据处理、专家咨询系统等方面的新技术新模式进行了研究和开发，新技术研发应用的能力和水平得到了明显提升。

# 三、技术成果

## 1. 主要作物施肥指标体系建设

（1）**肥料利用率** 氮肥利用率一般在 33.06%～42.49%，其中机械施肥小麦的氮肥利用率最高（42.29%）、常规施肥小麦氮肥利用率最低（33.06%）；磷肥利用率一般在 18.09%～26.67%；钾肥利用率为 44.47%～73.41%。

磷肥利用率低的原因主要是山西省大部分土壤属于无灌溉条件的旱地，在土壤干旱的条件下，土壤水分张力大，土壤溶液中的磷移动慢，磷肥在干旱土壤中的有效性低，利用率也相对较低。

（2）**肥料农学效率** 肥料农学效率（AE）是指特定施肥条件下，单位施肥量所增加的作物经济产量。从肥料农学效率可以看出（表 8-1），马铃薯产量相对较高，因此单位施肥量所增加的作物经济产量（即肥料农学效率）均比较高。单位施肥量所增加的玉米产量比小麦高，所以玉米的肥料农学效率比小麦高。从不同土壤类型的玉米农学效率可以看出：栗褐土＞潮土＞栗钙土＞褐土。

表 8-1　山西省不同土壤类型主要作物的肥料农学效率

| 土类 | 作物 | N（%） | P₂O₅（%） | K₂O（%） |
|---|---|---|---|---|
| 栗钙土 | 玉米 | 11.22 | 11.67 | 9.29 |
| 栗褐土 | 马铃薯 | 55.97 | 58.79 | 18.00 |
|  | 玉米 | 11.80 | 15.27 | 11.18 |
| 褐土 | 小麦 | 8.91 | 11.20 | 6.92 |
|  | 玉米 | 10.29 | 13.52 | 8.06 |
| 潮土 | 小麦 | 7.76 | 11.59 | 5.66 |
|  | 玉米 | 11.40 | 16.85 | 10.97 |

（3）作物百千克经济产量所需养分量　作物单位产量养分的吸收量，是指作物每生产单位经济产量吸收的养分量（表 8-2）。

表 8-2　山西省常见作物百千克经济产量所需养分量（养分系数）

| 作物 | 收获物 | 形成 100 千克经济产量所吸收的养分量（千克） | | |
|---|---|---|---|---|
|  |  | 氮（N） | 磷（P₂O₅） | 钾（K₂O） |
| 冬小麦 | 籽粒 | 2.78 | 0.95 | 2.19 |
| 玉米 | 籽粒 | 2.41 | 0.83 | 2.05 |
| 谷子 | 籽粒 | 2.32 | 1.07 | 1.57 |
| 马铃薯 | 鲜块茎 | 0.48 | 0.20 | 0.97 |
| 棉花 | 籽棉 | 4.85 | 1.70 | 3.90 |

注：农作物品种不同、施肥水平不同、产量不同以及耕作栽培和环境条件的差异，造成养分系数差异较大。

## 2. 土壤养分状况分析

（1）不同区域土壤养分含量　全省土壤有机质含量平均值为 16.9 克/千克，各区有机质平均含量表现为晋东丘陵山区＞汾河谷地区＞晋北农牧交错区＞晋西黄土丘陵区。晋东丘陵山区有机质含量较高，主要原因是该区历史习惯施有机肥多，气温相对较低，而降雨量相对较多，土质黏重，有机质容易积累。晋西黄土丘陵区有机质含量较低，主要是因为有机肥施用水平低，同时水蚀、风蚀严重，造成了有机质含量低（表 8-3）。

表 8-3　山西省不同区域土壤养分含量

| 农业区域 | 有机质（克/千克） | 全氮（克/千克） | 有效磷（毫克/千克） | 速效钾（毫克/千克） | 缓效钾（毫克/千克） |
|---|---|---|---|---|---|
| 汾河谷地区 | 18.6 | 1.1 | 18.9 | 204 | 869 |
| 晋东丘陵山区 | 22.2 | 1.25 | 16.9 | 189 | 914 |
| 晋西黄土丘陵区 | 11.6 | 0.73 | 13.0 | 149 | 823 |
| 晋北农牧交错区 | 12.7 | 0.77 | 11.2 | 130 | 751 |
| 全省平均 | 16.9 | 0.99 | 15.3 | 171 | 838 |

（2）不同土壤类型土壤养分含量　红黏土的有机质、全氮、有效磷、速效钾含量均比较高，其次是褐土，而黄绵土、栗褐土的土壤养分含量均比较低（表 8-4）。

表 8 - 4　山西省不同土壤类型土壤养分含量

| 土壤类型 | 有机质<br>（克/千克） | 全氮<br>（克/千克） | 有效磷<br>（毫克/千克） | 速效钾<br>（毫克/千克） | 缓效钾<br>（毫克/千克） |
|---|---|---|---|---|---|
| 褐土 | 19.1 | 1.12 | 17.7 | 192 | 876 |
| 栗褐土 | 11.1 | 0.71 | 9.8 | 124 | 780 |
| 潮土 | 17.7 | 0.99 | 15.2 | 173 | 833 |
| 栗钙土 | 16.0 | 0.82 | 13.0 | 130 | 605 |
| 黄绵土 | 9.1 | 0.63 | 9.7 | 130 | 815 |
| 草甸土 | 15.5 | 0.95 | 18.1 | 182 | 805 |
| 粗骨土 | 17.2 | 0.96 | 9.9 | 160 | 930 |
| 红黏土 | 26.0 | 1.52 | 21.5 | 209 | 918 |
| 风沙土 | 14.7 | 0.84 | 18.0 | 164 | 645 |
| 全省平均 | 16.9 | 0.99 | 15.3 | 171 | 838 |

（3）不同熟制区土壤养分含量　不同熟制区土壤有机质、全氮和缓效钾平均含量均表现为两年三熟区＞一年两熟区＞一年一熟区；土壤有效磷和速效钾平均含量表现为一年两熟区＞两年三熟区＞一年一熟区。原因主要是复种指数高，全年施肥量相对较大（表8-5）。

表 8 - 5　山西省不同熟制区土壤养分含量

| 熟制区 | 有机质<br>（克/千克） | 全氮<br>（克/千克） | 有效磷<br>（毫克/千克） | 速效钾<br>（毫克/千克） | 缓效钾<br>（毫克/千克） |
|---|---|---|---|---|---|
| 两年三熟区 | 26.8 | 1.42 | 17.4 | 192 | 987 |
| 一年两熟区 | 17.7 | 1.15 | 24.0 | 257 | 895 |
| 一年一熟区 | 16.4 | 0.95 | 13.6 | 154 | 824 |
| 全省平均 | 16.9 | 0.99 | 15.3 | 171 | 838 |

# 四、服务模式

**1. 配方肥推广模式**　总结推广了"一区一方、一县一厂、一户一卡、一村一点、一乡一人"的运作模式，确保配方肥科学施用到田。"一区一方"即每个项目县按照作物布局和土壤养分状况，确立测土配方施肥分区，每个区域每种作物由县农业农村局组织专家确定一个主导配方，然后农民按照"大配方、小调整"的方法施用。"一县一厂"即每个县通过严格认定，确定一个肥料生产企业作为项目区配方肥主要供应企业，按照农业农村局提供的肥料配方生产质优价廉的配方肥。"一户一卡"即农业农村局为项目区每个农户提供一张作物施肥建议卡，用大配方（农业农村局提供给生产企业的配方）小调整（用单质肥料调整总体养分用量）的办法来实现配方到户。"一村一点"即项目区每个村在县农业农村局和定点厂共同组织下，设立一个配方肥销售点，为每户农民按配方卡提供配方肥和单质肥料。在配方肥供应上，还运用连锁、超市、配送等现代物流手段，采用配方肥直供等模式，尽量吸引大型连锁销售企业参与配方肥供应，利用大型农资销售公司的农资营销网络，提高配方肥的供应面。"一乡一人"即每个乡（镇）由县农业农村局指派一名具有中级以上职称的农业技术人员作为技术骨干，与乡（镇）农业技术员共同完成施肥指导工作。

**2. 配方肥管理模式**　为了加强配方肥质量管理，全省配方肥生产企业实行了统一配方肥标识、统一签订协议、统一建立销售网点、统一质量抽检、统一规范服务的"五统一"管理模式。

## 五、主要做法

**1. 加强组织领导，周密安排部署**　一是加强组织领导和技术指导。省级成立由分管厅长任组长的项目领导组，项目县相应成立了工作领导组，领导组负责整个工作方案的制定、工作组织、协调指导和监督检查。同时，吸收科研、教学等方面的专家、学者，成立技术指导组，负责测土配方施肥技术培训和指导。二是统一安排，统一部署。及时组织各地制定实施方案，并召开安排培训会，统一安排部署，并对各个环节提出具体要求。三是明确目标，层层落实。明确了测土配方施肥工作的目标任务和考核标准，做到责任落实到人、任务分解到户、技术落实到田。

**2. 加强技术指导，广泛开展宣传**　加大了测土配方施肥技术培训力度，形成了省负责培训市、县技术人员，市、县负责培训乡（镇）农技员，县、乡（镇）负责培训广大农民的培训格局。省土肥站每年都组织全省开展测土配方施肥技术培训，编印培训教材，制作测土配方施肥技术光盘，指导项目县认真设计施肥建议卡和村级测土施肥信息上墙方案。各市、县也积极采取多种方式组织技术培训，在关键农时季节采取进村入户、蹲点包片、施肥信息上墙的形式，指导农民应用测土配方施肥技术。同时，全省各地充分利用当地重点媒体、重点栏目全面、深入地宣传测土配方施肥在粮食增产、农民增收、生态环境保护方面的作用，努力扩大测土配方施肥的社会影响，做到了电视上有影像、广播中有声音、报刊上有文章、网页上有消息、墙壁上有标语、集贸中有活动。

**3. 强化示范引导，带动推广应用**　组织实施了测土配方施肥"百千万"示范工程，村建百亩示范方、乡建千亩示范片、县建万亩示范区，全省共建立不同规模的以测土配方施肥为核心的示范区 26 271 个。通过示范，广大农民目睹了测土配方施肥的实际效果，享受了测土配方施肥的成果，许多农民主动要求进行测土配方施肥，充分显示了强有力的示范带动作用。

**4. 加强项目融合，发挥整体效应**　在项目实施中加强项目融合，配套组装，使测土配方施肥技术在各个项目中发挥重要作用，将测土配方施肥项目和高产创建活动、高标准农田建设、优势农产品示范基地、科技入户工程、化肥减量增效和有机肥替代化肥等项目结合起来，把测土配方施肥技术作为这些项目的重点配套技术，提供了技术保障，有力地提高了这些项目的经济、社会、生态效益，同时也有力地促进了测土配方施肥技术推广应用。

**5. 探索供施机制，确保配方肥应用**　在广泛深入调研的基础上，积极整合各种资源，努力探索长效机制。采取了县、乡、村采土，多方测试，专家配方与省、市校验，政府、企业、农民三者有机结合的运行机制。土样采集以县为主，乡村配合；土壤养分测试省、市、县共同完成，确保在规定时间内保质保量完成测试任务。在此基础上，先由县级专家提出分区配方，交省、市专家校验后，按照"一区一方、一县一厂、一户一卡、一村一点、一乡一人"的运作模式，确保配方肥科学施用到田。通过积极探索，扎实工作，使测土、配方、配肥、供肥、施肥指导五个环节实现了有效衔接，保证了配方肥应用到位。

**6. 创新服务机制，实现整建制推进**　为了加快测土配方施肥技术推广步伐，山西省积极开展整建制推进工作，创新服务效能。一是探索总结整建制推进模式。结合近年来测土配方施肥工作开展情况，总结了适宜在省内推广应用的3种整建制推进测土配方施肥的模式。即：示范带动整建制推进模式、配肥站带动区域全覆盖模式、配方肥直供模式。示范带动整建制推进模式主要在粮棉油果菜主产区推广实施，配肥站带动区域全覆盖模式主要在建立了区域配肥站的项目县推广实施，配方肥直供模式主要在春玉米主产区推广实施。二是多种模式开展农企合作。通过与科学施肥社会化服务组织合作推进开展"测土、配方、配肥、供肥、施肥指导"一体化服务，明确各自的权利和义务，推进科学施肥公益性服务和经营性服务的有效结合，充分调动了肥料生产销售企业的积极性，全省各级土肥技术部门共培育了247个科学施肥社会化服务组织。三是利用农、科、教等各方力量，整合其他农业项目，采取有效措施，以强大的合力开展整建制推进工作。

**7. 规范项目管理，强化监督检查**　一是按照有关制度、办法严格项目管理。对项目补贴资金的补贴对象、内容、标准、资金拨付、使用与管理等进行了严格管理，专款专用，专账核算，专人管理，根据项目实施进度安排资金的投放，充分发挥资金的使用效率。二是对测土、田间试验等基础工作采取了规范管理。在土样采集和测试中严格按照《测土配方施肥技术规范》操作；为了保证土壤养分测试结果的准确性，提出了严格的化验室质量控制要求，要求化验室资质明确，具有相关化验经验；为了确保施肥指标体系的科学性，要求项目县在开展田间试验时制定方案、专人管理、定期检查、严格操作规范、科学分析汇总。三是加强配方肥料质量监管。按照《山西省测土配方施肥配方肥定点生产企业认定与管理办法》，全省配方肥定点生产企业实行了统一配方肥标识、统一签订协议、统一建立销售网点、统一质量抽检、统一规范服务的"五统一"管理模式；建立配方肥质量追溯制度，保护农民的切身利益。四是加强项目考核，完善考核办法和奖惩机制。项目验收严格按照《山西省测土配方施肥补贴资金项目验收暂行办法》，内容明确、程序规范、要求严格，把农民满意度、技术覆盖率作为重要的考核内容，并多次组织有关人员就项目实施进行交叉检查，发现问题，及时解决。五是建立工作档案。对各环节的文件、文档资料、照片资料等随时做好收集、整理，归档立案，形成一套完整的工作档案。

**8. 坚持效果导向，科学调查评价**　按照资料收集整理与野外定点采样调查相结合的办法，设立了效果评价点和肥效试验点，通过对调查点的施肥效益和土壤肥力动态变化的监测分析，更新测土配方施肥体系指标和土壤丰缺指标体系，为农民提供最切合生产的施肥方案。通过典型农户调查与随机抽样调查相结合的办法，及时获得农民反馈信息。根据农民的实际需要不断完善技术服务体系，让农户更加直观、便捷地获取技术指导服务。

## 六、主要成效

**1. 经济效益** 通过实施测土配方施肥，农业增产节支效果显著，为保障粮食安全和农民增收做出了应有的贡献。据调查，十五年来，通过实施测土配方施肥，作物总增产836.57万吨，减少不合理施肥（纯养分）24 974.51吨，总增收节支33.71亿元。

**2. 社会效益** 通过测土配方施肥技术推广的实施，转变农民施肥观念，促进粮食增产和农产品品质提高，建立起"测、配、产、供、施"一体化技术服务体系。一是农民施肥观念得到了明显转变。随着测土配方施肥工作的不断深入，农民施肥观念和施肥方式发生明显转变，自觉应用科学施肥技术，施用配方肥、新型肥料，增加有机肥用量。二是施肥方式趋于合理。减少了化肥的不合理投入，转变了施肥方式。三是土肥技术服务能力大幅提升。通过实施测土配方施肥工作，土肥系统的人员素质、服务手段、推广机制等方面得到了明显的提高和完善。四是企业积极参与。通过与肥料生产经营企业开展多种形式的农企合作，推进了科学施肥公益性服务和经营性服务的有效结合，提高了企业主动参与测土配方施肥的积极性，建立了"测、配、产、供、施"一体化服务体系。

**3. 生态效益** 推广测土配方施肥技术，提高了化肥资源利用率，降低化肥不合理投入，减轻农田生态环境污染压力，实现农业的可持续发展。一是肥料施用结构变化明显。据省统计局统计数据显示，全省肥料用量2019年和2005年相比，单质氮肥和磷肥总用量（折纯）分别减少18.45万吨和3 674吨，单质钾肥总用量提高1.64万吨。单质氮、磷、钾肥的用量比例从2005年的1：0.46：0.17变化为2019年的1：0.45：0.37，比例趋于合理。从复合肥方面看，2019年和2005年相比，复合肥总用量增加35.35万吨，复合肥占肥料总用量的比例由2005年的30％增加到2019年的61％。二是提高了肥料利用率，减少了不合理化肥投入。通过技术推广的不断深入，施有机肥、新型肥料及深施化肥和水肥一体化等科学施肥方法得到了普遍应用，特别是肥料施用与深耕、旋耕等农机措施结合起来，有效提高了化肥资源利用率。通过田间试验测算，到2020年，全省主要粮食作物化肥利用率提高到40.3％，全省化肥总量自2013年以来实现了稳定负增长。

# 内蒙古自治区测土配方施肥十五年总结

2006—2020年，全区在耕地土壤样品采集及检测、各类田间试验示范、农企合作推动配方肥下地、耕地质量评价等方面开展了大量的工作，获取了海量且翔实的土肥水基础数据，不仅为测土配方施肥技术的推广提供了科学依据，还为相关农业技术措施的推广应用提供了技术参考，技术成果和工作成效显著。

## 一、项目来源

测土配方施肥项目由农业农村部和财政部立项组织实施，自治区农牧业厅根据上述文件要求编制上报全区和旗县项目实施方案，经农业农村部、财政部批复后组织实施。其中：2005 年组织 8 个旗县实施，2006 年 21 个（新增 13 个），2007 年 47 个（新增 26 个），2008 年 75 个（新增 28 个），2009 年实施项目单位达到 103 个（新增 28 个），覆盖全区所有旗（县、市、区）和农牧场，2010—2020 年组织全区全面推广测土配方施肥技术。

## 二、工作完成情况

自治区土肥站本着"夯实基础、填补空白、强化应用、着眼未来"的原则，在测土配方施肥专家组和技术组成员充分讨论的基础上进一步细化，制定了全区各关键环节的技术指标，各项任务指标基本上都高于农业农村部技术规范和方案要求，且顺利实施并完成。

**1. 土壤样品、植株样品采集** 区域耕地面积较大，在布设采样点时，既要考虑样点能覆盖所有耕地，又要确保样点具有广泛的代表性和典型性，因此确定的采样数量远高于农业农村部技术规范要求。2005—2020 年共采集土壤、植株样品 770 521 个。

**2. 土壤样品、植株样品检测** 2005—2020 年共分析土壤样品、植株样品 712.766 万项次，为在全区范围内广泛指导农民科学施肥和耕地质量建设奠定了坚实的基础。

**3. 田间试验全面覆盖** 2005—2020 年，共完成各类田间试验 18 340 个，为科学施肥以及化肥减量等技术的实施提供了技术依据。

**4. 成果应用效果显著** 2005—2020 年配方肥累计推广面积 94 880.6 万亩。2020 年测土配方施肥技术覆盖率达到了 91.9%，推广面积 11 951.2 万亩，全区总计有 156 个智能化配肥服务网点开展智能化配肥 20.1 万吨，并与其他企业合作总计推广配方肥 82.8 万吨，配方肥施用面积 7 007.1 万亩。

## 三、主要技术成果

十五年间，测土配方施肥技术推广分为三大阶段，不同阶段的工作任务不同，技术措施也不尽相同。第一阶段是基础工作阶段，2005—2009 年各级农业部门开展了大量的土壤样品采集检测以及田间试验示范和分析等基础工作，目的是明确现有耕地和施肥现状，建立施肥指标体系，确定各区域的主栽作物合理配方，最终通过农企合作推动配方肥下地；第二阶段是完善和技术覆盖阶段，2010—2012 年完善原有技术成果，加快技术转化，各级农业部门合力提高技术的覆盖率；第三阶段是技术提升和拓展阶段，2014—2020 年转化多年的测土配方施肥技术成果，通过有机肥替代化肥、新型肥料、水肥一体化技术等实现化肥减量、耕地质量提升，在技术推广的同时建立耕地质量监测体系。

**1. 明确施肥现状及问题，做到有的放矢** 在采集土壤样品时，调查了每个采样地块农户的施肥现状，内容包括有机肥和各种化肥的施肥品种、数量、施肥时期、施肥方式等。各旗县调查农户数占总农户数的 7.3%～22.1%，全区调查农户总计 52.95 万户，占总农户数的 13.9%，获取了大量的调查数据，可代表各旗县及全区农户的习惯施肥现状。

**2. 明确土壤供肥能力，做到因土施肥** 把土壤样品的采集和测试分析作为重中之重来抓，全区各旗县土壤样品的采集数量都在 6 000 个以上，覆盖全旗县所有耕地的所有土种和所有作物，能够代表该区域的耕地土壤养分现状。

**3. 明确了土壤养分现状及空间分布** 各项目旗县根据土壤养分测试数据统计分析土壤的养分现状和供肥能力。主要分两个层面进行统计：一是利用点位的养分数据按不同乡镇、不同土壤类型统计分析了土壤各种养分的最大值、最小值、平均值和不同分级标准下的分布频率，按地块养分的丰缺状况指导农民因土施肥；二是应用计算机、GIS 等技术由土壤养分点位图生成土壤养分分布图，自治区土肥站汇总分析了全区各项目旗县的测试数据，分七大生态区域统计分析了各区域不同土壤类型的各种养分状况，明确了不同区域、不同土壤类型各种养分的含量现状；制作了各区域的养分分布图，统计分析了分级面积，明确了不同空间位置各种养分的丰缺状况，为制定区域性的施肥配方奠定了基础。

**4. 分析了土壤养分的变化趋势** 采样时应用 GPS 技术，坚持在第二次土壤普查时土壤剖面调查点定点采样。各项目旗县和自治区分别按不同区域、不同土壤类型纵向对比土壤有机质、全氮、有效磷、速效钾的变化趋势，并分析了变化原因。与第二次土壤普查数据进行对比，地带性土壤如栗钙土、黑钙土、暗棕壤、黑土等耕地土壤（0～20 厘米）的有机质、全氮、速效钾呈明显下降趋势，阴山北麓的栗钙土有机质下降了 39.4%，全氮下降了 33.1%，速效钾下降了 3.6%，而有效磷显著提高（116.0%）；大兴安岭南麓区黑土有机质下降了 8.7%，全氮下降了 9.3%，速效钾下降了 22.9%，而有效磷提高了 145.2%。非地带性土壤如灌淤土、风沙土等土壤（0～20 厘米）的有机质、全氮、有效磷、速效钾均有明显提高，河套灌区的灌淤土有机质提高了 19.7%，全氮提高了 14.3%，速效钾提高了 4.3%，有效磷提高了 53.4%；风沙土的有机质提高了 150.5%，全氮提高了 96.1%，速效钾提高了 57.8%，有效磷提高了 161.8%。

**5. 修订完善了土壤有机质及大量元素的分级标准** 各旗县建立了当地主要作物土壤有机质、全氮、有效磷、速效钾的丰缺指标和县域的分级标准。自治区汇总分析了 4 999 个"3414"试验结果，分不同区域建立了玉米、小麦、大豆、水稻、马铃薯、向日葵、番茄、甜菜、西芹、胡萝卜、红干椒、油菜、大麦、谷子、绿豆、莜麦的土壤有机质、全氮、有效磷、速效钾的丰缺指标和全区、各区域的分级标准，修订完善了第二次土壤普的土壤养分分级标准，可针对作物科学评价土壤的丰缺状况，做到因土因作物施肥。

**6. 建立了各种作物的施肥模型** 据 4 999 个"3414"试验点的试验结果，应用一元二次函数方程，模拟了作物产量与施氮量、施磷量、施钾量的施肥模型总计 14 997 个，计算了每个试验点的经济最佳施肥量；根据各试验点的土测值和计算出的最佳施肥量，应用对数函数模拟了土壤全氮、有效磷、速效钾与各种作物最佳施肥量的函数模型总计 48 个；用直线、双曲线函数模拟了不同区域、不同作物基础产量和最高产量的函数模型 27 个；用直线、对数、指数、幂函数模拟了缺素区产量和目标产量的函数模型 27 个。

**7. 计算了施肥参数** 分不同区域、不同作物计算了土壤贡献率、有机肥贡献率、土壤养分校正系数、各种作物的百千克籽粒吸收氮、磷、钾的数量及氮、磷、钾肥的利用率等施肥参数。

**8. 建立了中微量元素的丰缺指标** 在"3414"试验增加施硫、施硅、施锌、施硼、施钼处理的基础上，在小麦、玉米、大豆、马铃薯、向日葵 5 种作物上开展了施用多种中微量元素的田间试验。根据 260 个试验的统计分析结果，各种作物施用铜、铁、钙、镁肥的增产效果不显著。在小麦、玉米和马铃薯上，施用锌、硼、钼、硅和硫肥增产效果显著,增产率都在 8% 以上;大豆施用钼肥和硅肥有一定的增产效果,增产率 5% 以上,施用其他中微量元素肥料增产效果不明显;在向日葵上施用锌、硼、硅肥增产效果显著,增产率 9% 以上。对各种作物施用中微量元素增产率大于 5% 的试验结果进行汇总,建立土壤有效养分与增产率的线性模型,确定了部分中微量元素的临界指标。

**9. 建立了氮肥实时监控施肥技术指标体系**　根据植株营养诊断试验结果(SPAD 诊断技术),建立了玉米拔节期、大喇叭口期和小麦分蘖期、拔节期 SPAD 测试值的丰缺指标,并确定了不同丰缺指标下的施氮量。根据土壤硝态氮试验,建立了小麦、玉米、番茄、甘蓝、黄瓜各关键生育时期土壤硝态氮速测值的丰缺指标,确定了不同丰缺指标下的施氮量。

**10. 确定了主要作物氮肥的适宜施用时期**　根据氮肥施用时期试验结果,明确了玉米、小麦、马铃薯、大豆、油菜、水稻 6 种主要作物氮肥的适宜施用时期。

**11. 制作并发放施肥区划图和施肥建议卡**　各项目旗县通过引进或自主研发测土配方施肥专家决策系统,根据需要给每个乡镇、每个行政村、每个农户打印施肥区划图、土壤养分含量表和施肥建议卡,做到乡镇有一幅施肥区划图、村有一张土壤养分含量表、户有一份施肥建议卡,可更加方便、快捷、直观地指导农民施肥。2005—2009 年全区累计发放施肥建议卡 569.8 万份,按卡施肥的农户占收到施肥建议卡农户的 86.7%,按卡施肥推广测土配方施肥技术面积总计 8 396.3 万亩。2010—2012 年全区累计发放施肥建议卡 765.9 万份,2014—2020 年全区累计发放施肥建议卡 1 787.1 万份。

**12. 研制并生产区域性配方肥**　汇总分析全区的农户调查、测试分析和田间试验数据,研制了七大生态区域 16 种作物的 28 个配方,供大中型肥料企业生产区域性配方肥;各项目旗县研制了县域的施肥配方 325 个,供中小型肥料企业用于生产配方肥。通过严把"四关",采取了两种推广模式,确保了质优价廉的配方肥"直供到户,施肥到田"。2020年全区总计有 156 个智能化配肥服务网点开展智能化配肥 20.1 万吨,并与其他企业合作总计推广配方肥 82.8 万吨,配方肥施用面积 7 007.1 万亩。

**13. 严把生产企业关**　主要通过自治区肥料生产企业的资质认定、旗县采用招投标办法、土肥部门强化市场检查的办法把好生产企业关。2005—2009 年自治区先后召开 2 次配方肥生产企业认定会,经专家评审,区内外的 41 家肥料生产企业有参与测土配方施肥项目的积极性,生产手续齐全,具有一定的规模,产品信誉度高,无不良记录,可作为全区配方肥有资质的定点生产企业。2010—2020 年在技术的推广过程中,加强农企合作,通过向社会公布配方的办法鼓励企业参与配方肥的生产和推广过程,质量监管主要通过招投标、市场检查和样品抽检的办法进行,为本旗县生产供应配方肥。严把配方肥质量关。各项目旗县对每批生产的配方肥进入市场前进行取样检测,平均每 60 吨抽样检测 1 次,检测不合格的送有资质的化验室进一步验证,确认有质量问题的取消定点生产企业资格。自治区土肥站与石油化学工业检验测试所联合,举办 7 期肥料测试技术培训班。在各旗县检测的基础上,自治区土肥站和各盟市土肥站在备肥用肥的高峰季节,都要组织技术人员开展一次全区范围的配方肥质量抽查活动,2005—2020 年累计组织 935 人次,赴 75 个旗县抽查配方肥的质量,共抽查了 812 点次,抽查合格率 100%。严把销售网络关。为各项目旗县与配方肥生产企业、销售企业合作构建了健全的配方肥销售网络体系,全区共设立配方肥销售网点 869 个，一方面方便了农民购肥，另一方面降低了配方肥的价格。同时，通过统一牌匾和统一标识把好销售网络关，2005—2009 年，全区统一制作了 456 万个配方肥标识，并制作了 869 个"配方肥定点销售网点"的牌匾，在配方销售点都有统一的牌匾，配方肥包装上有统一标识，既达到了宣传的目的，又起到了管理的作用，防止不法厂商以测土配方施肥名义销售假冒伪劣肥料。严把技术指导关。一是培训配方肥销售网点的经销人员，全区共培训经销人员 2.06 万人次，通过经销人员指导农民选好肥、施好肥；二是旗县、乡镇技术人员在备肥用肥高峰季节深入乡村农户和田间地头开展技术指导。通过把好购肥、用肥的技术指导关，确保配方肥"买的正确、用得好"，配方肥发挥了应有的效益。2005—2009 年全区累计推广施用配方肥 128.8 万吨，施用配方肥面积 6 097.6 万亩。2010—2012 年强化农企对接，加大配方肥推广力度，三年累计推广配方肥 222.5 万吨，施用配方肥面积 1.18 亿亩。2014—2020 年累计推广配方肥 621.7 万吨，施用面积 38 521.8 万亩。

**14. 出版相关科技图书及论文** 及时编辑出版了《"3414"肥料肥效田间试验的实践》，发放到了盟市、旗县、乡镇技术人员手中，对规范操作田间试验、确保试验数据准确可靠起到了重要作用。及时汇总分析全区测土配方施肥取得的大量基础数据，并与各种作物的栽培措施有效结合，编辑出版了内蒙古主要农作物测土配方施肥及综合配套技术系列丛书 15 册，撰写论文 12 篇。

## 四、采取的主要措施

测土配方施肥项目实施十五年来，通过"七个到位七个有"的组织保障措施和技术保障措施，确保测土配方施肥技术真正落到了实处。

**1. 组织领导到位，实施有保障** 各级党委、政府高度重视，把测土配方施肥工作摆在了突出位置，加大了组织协调力度，采取了强有力的措施，解决各地存在的实际问题。党委、政府重视主要体现在"四个方面的支持"：一是资金支持。有的地区在旗县财政非常紧张的情况下挤出 10 万～20 万元支持测土配方施肥工作；为了加强配方肥的推广力度，有的旗县针对配方肥给予补贴，示范引导农民施用配方肥。二是人员支持。一些旗县针对技术力量薄弱的问题，旗县政府解决编制，通过公开招聘的方式吸纳土化专业的毕业生，充实土肥队伍力量。三是化验室建设支持。没有化验室的地区，旗县政府协调解决化验室用房，并负责装修改造。四是协调方面的支持。旗委、政府积极协调水利、气象等部门及各乡镇全力配合，共同推动测土配方施肥全面实施。

**2. 技术服务措施到位，操作有规范** 充分发挥区土肥站的技术主导作用，统筹考虑，制定符合全区实际的统一方案，并强化技术培训，确保基层技术人员在实施项目的每个关键技术环节都有章可循；同时调动盟市土肥站的积极性发挥其纽带作用，加强技术指导力度，做到技术指导全面覆盖。

**3. 基础工作到位，指导有依据**

（1）农户调查 通过增加调查农户的数量，并综合考虑行政区划、农业生产水平、作物布局等因素，确保调查农户具有广泛的代表性。

（2）取土测土 确定采样单元、布设采样点位时，综合考虑地形地貌、土壤类型、气候条件、行政区划、农业生产水平、作物布局等因素，并加大了采样密度，全区采样数量达到76.5万个，确保采集的样品能代表全区的耕地土壤。

在确保测试数据准确方面，自治区土肥站从"三个"强化入手，确保了测试数据准确可靠。一是强化技术培训。采取了从基础抓起、从提高化验人员基础素质入手的办法，有效协调了内蒙古农牧科学院、内蒙古林业科学院、赤峰市土肥测试中心、扎兰屯市农牧学校，先后举办了24期测试分析培训班。全区总计培训分析化验技术人员517名，为各项目旗县完成测试分析任务提供了强有力的技术保障。二是强化质量控制。从化验前、化验中、化验后加强质量控制。三是强化化验室管理。农业部（现农业农村部）和自治区土肥站采取不定期投放盲样的方式加强对各项目旗县化验室的管理，2005—2009年先后投放了7次盲样，抽检了47个旗县进行盲样考核，合格率达94.3%，对考核不合格的化验室及时进行了整改。

（3）田间肥效试验 增加试验点数量，在试验作物上覆盖所有作物种类，试验点分布在高、中、低肥力水平的地块上，保证同一生态区域、同一作物的施肥水平尽量一致。各旗县在做试验时，严格按照技术规程要求选地、播种、田间管理、收获测产，确保了试验数据的准确可靠。

**4. 农科教结合到位，技术有支撑**

（1）项目结合到位，推广有力度 一是与高产创建项目相结合。各项目旗县在开展高产创建活动中，把测土配方施肥技术作为主要的高产措施，所有高产创建示范片，按创建目标制定配方，统一生产、施用配方肥。2008—2009年，共有54个粮油主产旗县建立了208个高产创建示范区，建设面积总计231.3万亩，施用配方肥总计8.1万吨。二是与新型农民培训工程相结合，各项目旗县从提高农民综合素质入手，在培训中专门开辟测土配方施肥专题讲座，并发放测土配方施肥小册子。三是与科技入户相结合，把测土配方施肥作为科技入户的主要内容进行宣传普及。四是与良种补贴相结合，把测土配方施肥作为良种良法主要配套技术措施，在发放补贴、农民购种时现场宣讲。

（2）监督检查和技术指导到位，质量有保证 在测土配方施肥的各个关键时期，自治区土肥站根据各地项目进展情况，及时组织技术人员分赴各项目旗县进行监督检查和技术指导。

（3）宣传培训到位，扩大影响 各地充分利用电视、广播、报纸、杂志、互联网等以及张贴标语、粉刷墙体广告等形式，广泛宣传测土配方施肥在促进粮食增产、农业增效、农民增收及生态安全等方面的重大作用，争取领导和社会各界支持，得到农民认可。项目实施十五年来，在内蒙古电视台绿野栏目及各盟市、各旗县新闻与相关农业节目中，播放电视专题讲座、新闻报道5 773期（次），内蒙古广播电台塞外田野栏目和各地方电台的相关栏目中报道812期（次），内蒙古农业信息网、内蒙古土壤肥料信息网随时报道测土配方施肥信息，共发布网络信息5 814条。在县、乡、村的主要街道及公路两侧粉刷墙体广告、标语36 472条。

（4）培训到村，技术到户 通过组织召开各种培训班、现场会、田间地头指导等形式，广泛开展技术培训。各项目旗县，每年利用冬春农闲季节，成立"讲师团"，以行政村为单位，采取分片包干的办法，巡回组织农民召开培训班，发放技术资料，开展现场指导服务。十五年来全区共举办各种类型的培训班 56 187 期次，发放技术资料 2 090 万份以上，组织各盟市、旗县召开区域现场观摩会 2 022 次，培训农民 2 000 万人次以上。2007年以来，部分项目旗县推行"测土信息公示、施肥方案上墙"的技术入户新模式，以村为单位，把采样地块测土信息、施肥指导方案和技术咨询电话以农民看得懂、易接受的形式公布于村政务信息栏或村民集中活动的墙体位置上。这种技术入户模式具有直观、易懂、经济实用等特点，深受广大农民的欢迎。

（5）覆盖大户，带动小户  农民有"种地看邻里"的习惯，因此，技术指导和技术培训首先从科技示范户、种植大户、农业合作组织入手，为他们开展个性化服务，十五年累计为 3 658 个种植大户和科技示范户开展了测土配方施肥个性化技术服务，并建立了档案，起到了"大户带小户、农户帮农户"的作用。同时在种植大户、科技示范户和科技意识较强的农户地块上建立 100 亩以上测土配方施肥示范区 31 217 个，示范面积 1 199万亩。

# 辽宁省测土配方施肥十五年总结

2005 年 3 月启动测土配方施肥工作以来，辽宁省深入贯彻落实党中央和农业农村部的决策部署，以推进农业供给侧结构性改革为主线，以化肥减量增效为抓手，围绕"测土、配方、配肥、供肥、施肥指导"五个环节，不断完善关键技术体系、探索推广服务模式，精心组织，扎实推进，为农业绿色发展、乡村振兴提供了有力保障。

## 一、工作成效

2005—2020 年，各级农业部门以服务农民为出发点和落脚点，以提高技术覆盖率、到位率为目标，按照"测、配、产、供、施"技术路线，以测土配方施肥技术为基础，强化耕地质量提升、抓好化肥减量增效，坚持统筹规划、突出重点、分级负责、稳步推进的原则，通过整合各方资源、加强技术攻关、推进企业参与、创新工作机制、扩大宣传推广，全面推广测土配方施肥技术，取得了显著成效。全省共落实中央、省财政项目资金 39 185 万元，采集土壤样品 56.98 万个，获得土壤养分检测数据 473.52 万个，开展各类田间试验 7 839 个。累计推广测土配方施肥约 106 300 万亩次，配方肥施用约 50 200 万亩次，推广配方肥 2 600 多万吨。至 2020 年，全省测土配方施肥技术覆盖率达 93%以上，主要农作物肥料利用率达 40%以上，农用化肥施用量（折纯）连续 5 年负增长。

## 二、工作措施

**1. 加强组织领导，健全工作制度**  在省委、省政府的领导下，省农业农村厅、财政厅成立了项目工作领导小组和技术领导小组。各市、县（市、区）农业农村部门、财政部门也成立了相应的组织机构，负责本行政区域内的测土配方施肥工作。为规范项目管理，制定了《辽宁省测土配方施肥工作规范》《辽宁省测土配方施肥技术规范》《辽宁省测土配方施肥县级实验室建设要求》《辽宁省测土配方施肥定点生产企业和指定经销商认定与管理办法》《辽宁省配方肥专用标志管理暂行办法》等一整套工作规范和技术标准，明确了测土配方施肥的工作内容、运行程序、管理和考核办法，并会同省财政厅制定了《辽宁省测土配方施肥补贴项目验收办法》《辽宁省测土配方施肥补贴项目资金管理办法》。各级农业农村部门逐级签定了项目合同书，明确了项目县所承担的权利和义务，对项目实行法人制、招投标制、合同制、档案制、检查验收制的"五制"管理。

**2. 加强培训指导，保证技术到位率**　一是加强技术培训，夯实基础工作。省级农业部门组织召开全省测土配方施肥项目管理、技术培训班，举办了测土配方施肥数据管理系统、全省肥料效应鉴定田间试验资格认证、全省土肥系统实验室资质认定等培训班。各项目县也定期对乡级以上技术人员进行集中培训，加强了业务知识和技能培训，特别是取土化验、田间试验、农户调查、配方制定、施肥指标体系建立和数据库建设等方面的培训。二是创新工作机制，改变推广方式。简化测土配方施肥建议卡内容，用通俗易懂的语言，让群众看得懂、学得会、用得上。采用农民喜闻乐见的形式进行宣传培训，寓教于乐，提高学习兴趣。继续扩展和完善专家施肥指导系统、手机定位施肥指导服务、智能配肥服务等服务模式，探索科学施肥技术的信息化、数字化、智能化应用，确保扩大技术覆盖率和到位率。与新型农民培训、科技入户等项目相结合，采取举办农民田间学校、家庭课堂等形式，让农民参与进来、互动起来，手把手指导，面对面交流，充分发挥农民的主观能动性，提高示范效果。三是强化技术指导，保证技术到位率。建立专家技术人员包村包户责任制，制定《辽宁省主要大田作物科学施肥指导意见》《主要设施蔬菜和苹果科学施肥指导意见》《蔬菜连作障碍治理技术指导意见》《化肥减量增效技术指导意见》，强化督促检查，促进工作落实。开展测土配方施肥百万农户大培训、巧施肥促增产和专家服务月、秋冬季测土配方施肥指导服务等活动，在春耕、备耕等关键农时季节，集中组织技术专家进村入户开展备肥备耕、水肥管理等技术指导服务。全省共举办各类培训班 62 313 期次，下乡技术指导超过 6.7 万人次，培训技术人员 17.6 万人次，培训企业及经销商 4 万余人次，培训农民 259.7 万人次。

**3. 强化示范推广，深化技术服务**　一是加强项目结合促推广。与"粮食高产创建"相结合，实施测土配方施肥"百千万"示范工程，分层次建立了测土配方施肥示范区（片、方），做到村有百亩示范方、乡（镇）有千亩示范片、县（市、区）有万亩示范区。与"4115"工程相结合，在 1 000 万亩设施农业建设工程、1 000 万亩优质花生等油料开发工程、1 000 万亩优质水果开发工程、1 000 万亩中低粮田改造工程和 500 万亩特色产业开发工程上全面推广测土配方施肥技术。并重点在粮食生产功能区、重要农产品生产保护区及绿色优质农产品种植区开展化肥减量增效示范。二是建立示范队伍促推广。以种植大户、高产创建示范户和农民经济合作组织为主，全面开展了测土配方施肥全程技术个性化服务。每个项目县（市、区）重点培植 100 个种植大户、50 个科技示范户和 10 个农民专业合作组织，实行"专家进大户、大户带小户、农户帮农户"，充分发挥示范带动作用。通过办示范场、抓示范户、建示范村等方式，充分发挥种植业大户、科技示范户、农民合作组织等对农民的指导、带动和服务作用。在播种、田间管理、收获等关键农时季节，组织农户进行现场观摩、讲解、培训，形成了"带着农民看，领着农民干"的良好局面。三是探索示范模式促推广。牢固树立"增产施肥、经济施肥、环保施肥"理念，为加快肥料新产品、施肥新机具、实用新技术推广应用，围绕玉米、水稻、花生、大豆等作物，探索建立新型肥料"轻简控施"、机械施肥、水肥一体、有机无机配施、秸秆还田等主要农作物化肥减量增效技术示范模式12个；针对设施蔬菜多年连作、肥水不合理投入等带来的土壤障碍问题，集成土壤改良、调酸降盐、深耕深松、轮作倒茬、污染防控等技术，建立设施蔬菜连作障碍治理技术示范模式6项，为加快转变施肥方式、深入推进科学施肥普及应用提供技术参考。此外，以回收处理肥料包装废弃物为重点，立足农村实际，提炼出构建回收暂存与收集网络、归集运输与处置体系、肥料包装废弃物回收处理管理系统等7项工作措施，加快健全制度体系，为扎实推进肥料包装废弃物回收处理，促进减量化、资源化、无害化提供有力支撑。全省累计建设各类科学施肥示范区（方、片）约2.5万个，示范面积1 340万亩次，其中化肥减量增效示范区约45万亩、建设设施蔬菜连作障碍示范区约10万亩。

**4. 探索推广模式，提升服务水平** 一是探索建立配方肥推广"五定"模式。从2005年起，积极探索并大胆实施了测土配方施肥"五定"模式，即定配方、定企业、定经销商、定区域、定价格，被农业部誉为"辽宁模式"。围绕定配方，在全省开展"3414"、肥料利用率、经济作物"2+X"和肥效校正等田间试验7 839个，摸清了不同土壤、不同作物的施肥参数，建立施肥指标体系及施肥专家系统，指导各地配方设计，共制定不同区域、不同作物配方937个，并建立配方制定与定期发布制度，为企业产肥、农民用肥提供依据。围绕定生产企业和经销商，引入了市场机制，搭建农企对接平台。通过自愿申报、市级推荐、专家评选的方式，先后认定了86家配方肥定点生产企业，通过工厂化生产，保证了配方肥的生产和产品质量。同时认定了787家配方肥指定经销商，遍布全省各乡镇，为农民提供可靠、便利、快捷的配方肥供应渠道。召开了配方审定会、配方肥生产配方对接会、配方肥产销对接会，印发了《辽宁省配方肥生产与经销指导手册》，为土肥部门与定点生产企业、指定经销商搭建了合作平台。围绕定区域和价格，规范配方肥的销售推广区域。通过信息公示栏、宣传媒体等方式公布配方肥配方、适宜作物、应用区域。设计并申请注册了"辽宁省测土配方施肥行动"商标，向配方肥定点生产企业和指定经销商颁发带有标识的证书和牌匾，全省统一了配方肥包装袋样式，为农民选购配方肥提供了便利。同时，农业执法部门还加强了对配方肥的市场监管力度，在肥料销售旺季，多次对配方肥产品进行了抽查，保证农民用上合格配方肥。二是积极构建技术服务"五个一"体系。为有效解决技术服务"最后一公里"难题，确保技术到位率，不断创新技术推广方式，构建涵盖"一卡一师一屏一机一站"的"五个一"服务体系。累计发放施肥建议卡超过3 700万张，并结合定期村级配方信息公示栏等方式发布施肥指导信息；大力推进肥料配方师培训，全省共培训肥料配方师600余人，实行配方师持证上岗和挂牌服务制度，开展科学施肥"坐堂门诊服务"；同时开发建立县域测土配方施肥专家咨询系统，以触摸屏查询机形式装配到配方肥经销点，方便农户查询；开展测土配方施肥手机定位信息指导服务，使农户在自家田地通过拨打咨询电话，即可通过短信的方式接受施肥指导，目前已在40多个县启动该项服务，基本覆盖全部主要农业县区；在示范县建设智能化配肥供肥服务站，肥料现场混配、"一袋一方"，实现了对农户施肥的点对点服务，全面提升了全省科学施肥技术服务水平，提高了技术到位率。

**5. 加强宣传引导，提高技术覆盖率**　项目实施以来，省、市、县三级农业部门密切配合，开展了声势浩大的测土配方施肥宣传活动。一是从宣传对象入手，狠抓"四个注重"。即注重宣传测土配方施肥成效，争取领导的重视与支持；注重向社会宣传，争取社会各界的认同与理解；注重向企业宣传，增进企业的了解，引导企业广泛参与；注重向农民宣传，宣传科普知识和实用技术，增强农民科学施肥意识，提高科学施肥水平。二是从宣传形式下手，狠抓宣传效果。充分利用电视、广播、报刊、简报、互联网等各种宣传媒体，采用"宣、送、派、教、荐、管"等形式，大力宣传推广测土配方施肥技术。"宣"，利用各种媒体和途径对测土配方施肥行动进行全方位、多角度、深层次的宣传。"送"，利用科技大集和科技进村入户等形式把测土配方施肥技术手册、挂图和施肥卡等宣传资料送到农民手中。"派"，选派农业技术人员到田间地头，手把手指导农民使用测土配方施肥技术。"教"，采取举办培训班、田间课堂、电视讲座、热线咨询、农民科技带头人经验介绍和巡回讲演等形式，教会农民使用测土配方施肥技术。"荐"，向广大农民推广适宜本地区的质优价廉、肥效显著的配方肥。"管"，加强对肥料市场的监督检查，严厉打击假冒伪劣肥料，强化配方肥质量监管，确保农民用上放心肥料。形成了上下互动、立体式的宣传态势，营造了浓厚的舆论氛围，并多次在中央电视台、人民日报、农民日报、辽宁日报、辽宁电视台、辽宁农民报及各地方媒体进行报道。全省累计各类媒体宣传1.9万次、发放资料3 520万份、制作各类宣传条幅9 070条、召开现场观摩会2 190多次。

# 三、技术成果

从2006年开始，与辽宁省农业科学院、沈阳农业大学、中国科学院沈阳生态研究所等多家科研教学单位开展联合攻关活动，对测试分析数据、田间试验数据进行系统整理分析，合理开发利用，取得了丰硕成果。

**1. 开展关键参数研究**　通过对大量土壤检测和田间试验示范数据进行分析，摸清了全省不同区域主要作物土壤养分丰缺指标及五大区域肥料利用率、土壤养分校正系数、土壤供肥量等施肥技术参数，提出了新的高效施肥参数及推荐模型，于2009年汇总形成《辽宁省测土配方施肥工程关键技术研究与应用》技术成果。

**2. 完成耕地地力评价**　利用测土配方施肥土壤检测数据，建立了1∶5万比例尺土壤有机质、速效养分和耕地地力综合评价系统，完成了主要县域耕地地力评价，摸清了辽宁省耕地地力分布情况，构建了耕地资源管理信息系统，并与第二次土壤普查结果相比较，分析辽宁省耕地养分的时空演变规律，于2015年完成《辽宁省耕地地力评价与应用》。

**3. 建立施肥指标体系**　建立了棕壤玉米施肥指标体系、水稻和油料作物施肥指标体系。应用肥料效应函数法确定了全省玉米、水稻和油料作物不同产量水平、不同土壤肥力等级肥料最佳施肥量，并提出专用肥料配方，于2012年完成了《辽宁省玉米、水稻配方肥研发与推广》《花生土壤养分评价及高产高效研究项目》技术成果。应用蔬菜"2＋X"优化配方施肥方法，摸清了主要蔬菜作物的推荐施肥参数、施肥量与蔬菜作物产量的关系，建立了辽宁省主要蔬菜土壤养分丰缺指标体系，提出了设施黄瓜、番茄施肥总量轻简控施技术模式和露地大白菜氮肥高效运筹模式，于2016年完成《辽宁省主要蔬菜测土配方施肥关键技术研究与应用》。

**4. 探索减肥增效技术** 通过多年多点化肥减量增效田间示范试验，结合大量土壤植株样品采集检测数据，于2018年完成《辽宁主要农作物化肥减施增效关键技术研究与应用》，构建了辽宁省主要作物化肥减施增效技术体系，建立了玉米、水稻化肥减施增效推荐施肥模型；以新型肥料为载体，摸清了缓控释类肥料产品与常规化肥的合理配施比例，构建了不同作物化肥控减施肥技术模式；围绕"互联网＋现代农业"，在全省测土配方施肥数据库和县域耕地资源空间数据库、属性数据库的基础上，开发了触摸式专家施肥系统，并搭建了辽宁省测土配方施肥手机定位指导服务平台，创新了技术推广模式，全面提升了全省科学施肥技术信息服务水平，为优化施肥结构、提升肥料利用率、促进高质量发展和绿色发展提供了技术保障。

**5. 完善技术标准支撑** 为规范土壤肥料及农产品检测，促进肥料生产与应用标准化，积极开展技术标准和规程制定。参与制定的《植株全氮含量测定 自动定氮仪法》《植株全钾含量测定 火焰光度计法》《植株全磷含量测定 钼锑抗比色法》《土壤全氮的测定 自动定氮仪法》《土壤有效磷的测定》《生物炭基肥料》《农业废弃物堆沤肥料生产技术规程》等10余个标准和技术规程，有效提升了全省土肥检测水平，推动了肥料行业产品升级和技术推广应用。

**6. 促进技术成果转化** 为加快农业绿色生产关键核心技术与产品等在辽宁省大面积示范应用，推进农业高质量发展，开展"辽宁土壤肥料领域新技术、新产品、新工艺、新设备等新成果"的征集和评选，共评选出科学施肥、旱作节水、土壤改良、土壤修复、地力提升新技术、新产品、新模式，以及肥料生产新工艺、耕地质量保护与肥料生产新设备等技术成果60余项，促进专利产品和实用技术研发与应用，进一步连通肥料供应端与需求端，引导肥料生产转型升级。

## 四、实施效果

**1. 促进了农作物稳定增产** 根据田间示范结果，应用测土配方施肥的田块较农户常规施肥亩均增产38.2千克，其中玉米、水稻、花生平均增产率分别达到6.1％、5.3％、5.5％，增产效果显著。截至2020年，全省主要粮油作物累计增产约2 000万吨，为全省粮食安全、农产品保供做出了突出贡献。

**2. 促进了农民持续增收** 田间试验示范结果表明，其中玉米亩增纯收益约为80元、水稻为99元、花生为65元，累计增加收益400多亿元，测土配方施肥技术成为各级农业部门联农带农、帮农助农的重要抓手。

**3. 促进了农业节能减排** 根据肥料利用率试验结果，目前全省玉米、水稻应用测土配方施肥的氮肥利用率达到40％以上，比农民习惯施肥亩均减少不合理施肥量约3.5千克，节肥率达到8％左右。通过测土配方施肥，全省累计减少不合理化肥施用约170万吨，有效促进了缓控释肥料、生物肥料、有机肥料等高效环保肥料的应用，助力资源节约、环境友好和农业可持续发展。

## 五、经验做法

**1. 多方联合促攻关**　积极与中国科学院沈阳生态研究所、辽宁省农业科学院、沈阳农业大学等科研单位联合技术攻关，明确秸秆还田、肥料堆沤等技术参数，建立化肥减量、有机替代等指标体系，同时与农机、植保、园艺等技术部门联合技术推广，做到部门联动、技术融合，凸显项目整体成效。

**2. 多家对接促转化**　组织"化肥零增长——我们在行动"系列农企合作活动，搭建农技企对接平台，促进产需融合；开展新技术新产品新工艺新设备征集，加大专利产品和实用技术研发与应用，推动技术成果转化和行业转型升级。

**3. 多种模式促推广**　探索建立涵盖粮油、蔬菜、果树等多个作物，涉及土壤培肥、障碍治理、养分高效利用、有机替代等多项技术的 10 余种可复制、可推广的技术模式，并通过农民日报、辽宁日报、辽宁电视等多家媒体进行宣传报道，有效促进了技术普及。

**4. 多样方式促服务**　在"五定模式""四统服务"基础上，积极进行数据成果智能化、信息化应用，创建了包括施肥建议卡、肥料配方师、触摸屏查询系统、手机信息服务、智能配肥站等多种形式的"一卡一师一屏一机一站"全方位服务模式，极大提升服务质量和效率，有效破解技术普及"最后一公里"难题。

**5. 多层监管促规范**　实行"省、市、县"三级管理，部分地区延伸乡镇，实现对工作部署、示范区遴选、补贴发放、任务落实的全面监管，建立工作调度机制，完善项目管理办法，量化考核指标，并于项目完结后聘请第三方审计机构开展绩效评价，确保项目管理规范、执行到位。

# 吉林省测土配方施肥十五年总结

## 一、基本情况

2004 年吉林省开始实施测土配方施肥技术推广工作，省财政每年补贴 300 万～1 500 万元不等，17 年来吉林省财政补贴资金累计 1.544 亿元。自 2005 年开始，中央财政在吉林省开展测土配方施肥补贴试点工作，截至 2020 年，中央财政补贴资金累计 3.416 4 亿元，中央财政和吉林省财政补贴资金合计 4.960 4 亿元。自 2004 年以来，累计采集测试土样 272 万个，测试植株 0.8 万个，开展农户施肥情况调查 26 万份，落实田间试验 2.08 万个，建立示范片（区）714 8 个，指导施肥面积 4.31 亿亩次，增产粮食 85.43 亿千克，增加农民收入 162.96 亿元，减少化肥投入 89.95 万吨。根据国家统计部门数据，2019 年吉林省化肥使用量为 227.1 万吨（折纯，下同），较 2017 年减少 3.9 万吨，较 2018 年减少 1.2 万吨，提前实现了 2020 年化肥使用量零增长的目标。2020 年化肥利用率为 40.42%，较 2016 年提高 2.18 个百分点，实现了 2020 年化肥利用率达到 40% 以上的目标。

## 二、具体成效

### 1. 技术成效

（1）建立了科学施肥指标体系　通过"3414"等试验数据分析和整理，摸清了吉林省当前耕作条件下玉米、水稻等主要农作物的化肥利用率和土壤供肥能力，构建了主要农作物施肥模型，建立了科学施肥指标体系。根据产量、土壤类型等因素划分了东部山区、中东部半山区、中部平岗区、西部平原区4个玉米施肥分区，根据气候特点等因素划分了东部中产区和中西部高产区2个水稻分区。各地在吉林省大分区基础上，细化施肥分区，制作了56个施肥分区图，划分了231个施肥类型区。在施肥分区基础上，各地依据"3414"试验，总结分析不同施肥类型区土壤养分丰缺指标、目标产量、百千克籽实吸收量、土壤供肥能力、化肥利用率等参数，通过回归分析构建施肥模型，建立了不同施肥类型区施肥指标体系，并在项目实施过程中不断校正施肥参数，为提高科学施肥水平奠定了基础。

（2）强化了化验室建设与质量控制　硬件方面，全省51个化验室环境条件均达到国家要求，面积均达到200米$^2$以上，布局合理，设备齐全，大型、精密仪器设备1 158台（套），能够满足测土配方施肥工作要求。同时，各地完成了部分仪器设备的更新，并随着检测设备的发展进步，陆续添置了自动定氮仪等仪器设备，提高了工作效率、降低了劳动强度，为提升整体检测能力奠定了基础。软件方面，现有专兼职化验人员801人，具有中级及以上职称人员596人。十九年来，全省累计举办化验员培训班77次，培训化验人员1 200余人次，提高了化验数据的准确性和科学性。在化验室质量控制上，为了保证检测质量，吉林省土壤肥料总站制备了土壤参比样和检测盲样，发放到各地进行化验室质量控制。同时，在能力验证考核基础上，还组织了3次省级能力验证考核工作，对考核不合格者给予通报，促进了各地化验室质量控制工作提升。全省51个土壤检测化验室全部能开展土壤测试工作，有4个化验室能够开展植株测试工作，有测土配方施肥标准化验室13个、耕地质量标准化验室3个，为测土配方施肥工作深入开展提供了支撑。

（3）建立了数据库及专家施肥系统　自2006年起，开展了测土配方施肥数据库建设工作，已经建立起全国统一的13套表格的测土配方施肥数据库。高度重视数据库建设工作，要求各地必须配备专职人员、专用电脑，建立主要领导负责制，严格数据审核工作，确保数据无误，并按时填报测土配方施肥数据库。截至2020年，累计录入236万组数据，及时汇总上报全国农业技术推广服务中心。

自2005年起，吉林省陆续构建、完善了测土配方施肥专家咨询系统。目前，正在应用的专家系统主要有：伊通县自主开发的专家施肥系统、中国科学院优雅施——通用测土配方施肥软件、吉林农业大学区域平均适宜施肥交互决策管理软件、吉林农业大学玉米精确施肥专家系统以及公主岭市春华配方施肥系统等，为测土配方施肥技术指导与普及奠定了基础。2007年，各地推广了测土配方施肥触摸屏，全省累计建立测土配方施肥触摸屏273个，极大地方便了农民应用测土配方施肥技术。随着智能手机的普及，为了便于农民更方便、更快捷地掌握土壤肥力状况，应用测土配方施肥技术，2014年伊通县研发了测土配方施肥手机信息化服务系统，并在全省及辽宁、内蒙古等地推广应用，受到农民欢迎。农民累计接收测土配方施肥技术指导短信24.4万条。2019年，吉林省土壤肥料总站研发了"土肥管家"手机App测土配方施肥系统，农民免费扫码使用，定位更精准，施肥技术更精确，农民使用更方便，提高了测土配方施肥信息化服务能力，不足2年时间内，累计指导农民科学施肥30余万次。

（4）探索了化肥减量增效技术模式　为了实现化肥减量增效，各地积极开展技术模式的探讨和研究工作，总结出了平原区玉米缓控释肥技术、中西部地区玉米秸秆覆盖还田技术、中东部玉米秸秆粉碎还田技术、玉米增施有机肥技术、水稻氮肥后移技术、水稻秸秆全量还田技术、水稻钵体育苗机械插秧技术、豆科作物增施有机肥及中微量元素技术、豆科作物增施根瘤菌肥技术、杂粮秸秆粉碎还田技术、杂粮增施有机肥技术、蔬菜增施有机肥技术、蔬菜追施肥"少量多次"按需施肥技术、蔬菜叶面追肥技术、蔬菜结合深翻深松深施基肥技术等15项技术模式，为推进全省化肥减量增效工作奠定良好的基础。

**2. 工作成效**

（1）转变了农民传统施肥观念　各地充分发挥土肥队伍在农业生产上技术全面的优势，在宣传培训过程中将测土配方施肥技术与种子、植保、栽培、农药等增产增收技术进行全方位组合、配套，实现了各项技术相互促进、共同提效的目的，使测土配方施肥工作很快得到农民的认可，收到了较好的效果。每年冬春季节，各地都组织丰富多彩的测土配方施肥技术宣传培训工作，在生产季节利用试验示范展示测土配方施肥效果，农民亲眼看到测土配方施肥节本增效实实在在的效果，科学施肥观念更加深入人心，破除了"肥大水勤、不用问人"老观念，农民纷纷咨询土样采集方法、自行采集土样要求农技推广部门测土化验。目前，农民的施肥观念已发生较大转变：一是由重化肥轻有机肥向有机肥与化肥合理配施转变，二是由重氮、磷肥轻钾肥向氮、磷、钾肥合理配施转变，三是由重大量元素肥轻中微量元素肥向大中微量元素肥兼顾转变。

（2）提高了土肥技术推广水平　测土配方施肥项目的实施，极大加强了吉林省土肥系统建设，各地的基础设施得到了极大改善。以往"有钱养兵，无钱打仗"的局面得到彻底扭转，极大地调动了土肥工作人员的积极性和工作热情。项目实施过程中，通过培训学习，科技人员的自身素质有了明显的提高，同时很多项目单位采取从社会招聘、内部调剂等方式，选聘人才充实土肥队伍，提高了吉林省土肥技术推广队伍的整体素质，提升了土肥技术推广队伍的服务能力。

（3）推动了土肥技术推广方式的转变　在原有工作基础上，重点服务对象由普通农户转变为家庭农场、专业大户、农民专业合作社、农业产业化龙头企业等新型经营主体。土肥技术推广部门紧紧抓住新型经营主体这个"牛鼻子"，在项目落实上优先考虑新型经营主体，在新技术推广应用上以新型经营主体为重点，在技术指导上加大对新型经营主体服务力度，以此来推动项目的实施。伊通县农业技术推广站在测土配方施肥技术推广工作基础上，加强指导合作社开展秸秆深翻还田、增施有机肥、配肥站建设工作，推广"配方肥＋秸秆深翻还田"模式，提高技术到位率，减少化肥施用量，提高新型经营主体综合效益。通过新型经营主体的示范引领，带动了周边农户开展化肥减量增效工作。

（4）提升了测土配方施肥技术普及率　各地组建专家队伍，在春耕、夏管关键时期，深入田间地头开展测土配方施肥技术指导服务，加大宣传工作力度，有力推进了测土配方施肥技术的普及。同时，探索村村通测土配方施肥技术公示牌指导模式，在全省9 302个行政村设立测土配方施肥技术公示牌9 528个（有部分行政村设立多个），行政村覆盖率达到97.57%，基本实现了村级测土配方施肥信息全覆盖。在农户分散、耕地养分情况变化较大的地方，适当增加测土配方施肥信息公示牌的密度，便于农民直观应用测土配方施肥技术，提高了技术普及率。充分利用媒体，发挥广播、电视、报刊、条幅等宣传测土配方施肥在农业生产上的作用，提高测土配方施肥技术普及率。九台、桦甸等地在各乡镇、街道、村屯主要路段制作墙体宣传标语，全省累计制作墙体标语1.3万余条；洮南、镇赉等地在各乡镇举办科普大集，开展技术咨询，统一制作测土配方施肥宣传条幅，还利用新闻媒体广泛宣传报道测土配方施肥技术，全省累计达500余场次；蛟河电视台的小康之路栏目、蛟河新闻、江城晚报、人民网等，都曾对蛟河市测土配方施肥实施情况进行宣传报道，极大地推进了测土配方施肥技术的普及。

**3. 主要效益**

（1）经济效益　测土配方施肥在促进吉林省粮食增产、农业增效、农民增收以及在减轻农业面源污染、促进节能减排等方面起到了重要作用。据统计，2004—2020年吉林省推广测土配方施肥4.31亿亩次，增产粮食85.43亿千克，增加农民收入162.96亿元，减少化肥投入89.95万吨，节省化肥投入22.49亿元。

（2）生态效益　一是通过测土配方施肥，不仅能够提高农作物产量、改善农产品品质、降低生产成本、提高化肥利用率，还减轻了因盲目过量施肥对土壤、水体及大气造成的污染，有利于农业可持续发展；二是通过增施有机肥、秸秆还田等技术，平衡了土壤养分，增加了土壤有机质含量，提升了土壤水、肥、气、菌（微生物）的涵养能力，提高了土壤活性，消纳有机废弃物，减少秸秆焚烧，改善了农村人居环境；三是通过实施测土配方施肥，均衡了营养元素吸收，增强作物抗病能力，减少了农药使用次数和使用量，保护了生态环境。

# 三、工作措施

**1. 加强组织建设**　一是成立工作领导小组。全省各地均成立了测土配方施肥工作领导小组，领导小组组长多数由农业农村局局长担任，也有部分地方由主管农业的市（州）、县（市、区）长担任，负责项目的组织、协调等工作。在此基础上，各地均成立了测土配方施肥及化肥减量增效技术指导小组，负责项目方案制定、技术研发、技术指导等工作，为项目提供技术、人才保障。二是严格规章制度。为了确保测土配方施肥工作及时保质保量完成任务，吉林省制定了试验田管理办法和实验室管理、专项资金管理使用等多项规章制度，做到有制可依、有规可守、有章可循。

**2. 优化测土配方施肥技术**　一是努力提升测土配方施肥技术精准化水平，有针对性地安排肥料田间试验、示范，以土壤测试、肥料田间试验为依据，结合土壤供肥能力、作物目标产量和化肥利用率，建立施肥指标体系，优化肥料氮、磷、钾配比，促进大量元素与中微量元素配合使用，做到因土、因苗、因水、因时分期施肥，提高化肥利用率。二是积极引导肥料生产企业应用测土配方施肥技术，及时向社会发布各种作物肥料配方，先后发布肥料配方 1 082 次、30 949 个，取得了较好效果。玉米一次性施肥肥料配合式由初期的 30 - 13 - 9 调整为 27 - 10 - 12，为农民科学合理施用肥料奠定了基础。

**3. 强化示范带动** 田间示范是测土配方施肥与化肥减量增效技术推广的重要途径，也直接影响着农民增产增收情况，根据项目要求，结合吉林省农业生产实际，积极开展测土配方施肥示范片（区）建设工作，引领农民使用测土配方施肥技术。十几年来，累计建立测土配方施肥示范片（区）7 148 个，推广示范达到 3 744 万亩次，尤其是在开展化肥减量增效工作后，吉林省有 41 个县被列为化肥减量增效示范县。在示范片（区）内集中展示了配方肥、增施有机肥、秸秆还田、水一体化、机械化深施肥、新型肥料、缓控释肥等技术。同时，针对不同地区不同土壤肥力条件，在示范片（区）域内，遴选有文化、信科学、钻技术的新型经营主体、带头人作为示范户，实施专人负责，并对示范片（区）进行有效管理，保证示范一片、成功一片、带动一圈。由乡镇技术人员包片指导，具体负责示范片的日常管理，进行田间巡查，发现问题及时解决或上报，确保每个示范片（区）成功率，起到了较好的示范带动作用，为测土配方施肥项目深入推广奠定了基础。

**4. 保障数据安全** 吉林省土壤肥料总站印发了《关于做好测土配方施肥数据管理工作的通知》《关于加强测土配方施肥数据管理与应用工作的通知》，在数据管理、数据填报、数据汇总、数据安全等方面提出了明确要求，做到数据库专人管理、数据上报严格把关、数据按时填报、严禁数据库电脑联网。在数据库上报过程中，严禁采用网络传输、闪存报送等方式，必须以光盘为存储介质，采用邮寄的方式上报，确保数据库正常、安全运行。截至 2020 年，吉林省已经录入、上报 236 万组数据，没有出现泄密等现象。

**5. 扩大宣传培训** 一是利用现代化宣传手段，扩大宣传培训，提高测土配方施肥技术的覆盖面。通过微信群、QQ 群、土肥管家 App，开展线上技术指导，在特殊条件下，采取群直播方式进行指导。二是抓住春耕备肥、配肥有利时机，在媒体上采取专题报道、宣传片、宣传栏等方式开展集中宣传培训。三是通过"12316""12582"语音、短信服务系统，由土肥技术专家在线、短信等形式解答农民在测土配方施肥中提出的技术咨询疑问，构建专家与农民之间的沟通渠道。四是推广手机信息服务，发挥手机测土配方施肥信息优势，使施肥信息更加直观、便于查看，提高农户应用测土配方施肥技术的积极性，增强农民科学施肥意识。五是通过举办技术类讲座与培训，利用多媒体形式，向农民普及测土配方施肥相关专业知识。组织农民专业合作社、种植大户等进行集中培训，提高技术水平和综合素质。十几年来，共开展培训班 23 421 期，累计培训指导农民 231.38 万人次，发放宣传袋、宣传单、肥料选购手册等各类宣传资料 807 万余份。六是设立测土配方施肥建议公示牌，提升技术普及率。吉林省土壤肥料总站先后印发了《关于开展测土配方施肥宣传工作的通知》《吉林省土壤肥料总站关于印发化肥减量增效测土配方施肥工作宣传方案的通知》文件，在有行政村村部、小卖店等农民聚集地设立测土配方施肥建议公示牌，标明土壤类型、土壤测试结果、目标产量、施肥数量、施肥方法、注意事项等内容，为农民科学施肥提供技术指导，行政村测土配方施肥公示牌覆盖率达到 97.57%。

## 四、工作模式

**1. 配肥站模式**　在德惠等 8 个项目县探索了小型智能配肥站建设，推广应用配方肥料，实行"测、配、产、供、施"一条龙服务。经过几年的发展，形成了"以测土配方施肥技术为主导，以化验室为依托，以配肥站为龙头，以配方肥为载体，以新型经营主体为基础"的技物结合推广模式。共建设小型智能配肥站 56 个，累计生产配方肥料 22.4 万吨，推广应用面积 396 万亩。增产粮食 2.1 亿千克，增产幅度为 7.8%，新增收入 3.8 亿元，节约肥料 2 万吨。

**2. 配方肥＋秸秆还田模式**　在德惠、永吉、伊通等 29 个项目县围绕秸秆还田、土壤耕层构建等措施，紧紧依靠吉林省农业科学院、吉林农业大学等科研院校支撑，在专家的指导下，集成了一批可推广、可复制、能落地、接地气的"配方肥＋秸秆还田模式"，取得了理想的减肥增效效果。全省年应用"配方肥＋秸秆还田技术模式"面积达 1 000 余万亩，增加粮食产量 4.3 亿千克，增加农民收入 8 亿元以上，减少化肥用量 8 万余吨，为实现化肥零增长奠定了基础。伊通县实施"配方肥＋秸秆还田技术模式"，2017 年度耕地质量评价等级为 3.37，2019 年度耕地质量评价等级为 3.25，评价等级提高 0.12；耕层厚度达到 30 厘米以上，根系发达、抗倒伏能力增强，产量提高 20% 以上。永吉县实施"测土配方施肥＋玉米秸秆深翻全量还田技术模式"，与常规种植比较，平均每公顷增产玉米500 千克，增收 1 150 元，节省费用 700 元，合计每公顷节本增效 1 850 元；与普通生产田相比，有机质含量平均增加 12.4%，容重下降 6.8%～10.2%，耕层厚度增至 35 厘米；化肥氮、磷、钾用量分别减少 19.6%、13.2%、28.7%；土壤含水量增加 5 个百分点，自然降水利用率提高 13.4%。

**3. 配方肥＋水肥一体化模式**　吉林省西部为半干旱半湿润气候区，冬季寒冷，夏季炎热，降水量少，蒸发量大，水是该地区粮食产量的主要制约因素，适合开展水肥一体化技术推广工作。为了进一步提高该地区测土配方施肥技术的推广应用，在前郭、乾安、宁江、通榆、洮南等地开展了"配方肥＋水肥一体化模式"示范推广工作，为测土配方施肥深入推广提供了可借鉴经验。截至 2020 年，全省"配方肥＋水肥一体化模式"年推广面积 12 万亩以上，增产粮食 2 100 余万千克，增加农民收入 4 000 余万元，减少化肥投入800 余吨。从根本上改变了传统的施肥、灌溉技术，达到了控水、控肥的目的，最大程度保护了水资源，减少了化肥投入。玉米水肥一体化技术效果与单纯滴灌技术比较，水分利用率可提高 43.1%，肥料利用率提高了 30.2%，每公顷可减少化肥投入 100 千克左右，真正达到了节约用水、农业增效、可持续发展目的，对稳定提高粮食综合生产能力起到了重要作用。

# 黑龙江省测土配方施肥十五年总结

黑龙江省深入开展测土配方施肥技术推广，作为实施农业"三减"行动的重要措施，实现化肥、农药等农业投入品减量增效。2019 年，全省化肥施用量（折纯）同比减少

22.34 万吨，农药使用总量同比减少 2 166 吨。2020 年，全省测土配方施肥技术覆盖面积达 2.16 亿亩，覆盖率达 90.4%。

## 一、实施基本情况

2005—2020 年，黑龙江省实施测土配方施肥补贴项目（耕地保护与质量提升），中央财政累计补贴资金 51 470 万元，省级财政累计补贴资金 15 332 万元，通过扩大测土配方施肥技术普及率和覆盖率，调整施肥结构，逐步实现精准施肥。累计采集化验土壤样品 173.985 万个，检测化验 870 万项次，目前已完成测土配方施肥技术覆盖面积达 2.16 亿亩，覆盖率达 90.4%。通过发挥"三减"示范区的示范带动作用，积极探索减肥技术模式和工作机制，在通河、鸡东等县（市、区）建设减肥增效示范区 82 万亩，带动引领广大农户（合作社）应用缓控释肥料、微生物肥料、水溶性肥料等新型肥料产品及施肥技术，提高肥料利用率，推进化肥减量增效。2019 年农用化肥使用量（折纯）为 223.3 万吨，同比减少 22.37 万吨（折纯），减幅 9.1%，较 2015 年减少化肥使用量（折纯）32 万吨。

## 二、取得主要成效

依托新型农业经营主体和社会化服务组织，集成推广测土配方施肥和化肥减量增效技术，减少不合理化肥投入，充分发挥机械作用，推广水稻侧深施肥技术、叶面喷施、航化作业、水肥一体化等减肥增效方式，推广应用缓控释肥料、微生物肥料等新型肥料产品，提高肥料利用率，推动化肥减量增效。农民盲目施肥现象明显减少，施肥观念转变，施肥配方合理，施肥水平逐步提高。扎实推进"质量兴农、绿色兴农"和"化肥使用量零增长行动"，推动农业绿色发展。

**1. 构建政府主导、部门负责、社会协同、多元参与的测土配方施肥技术推广及社会化服务体系**　印发《黑龙江省测土配方施肥技术推广及社会化服务体系建设指导意见》，围绕基层农户生产经营需要，集中力量、集合项目，按照公益性服务与经营性服务相结合、专项服务与综合服务相协调的原则，加快测土配方施肥技术创新和成果应用，调动发挥各级农业部门、科研单位、大专院校等公共服务机构和农化企业、新型农业经营主体以及其他社会力量，推进"测土、配方、配肥、供肥、施肥"一体化服务。

**2. 积极争取财政支持，扩大技术覆盖面积**　省财政补贴资金支持测土配方施肥技术推广工作，以全省绿色、有机食品种植区域为重点，结合高标准现代农业科技园创建工作，开展测土配方施肥技术服务。

**3. 开展农企合作，产需对接，构建"一站式"服务技术模式**　采取"政策扶持、财政补贴、企业建站、优化服务"的模式，鼓励引导农化服务龙头企业开展区域配肥站网络建设，通过网络化建站、个性化服务、集约化经营，应用黑土耕地质量大数据平台，开展"测、配、产、供、服"技术服务，统一技术规范，保障服务质量，实现咨询"智能化"、服务"一站式"，推进化肥减量增效和农民节本增收。

**4. 基于信息技术，开展专家咨询服务** 依托耕地资源管理信息系统，全面摸清施肥参数，提出养分分级指标，建立施肥模型、施肥分区、土壤养分丰缺指标等，开展专家咨询服务和指导，确定全省减肥提质增效量化指标及具体技术模式，提出不同区域地块的减肥增效技术方法和模式。

**5. 应用大数据平台，开展科学施肥技术推广服务，推动农业"三减"** 开发推广农富宝 App，构建黑龙江省测土配方施肥大数据系统，建立配方推荐、肥料供求、农田节水、大数据应用、有机肥替代、技术咨询等板块，为指导农民科学施肥提供坚实的数据支撑。

# 上海市测土配方施肥十五年总结

上海市自 2006 年奉贤区、青浦区列为农业部测土配方施肥项目县后，2007 年浦东新区、金山区和崇明区列入部项目县，2008 年嘉定区、宝山区和松江区列入部项目县，目前除闵行区因面积较小未列入部项目县外，其他 8 区均列入了部项目县。

## 一、基本情况

上海市 2019 年实现农业总产值 111.20 亿元，其中种植业 63.30 亿元、畜牧业 13.78 亿元。农作物总播种面积为 28.53 万公顷，其中粮食作物播种面积为 12.99 万公顷，占总播种面积的 45.5%；经济作物播种面积为 15.54 万公顷，占总播种面积的 54.5%。从 2006 年列入农业部测土配方试点示范项目县以来，逐年扩大测土配方施肥推广应用面积，为粮食增产、化肥减量做出了重要贡献。

## 二、重点工作

项目开展以来，市农技中心根据农业农村部和市农委的总体部署与中心工作安排，围绕提高科学施肥水平和肥料利用率目标，充分发挥市、区和乡镇三级农技推广体系的技术、人才和网络优势，充分发挥肥料生产企业参与测土配方施肥技术推广的积极性，以免费测土、田间试验、肥料推广、施肥指导和技术培训为重点内容，结合粮食绿色丰产创建、蔬菜/经济作物标准园建设等重大项目，深入开展测土配方施肥技术推广工作，初步建立了"测土、配方、配肥、供肥、施肥指导"一体化运行机制，逐步提高测土配方施肥技术入户率，为实现郊区农业生产目标任务提供了有力技术支撑。

**1. 主要工作**

（1）开展采样检测，积累基础数据 根据"测土配方施肥技术规范"要求，开展采样人员现场培训等，结合项目开展大规模的土壤采样检测。项目实施以来，2006—2019 年共采集土样 41 741 个、植株样 8 033 个；共调查农户 14 870 个；共检测分析土样 36 309 个、417 046 项次，植株样 6 727 个、26 852 项次。土壤与植株检测，为测土配方施肥后续工作积累了基础数据。

（2）开展田间试验，合理优化配方　制定了"水稻田间肥效试验操作要求"和"水稻"3414"试验数据分析和总结工作要点"，对试验田农户和各镇的土肥技术员给予理论和现场操作技能培训。在水稻等作物上布置"3414"试验 240 个，另外，还布置水稻栽培区域土壤基础供氮量试验、经济作物西甜瓜与蔬菜肥效试验、新肥料缓释肥料试验等共计 1 687 个。

肥料配方根据地力等级、作物田间试验及作物目标产量，确定氮、磷、钾肥用量的原则来制定，通过测土配方施肥专用肥料配方专家论证会，结合专家经验，综合评审确定肥料配方，并于网上公布，为农户科学施肥及配方肥料生产服务。2006 年以来，每年发布肥料配方约 20 个，根据推广应用情况动态调整。2020 年发布的肥料配方共 17 个，其中稻麦配方 13 个、经济作物配方 4 个。同时开展了新型缓释配方肥料的示范推广，有效减少氮肥使用，提高了氮肥利用率。

（3）公开招标企业，带动配方肥应用　测土配方施肥中不仅强调化肥的合理平衡施用，还着重推广有机肥料，以提高农田肥力、促进化肥减量增效。2006 年以来，每年通过市级农技中心、土壤肥料学会和农业废弃物行业协会进行配方肥、有机肥的入围企业资格认定，各区根据自己的地域与生产特点，开展区级配方肥推广应用，并对补贴推广部分公开招标，确定各项目县的供肥企业。2020 年，开展配方肥供肥企业专家评审，认定了上海惠尔利农资有限公司、上海金美盛肥料科技有限公司等 13 家推荐配方肥生产企业；发布了具有生产资质的有机肥生产企业 47 家，作为郊区有机肥推广应用的参考。

2006 年以来，推广配方肥料从小面积逐步扩大，逐年有所增加，目前全市每年约 3 万吨，年推广面积约 150 万亩。2020 年，全市施用配方肥 219 万亩次，技术推广面积 269.9 万亩。有机肥料推广量也逐年增长，从 2006 年推广 12 万吨开始逐年增加至约 20 万吨，2020 年共推广商品有机肥 38 万吨。

（4）开展宣传培训，营造科学施肥氛围　为提高技术水平与营造推广氛围，一是对全市科技人员进行培训，二是对农户进行培训，三是对参与供肥企业进行培训。2006—2020年，据不完全统计，全市共举办培训班 1 037 期次，培训技术人员 17 370 人次，培训农民 43 万人次，召开现场会 230 次，发放宣传资料 219 万余份，培训肥料配方师 100 多名，农民科学施肥意识得到进一步提高。开展施肥指导，改进施肥方法。结合农业科技入户工程实施，技术员深入田间地头指导示范户正确施用配方肥和有机肥，粮食施肥从单施氮肥逐步改进为磷、钾肥平衡配施，确保科学合理施肥。

（5）开展示范方建设，增强技术辐射效应　开展试验示范，建立示范样板，让农民群众看得见测土配方施肥效果，学会测土配方施肥技术，把政府行为尽快转变为农民的自觉行动，增强测土配方施肥技术辐射效应，从而整体推进测土配方施肥在全市的推广实施。各项目区紧紧结合其他农业建设项目，建立万亩示范带、千亩示范片、百亩示范方。各项目区共建立约 1 300 个测土配方施肥示范方，示范方面积达 108 万亩次。

各项目区建立了主要养分丰缺指标和主要作物施肥指标体系，建立了测土配方施肥专家咨询系统，并结合"一点通"建设，在主要村镇农业综合服务站，把测土配方施肥专家咨询系统安装在电脑触摸屏上，以方便农户现场进行科学配方施肥。全市共有 700 多个测土配方施肥电脑触摸屏，结合供肥企业为农服务，以企业为主建立配肥站 20 个次。8 个项目区均建立了 3 种以上主要作物科学、可行的新施肥指标体系，各区县根据耕地地力状况和各年度的田间肥效试验，结合专家经验，建立了主要粮食作物的肥料基准用量、肥料分施方案、土壤丰缺指标等技术参数，制定了多套施肥参数。

（6）开展施肥指导，推进科学合理施肥　多形式开展农户科学施肥技术指导，结合配方肥料的推广，发放施肥建议卡 483 多万张；结合农业科技入户工程的实施，项目区结合科技入户试验示范指派水稻技术员及经济作物技术员在田间地头指导示范户、辐射农户正确施用配方肥和有机肥；分类指导在不同作物上的肥料用量，确保科学合理施肥。通过技术指导，十五年来各项目区测土配方施肥技术推广累计达 2 519 万亩次，配方肥施用面积累计达 4 345 万亩，配方肥用量（实物）累计达 34 万吨，项目覆盖 3 550 多个行政村次，涉及农户数 112 万多户。

**2. 主要做法**

（1）定期监测免费测土，建立耕地地力信息数据库　一是定期定位监测，监测农田土壤地力变化动态。全市已经建立了由 500 个地力监测点和 100 个环境监测点组成的市级耕地土壤监测网，同时建立了区级 500 个流动地力监测点，每年采集分析样品和调查农户施肥情况，了解耕地质量变化动态。二是免费检测土壤，为农民提供科学施肥服务。按照农业农村部测土配方施肥技术规范要求，项目第一年每 200～500 亩采集测定一个基础土壤样品，以后每年结合耕地与施肥的项目，采集检测土壤样品，根据土壤检测结果指导农民科学施肥。三是建立测土配方施肥数据库和耕地地力评价指标体系，完成土壤地力分等定级工作。根据农业农村部测土配方施肥数据库建设的要求，各区已将各项土壤测定、野外调查、试验示范等数据建成了数据库，为今后开展土壤肥料工作积累了基础数据和技术参数。结合生产实际，通过专家论证，确定了区域性耕地地力评价指标体系，并根据层次分析方法，完成全市各区耕地质量分等定级工作。

（2）试验优化配方，建立作物专家施肥系统　一是开展田间试验，优化配方设计。项目实施以来，初步摸清了水稻等主要作物营养需求规律，结合土壤测试结果，在水稻等主要作物上共设计 17 个配方，在官网上公布主要作物配方肥配方，引导企业按方生产配方肥。二是初步建立主要作物科学施肥技术指标体系。通过项目实施，基本摸清了土壤养分丰缺指标、主要作物最佳施肥量和主要土壤类型基础供肥量，初步建立主要作物科学施肥技术指标体系，并逐步完善与更新指标体系。三是建立测土配方施肥专家施肥咨询系统，给予农民实时施肥指导。目前项目区均建立了主要作物测土配方施肥专家施肥咨询系统，部分区县联合市农委农业信息中心，把施肥专家咨询系统装载在重点村镇的“农民一点通”上，方便农民按方施肥。

（3）生产推广优质肥料，促进化肥减量增效　一是公开招标肥料生产企业。市农技中心每年进行配方肥料和商品有机肥料生产企业认定工作，各区县根据地域、企业服务、产品质量和价格情况，公开招标肥料生产企业。二是生产推广优质肥料。2004 年以来，试验示范配方肥料 5 000 吨，逐步扩大应用量约 4 万吨，通过财政补贴引导，全市年推广配方肥料约 4 万吨（实物量），配方肥料应用约 190 万亩次。推广商品有机肥料 38 万吨，收集处理畜禽粪便 120 万吨。

（4）开展技术示范、培训和指导，提高科学施肥水平　一是与粮食高产创建和蔬菜标准园建设结合,增强技术辐射效应。结合粮食作物丰产创建和蔬菜经济作物标准园建设,建立示范样板,增强测土配方施肥技术辐射效应。二是加强技术培训,提高农民科学施肥技术水平。

**3. 主要经验**　贯彻落实农业农村部办公厅《〈到2020年化肥使用量零增长行动方案〉推进落实方案》文件精神,结合上海市三年环保行动计划,转变了测土配方施肥工作的重心,改变了原有思路,按照减量与稳产并举、产量与提质并重、生产与生态统筹的原则,依托测土配方施肥项目多年来的成功经验和主要做法,按照农业农村部对化肥减量增效工作的精神要求,上下联动,建立长效机制,有力有序推进落实化肥减量增效措施,不断提高农业绿色生产水平。

(1)细化实施方案,强化组织落实　提高科学施肥水平是做好测土配方工作的坚实基础,强化组织领导是做好测土配方工作的强力保障。细化示范项目区建设实施内容,组建以农委分管领导为组长的项目领导小组,以农技中心分管副主任牵头的技术实施小组,做到各司其职,规范资金使用等项目管理工作。

(2)加强技术指导,提高项目效应　按照建设都市现代绿色农业的要求,结合科技入户、粮食合作社科技结对等农技推广手段,全面开展测土配方施肥全程服务和个性化服务,实施"生态引领、绿色生产、示范带动、减肥增效"的推广模式,推选区、镇农技人员挂钩水稻种植合作社,确保技术和物资落地到田。

开展多形式、多层次的技术培训宣传活动,实行现场培训、发布技术信息、扩大项目示范效应。结合科技下乡活动,组织科技人员进村入户、深入田间地头,与农户科技结对,探究耕地保护和化肥施用问题,面对面指导服务农民,提高农民保护耕地、化肥减量增效的技术水平和意识。

(3)加强宣传培训,确保技术质量　宣传培训工作是推广测土配方施肥技术的有力武器,采取多角度、多层次、多方位开展宣传培训工作,着力将测土配方施肥技术进村入户。一是实现"建议卡"上墙。在村民集中活动场所和肥料供应网点,积极推进测土配方信息、施肥指导方案和科普标语上墙,方便农民了解掌握科学施肥知识,直接"按方"购肥施肥。二是推进"触摸屏"进村。在村民活动中心、农业综合服务站网点,利用"农民一点通",安装测土配方施肥专家咨询系统,使农民能通过"触摸屏"查询土壤养分状况和作物施肥指导方案。三是利用广播、电视、报刊、互联网等媒体,广泛宣传测土配方施肥作用和效果,营造多层次、宽领域、广覆盖的"整建制"推进舆论氛围,增强农民科学施肥意识。四是组织专家到镇村组对农户进行培训,实行分类指导。在培训过程中,专家开展有奖问答,专家和农民之间形成了良好的互动氛围,大大提高了农民听课的兴趣,有效提高了培训效果。五是加强对经销商和科技骨干的宣传培训,引导经销商销售配方肥、农民使用配方肥,提高科学施肥水平。在水稻播种、收获时节,组织农户进行现场观摩、讲解、培训,让农民看到测土配方施肥的真正效果,引导广大农民应用测土配方施肥技术。

(4)探索新型机制,提高实施效果　实施生态补偿补贴政策,对促进耕地保护和实施生态减肥技术的单位进行奖励,主要是根据耕地地力保护有提升、种植结构优化有成效(绿肥、休耕等)的区进行奖励补贴。实施生态奖补等政策,对配方肥推广、化肥减量施用的单位进行奖励,提高了生态技术应用的实效。2016年以来,连续设立耕地保护与质量提升专项,对耕地保护促进化肥减量增效技术进行示范推广,对实施点进行跟踪监测,掌握各项技术的绩效。根据绿色发展要求,把耕地质量提升和化肥减量列为各区主管单位的考核指标,有力促进了耕地质量保护与化肥减量增效工作。

## 三、取得成效

通过多年来测土配方施肥技术的推广应用,科学施肥技术覆盖率逐步提高,促进了化肥减量,提高了化肥利用率,对减少农业面源污染起到了重要作用。

**1. 测土配方施肥技术覆盖率稳步上升**　通过农业农村部测土配方施肥项目和肥料减量项目的引导,测土配方施肥技术覆盖率从2015年的70%左右提升到2020年的93.7%,化肥减量增效示范县测土配方施肥技术覆盖率达到95%以上。

**2. 化肥减量效果明显**　通过各项耕地保护和化肥减量技术、物化措施的综合应用,全市化肥减量明显。根据上海市郊区统计年鉴,化肥用量从2006年的14.53万吨下降至2020年的7.95万吨,下降了45.3%。

**3. 化肥利用率逐年提升**　通过各项化肥减量增效技术措施的落实,根据全市每年约50个肥料利用率试验,化肥利用率逐年上升,从2015年的约30%提升到2020年的40.8%。

# 江苏省测土配方施肥十五年总结

2005年以来,江苏省按照"政府主导、部门主推、多方参与、合力推进"的原则,依托测土配方施肥项目,全面深化技术普及行动,推进化肥高效利用,各项工作进展顺利。

## 一、主要做法

**1. 强化组织领导,推进项目实施**　为深化测土配方施肥工作,省级每年制定下发全省测土配方施肥项目实施指导意见,对各市、县(市、区)测土配方施肥目标任务进行分解。召开由各市、县(市、区)农业农村厅分管领导和土肥(耕保)站站长参加的全省测土配方施肥工作会议和技术与管理培训会议,总结上年工作,解读当年项目实施要点,交流典型经验。各市、县(市、区)结合本地农业农村经济发展阶段和科学施肥水平,层层细化量化项目实施方案,落实工作责任,强化措施到位,确保取得实效。

**2. 强化取土测试,规范开展肥效试验**　按照农业农村部测土配方施肥规范和"三年一轮回"的要求,统筹规划,合理布点,开展周期性采样测土。土壤采样点位布设采用"三图叠加法",做到县域耕地主要土壤类型(土属和大的土种)和所有农业乡镇(街道)全覆盖。每个采样点均进行GPS定位。土壤采集点位兼顾粮油作物、蔬菜和其他园艺经济作物。对于不具备化验条件的县(市、区)实行政府购买服务。每年更新县域测土配方施肥专家系统属性数据库。2005 年以来全省共采集土样 48.48 万个。围绕化肥利用率的提高，各地在完善粮油作物科学施肥指标体系的基础上，根据当地主要农作物品种更新情况，以水稻、小麦、玉米等粮食作物，番茄、黄瓜、辣椒、大白菜等蔬菜作物，葡萄、苹果、桃、茶等果茶作物为重点，自主安排有针对性的肥效试验，不断完善主要农作物科学施肥技术体系。全省共开展"3414"试验 3 299 个，示范对比试验 7 011 个。根据测土、试验结果，各地利用县域耕地资源管理信息系统和测土配方施肥专家系统，形成推荐配方及使用方案。在此基础上，每两年省级会商确定水稻、小麦等作物区域施肥基肥主推配方，及时向社会发布，走"大配方、小调整"的路子。2020 年，全省发布主要农作物基肥主推配方 441 个，其中水稻 173 个、小麦 172 个、蔬菜等经济作物 96 个。

**3. 强化示范引导，推进深化普及** 各地在巩固粮棉油作物测土配方施肥应用成果的基础上，主攻蔬菜园艺经济作物，以农企合作和新型经营主体示范应用为抓手，强化配方肥推广应用和改进施肥方式，创新服务模式和工作机制，全方位、多模式推广应用配方肥，把施肥量降下来。工作推进中注重"四个强化"，即强化示范引导、强化配方肥应用、强化智能化平台建设、强化个性化服务。2020 年，全省建立"测土配方、化肥双减"示范区共 463 个。

**4. 强化农企对接，推进配方肥供应** 各地按照定作物、定配方、定区域、定企业，有专家指导、有供肥网点、有台账记录、有质量抽检的"四定""四有"工作要求，深化农企合作。指导建立标准化的配方肥供应网点，做到统一挂（授）牌、统一门头、统一培训、统一指导、统一监管。同时，鼓励农民，特别是新型经营主体和社会化服务组织，开展自助式配肥施肥。遴选的合作企业承诺自觉遵守相关法律法规、接受职能部门管理、应用测土配方施肥成果、开展统配统供统施服务，保障农民用上放心肥、农业用上安全肥。指导配方肥经销网点做到"八有"，即有门头标志标识、有供应专柜（台）、有产品质量合格证书、有诚信经营服务规范（公约）、有测土配方施肥图表卡纸、有县域挂钩指导专家、有配方肥供应台账、有售后服务满意度调查。每年每县（市、区）双向选择 2～3 家合作企业，引导企业按方生产、指导农民按方施用。

**5. 创新服务机制，推进配方肥应用落地** 全省提出并建立了"统一测配、定向生产、连锁供应、指导服务"的测土配方施肥运作机制，成功探索了"五个一"模式。统一测配就是严格按照测土配方施肥技术规范，由县级土肥部门做好土壤测试和肥效试验，筛选肥料配方；定向生产就是招标选择信誉好、质量优、实力强的配方肥企业，按照配方组织生产供应。项目县根据"大配方、小调整"的原则和地力的高、中、低分类指导农民使用。做到在施肥建议卡上不仅告知农民施肥技术，同时还告之具体的肥料经销网点、联系电话和指导单位。连锁供应就是按照现代物流方式，由配方肥经销企业运用现代物流手段，构建基层肥料直供网点，为农民提供质量优良、配方科学、价格合理的配方肥。同时，农民也可购买各种单质肥料或复混肥料作为基础肥料，按方调配施用。指导服务就是推行"五个一"的模式，即县有一个耕地资源信息管理系统、乡（镇）有一幅施肥分区图、村有一张施肥推荐表、户有一份施肥建议卡、供肥网点一次供齐肥料。在此基础上，2020 年又提出新"五个一"（一张土壤养分测试表、一张施肥建议卡、一份施肥记录档案、一份肥料质量检验报告和一张遥感产量跟踪测产图）服务模式。同时，各地积极探索实施配方肥、有机肥料、水溶肥料、缓（控）释肥料等物化补助的机制，推进配方肥应用落地。有条件的地方积极推进智能化配肥站建设，以及配方肥统配统供统施服务。

**6. 优化资金使用，强化合同管理** 实行"大专项＋任务清单"后，测土配方施肥工作列入指导性任务，各地原则上根据取土化验、田间试验等任务分配项目资金。主要用于四个方面：一是基础性工作补助。对土壤样品采集（含耗材、租车运送土壤与植株样品）、化验检测、田间肥效试验、数据甄别与审核、施肥指标体系建立、配方信息发布、肥料配方修正完善、县域测土配方施肥系统数据更新、肥料质量检验、示范展示、宣传培训等予以适当补助。二是物化投入补助。对开展测土配方施肥试验示范应用的肥料等物资给予适当补助。三是社会化服务补助。对新型经营主体、社会化服务组织等肥料智能配送试点或统配统供统施配方肥等服务给予适当补助。四是技术推广服务补助。对农业、科研等部门开展联合技术推广服务等给予适当补助。在项目管理上，实行项目任务合同制、工作目标责任制、仪器设备招标制、项目进展定期报送制、资金使用报账制、验收结果公告制。每年部级项目下达后即层层签订项目合同，确定工作内容，对项目指标进行量化分解，落实目标管理责任制，年底开展项目绩效评价。每年夏、秋熟生产关键时期，组织各项目县（市、区）专题调查推广区、示范区和习惯施肥区主要农作物施肥结构、施肥量、施肥成本与作物产量情况，了解掌握测土配方施肥的实际效果。

**7. 广泛宣传培训，营造良好氛围** 每年举办全省测土配方施肥技术培训班和测土配方施肥数据审核及系统应用培训班，编印了全省测土配方施肥管理与技术培训教材以及《测土配方施肥200问》。各地因地制宜编写以测土配方施肥为主要内容的化肥减量增效技术培训教材，制作测土配方施肥分区图、推荐表、建议卡、明白纸，采取当地农民喜闻乐见的方式，张贴在村组政务事务公开公示栏、肥料经销网点和农民赶集庙会点。结合送科技下乡、农民培训等，实行课堂培训与田间观摩相结合、线上培训与线下指导相结合，不断提高测土配方施肥技术的认知率、入户率、到位率和覆盖率。主动运用手机微信、全效媒体、全息媒体等向新型农民推送科学施肥技术。2020年全省主要农作物测土配方施肥技术覆盖率达93％。

## 二、主要成效

**1. 摸清全省土壤基本理化性状** 2005年以来，全省土壤有机质、有效磷、速效钾含量总体呈上升趋势。2019年全省土壤有机质含量平均为26.4克/千克，较2005年增加5.9克/千克，增幅为28.78％；有效磷含量平均为33.02毫克/千克，较2005年增加19.65毫克/千克，增幅为146.97％；速效钾含量平均为163毫克/千克，较2005年增加61毫克/千克，增幅为59.8％；全氮含量与2005年基本持平；pH平均为7.0，呈中性；容重平均为1.25克/厘米$^3$，较2015年降低了0.06克/厘米$^3$。

**2. 推广模式因地制宜，配方肥用量不断扩大** 在全面推广"统一测配、定向生产、连锁供应、指导服务"的运行机制基础上，各地以"五个一"技术服务为主导模式，因地制宜推广站企分工合作型、全程服务型、行业协会服务型、智能配供自助型、专业合作互助型模式，由统测统配为主向统测统配统供统施方向转变。代表性的推广模式有：宿豫区

"厂连配"智能配方模式、仪征市配方肥统配统供社会化服务线上监管平台模式、苏州市稻麦专用配方肥应用补贴模式、扬州市手机信息服务模式、海安县农技集团服务模式、南京市农技农资双连锁服务模式、淮安市配方施肥专业合作社服务模式等。据统计，2020年全省配方肥推广使用量达 90.7 万吨（折纯），应用面积 5 403.23 万亩。

**3. 施肥方式逐步转变，化肥利用率逐渐提升**　全省水肥一体化示范推广面积达 291万亩，示范区平均节水节肥 30％左右。机械化施肥步伐加快。各地因地制宜积极示范推广水稻侧深施肥、玉米种肥同播、稻麦肥药混喷等，提升了施肥机械化水平。2020 年全省水稻侧深施肥技术推广面积 51.13 万亩。示范区施肥次数由常规生产的 4～5 次减少到1～2 次，化学氮肥用量较常规生产减少 15％～20％，氨挥发减少 50％以上，地表径流氮磷排放减少 45％以上。全省主要农作物化肥利用率逐年提升，2016—2020 年分别为37.59％、38.37％、39.56％、40.56％、40.71％。

**4. 节能减排成效显著，生态效益进一步彰显**　农民科学施肥意识逐步增强，减氮控磷增钾逐渐成为自觉行动。调查统计表明，主要农作物氮肥磷肥施用总量得到进一步控制，施肥结构更加优化，肥料运筹更趋合理，稻麦等粮食作物氮肥后移和钾素分次施用技术得到进一步推广应用。测土配方施肥与同期习惯施肥比较，稻麦亩均节氮 2 千克左右、节磷 1 千克左右，过量施肥、盲目施肥现象得到有效遏制，减轻了因不合理施肥造成的农业面源污染。

**5. 增产增收效果明显，经济效益进一步提高**　据各县（市、区）调查统计，项目区主要农作物产量稳中有升。与同期习惯施肥相比，小麦测土配方施肥亩均增产 19 千克，水稻亩均增产 24 千克，玉米亩均增产 36 千克，蔬菜亩均增产 150 千克。按小麦2.2 元/千克、水稻 2.7 元/千克、玉米 2.0 元/千克、蔬菜 3.0 元/千克计，小麦亩增收41.8 元、水稻亩增收 64.8 元、玉米亩增收 72 元、蔬菜亩增收 450 元。

## 三、关键技术

**1. 采样技术**　按照农业农村部《测土配方施肥技术规范》要求，在项目实施区域内统筹安排，科学确定采样点。根据土壤类型、耕作制度、产量水平、土地利用现状等因素，将采样区域划分为若干个采样单元。一是利用土壤图、土地利用现状图、行政区划图三图叠加，在室内确定采样单元并形成采样点位图，每个采样单元的土壤性状尽可能保持一致，平均每个采样单元面积 100～200 亩。二是在秋播没有施肥前采样，采样深度 0～20 厘米。一般选择采样单元中心附近的典型地块作为采样地块，其面积 1～10 亩。采用GPS 定位，记录经纬度，精确到 0.1″。三是在采土单元采用 S 形布点采样，降低耕作、施肥等所造成的误差。在地块较小、地力较均匀、采样单元面积较小的情况下，也可采用梅花形布点取样，一般 7～20 个点为宜。采土时避开路边、田埂、沟边、肥堆等特殊部位。在采集土样的同时，调查采样地块及其户主施肥情况、土壤立地条件和其他相关情况，建立农户测土档案，实行跟踪服务，掌握项目区基本农田土壤立地条件与施肥管理水平。

**2. 配方设计技术**　汇总分析土壤测试和田间肥效试验结果，根据气候条件、土壤类型、作物品种、产量水平、耕作制度等差异，合理划分施肥类型区，建立施肥模型，分区域、分作物进行区域施肥配方设计与地块施肥配方设计。针对当前农村地块分散的实际，为解决批量化肥料生产量小与供应难的问题，重点设计区域施肥主体配方，实行"大配方、小调整"。

（1）应用累积曲线法设计配方　根据各地土壤测试和氮磷钾"3414"、无氮基础地力、精确施氮等田间试验结果，以县域耕地资源管理信息系统为平台，加载测土配方施肥信息查询与决策模块，建立测土配方施肥信息系统。采用累积曲线分级的聚类分析法进行区域配方设计。首先考虑磷钾比值，磷钾比值采用累积曲线分级的聚类分析法。对系统生成的成千上万个施肥单元农艺配方，进行聚类归并，形成有限的几种主推配方。在此基础上，再考虑与氮素的配比。

（2）专家会商设计配方　组织有关专家，汇总分析土壤测试和田间肥效试验结果，根据气候条件、土壤类型、作物品种、产量水平、耕作制度等差异，合理划分施肥类型区。审核测土配方施肥参数，建立施肥模型，分区域、分作物制定肥料配方。依据累积曲线法聚类分析产生的初步配方，由土肥专家、栽培专家及肥料产销企业代表共同会商，根据生产工艺、原料成本、销售与用肥习惯等因素，最终形成不同区域既符合农业需求又能产业化生产的"大配方"。原则上，磷、钾养分配方满足基肥一次性施用，如作物生育期较长或生长后期需磷、钾较多的可考虑安排一定比例在中后期施用。基肥中氮素不足时，通过追施单质氮肥进行补充，做到合理运筹，分期调控，避免"一炮轰"。

（3）"大配方、小调整"　区域配方设计能满足区域内共性的"大配方"，因面积比例较小等原因而未能形成商品配方的施肥单元，应根据自身"个性"，用单质肥料进行"小调整"。

### 3. 肥料施用推荐技术

（1）采用地力差减法推荐氮肥用量　采用地力差减法，根据斯坦福（Stanford）公式计算目标产量下的氮肥推荐用量，将实现作物目标产量所需养分量与土壤供应养分量之差作为施肥的依据。

斯坦福公式中的百千克籽粒吸氮量、土壤当季供氮量、氮肥当季利用率3个基本参数受作物品种、土壤类型、气候条件、栽培管理方式等影响而有变化，无氮区与施肥区百千克籽粒吸氮量差异较大，必须依据不同地区、不同土壤、不同作物品种和不同栽培管理条件，通过大量试验获取。为此，全省每年在稻麦主产区布置了大量的无氮基础地力、精确施氮和"3414"等试验，以求得上述三个参数的变化规律，精确推荐氮素施用量。

（2）用相对产量法确定土壤磷、钾含量丰缺指标　在县域范围内，选择不同质地、不同磷、钾含量的田块进行稻麦"3414"试验或磷、钾单因子试验，获得缺磷（钾）区和全肥区的产量，两者之比定义为相对产量。以相对产量与对应的土壤磷、钾含量进行回归分析，建立土壤磷、钾养分丰缺指标。根据《测土配方施肥技术规范》，结合实际情况，依据相对产量百分比将土壤养分丰缺程度划分为六级，分别是：高、较高、中、较低、低和极低，所对应的相对产量分别为≥95%、90%～95%、85%～90%、80%～85%、70%～80%、≤70%。用一定区域（县域或农区）相同质地田块的相对产量与土壤养分测定值进行回归分析，建立 $Y=a+b\times\ln X$ 回归方程，应用该方程计算每个等级所对应的土壤养分上下限值。受气候、品种等因素影响，田间试验结果有一定局限性，计算结果直接作为当地土壤养分丰缺评价标准指导施肥有一定风险。为了防范这一风险，组织熟悉当地情况的土肥、栽培等专业专家，以试验结果为基础，采用特尔菲法制定土壤磷、钾丰缺评价标准。

（3）采用特尔菲法推荐磷、钾肥用量　根据土壤磷、钾丰缺指标，采用特尔菲法确定不同土壤养分丰缺水平下最高或最佳施肥量推荐磷、钾肥用量。

①回归分析施肥量与产量的关系。根据"3414"试验或磷、钾单因子不同用量试验结果，对磷、钾施用量与产量进行回归分析，建立回归方程：$Y = B_0 + B_1 X + B_2 X^2$。式中：$Y$ 为产量，$X$ 为施肥量。利用回归方程计算每个试验条件下的最高产量施肥量和最佳经济施肥量。

②回归分析土壤养分含量与施肥量的关系。分别对每个试验点的土壤养分含量与最高产量施肥量和最佳经济施肥量进行回归分析，建立回归方程：$Y = a + b \times \ln X$。式中：$Y$ 为最高产量施肥量或最佳经济施肥量，$X$ 为土壤养分含量。根据回归方程及土壤磷、钾丰缺评价标准中的磷、钾含量上下限值，计算不同磷、钾丰缺水平下的最高产量施肥量或最佳经济施肥量。

③采用特尔菲法确定磷、钾推荐用量。以上述试验结果为基础，根据土壤磷、钾含量丰缺评价标准和土肥、栽培等专业专家经验，会商确定县域内不同土壤磷、钾丰缺水平下的稻麦磷、钾肥推荐用量。

**4. 氮、磷、钾肥运筹技术**

（1）氮素运筹　在确定氮素总量的基础上，根据土壤肥力水平、主要生育时期与需肥规律，科学进行不同生育时期的氮素运筹分配，合理调控氮肥施用。

水稻：基蘖肥与穗肥氮素运筹比例根据肥力水平合理确定。原则上，高肥力土壤：（4.5～5.0）∶（5.5～5.0）；中等肥力土壤：5.5∶4.5；低肥力土壤：6∶4。其中，基肥∶分蘖肥为8∶2或7∶3（地力高、基肥施用量大、基本苗较足的可不施分蘖肥），促花肥∶保花肥为7∶3。促花肥在倒4叶期施用，保花肥在倒2叶期施用，氮肥利用率可达40%左右。

小麦：强筋小麦基蘖肥与穗肥比例为5∶5，中筋小麦为6∶4，强、中筋小麦穗肥分别在倒3叶与倒2叶施用；弱筋小麦为7∶3，穗肥宜在倒3叶施用。

（2）磷、钾素运筹　原则上，磷、钾肥作为基肥一次性施入，对于土壤质地较轻、生育期较长、大穗型作物品种及对磷、钾需求量大的可分期施用。在土壤养分含量中等及以上等级的土壤，一般提倡全部作基肥；在低和极低等级的土壤上，磷、钾肥70%作基肥，30%作穗肥。

**5. 微量元素因缺补缺施用技术**　微量元素也是作物生长必需的营养元素，对作物的作用不可替代。如：水稻缺锌易引起僵苗不发。根据土壤检测结果和作物表现出的缺素症状，科学施用微量元素。微量元素以基施为主，叶面喷施为辅。

**6. 有机肥与无机肥结合技术**　根据测土配方施肥结果，合理确定无机肥与有机肥的施用比例。在确定目标产量与总肥料需求量基础上，根据当地有机肥资源及农民施肥习惯确定施用有机肥。有机肥的推荐用量根据同效当量法确定，做到有机无机相结合。

（1）同效当量法　由于有机肥和化肥的当季利用率不同，通过试验先计算出某种有机肥料所含的养分，相当于几个单位的化肥所含养分的肥效，这个系数就称为"同效当量"。在施用等量磷、钾肥的基础上，设立等量的有机氮和化学氮两个处理，并以不施氮肥为对照，得出产量后计算同效当量：

同效当量＝（有机氮处理－无氮处理）／（无机氮处理－无氮处理）

考虑到等氮水平下的肥料运筹，有机氮当量试验设 6 个处理，分别为有机氮和无机氮的不同配比，所有处理的磷、钾养分投入一致，其中有机肥选用当地有代表性并完全腐熟的种类。研究结果表明，以鸡粪等为原料的商品有机肥碳氮年矿化率一般为 $60\%\sim70\%$，采用 2/3 的商品有机肥料替代化学氮肥；以牛粪、猪粪为原料的商品有机肥碳氮年矿化率为 $30\%\sim50\%$，商品有机肥可替代 $1/3\sim1/2$ 的化学氮肥。

①肥料品种选择与质量控制。有机类肥料以商品有机肥或生物有机肥为主，产品质量应达到农业行业或国家标准要求，肥料形状为粒状或粉状，水田以粒状产品为宜。农家肥必须充分腐熟。

②替代比例。有机肥替代化肥（以氮计）比例粮食作物以 $20\%\sim30\%$ 为主，设施蔬菜等经济作物以 $30\%\sim50\%$ 为主。

③亩施用量与施用方式。在稻麦轮作区且有机类商品肥资源丰富的，一般推荐水稻亩基施商品有机肥 $200\sim250$ 千克，小麦亩基施 200 千克；蔬菜地按种植年限及有机肥资源情况，按标准推荐亩施用常规有机肥或每年亩施用有机类商品肥 $400\sim500$ 千克。倡导应用撒肥机械（履带式或轮胎式）进行装载、撒施、深翻，以减轻人工劳动强度。

（2）养分差减法　在掌握有机肥料和化肥利用率的情况下，按下列公式计算：

有机肥推荐施用量＝（总需肥量－化肥用量×养分含量×化肥当季利用率）/（有机肥养分×有机肥当季利用率）。

配套技术为选用有机肥施用机进行装载和撒施，以减轻人工劳动强度。选用的商品有机肥以粒状产品为主，或选用针对性强的生物有机肥。

**7. 信息发布技术**

（1）构建县域测土配方施肥信息系统　应用 GIS 地理信息管理系统，把土壤类型图、地貌类型图、行政区划图、土地利用现状图、水利分区图、土壤采样点位图等电子图件进行叠加，形成测土配方施肥分区单元，并建立相应的空间数据库和属性数据库；在此基础上，结合专家经验，构建作物适宜性评价模型、肥料运筹模型、土壤养分丰缺评价标准等专家模型库以及土壤供氮量、作物品种需肥特征、最佳肥料用量等知识参数库，通过逻辑分析运算，建立县域测土配方施肥信息系统。该系统可以进行土壤养分信息查询与施肥方案决策。

（2）用现代化手段发布施肥信息　在应用广播、电视、报纸等传统方式发布肥料配方信息与施肥方案的基础上，采用互联网、触摸屏、掌上电脑、手机等现代化手段进行信息发布与查询，为农民提供科学施肥信息。采用 WEBGIS 技术，将项目县的测土配方施肥方案以地图为界面发布到互联网上，供用户查询；配肥点配备了触摸屏查询机，农民轻轻一点即可查询到自家田块的各种作物施肥方案及测土配方施肥相关信息，还可打印出施肥建议卡；基层农技人员和种植大户配备了基于掌上 GIS 系统的测土配方施肥掌上查询设备，可随时随地查询辖区内任何一块耕地的土壤养分和测土配方施肥信息。

**8. 测土配方施肥全程智能"五云"服务技术**　研发了"县域耕地资源管理信息系统""测土配方施肥数据管理系统"及"县域测土配方施肥专家系统",在此基础上,应用全新智能化手段,创新研究和开发了测土配方施肥数据管理平台的"云农田"智能决策技术、星空地一体化"云监测"的作物养分智能测报技术、土壤养分多元均衡调控的"云配方"技术、订单配肥"云交易"智能执行的需-产-供社会化服务模式及测土配方施肥效果综合分析的"云评价"技术,实现了测土配方施肥"云农田—云监测—云配方—云交易—云评价"全程智能"五云"服务集成应用。

（1）技术要点

①"云配方"。基于"云农田"养分决策知识库,采用土壤养分磷钾比累积曲线法和聚类分析法筛选确立县域地块尺度主要作物基肥"大配方",按照"大配方、小调整"的技术路线,研发了有机、无机、微生物配伍的多元高效配方肥增效技术,建立了乡镇单元作物与土壤养分均衡调控的"云配方"模型,与智能配肥管理终端或工业智能制造系统进行虚实交互,实现了肥料掺混工艺与复合（混）工艺的全流程绿色化、智能化、定制化生产。

②"云交易"。开发肥料移动交易管理终端软硬件系统,建立"需-产-供"一体化综合服务平台,开展"合作社（联社）＋平台"智能化测土配方施肥全程服务,引导企业按方生产、指导农户按方使用。合作社成员"需"肥订单通过微信、手机 App、PDA 移动终端、PC 端等进行肥料线上下单与交易结算;合作社（联社）对订单进行审核、合理派单下发给肥料智能化加工定点企业,实现肥料订单云端控制、工业设备机具智能执行的精准生"产"与及时配"供",各环节信息形成"云交易"电子档案,企业与用户实时查询订单的接收、生产、配送、验收进展状态,做到订单配肥"云交易"过程中信息流、资金流、肥料流三位一体联动调控及全程追溯。

③"云农田"。基于县级测土和田间肥效试验数据,更新"国家测土配方施肥数据管理平台"数据,构建土壤养分、目标产量、作物品种、肥料运筹等信息的"云农田"养分决策知识库,实现所有农田土壤属性线上线下可查询。

④"云监测"。基于作物长势速测仪、土壤养分速测仪、多剖面土壤水分监测传感器、土壤墒情监测站、农田环境综合监测站及无人机载全反射式成像光谱仪,开展全天候、全覆盖的作物养分与土壤理化指标实时监测,建立作物叶片与冠层氮素光谱响应模型、卫星遥感与作物氮素运转同化品质产量预报模型,对作物氮素光谱机理模型与定量化解析,构建星空地作物与土壤多源信息融合的"云监测"平台。

⑤"云评价"。应用测土配方施肥效果监测数据和综合分析模型,评价"云农田＋云监测＋云配方"技术业务方案实施后对植物、土壤、地表水、地下水、大气等多介质的综合影响。

（2）应用情况　应用"五云"技术,基于作物目标产量和土壤供肥性能,精准调控土壤养分平衡,减少盲目施肥,促进化肥减量增效,提高农产品品质。与常规施肥对比,小麦全生育期每亩减氮 28.93％、减磷 50.48％,减肥增效显著;与常规处理对比,水稻籽粒中重金属 Cd 的富集系数降低 20.49％,As 的富集系数降低 57.58％,产量增加 4.17％;蔬菜应用后,硝酸盐含量下降,氨基酸和维生素等含量提高,以邳州大蒜为例,大蒜素含量提高，赖氨酸、亮氨酸和缬氨酸提高 4.5％～45.1％，维生素 $B_1$ 和维生素 $B_2$ 分别提高 3.6％和 38.3％。

# 浙江省测土配方施肥十五年总结

2005 年启动测土配方施肥补贴项目以来，按照测土配方施肥工作总体部署和《到 2020 年化肥使用量零增长行动方案》要求，根据农业农村部、财政部的统一部署，在浙江省委、省政府的大力支持下，以实施部测土配方施肥补贴项目、化肥减量增效项目为抓手，以为农服务、提高科学施肥水平为出发点，以提高技术覆盖率、到位率为目标，围绕浙江省农业绿色高质量发展目标，精心组织，狠抓落实，开拓创新，全面推进有浙江特色的测土配方施肥工作，取得显著成效。

## 一、主要技术成果

**1. 建立了全省数字化土壤养分数据库**　通过取土测土基础工作开展，获得了大量的科学施肥基础数据，基本摸清了全省耕地质量状况，掌握了土壤养分底数和分布规律，十五年来共取土测土 374 981 个，检测化验 341.69 万项次，覆盖了全省所有耕地，并结合 GIS 技术，构建形成全省数字化土壤养分数据库，开展耕地地力评价，建立县域耕地资源信息系统，为施肥指标体系的建立、耕地地力评价、指导农民合理施肥和配方研制提供了理论依据。

**2. 构建了科学施肥指标体系**　依托测土配方施肥项目，围绕农业主导产业、优势产业，与浙江大学、浙江省农业科学院茶叶研究所等科研部门协作，开展施肥技术研究，展开各类作物优化施肥"3414"、肥料利用率、经济作物"2＋X"、中微量元素肥效试验等各类田间试验 8 858 个，着手建立茶叶、蔬菜、水果、蚕桑等作物的施肥指标体系。结合不同耕作制度变化，探索高效施肥模式，进一步深化测土配方施肥技术。

**3. 开发了一批作物配方及专用配方肥产品**　制定发布了主要农作物测土配方施肥肥料配方 310 个，涉及全省水稻、大麦、小麦、油菜、花生、茶叶、芦笋、竹笋、长豇豆、胡柚、蚕桑、草莓、玉米、山核桃、西瓜、贝母、柑橘、脐橙、蚕豆等多种（类）作物。突出强化农企、农商合作平台建设，探索建立"测、配、产、供、施"一条龙服务体系，通过公开招标确定配方肥定点加工企业，开发生产了一批作物专用配方肥。如仙居、青田开发的杨梅配方肥、缙云开发的茭白配方肥、临安开发的山核桃配方肥等，均受到当地农户的欢迎。松阳县通过实施测土配方施肥，有效矫治了玉米缺镁症，深受当地农民称赞。全省每年生产应用配方肥约 25 万吨。

**4. 制定了一系列指导性文件和规范**　为了规范项目实施，推进工作落地，指导技术应用，在项目实施过程中，先后出台了《浙江省肥料登记和使用办法》《浙江省商品有机肥应用实施办法》《浙江省市、县（市、区）土肥检测实验室（测试中心）建设内容和要求》《浙江省内市、县（市、区）土肥检测实验室（测试中心）建设考核验收办法》《关于试行农业投入化肥定额制的意见》《关于深化"肥药两制"改革高质量打造国家农业绿色发展试点先行区的实施意见》等指导性文件，制定了《耕地土壤综合培肥技术规范》《水肥一体化通则》《番茄水肥一体化技术规程》等省级地方标准规范，起到了行政推动、政策扶持和技术指导的作用，大大提高了工作推进力度和项目实施效果。

## 二、工作成效

**1. 科学施肥水平不断提高**　测土配方施肥理念深入人心，越来越多的农民群众摒弃传统施肥方法，农业主体自发寻求科学施肥指导，免费测土配方施肥服务广受欢迎。依托测土配方施肥技术成果，研究建立了配方肥、缓（控）释肥、有机无机复混肥等高效肥料应用技术，形成了一批有机肥替代化肥、受污染耕地安全利用技术新模式，发展了侧深施肥、一次性施肥、水肥一体化、无人机追肥、耕地快速培肥等高效施肥新技术，创新稻鱼共生、农牧结合、水旱轮作、肥稻轮作等农作制度下绿色循环施肥技术，施肥水平不断提高。测土配方施肥工作由初期的个别项目县，到 2009 年基本实现主要农业县（市、区）的全覆盖，并从阶段性项目实施为主转入日常性工作开展，主要农作物测土配方施肥技术覆盖率达到 93%。

**2. 环保绿色施肥理念深入人心**　科学施肥技术的普及使农民认识到化肥施用不是越多越好，经济施肥、绿色施肥、环保施肥理念深入人心，测土配方施肥工作也由科学施肥指导向化肥使用量零增长、负增长方向转变，由传统施肥向减量化施肥再向定额制施肥转变，化肥使用量持续下降。2005 年全省化肥使用量达到最高峰，为 94.27 万吨（折纯），此后明显下降，特别是自 2015 年实施化肥使用量零增长行动以来，全省化肥使用量持续下降，2019 年全省化肥使用总量（折纯）72.5 万吨，氮肥使用总量（折纯）35.4 万吨，分别比 2005 年下降 23.1% 和 36.9%，提前实现化肥使用量负增长目标。

**3. 农业用肥结构更趋合理**　逐步纠正农民偏施氮肥、忽视钾肥，偏施化肥、忽视有机肥，偏施大量元素肥、忽视中微量元素等施肥观念，提倡因土因作物施肥，有机无机配施，重视钙、镁、硅、锌、硼等中微量元素对敏感作物的促发作用，大力推广新型高效肥料应用等。全省氮肥用量持续下降，由 2006 年的 55.41 万吨下降到 2019 年的 35.43 万吨，钾肥用量上升；单质肥料占比下降，复合肥使用占比不断升高，由 19.2% 上升至 32.2%；专用配方肥、缓释肥、水溶肥等新型高效肥料崛起，自主研发生产能力不断提高，涌现出了一批本省优质肥料产品和生产企业；全省商品有机肥使用量持续增长，由 2007 年的 29 万吨增长到 2020 年的 109 万吨，肥料使用结构持续改善，化肥与商品有机肥施用比例由 2012 年的 8∶1 调整为 2019 年的 2.4∶1，有机肥替代化肥逐渐成为自觉行动。

**4. 服务能力不断提升**　借助政府为民办实事平台，把测土配方施肥连续纳入为民办实事工程，通过开展全方位宣传、培训和建立示范区、示范户，为农民免费测土、发放施肥建议卡等途径，扩大了测土配方施肥的社会影响。"十三五"期间，始终坚持测土配方施肥不动摇，启动了 3 年免费测土配方服务，把持续开展规模主体免费测土配方服务作为耕地系统深化"三联三送三落实"活动的重要抓手，打造"一户一业一方"的精准施肥模式，为 3 万家规模主体提供测土配方服务，全省测土配方施肥技术推广面积年平均 3 200

万亩以上，近三年技术覆盖率保持在90％以上。借助信息化赋能，不断提升为农服务水平，发布"浙样施"智慧施肥平台，由发放施肥建议卡、触摸屏终端施肥咨询逐步向移动在线施肥查询咨询服务转变，由推荐施肥配方向推荐配方、肥料组合和施肥限量转变，已有42个县（市、区）应用"浙样施"App，不断优化服务形式，提升服务水平，使获取施肥指导服务更快捷、高效、科学。

**5. 行政推动绩效考评不断加力**　"十三五"期间，国家更加重视农业面源污染治理，"水十条"对测土配方施肥技术覆盖率、肥料利用率提出了明确的指标和时间节点，要求到2020年分别达到90％和40％以上。生态环境部启动了"碧水保卫战""蓝天保卫战"和"净土保卫战"，化肥减量成为考核的重点内容。省委、省政府高度重视，将化肥减量指标纳入五水共治、农业绿色发展等重要考核。2019年以来，将"化肥定额制"改革纳入省生态文明建设，省政府多次专题研究"化肥定额制"改革，并出台《关于深化"肥药两制"改革高质量打造国家农业绿色发展试点先行区的实施意见》；省农业农村厅将化肥定额制工作纳入各级政府农业绿色发展、乡村振兴战略等考核体系，是新时代浙江"三农"工作"369"行动，各级政府因势利导，农业部门积极作为，促进了化肥减量增效工作向深度和广度发展。

## 三、主要做法

**1. 强化组织促落实**　为确保测土配方施肥项目的有序展开，所有项目县均成立了以分管农业副县（市、区）长或农业局局长为组长的领导小组并建立项目实施技术小组，为测土配方施肥项目的实施提供了强有力的组织保障和技术支撑，形成各级政府和有关职能部门齐抓共管的局面，确保了测土配方施肥工作的有序推进。不少地方县财政还安排专项配套经费支持项目实施，为此项工作的顺利开展提供了组织保障和资金保障。2006年省政府召开了全省粮食生产暨测土配方施肥电视电话会议，对全面推进测土配方施肥工作提出了具体要求；2007年以后，省委、省政府将测土配方施肥纳入浙江生态省建设考核内容和省政府"811"环境整治的重要抓手，连续把实施测土配方施肥行动列为全省农业十件实事之一，并作为促进农民增收十项举措之一。每年省级部门就测土配方施肥、化肥减量工作召开专题会、现场会等，对测土配方施肥工作进行部署。在农业农村部项目的带动下，部分项目县通过项目建设，把实施配方肥补贴政策、日常分析化验等工作列入地方财政年度预算。测土配方施肥工作逐步呈现从农业部门行为转变为政府行为、技术措施转变为政策措施的良好态势。

**2. 强化责任促管理**　加强项目管理，明确目标要求，每年召开项目县工作会议，对全省测土配方施肥工作进行部署，明确目标任务。各项目县与实施乡镇签订责任书，实行"一把手"负责制，建立了县、乡、村各级目标管理考核机制。在项目县管理上，严格执行《测土配方施肥试点补贴资金管理暂行办法》，建立项目实施进展和资金使用季报制度，督导各项目县或实施单位严格按照《测土配方施肥技术规范》，不定期对项目县进行监督检查，及时了解项目进展和资金使用情况，不定期组织人员开展抽查，对不符合资金使用要求的，责令限期改正，确保项目顺利实施。十五年来，全省未出现测土配方施肥项目资金使用的违规违纪违法问题。

**3. 加强宣传促意识**　为提高测土配方施肥影响，每年组织开展专题宣传活动。十五年来，全省累计举办各类培训班 18 591 期，培训人员 141 万人次，全面宣传了测土配方施肥工作的重要性、增产增收的成效和典型经验、施肥技术。其间，组织开展了"浙江省测土配方施肥宣传标语"有奖征集活动，举办了"惠多利"杯测土配方施肥有奖知识竞赛、举行了全省测土配方施肥宣传月活动等；在春耕备耕现场会布置测土配方施肥宣传展览，结合农业科技现场咨询，开展送测土配方施肥技术下乡活动，利用全国肥料双交会、浙江省农业博览会设立专题展区，宣传展示测土配方施肥成果。各地围绕全省宣传月活动内容，上下联动，实现了省、市、县三级同步推进，做到了报刊有文章、电视有播放、电台有报道、街上有标语、墙报有专栏、网络有信息，大大提高了测土配方施肥工作的社会关注度和影响力。

**4. 构建载体促创新**　自 2006 年来，把实施新型经营主体测土配方施肥服务作为测土配方施肥的重要内容来抓。2007 年专门下发《关于组织实施农民专业合作社测土配方施肥服务"千万"工程的通知》，明确了"千万"工程的目标和任务。2015 年下发《万家主体免费测土配方行动实施方案》，以专业合作社、种植大户等新型经营主体为载体，围绕农业主导产业和优势产业，全面推进测土配方施肥工作，基本形成了"土肥技术部门＋合作社＋基地"的推广模式，取得了较好的实施成效。大力组织实施化肥减量增效、有机肥替代、标准农田质量提升、沃土工程等项目，2018 年起，率先提出"肥药两制"改革，以化肥实名制购买、定额制施用为目标，开展化肥定额施用指导，制定限量标准和技术指导规范，开展示范方建设，将测土配方施肥技术融入化肥定额制改革的技术措施中，发挥科学施肥的指导作用。

**5. 强化监管促质量**　一是每年春耕备耕及关键农时，对全省化肥销售、库存和价格进行调度，对各地化肥使用情况、主要作物肥料使用情况及化肥供求情况进行细致调查，同时对调查所得数据进行超前预测分析，及时采取应对措施，促进供求平衡和市场稳定，确保农业生产用肥需要。二是规范肥料登记管理工作，进一步加强肥料准入监管，规范肥料登记管理工作，修订登记许可程序，统一相关登记资料格式，简化备案程序，及时清理超范围登记肥料产品和公布更新登记产品信息。三是加强肥料流通领域质量监控，除参与由省农业行政执法部门组织的市场质量检查外，积极配合技术监督部门、工商部门联合开展的"绿箭打假保农业""登记肥料产品质量检查""春季农资产品检查"等活动，强化流通领域肥料产品的质量检查，保护肥料市场各方的合法权益。

**6. 加强协作促升级**　根据省市、县二级的技术水平现状、特色优势农产品区域发展规划、土壤与生态类型等，统筹安排，统一部署，完善测土配方施肥技术体系。围绕农业主导产业、优势产业，与浙江大学、浙江省农业科学院茶叶研究所等科研部门协作，开展施肥技术研究，着手建立茶叶、蔬菜、水果、蚕桑等作物的施肥指标体系。结合不同耕作制度变化，探索高效施肥模式，进一步深化测土配方施肥技术。以浙江省农业科学院为技术单位，充实数据库，制定县域测土配方施肥指标体系，开展耕地地力评价，建立县域耕地资源信息系统，研发适合不同类型地区不同作物的施肥专家系统。开发基于 GIS 技术的推荐施肥咨询系统，以生态环境安全与经济效益综合评价为基础，提出推荐施肥量及配套技术，通过施肥技术标准化，减少化肥用量，推广测土配方施肥技术，建立农业资源高效综合利用的生产方式。

**7. 强化考核促推动** 把测土配方施肥作为政府主要工程的主推技术，充分展示测土配方施肥技术的应用成果，有效提高各级政府、领导以及全社会对这项工作的关注度。"十三五"以来，以"五水共治""乡村振兴战略"实施为契机，将测土配方施肥技术覆盖率等指标列入对地方党委政府的"五水共治""乡村振兴战略"等考核指标体系。以农业"两区"为主平台，以粮油和主导产业为主线，集成应用化肥减量增效技术与模式，多次召开化肥减量增效、有机肥替代化肥工作现场推进会，重点推广应用 18 项化肥减量技术、五大有机肥替代化肥技术模式，推进化肥减量。

## 四、实施效果

**1. 促进了农业增效农民增收** 全省累计推广测土配方施肥 39 502 万亩次，建立各级示范方 2 611 万亩次，农田减少化肥投入（折纯）21.48 万吨，累计增产 14 598 万吨，其中水稻亩均节本增收 40.92 元、油菜亩均节本增收 31.28 元、柑橘亩均节本增收 85.43 元、茶叶亩均节本增收 109.8 元、蔬菜亩均节本增收 90.63 元，促进了农业增效农民增收。

**2. 减少了农业面源污染** 通过项目实施，全方位、多角度、深层次宣传，提高了测土配方施肥工作的社会影响力，项目区氮肥用量明显减少、钾肥用量明显增加，平均每亩减少化肥投入（折纯）3.98 千克，不仅提高了肥料利用率，减少了养分流失，而且带动了有机肥增施，全省商品有机肥用量由 2007 年的 29 万吨达到 2020 年的 109 万吨，肥料使用结构得到了调整优化。氮肥利用率由 2010 年的 30.2％提高到 2020 年的 40.29％。累计减少不合理施肥量 68 万吨，相当于节约燃煤 102 万吨、减少二氧化碳排放量 214.2 万吨。

**3. 创新了推广服务机制** 深入开展实施测土配方施肥工作，充分利用施肥信息卡上墙、农民信箱、电视、广播、报纸、手机 App 等渠道，广泛宣传测土配方施肥，让广大农户认识到测土配方施肥的意义和重要性，增强主体参与的积极性、主动性。通过试验示范、现场诊断测试、现场会等形式，展示测土配方施肥增产、提质、节本、增效、增收等效果，取得的成效十分明显。创新建立了以"土肥技术部门＋专业合作社＋农民"为主要模式实施测土配方施肥服务的新机制。同时各地积极探索，因地制宜总结出"测土、试验示范、施肥指导""测土、试验示范、施肥指导、专用肥供应"等一批有效模式。海盐、富阳、江山等项目县（市、区）先后成立测土配方施肥专业合作社，向规范化、专业化、规模化测土配方施肥全程服务方向发展。

**4. 打造了一支为农服务的耕肥技术推广队伍** 测土配方施肥工作量大，专业性强，涉及面广，需要强有力的技术队伍作为支撑。通过开展全方位宣传、培训和建立示范区、示范户，采用为农民免费测土、发放施肥建议卡等途径，扩大了测土配方施肥的社会影响，大大提升了土肥工作的受重视程度和影响力，树立了土肥系统新形象，各地顺势而为建立了较为完备的耕肥技术推广体系，高峰时期有近一半县设立土肥站等专门技术推广部门，锻炼培养了一批专业水平过硬、素质较高的技术人员，打造了一支不怕苦、不怕累、懂技术、爱农业的为农服务队伍。

# 安徽省测土配方施肥十五年总结

2005 年以来，以实施测土配方施肥补贴项目为抓手，强化组织领导，狠抓措施落实，扎实开展土壤检测和试验示范等基础性工作，制定施肥配方，开展农企对接合作，深入推进测土配方施肥工作，在促进农业发展、农民增收和推动化肥使用量零增长行动中发挥重要作用。

2005 年，农业部、财政部开始实施测土配方施肥补贴资金项目，安排安徽省 15 个试点县（市、区，以下简称项目县），以后逐年增加，到 2009 年扩大到全省 93 个项目县和 2 个农垦农场，随后进入了巩固期。2016 年，该项目实施范围进行了调整，压缩了项目县，只有 25 个项目县实施。2017 年，中央财政对项目安排进行了改革，并采取"大专项＋任务清单"的方式，在农业资源及生态保护补助资金中安排耕地保护与质量提升项目，目标是提升耕地质量，减少化肥用量。主要任务是建立化肥减量增效试点县，开展取土化验和田间肥效试验等测土配方施肥基础性工作。2017—2020 年，安徽省每年安排 15 个化肥减量增效试点县和 50 个以上土肥基础工作县。2005—2016 年中央财政安排测土配方施肥项目补助资金共计 39 455 万元，2017—2020 年中央财政农业资源及生态保护补助资金共计 18 178 万元，合计 57 633 万元。

项目县农技推广部门和土肥站以及有关农垦农场负责项目具体实施，包括取土化验和布置田间试验、示范推广等。项目实施过程中与安徽农业大学资源与环境学院、安徽省农业科学院土壤肥料研究所开展技术合作，与 120 多家肥料企业开展农企对接，组织配方肥生产和供应。

## 一、主要工作

**1. 组织采样测试，掌握土壤肥力基础数据** 省土肥总站组织开展市、县级农技和土肥技术人员培训，解读《测土配方施肥技术规范》（以下简称《技术规范》），明确采样单元、采样时间、采样深度、采样点数量、采样路线、采样方法等，统一化验方法和分析项目，加强质量控制。据统计，全省累计采集农田土壤样品 131 万多个，分析了土壤 pH、有机质及大中微量元素等项目 1 650 余万项次。基本掌握了土壤养分状况，为田间试验和制定施肥配方提供基础数据，为农民科学施肥提供依据。

**2. 开展农户调查，了解当地生产和施肥水平** 各项目县在采集土样的同时，组织进行项目区取样地块农户土壤立地条件、施肥情况和作物布局及产量等情况的调查，掌握项目区基本农田土壤立地条件、农业生产水平以及施肥管理水平等，对农户生产、施肥情况进行分析汇总，找出施肥中存在的问题以及农民迫切需要解决的技术问题，并把调查数据录入测土配方施肥管理系统。通过项目区施肥效益调查和农民反馈的信息进行综合分析，客观评价测土配方施肥实际效果，逐步完善施肥技术体系和服务体系。2016 年，省农委制定了《全省肥料使用情况定点调查方案》，连续五年组织全省开展肥料使用情况调查，编制调查报告，分析肥料使用情况和变化趋势，提出对策建议，指导科学施肥。

**3. 布置田间试验，建立土壤养分和施肥指标体系**　肥料效应田间试验是获得各种作物最佳施肥品种、施肥比例、施肥数量、施肥时期、施肥方法的根本途径，也是筛选、验证土壤养分测试方法、建立施肥指标体系的基本环节。2005年以来，在水稻、小麦、玉米等作物上布置了大量的"3414"试验、化肥利用率试验、配方校正试验、肥效对比试验等2.7万个。通过试验，摸清土壤养分校正系数、土壤供肥量、农作物需肥规律和肥料利用率等基本参数，建立土壤养分丰缺指标体系和三大粮食作物施肥指标体系，验证测土配方施肥效果以及配合中、微量元素肥料的效果，构建作物施肥模型，进一步优化肥料配方，更好地进行推荐施肥，确定作物合理施肥品种和数量，基肥、追肥分配比例及最佳施肥时期和施肥方法。

**4. 建立数据库，推进智慧土肥**　以野外调查、农户施肥状况调查、田间试验和分析化验数据为基础，收集整理历年土壤肥料田间试验和土壤监测数据资料，建立测土配方施肥数据库。主要有属性数据库（包括土壤调查、农户调查、田间试验、对比试验、土壤与植株测试数据等内容）和空间数据库（包括土壤图、土地利用现状图、行政区划图、采样点位图等内容）。同时，结合第二次土壤普查、土地利用现状调查等成果资料，开展了县域耕地地力评价工作，建立了县域耕地资源管理信息系统，编制县域数字化土壤养分分布图、耕地地力等级图、中低产田类型分布图，编写了县域耕地地力评价工作报告、技术报告以及耕地改良利用、作物适宜性评价和种植业布局等专题报告。省土肥总站与安徽农业大学资源与环境学院联合先后开发了测土配方施肥专家服务系统触摸屏和短信专家施肥服务系统，方便农民查询和应用。目前已有30多个县（市、区）开通手机短信平台，为农民提供测土配方施肥信息服务。

**5. 研制和发布配方，为农民提供科学施肥信息**　组织教学科研以及当地农业技术推广有关专家，汇总分析土壤测试和田间试验数据结果，根据气候条件、土壤类型、作物品种、产量水平、耕作制度等差异，合理划分施肥类型区。审核测土配方施肥参数，建立施肥模型，分区域、分作物制定肥料配方和施肥建议卡，印制发布并张贴上墙，便于农民按方选肥、购肥和施肥。在县级农业部门发布配方的同时，省、市农业部门还组织专家对县域肥料配方进行汇总、提炼、审定，提出大区域配方，通过互联网或文件向社会发布。企业根据农业部门提供的配方信息，生产不同作物的配方肥，满足生产需要。2010—2015年，省土肥总站每年将各县配方进行汇总，组织专家审核县域配方500个以上，研究提出主要农作物区域大配方20多个，并向社会公布。2017年以后，由于项目内容调整，测土配方施肥作为化肥减量增效的重要技术支撑，继续开展取土化验、田间试验等基础工作，不断优化施肥配方和施肥技术。

**6. 开展农企对接，大力推广配方肥**　省农委积极探索建立农企合作机制，加快测土配方施肥技术推广应用，扩大配方肥的生产和供应，先后印发了《安徽省配方肥料推荐生产企业评定和管理办法（暂行）》《关于进一步做好配方肥料推广工作的通知》《全省农企合作推广配方肥实施方案的通知》，规范配方肥认定和包装标识管理，遴选认定了10家省内较大的肥料企业作为省级测土配方施肥合作企业，通过文件和媒体向社会公布。积极引导和鼓励省内外大中型肥料企业参与测土配方施肥工作,每年组织农企对接,开展配方肥到田普及活动。据统计,先后有120多家省内外肥料企业与农业部门合作,共建配方肥供销网络。到2020年底,全省销售配方肥的网点(含乡村供肥网点)近1万个,累计推广配方肥料1900多万吨,应用面积约9.5亿亩次。

**7. 加强技术研发,深化测土配方施肥技术** 联合安徽省农业科学院、安徽农业大学等单位组成专家团队,重点开展田间试验、土壤养分测试、肥料配方、数据处理、专家推荐施肥咨询系统等方面的技术研发工作,不断提升测土配方施肥技术水平。项目实施期间,多次召开专家分析、研讨会,对全省耕层土壤养分分布特征及规律进行研究,建立了符合当前生产条件的小麦、水稻和玉米施肥指标体系;研究提出小麦高产高效种肥同播、玉米免耕种肥同播和水稻机插秧水肥运筹等科学施肥集成技术,并示范应用。通过试验示范,总结提出主要农作物优化配方肥、配方肥+有机肥、配方肥+水肥一体化、绿肥+配方肥、配方肥+秸秆还田、缓释配方肥一次性基肥施用等技术模式。

**8. 组织示范推广,加快技术成果应用** 坚持试验、示范和推广应用相结合的原则,加快技术推广应用,发挥项目效益。根据测土和肥料试验结果,针对项目区农户地块养分和作物种植状况,县级农业技术推广部门组织项目区各乡镇农技人员和村委会发放测土配方施肥建议卡,建立测土配方施肥示范区,展示测土配方施肥技术效果,带动并引导农民应用测土配方施肥技术。结合新型农业经营主体搭建示范平台,对种植大户、家庭农场、农民专业合作社进行技术培训、指导、服务和扶持,按照"结构合理、总量控制、方式恰当、时期适宜"的施肥原则,集成测土配方施肥、种肥同播、化肥深施等技术,创建一批示范片(区、方),做到有专家指导、有示范对比、有简明标示牌,让农民看得见、学得到,引导农民推广应用。

## 二、主要成效

**1. 实现主要农作物增产增收** 2005—2020年累计推广测土配方施肥面积13.7亿亩次,为粮食稳定增产、保障农产品供给和农民增收提供基础支撑。2020年推广测土配方施肥面积1.22亿亩次,技术覆盖率达90.4%。2006—2015年三大粮食作物统计分析,与习惯施肥比较,水稻亩均增产稻谷32.4千克,增产率6.4%,亩节约化肥1.19千克,亩节本增效60.2元;玉米亩均增产40.5千克,增产率9.0%,亩节约化肥0.9千克,亩节本增效73.6元;小麦亩均增产30.2千克,增产率7.5%,亩节约化肥1.57千克,亩节本增效55.3元。经济作物推广测土配方施肥效果更加显著,亩均增效100元以上。经测算,推广测土配方施肥十五年来累计增加效益800多亿元。2020年,安徽省粮食产量401.9亿千克,居全国第4位,连续4年稳定在400亿千克以上,较2005年增加141.35亿千克,增长154.3%。

**2. 促进施肥方式方法优化** 一是品种结构优化。普及应用配方肥,推广缓释肥料、稳定性肥料、有机无机复混肥料、生物有机肥料、水溶肥料以及高效多功能肥料。2020年推广配方肥157万吨,较2006年增加143.3万吨,配方肥施用占比由2006年的4.4%提高到53%,提高48.6个百分点;2020年推广缓释肥料、生物有机肥料、水溶肥料等

1 200 万亩次，有机肥施用约 3 200 万亩次，绿肥面积近 200 万亩，施肥结构进一步优化。二是养分结构优化。采取"减氮、稳磷、增钾和补充微量元素"等措施，平衡土壤、施肥养分，优化氮、磷、钾比例，由 2005 年的 1：0.40：0.35 逐步调整到目前的 1：0.45：0.48，满足作物需要。三是施肥方式优化。实行农机农艺结合，种肥同播、水稻侧深施肥等机械施肥面积逐年扩大，2020 年达 6 700 多万亩次，比"十二五"末增长约 45％，水肥一体化应用面积从试点到扩大应用，2020 年达到 736 万亩次，施肥方式进一步优化。

**3. 推动化肥使用减量增效** 实行测土配方、平衡施肥，改变了农民只重视氮肥和大量、过量施用化肥的习惯，不仅提高了农产品产量和品质，而且提高肥料利用率，减少化肥投入。据统计分析，实施测土配方施肥，主要粮食作物每亩可减少不合理施肥 1.3 千克左右。全省化肥使用量呈现由增长到下降的态势，2015 年实施化肥使用量零增长行动以来，全省化肥使用量连续下降，到 2019 年，全省化肥使用量降至 298.02 万吨（折纯，下同），较 2014 年最高峰的 341.4 万吨减少 12.7％。2020 年化肥使用量仍然保持下降趋势，连续 6 年实现负增长。2020 年小麦、玉米、水稻三大粮食作物化肥利用率为 40.4％，比 2015 年提高 6 个百分点。

**4. 改善农业生态环境** 一是氮肥用量减少趋势明显。在不增加化肥施用量的情况下，通过调氮稳磷增钾，减少了大量施用氮素化肥带来的环境影响。二是培肥地力，提高肥料利用率。通过磷、钾和微量元素的补充以及增施有机肥，提高了肥料利用率，培肥了土壤，为农业可持续发展奠定基础。三是促进减少农业面源污染。测土配方施肥可以平衡养分，促进农作物生长健壮，增强了抗逆性和抵抗病虫害的能力，对降低农药用量、减少农业面源污染起到了促进作用。

**5. 增强土肥系统服务能力** 改造、完善土肥化验室，添置仪器设备，充实技术力量，增强服务能力。土肥部门免费为农民取土化验，开展技术培训，印发施肥建议卡和技术资料，进村入户、深入田间地头开展面对面的施肥指导服务，得到了农村基层干部和广大农民群众的高度评价，树立了良好的土肥人形象。

# 三、工作措施

**1. 加强组织领导** 建立了测土配方施肥联席会议制度，成立了测土配方施肥联席会议办公室。同时，成立了省级专家组，由安徽省农业科学院、安徽农业大学等单位专家组成。切实加强组织领导、工作谋划和技术指导，统筹推进测土配方施肥项目工作。各项目县成立以县级政府分管领导为组长的领导组和以农业部门为主的技术组，加强工作协调和技术指导，强化责任落实，上下联动、合力推进。

**2. 开展技术服务** 省土肥总站根据测土、试验等基础数据，制定主要农作物施肥指导意见印发各地，指导施肥、服务生产。县级农业部门结合农时季节，制定测土配方施肥指导方案和发布配方信息，每年各地推荐施肥配方 800～1 000 个，配方施肥建议卡和施肥技术指导入户率达到 90％以上。选择技术条件较好的乡镇基层农业综合服务站，承担示范基地、农民田间学校、个性化测土配肥服务和配方肥网点管理等工作，发挥科学施肥试验示范和农业技术集成推广的综合功能。根据种植大户、家庭农场、农民合作社和涉农种植企业实际需求，开展专业化、个性化、全程化测土配方施肥和种植技术指导服务。通过各地实践操作，积极探索符合实际的"三统三定"运行模式（即统一测土、统一配方、统一制卡，定点配肥、定向供肥、定人服务），充分发挥种植业大户、科技示范户、农民专业合作组织和基层肥料销售网点等对农民的指导、带动和服务作用。

**3. 创新合作机制** 建立政产学研推合作机制，形成合力。一是各级农业部门突出重点、打造亮点，广泛宣传，建立"政府主导、部门主推、多方参与、合力推进"的工作机制，将部门行为转变成政府行为。二是深入开展农企合作，依托大中型肥料企业，对接粮油优势产区的大市大县，组织农企对接会议，打造农企合作样板，促进配方肥到田。10个省级推荐企业与示范县签订合作协议，示范带动各地广泛开展农企合作，大力推广应用配方肥。三是发挥科研、教学的技术优势和企业的资金和渠道优势，实行"产学研推"结合，开展测土配方施肥关键技术集成研究，为调整施肥结构、转变施肥方式，实现节本增效、提质增效、绿色增效提供技术支撑。

**4. 强化督查管理** 一是实行合同管理。2005—2016 年，省农委与县农业行政管理部门签订项目合同书，明确测土配方施肥补贴项目的目标任务、技术指标、质量标准、资金管理以及奖惩方法等。2017 年后，根据项目要求，实施绩效目标管理。二是开展督查指导。省土肥总站每年开展项目进度统计和化验质量考核，组织安徽农业大学、安徽省农业科学院等专家，分组或分片对项目县实施情况进行检查指导，及时发现和解决问题，探索新机制，总结好经验。三是加强对配方肥质量监督。各级农业部门会同有关部门加强对配肥企业和肥料市场的监管，保证配方肥质量和价格稳定，防止出现假冒伪劣肥料坑农害农或趁机以测土配方施肥名义抬高肥料价格的行为。四是坚持实行年度验收制度。按照《测土配方施肥补贴项目验收暂行办法》规定，在项目县自验的基础上，省农委每年组织安徽省农业科学院、安徽农业大学以及测土配方施肥联席会议成员单位专家召开验收会，对项目进行集中验收评分。五是加强项目资金管理。严格按照《测土配方施肥试点补贴资金管理暂行办法》以及资金使用相关文件规定，设立专账，确保项目资金专款专用。各级财政和农业部门加强项目资金预算与财务监督、审计等管理，切实把项目资金管好用好。

**5. 组织宣传培训** 一是就地宣传。各地采取农民喜闻乐见的形式，在村民集中活动场所和肥料经销网点，积极推进测土配方信息、施肥指导方案和科普标语上墙，方便农民了解掌握耕地养分状况、作物种植和田间管理信息以及科学施肥知识。二是媒体宣传。利用广播、电视、报刊、互联网等媒体，广泛宣传。在安徽农业信息网开辟测土配方施肥专栏，与《安徽日报农村版》联合开展"测土配方施肥江淮行"系列宣传活动，推出宣传专版；省土肥总站先后编发《测土配方施肥工作动态》《安徽土肥信息》，及时交流工作进展和成效，宣传报道测土配方施肥工作中出现的好做法、好经验和先进典型，营造测土配方施肥良好氛围，提高社会认知度，增强科学施肥意识，推动农业绿色、协调和可持续发展。三是技术培训。每年举办全省土肥技术人员能力提升培训班。组织田间学校和现场观摩活动，面对面传授科学施肥技术和经验做法。2005—2020 年，累计举办各类培训班约9.4 万期次，发放施肥建议卡等技术资料 1.1 亿份，组织科技赶集 2.5 万余次、现场观摩会等 1.4 万余场次。

# 福建省测土配方施肥十五年总结

自 2005 年开始实施测土配方施肥工作以来，项目县逐年扩大。2005 年 2 个项目县，2006 年 6 个项目县，2007 年 10 个项目县，2008 年 22 个项目县，2009 年 26 个项目县，实现全省全覆盖。

十五年来，国家共投入资金 26 680 万元，累计推广测土配方施肥 2.99 亿亩次，实现节本增效 122.6 亿元，在粮食产量连年增长的情况下，2019 年全省化肥使用量 106.26 万吨，比 2005 年（122.02 万吨）减少 12.92%，社会效益、经济效益、生态效益显著。

## 一、主要做法

**1. 加强组织领导，把测土配方施肥工作列入重要的议事日程**  省委、省政府领导多次对测土配方施肥工作做出批示，充分肯定了测土配方施肥的重要意义。省农业农村厅成立了测土配方施肥领导小组和技术专家组，负责项目的组织协调和技术指导，做到认识、责任、措施三到位。省技术专家组定期或不定期地研究、协调、落实测土配方施肥推广工作的重大技术事项。项目县均成立了测土配方施肥项目工作领导小组，由分管农业的副县（市、区）长任组长，统筹协调全县测土配方施肥工作。各项目县以县（市、区）政府办下发县域测土配方施肥实施方案，将测土配方施肥的目标任务细化分解到各乡镇，明确各自职责，为测土配方施肥工作的顺利开展奠定了基础。

**2. 加强技术指导，确保测土配方施肥各环节技术到位**  根据主要农时季节生产的特点，起草制定春季和秋季科学施肥指导意见，对水稻、花生、旱甘薯、香蕉、柑橘和茶叶等作物提出施肥建议，指导农民"科学、经济、环保"施肥，并在网上公布。项目县均成立了技术专家组，严格按照《测土配方施肥技术规范》的要求，结合当地的农业生产实际，对测土配方施肥项目县基层农技人员在野外调查采样、分析化验、田间试验、肥料配方、配方肥生产与供应等核心环节的关键技术进行指导。先后举办各类技术培训11 238 期，培训技术骨干、农民和肥料经销人员 51.32 万人次。

**3. 加大宣传力度，努力营造测土配方施肥的良好氛围**  通过形式多样的宣传，在全社会营造科学施肥氛围，提高农民科学种田的意识。项目县充分利用墙报、广播、电视等平台精心制定宣传方案；组织肥料企业和肥料销售人员进行技术培训，同时通过科技讲座、科技咨询、深入田间地头对农民进行指导，通过发放测土配方施肥建议卡引导农民购买配方肥，为配方肥的推广应用提供良好的外部环境。在县级以上广播、电视、报纸等媒体上宣传报道 11 236 次，并多次在中央电视台、福建省电视台和福建日报等进行典型报道。

**4. 创新工作机制，探索建立测土配方施肥的长效机制**  为更好地推进测土配方施肥数据的应用，省土肥总站组织研发了"福建省农作物测土配方施肥专家咨询服务系统"软件，对土壤养分测试结果以行政村为单位，将土壤养分测试结果和丰缺结果进行汇总和评价，在村委会、供肥网点进行张榜公示；同时要求项目县将每个行政村耕地土壤养分数据及评价结果、相应地块作物施肥建议和科学施肥的相关知识按村汇编成册，发放到每个农户手中，以指导农民购肥、施肥。为了及时将测土配方施肥建议卡发放到农民手中，宁德市蕉城区农业农村局与蕉城区邮政分局合作，利用邮政系统发放施肥建议卡，通过奖惩措施，大大提高施肥建议卡的入户率和发放的时效性，使施肥建议卡及早在农业生产中得到有效的应用，切实做到"测土到田，供肥到点，指导到户"，让农民得实惠、节肥促增收；仙游县充分发挥村老年协会的作用，在作物施肥的关键时期，通过村广播提醒农民按方施肥；大田县开发了施肥建议卡填写系统软件，一次性输入测土数据和土样地块调查表数据，可批量形成测土配方施肥建议卡。尤溪县、云霄县等在"12316"、县农业信息网等公开发布本地耕地土壤中碱解氮、有效磷、有效钾、有机质和 pH 等化验数据，并提供全县《测土配方施肥农户指导手册》在网上下载使用，为全县农民群众公开提供施肥建议，切实服务广大农民，达到测土配方施肥项目实施效益的最大化。

**5. 鼓励企业参与，通过配方肥形式物化测土配方施肥技术**　随着测土配方施肥工作的深入开展，福建省各级农业部门把企业参与作为实施测土配方施肥的重要环节，积极探索有效运行机制，组织配方肥的生产、供应和推广工作，满足广大农民群众对配方肥的需求。2006 年制定了《福建省配方肥定点加工企业认定办法（试行）》，按照公开、公正、公平、优惠、自愿的原则，认定 12 家省级配方肥定点加工企业，确定 20 个福建省主要作物专用配方，按照"大配方、小调整"的原则指导全省配方施肥。依据各项目县测土配方施肥成果，每年组织制定发布了县域主要农作物测土配方施肥肥料配方，涉及 66 个项目县的水稻、茶、白菜、花生、莴苣、大豆、马铃薯、甘薯、木薯等多种作物。同时，积极引导和鼓励企业积极参与测土配施肥工作，下发了《福建省农业厅关于进一步促进企业参与测土配方施肥工作的意见》，配方肥加工企业、项目县农业局、肥料经销商签订合作协议，实现三方对接。如永安市通过签约、授牌的方法，选择 21 个配方肥供应点，满足农民对配方肥的需求。建瓯市与 7 家企业签定合作协议，专门成立了配方肥配送中心，负责配方肥的调配工作，在全市范围内建立配方肥零售点 60 个，覆盖各乡镇及主要行政村，就近服务农民。三明市在 8 个示范片区发放包含了肥料品种、肥料重量等信息的"测土配方施肥供肥票"，由两区土肥站分发到示范片农户手中，农户凭票到当地测土配方肥料供应点领取。农户凭票购肥，享受配方肥"买一送一"，同时，要求肥料生产企业与销售企业做好配方肥出厂、配方肥销售、赠送配方肥申领情况备案登记。

**6. 项目不断拓展，应用测土配方施肥作物范围逐步延伸**　福建省茶果种植面积 1 100多万亩，茶果产业在种植业生产、农民收入中占有重要地位。将测土配方施肥由耕地扩展到茶果园，对提高肥料利用率，达到节本、提质、增效具有重要的意义。为满足主要经济作物和园艺作物对测土配方施肥的需要，项目县全面开展茶果园土样采集与测试、试验示范等，制定全省茶果园土壤养分分级指标，并在网上发布。项目县在完成耕地养分采样分析的基础上，集中力量做好园地土壤养分的采样、分析工作。据统计，全省共采集园地土样 13.8 万个，对 825 万亩果茶园土壤养分进行化验和评价，并针对当地园艺作物开展科学施肥对比试验，每个项目县都建立至少 1 个特色园艺作物的示范片，示范片面积 100 亩以上。如古田县在水蜜桃、李、油茶、葡萄、脐橙等当地主要水果上进行田间试验、示范推广。尤溪县在 2009 年开展金柑、芦柑、茶叶等方面的示范推广工作，推广面积达 15 万亩，发放经济作物施肥建议卡 5 500 份，指导农民按方配肥面积 5.8 万亩。

**7. 规范化验室建设，提高测试能力和水平**　省土肥总站制定了《福建省土壤化验室建设基本要求》和《福建省土壤化验室质量控制要求》，确保测土配方施肥化验室的规范化建设和化验室质量控制。分批组织 66 个承担测土配方施肥项目县进行土壤化验室土壤样品参比样考核，并对项目县土壤化验室检测质量考核情况进行通报。

**8. 化验室仪器设备统一招投标，保证项目顺利开展**　省土肥总站根据测试分析的需求，提出县级土肥化验室仪器设备配备清单，由项目县根据化验室的需求进行选择上报。为了节省采购时间和资金，确保土壤化验项目按时顺利开展。经与省财政厅协商，各项目县化验室仪器设备费统一拨到省站，由省站组织有关专家研究确定仪器设备技术参数，按政府采购程序，组织公开招投标，解决了项目县单独购置土壤化验室仪器设备型号复杂、售后服务难落实和单独招投标程序繁杂等问题。

**9. 加强管理，确保资金和任务落到实处**　按照《测土配方施肥补贴资金管理办法（试行）》，省财政厅、农业农村厅联合制定了《福建省测土配方施肥补贴资金管理办法（试行）》。每年省农业农村厅与各项目县签订项目合同，明确了测土配方施肥补贴内容和补贴标准，实行专款专用、专账核算。根据农业农村部《测土配方施肥补贴项目验收暂行办法》要求，项目县根据与省农业农村厅签订合同中所规定的内容、目标和经费使用情况等方面进行自查，每年对项目县进行年度检查验收，并针对检查验收过程中存在的问题及时下发整改意见，要求项目县限期整改，确保测土配方施肥项目规范进行。

## 二、主要成效

十五年来，全省发放测土配方施肥建议卡 2 412 万份，实施测土配方施肥面积 2.99 亿亩（次），累计增产 1 067.3 万吨，减少不合理施肥量（折纯）67.87 万吨，总节本增效 122.6 亿元，取得了较大的社会、经济和生态效益。

**1. 摸清了土壤养分现状**　据统计，全省累计完成土壤采样 35.8 万个，分析化验 232.7 万项次。通过土样测试数据分析表明：全省耕地土壤中有机质含量处于中上水平，碱解氮含量处于中等水平，有效磷含量处于丰富水平，速效钾含量处于缺乏水平，pH 多呈酸性。

**2. 完善施肥指标体系**　从福建省农业种植结构特点出发，有针对性地建立主要农作物施肥指标体系：一是首先确定主要粮油作物品种。根据各地农业种植结构特点，在每个项目县安排 2 个作物开展"3414"田间试验，在签订合同之际，对项目县供试作物进行审定后实施。二是规范实施。统一制定田间数据记载本，从试验地基本情况、试验处理与方法、试验地栽培管理、试验验收、考种等进行规范。在各地田间试验实施过程中，组织有关专家进行巡回指导。三是实地指导各地开展田间试验，并协助各地建立指标体系。四是对各地的田间试验上报资料进行审核，并结合近年来田间试验资料，对水稻、甘薯、马铃薯、花生等主要粮油作物氮磷钾施肥效应、化肥利用率和土壤速效养分丰缺指标进行汇总，逐步完善了主要农作物的施肥指标体系。十五年来，每年依据各项目县测土配方施肥成果，组织制定发布了主要农作物测土配方施肥肥料配方 387 个，涉及多种作物。

在水稻、花生、甘薯、马铃薯、蔬菜等主要农作物上开展了"3414"肥料效应田间试验，安排肥料效应田间试验 4 834 个，建立了主要农作物施肥指标体系。建立示范片 7 375 个，示范面积 200.1 万亩，建立化肥减量增效示范面积 123 万亩，为当地主要农作物科学施肥提供示范样板。同时，通过开展土壤养分测试、田间肥效试验等工作，全省逐渐完善了当地主要粮食作物施肥指标体系，构建了测土配方施肥数据库，开展了耕地地力评价，组建了县域耕地资源信息管理系统、耕地地力评价体系和测土配方施肥数据汇总系统等三大资源共享体系，为进一步深入开展测土配方施肥工作打下了扎实的基础。

**3. 优化了施肥结构** 通过开展测土配方施肥，一是有效改变了过去偏施化肥的习惯，增加了有机肥用量，实现了有机肥与无机肥相结合；二是改变了过去长期以来以施用单质化肥或 15 - 15 - 15 等高浓度复混肥为主的习惯，调整到施用配方肥或不同养分配比的作物专用肥；三是将传统的凭经验施肥改变为按照不同土壤养分含量、不同作物的需肥特性，实行凭施肥建议卡施肥，通过项目区广大农技人员和基层干部的共同努力，项目区配方施肥建议卡入户率达到 90% 以上。"缺什么补什么""缺多少补多少"的观念正逐步被农民广泛接受。施肥结构不断趋于合理，农民在施肥上注意控氮、减磷和补钾，合理施用有机肥。统计资料表明：大部分项目县呈现出氮肥用量减少、钾肥用量增加的现象，主要养分结构与施用方法趋向科学，主要农作物化肥利用率呈逐年上升趋势，其中 2016 年 36.2%、2017 年 37.1%、2018 年 38.2%、2019 年 39.4%、2020 年 40.0%。

**4. 增强了服务体系** 测土配方施肥项目实施以来，全省土肥技术队伍得到了巩固、充实和加强，通过一系列技术培训，技术人员素质不断提高，土肥技术队伍得到了充实，土肥化验设施逐步完善，提高了整个土肥技术队伍的服务能力。项目县新建和改造土肥化验室面积 2.4 万米$^2$ 以上，测试分析设备投入资金 1 250 万元，购置仪器设备 2 386 台（套），上岗人员都经过专业技术培训。目前，各项目县基本具备测试分析土壤有机质，大、中、微量元素等项目的能力，为土肥事业进一步发展打下了牢固的基础。

# 江西省测土配方施肥十五年总结

2005 年来，江西省各级土肥部门在各级党委和政府的领导下，认真贯彻党中央、国务院决策部署，深入实施"藏粮于地、藏粮于技"战略，坚持"增产、经济、环保"的施肥理念，加大工作创新，大力推广测土配方施肥技术，取得了良好成效，促进了全省农业高质量发展。

## 一、取得的主要成效

**1. 土肥技术服务能力显著提升** 全省累计采集土壤样品 83 万个，覆盖所有农业县（市、区）；共计检测土壤性状指标 500 万项次，涉及有机质、pH、氮、磷、钾、钙、镁、锌等近 20 项指标，全面摸清了全省土壤肥力家底。全省共计开展"3414"肥效试验、养分梯度试验、"2＋X"试验、田间对比试验、化肥利用率试验等各类试验 1 万个，覆盖了水稻、油菜等大宗农作物以及柑橘、辣椒等高效经济作物，较全面掌握了全省农作物需肥规律，制定了作物测土配方施肥方案。建立了测土配方施肥数据库，实现了数据信息化管理，开发了测土配方施肥系统单机版、触摸屏版、网页版和手机版，逐步提升了土肥技术服务能力和水平；累计推广作物测土配方施肥面积 8.2 亿亩次，促进农业节本增收 350 亿元。

**2. 农户科学施肥意识显著提升** 全省各地各级土肥部门，因时、因地合理运用集中培训、科技下乡、入户指导、现场观摩、宣传横幅、电视、报纸、互联网等方式，开展测土配方施肥技术宣传指导 24 万次，受众农户超 1 900 万。农民重化肥、轻有机肥、重大量元素肥料轻中微量元素肥料的传统观念正在发生变化，自觉增施有机肥、按测土配方施肥方案施肥的现象明显增多，采用机械深施肥、水肥一体化、作物营养诊断的用户数量明显增加。

**3. 作物化肥利用率显著提高** 全省化肥（折纯，下同）投入结构、投入数量和投入效率发生了深刻变化，肥料品种由单质肥向复合肥发展趋势明显，化肥用量和利用率随时间推移向减量化发展趋势明显。2005—2019 年，复合肥用量占化肥总用量的比重从 27.4% 提高到 45.7%，提高了 18.3 个百分点；化肥用量从 129.39 万吨减少到 115.57 万吨，减少了 13.82 万吨，减幅达 10.7%；主要农作物（粮食、棉花、油料、糖料、麻类、烟叶、蔬菜、茶、水果）产量从 3 396.56 万吨增加到 4 631.81 万吨，增加了 1 235.25 万吨，增幅达 36.4%；每千克化肥产出农产品数量从 26.3 千克增加到 40.1 千克，增产了 13.8 千克，增产幅度达 52.5%。

## 二、主要做法

**1. 强化组织领导** 省、市、县三级均成立了以农业农村部门分管领导为组长的测土配方施肥工作领导小组，加强对测土配方施肥项目的组织和协调；同时，成立以江西省土壤肥料技术推广站、江西农业大学、江西省农业科学院等土肥推广部门和农业科研院校专家组成的测土配方施肥技术指导小组，负责全省技术方案的制定以及基层的技术指导和培训工作。

**2. 强化项目管理** 江西省测土配方施肥技术推广工作先后得到中央财政测土配方施肥补贴资金项目、农业技术推广与服务补助资金项目、农业资源及生态保护补助资金项目等的补助和支持。为提高财政资金使用效益，严格执行《测土配方施肥试点补贴资金管理暂行办法》《中央财政农业技术推广与服务补助资金管理办法》《中央财政农业资源及生态保护补助资金管理办法》等有关规定，对项目进行绩效管理，实行定期调度和目标考核制度。

**3. 强化机制创新** 项目实施初期，全省围绕构建测土配方施肥技术服务体系，探索建立了"专家配方、省级核准、统一品牌、委托加工、网点供应"的配方肥生产供应模式和"大配方、小调整"的推广模式，配方肥料由企业按专家制定的配方进行规模化生产并在包装袋上统一使用"玉露"牌公益品牌，田块施肥方案由基层土肥部门以配方肥为基础搭配单质肥料具体制定。2014 年后，为适应农业信息化发展新趋势，提出了"互联网＋测土配方施肥生态系统"推广模式，集成云服务、移动互联网、人工智能等新一代信息技术，建立了江西省测土配方施肥云服务平台，为农户提供线上线下协同服务，促进了测土配方施肥技术进一步普及应用。

# 山东省测土配方施肥十五年总结

2005年，农业部启动测土配方施肥补贴项目，"十三五"期间又增加投资力度开展化肥减量增效项目。十五年来，山东省土肥系统持续强化新发展理念，推动绿色发展，认真贯彻落实农业农村部和省委省政府有关决策部署，以农业高质量发展为导向，扎实开展测土配方施肥和化肥减量增效工作，实现了取土化验全覆盖、配方发布全覆盖、科学施肥技术全覆盖，取得显著成效。

## 一、取得的成效

十五年来，中央和省财政累计投入资金7.7亿元支持测土配方施肥、化肥减量增效项目，覆盖了全部的农业县（市、区）。通过项目带动，广泛布点示范，探索总结模式，强化宣传培训，全省上下绿色发展理念逐步强化，各类农业经营主体科学施肥意识显著提升，相关技术推广的良好氛围加速形成。

**1. 完成了测土配方施肥工作任务**　自2005年来，每年坚持取样化验、试验示范、宣传培训全覆盖，打造一批高标准基础技术示范区。十五年累计完成土样采集115余万个，化验近1 000余万项次，安排试验示范1.1万个；到"十三五"期间，全省测土配方施肥技术覆盖率持续稳定在90%以上，配方肥应用面积逐年扩大，2020年达到6 600万亩，近五年累计推广应用配方肥近3亿亩。2017—2020年建成果菜有机肥替代化肥示范区50多万亩，示范区内化肥施用总量较上年减少16%左右，有机肥施用总量增加20%～50%，带动试点县农业废弃物资源化利用率提高1～2个百分点。

**2. 摸清了主要土壤养分现状和变化趋势**　测土配方施肥补贴项目实施以来，每年坚持取土化验，建立了国家、省、市、县四级耕地质量监测网络，构建了全省土壤养分数据库。目前已全面摸清了耕地土壤养分现状和变化趋势，总体看各养分指标和有机质呈上升态势，有效磷富集明显，半岛地区土壤呈酸化趋势。近年来汇总出版了《山东耕地》《山东省土壤养分分级统计汇编》《山东省耕地质量演变30年洞鉴》等书籍，各县（市、区）也出版了耕地质量评价系列丛书近100种，为全省土壤养分现状积累提供了重要支撑。

**3. 构建了主要作物施肥指标体系**　基于全省土壤养分数据库和历年的田间试验结果，修订完善了施肥指标体系，建立了省内六大生态区域的主要农作物丰缺指标、最佳施肥量等施肥指标体系。为推进测土配方施肥工作和配方肥应用，结合土壤养分状况和主要作物施肥指标体系，省、市、县逐级定期制定并发布小麦、玉米等常规作物的区域配方和施肥建议，实现了配方发布的全覆盖。

2017年以来，中央投入资金用于试点果菜有机肥替代化肥项目。通过项目带动，极大提高了项目区有机肥的施用量和施用面积。结合项目成果，与中国农业大学和中国农业科学院合作，总结提炼了粮果菜有机肥替代化肥的量化指标，明确了主要作物适宜的有机肥替代化肥比例，并在项目区及全省广泛推广应用。

**4. 集成了科学施肥、水肥一体化等主要作物施肥技术模式** 历年来基于项目推广和技术研发，注重技术模式的总结。近五年，总结形成化肥减量增效集成技术模式 15 套，有机肥替代化肥技术模式 7 套，编制发布科学施肥、水肥一体化技术等技术规程 134 项。近两年与山东农业大学、山东省农业科学院合作制定的苹果、番茄、黄瓜、生姜等化肥减施增效和有机肥替代化肥等 6 项技术入选山东省农业主推技术，并在省内推广应用。

**5. 建立了土肥水检测体系，检测能力逐步提升** 按照测土配方施肥工作要求，积极推进标准化验室建设，至 2013 年县级化验室全部配齐健全，使用面积都达到了 200 米$^2$ 以上，全省土肥化验室面积达到了 3.6 万米$^2$，仪器设备价值达 1.59 亿元，其中大型精密仪器 1 874 台套，普遍具备了化验大中微量元素的能力，数据采集和传输设备也配备齐全，基本实现了样品分析规范化、批量化和数据传输网络化。为提高技术水平和检测能力，历年来累计开展化验员培训 15 期次，其中省级以上 3 次，累计培训 230 人。

2016 年以来，第三方检测机构如雨后春笋般蓬勃发展，全省土肥水检测任务大部分由第三方检测机构承担。为加强土肥水检测质量控制，根据农业农村部部署，分别开展了"山东省土肥水项目承检机构能力评估"和"部级耕地质量标准化验室考核"工作，累计培育招远农产品检测中心等三批次 15 家机构为"部级耕地质量标准化验室"，考核确认潍坊信博理化检测有限公司等 23 家检测机构为山东省土肥水项目承检机构能力评估合格单位，下发《关于加强耕地质量控制的通知》，并就委托检测质量控制和报告提交提出了规范意见。

**6. 探索形成了产学研推多渠道合作的技术推广机制** 测土配方施肥项目和化肥减量增效项目实施多年来，通过加强与生产、科研、教学推广、应用单位合作的方式，共同开展试验示范、宣传培训、技术指导，形成技术创新和成果应用的强大合力，建立了产学研推多渠道合作的技术推广机制。2012 年印发了《关于加强农企合作推广配方肥工作的通知》推进农企合作机制。为强化科学施肥技术指导服务，各级都成立项目领导小组，2021 年组建了部省两级科学施肥专家库。借助产学研推多渠道合作的方式，积极推广测土配方施肥、耕地质量提升、水肥一体化等项目技术成果，极大促进了项目技术推广和应用。

**7. 获得了突出的科技成果** 山东省依托测土配方施肥、耕地质量提升、水肥一体化等技术，积极进行理论创新、技术创新、推广模式创新，总结有关成效，获部、省、市级成果 157 项，其中省部级以上奖励 48 项，组织参与编制了《大量元素水溶肥料》《水溶肥料水不溶物含量的测定》《日光温室番茄水肥一体化生产技术规程》《堆肥生产有机物料发芽指数测定技术规程》等行业、地方和团体标准 17 项，出版学术著作 6 部。编制发布科学施肥、水肥一体化技术等技术规程 134 项，为全省测土配方施肥技术推广提供了强大的技术支撑。

**8. 取得了较好的经济、社会和生态效益** 一是实现了化肥用量持续负增长。由于测土配方施肥和有机替代工作的扎实开展，带动全省化肥用量连续 13 年负增长，负增长起点比全国提前了 9 年。2020 年全省化肥用量 380.9 万吨，较 2015 年减少 17.8%，与 2007 年历史峰值相比，则减少 23.9%。无论是减肥年限还是减肥幅度都位居全国前列。二是商品有机肥用量逐年增加。2020 年全省商品有机肥用量 436.4 万吨，较 2017 年增加 29.4

万吨。三是施肥结构逐步优化。2020年全省化肥复合化率达到52.16％，较2015年增加3.82个百分点。氮、磷、钾比例由2015年的1∶0.32∶0.27优化为1∶0.32∶0.28。四是肥料利用率逐步提高，粮食作物氮肥利用率达到40.24％，较2014年提高7个百分点，其中小麦氮肥利用率40.47％、玉米普通氮肥利用率37.02％、玉米新型肥料氮肥利用率43.80％。四是取得显著效益。十五年全省测土配方施肥技术推广面积逐年增加，2020年全省配方肥施用面积达6 600万亩，较2015年增加1 200万亩。通过技术应用每亩粮食可减少纯养分3.0千克、果园减少15千克、蔬菜减少17.5千克，平均每亩新增纯收益粮食68元、果园585元、蔬菜418元，近五年累计产生经济效益296.5亿元，取得了显著的经济、社会和生态效益。

**9. 农民科学施肥水平不断提高**　十五年来，通过项目实施，省、市、县、乡四级层层举办培训班3万余期次，累计培训农民及农技人员465万余人，发放施肥建议卡5 000余万份。全省社会各界对科学施肥认识显著提高，区域性过量施肥现象得到有效遏制，主要作物配方普遍实现了"减氮控磷调钾"，农民也优先选用配方肥以实现增产增收，全省科学施肥水平明显提升。

## 二、主要做法

**1. 深化认识，行政推动持续发力**　省委省政府高度重视测土配方施肥和化肥减量增效工作，省级每年召开土肥水工作会议，部署当年重点工作和注意事项，交流经验，明确任务，落实责任。2016—2017年，省领导多次指出要加大农业节水和化肥减量的力度。2017年以来，省委省政府把化肥减量、乡村振兴、污染攻坚、四减四增、农业绿色发展、生态文明建设列为重点工作，定期督导调度。测土配方施肥、水肥一体化则与上述重点工作密切相关，同时纳入督导调度。初步统计，省级每月填报的有关表格8套，每年报送材料200多份。省政府还分别对市级"四减四增三年行动"、污染攻坚、乡村振兴等重点工作推进情况进行了考核评估。调度频度之密、督导力度之大前所未有。这些做法引导各级政府和有关部门普遍加深了认识，增强了紧迫感，责任和压力有效传导到各阶层、部门和单位，推动全省形成了上下联动、齐抓共管的理想局面。

**2. 规划引领，扎实实施财政项目**　中央财政项目实施是实现规划目标的关键措施，为编制好项目方案，使方案接地气、易实施，根据农业农村部和省有关文件要求，每年组织专家共同研讨并充分征求基层意见。项目安排始终坚持基础条件符合、地方领导重视、技术力量较强，通过县级申报、市级推荐、厅长办公会研究等程序确定。并与省财政厅联合印发项目方案，落实项目任务，明确实施技术模式和补贴标准等关键事项，并指导试点县因地制宜编制项目实施方案。"十三五"初期，省农业厅印发了《山东省2016—2020年化肥减量使用行动方案》，明确到2020年全省化肥使用总量较2015年下降5％的目标，为推进全省节水减肥工作提供了基本遵循。省政府批复了《山东省水肥一体化技术提质增效转型升级实施方案（2016—2020年）》等，省委办公厅、省政府办公厅印发了《关于加快发展节水农业和水肥一体化的意见》，提出了到2020年水肥一体化面积达到750万亩，并将发展目标分解到年度、落实到地市，明确了时间表和路线图。经全省土肥系统的共同努力，截至目前已超额完成水肥一体化和化肥减量增效目标任务。

**3. 部门协作，构建协调保障机构**　历年来各项目县都成立了县（市）政府主要领导或农业农村局主要负责人为组长、县直部门和重点乡镇负责人参加的领导小组，同时邀请省市有关专家成立了技术指导小组，为测土配方施肥和化肥减量增效项目实施提供了组织和技术保障。"十三五"期间，省、市、县政府逐级成立"四减四增"工作专班，把化肥减量、有机替代、水肥一体化作为"四减四增"工作内容，定期督导调度。农业农村厅组织成立了以分管厅长为组长，厅种植业处、土肥站、环保站、果茶站等有关处室负责人为成员的有机肥替代化肥推进落实领导小组，负责研究落实工作措施，协调推进项目实施。成立了以省农业科学院刘兆辉副院长为组长，聘请山东农业大学、山东省农业科学院、青岛农业大学、厅业务站所等"研＋学＋推"系统专家组成的化肥减量增效专家指导组，为项目县提供技术指导服务。

**4. 打造样板，强化试点示范带动**　项目实施以来，山东省始终坚持取样化验全覆盖、试验示范建样板、宣传培训强动力的思路，把示范区建设作为项目实施的重中之重。结合项目实施，每年集中连片打造一批各种技术模式的示范样板，并配建醒目标志牌，让周边群众学有教材、看有样板，强化示范带动。在绿色高产攻关、高效循环农业、果菜标准园创建等项目示范区建设中，也都集成推广了测土配方施肥、水肥一体化、有机替代等技术，全省每年建设相关技术示范区都在 100 万亩以上。近五年各级政府和农业部门利用示范现场组织现场观摩会 1 500 余次，参观人员 11 万余人次。

**5. 依托项目，层层开展宣传培训**　全省农业系统结合测土配方施肥有关项目的实施，利用报刊、电视、电台、互联网等多种媒体，采用宣传车、明白纸、一封信、施肥卡等多种形式进行广泛宣传。与中国农业大学、中国农业科学院、山东农业大学、山东省农业科学院等科研院校联合，深入开展减肥增效新技术研究与示范，广泛开展以科学施肥、水肥一体化、缓控释肥、新型肥料替代等化肥减量使用技术作为重点内容的宣传培训活动。2015 年以来，省农业厅连年组织基层土肥站长素质能力提升培训班，全省县级以上土肥技术骨干基本轮训两遍以上。近五年先后组织省级技术培训 70 余期，累计培训 8 000 多人次；2017 年省农业厅与省水利厅、省电视台农科频道共同开设了"水肥一体看山东"栏目，播出节目 20 期。全省各级农业系统举办各类培训班 2 700 余期，培训人员近 28 万人次，发放技术材料 57 余万份。

**6. 放眼长远，强化合作创新**　一是加强农企合作。肥料企业是技术推广的重要力量，也具有对接基层、对接农户的原生动力。在项目实施中，各项目县都与肥料企业积极对接，同时引入肥料企业的产品和服务。2019 年全省有 26 家企业参与项目示范区建设，没有发现质量问题。同时引导金正大、施可丰、史丹利、农大肥业等 130 多家企业自主建立农业新型主体微信群，安排专业服务队伍，及时对接大客户，提供定制服务。全省每年以这种形式直供推广配方肥 100 多万吨，占年度推广总量的 30％以上。二是加强协作攻关。省站先后与中国农业大学、中国农业科学院、山东省农业科学院、山东农业大学、农大肥业等单位开展协同攻关，共同研究肥料利用率、作物施肥指标体系和有机替代量化指标，示范推广轻简化堆肥技术，探讨化肥减量和有机替代技术模式。近 5 年全省总结形成粮、菜、果化肥减量增效和有机肥替代技术模式 22 套，组织编制地方技术规程 134 项。三是注重成果提炼。《高活性腐植酸肥料创制与示范推广》获全国农牧渔业丰收奖一等奖，《山东省化肥减施增效关键技术与应用》获山东省科技进步一等奖。十五年来，获国家、省、市、协会等技术成果 357 项，较好地激发了工作人员创新创业、争先创优的积极性。

# 河南省测土配方施肥十五年总结

2005 年以来，河南省先后有 133 个县（市、区、场）（以下简称项目县）承担了国家测土配方施肥补贴和化肥减量增效项目。全省土肥系统深入贯彻落实农业农村部、省委省政府和省农业农村厅各项决策部署，主动适应农业绿色高质量发展新常态，全面推进测土配方施肥工作，围绕"测、配、产、供、施"五个环节和十一个重点内容精心组织，采取切实有效措施，探索了许多新经验，取得了许多新成效。

## 一、取得主要成效

**1. 完成了测土配方施肥工作任务**　2005 年以来，按照农业农村部项目方案要求，各项目县扎实开展测土配方施肥补贴和减肥增效试点项目实施工作，均全面完成了项目实施任务。全省 133 个项目县累计落实项目资金 74 916 万元，年均建立农户施肥调查点 75 820 个，采集土壤植株样品 126 万个、分析化验 1 113 万项次，完成田间肥效试验点 10 611 个，建立示范区 95 905 个，示范推广 5 386 万亩次。累计推广测土配方施肥技术面积 174 778 万亩，其中配方肥施用 37 704 万亩次，2020 年测土配方施肥技术覆盖率达到 90.3%。

**2. 提升了土肥技术服务能力**　通过实施测土配方施肥补贴项目，全省 133 个项目县建立土肥化验室或扩大了面积，基础设施明显改善，检测能力明显提高。据统计，截至 2019 年，全省 133 个项目县新增土肥化验仪器设备 4 754 台套、化验室面积 35 069 米$^2$，基本具备了大、中、微量元素检测条件，年检测土壤样品能力达 4 000 个以上，分析化验能力达 2 万项次以上。先后创建测土配方施肥标准化验室 19 家，截至 2019 年，全省能够开展土壤肥料分析化验的系统化验室达 124 家。项目实施过程中，各项目县充实了土肥技术队伍，培训了技术骨干，更新了知识结构，提高了技术服务水平和服务能力。

**3. 建立了主要农作物科学施肥技术体系**　按照规范化测土配方施肥数据管理要求，各项目县应用现代化技术采集信息，建立了野外调查、农户施肥状况调查、田间试验和土壤养分测试基础数据库，并对取得的大量数据进行分析汇总，摸清了土壤养分状况、农户施肥现状、肥料增产效应及耕地地力状况，建立并完善了主要农作物（小麦、玉米、花生）施肥指标体系，初步探索了水稻、果树、蔬菜等作物施肥指标体系。结合测土配方施肥项目完成了 133 个项目县耕地地力评价工作，确定了耕地地力评价因子，建立了 118 个县级、17 个市级和 1 个省级的三级耕地资源管理信息系统，撰写技术报告，绘制数字化土壤养分图和作物配方分区图 133 套，为进一步提升测土配方施肥技术水平奠定了基础。

**4. 集成了主要农作物减肥增效技术模式**　集成、组装了河南省冬小麦全生育期减量施肥、夏玉米限量控肥减肥增效、黄淮海平原地区夏花生化肥减量增效、黄河中上游葡萄行间植草节肥增效、果菜茶有机肥替代减肥增效等 13 种作物 20 余套减肥增效技术模式。精心打造测土配方施肥、化肥减量增效示范样板工程，适时举办现场观摩活动，示范带动测土配方施肥、化肥减量增效工作稳步推进。通过肥料新产品、施肥新机具、施肥新方法创新应用，达到化肥减量增效目的，为深度推广测土配方施肥技术提供了技术保障。

**5. 探索了高效技术服务模式**　积极引导企业参与测土配方施肥工作，省土肥站先后开展农企对接推广配方肥定（试）点企业认定工作，参与的大、中型肥料生产企业共 144 家，鼓励、引导肥料企业与专业合作社、种植大户、农户、肥料经销商对接，实现按配方生产供应配方肥。逐步探索形成了"大配方、小调整""配方肥订单生产直供""测配站一条龙服务""科技示范带动""配方肥料进万家""四方三结合""智能终端配肥站八统一"等多种配方肥推广应用模式。据统计，配方肥施用量自 2005 年的 8 万吨（折纯，下同），递增到 2020 年的 134 万吨。使肥料生产和经销的品种结构更加符合农民的需求，对优化全省施肥结构起到了积极的推进作用。

**6. 营造了科学施肥的良好社会氛围**　2005 年以来，先后开展了测土配方施肥春（秋）季行动、测土配方施肥试点补贴、化肥零增长行动、化肥减量增效行动等，通过电视、广播、报纸、互联网等媒体，积极宣传测土配方施肥取得的好经验、好做法、好模式，不断提高社会各界对测土配方施肥的关注度，不断扩大测土配方施肥的社会影响，在全省掀起了大力开展测土配方施肥行动的高潮，提高了各级政府部门和农业农村部门对测土配方施肥工作重要性的认识，使之由一项技术措施提升为支农、惠农的政策措施，由部门行为提升为政府行为。省委、省政府连续三年（2006—2008 年）把测土配方施肥列为要为农民办理的十件实事之一，彰显了农业工作的突出位置，营造了推广应用测土配方施肥技术的良好社会氛围。

**7. 增强了农民群众的科学施肥意识**　大力开展技术宣传与培训，引导农民树立节肥观念、增强节肥意识、主动提高节约用肥的自觉性。全省上下共举办培训班、宣传活动班 5.4 万余期次，组织现场观摩 16 994 期次，发放测土配方施肥建议卡 13 268 万份次，年均发布肥料配方 652 个。项目区不少农民主动要求农技人员为其取土，或直接送土样到土肥部门要求检测，并按推荐的配方进行施肥。通过免费为农民测土、发放施肥建议卡、技术指导及开展多形式的宣传培训活动，项目区广大农民传统施肥观念发生了改变，增强了测土施肥、配方施肥和施配方肥的科学施肥意识，为深入开展测土配方施肥奠定了基础。

**8. 获得了突出的技术成果**　全省共获得部、省、市级成果奖 20 余项，其中主持完成全国农牧渔业丰收奖一等奖 3 项，省政府科技进步二等奖 3 项，参与完成国家科技进步二等奖 1 项。组织制定了《酸化土壤化肥安全使用技术规范》《小麦水肥一体化生产技术规程》等地方标准 8 项；出版书籍 100 余套，发表相关论文 600 余篇。为全省大力推广测土配方施肥提供了技术支撑。

**9. 取得了显著社会、经济与生态效益**　一是化肥使用量减少。据统计，化肥总用量由 2015 年的 716.09 万吨降为 2019 年的 666.72 万吨；果菜茶有机肥替代化肥项目核心示范区与示范区外相比有机肥用量增加 15% 以上；全省化肥年使用量，2016—2019 年连续 4 年实现负增长。二是肥料利用率提高。2020 年主要农作物化肥利用率达 40.14%，较

2015 年提高了 4.94 个百分点。三是施肥结构进一步优化。据 133 个项目县农户施肥跟踪调查统计，项目区在施肥上出现了"氮减磷稳钾增"的明显变化，施肥结构进一步优化，氮磷钾比例趋于合理，基本实现了平衡施肥。在测土配方施肥补贴项目带动下，全省测土配方施肥推广面积逐年扩大。十五年来，累计推广测土配方施肥面积 174 778 万亩，其中 2020 年推广 17 020 万亩。项目区测土配方施肥田块比常规施肥田实现亩增产 4%～7%，平均每亩减少不合理施肥 1.02 千克（折纯），减少了不合理施肥，降低了面源污染，保护了生态环境。平均每亩节本增效 38.5 元，累计总节本增效 672.9 亿元，取得了显著的经济、社会和生态效益。

## 二、主要做法

**1. 强化项目组织领导**　一是建立健全组织。省农业农村厅成立了以分管厅长任组长的测土配方施肥项目实施领导小组，同时成立了由"三农"专家组成的测土配方施肥技术专家组，规范和指导项目实施工作。各项目县也都成立了以县长或主管副县长为组长的项目实施领导小组和技术专家组，明确分工，责任到人，确保项目顺利实施。二是认真制定实施方案。省农业农村厅每年都制定项目实施方案，明确项目实施的指导思想、目标任务、工作重点和保障措施。同时，指导各项目县结合本地实际制定具体工作方案，分解细化目标任务。三是召开工作培训会。根据项目工作进度省土肥站每年召开由各项目县参加的项目工作培训会，全面部署项目任务。四是实行目标责任管理。项目县农业农村局与项目区所在乡镇、项目区所在乡镇与村民委员会分别签订目标责任书，明确目标任务和责任，确保各项任务落到实处。

**2. 加强技术培训指导**　一是通过技术培训、专题讲座、现场观摩、科技赶集、农民夜校、送科技下乡、万名科技人员包万村等活动，开展面对面技术培训与指导。二是编发测土配方施肥技术手册、施肥建议卡、技术挂图、网络信息、墙体发布栏，及时将测土配方施肥技术信息发送到基层农技人员和农民手中，做到培训、指导、信息服务和施建议卡"四入户"。三是充分利用广播电视、互联网、微信、"12316"、科技扶贫平台等手段，组织专家开展在线培训、在线指导、在线答疑。四是构建测土配方施肥专家施肥决策系统、手机 App 和微信公众号服务终端，完善测土配方施肥信息化服务体系，及时传播以测土配方施肥技术为核心的综合配套农艺技术信息，加快了项目成果的大面积推广应用。据统计，项目实施以来全省项目县发放各类技术资料 7 835 万份，印发施肥建议卡 13 268 多万份。举办科技赶集和现场会 16 994 次，集中举办培训班 5.4 万余期次，培训技术骨干 69 万余人次，培训种植大户、科技示范户、新型经营主体、肥料营销人员、农民等 1 149 万余人次。

**3. 抓好技术宣传引导**　通过农民日报、河南日报等媒体，向社会各界宣传测土配方施肥和化肥减量增效的政策、技术、措施和成果，集中宣传各地的好经验、好做法和好典型。据统计，项目实施以来全省通过广播、电视、报刊简报、墙体广告、宣传横幅等开展宣传 1 084 809 次。项目县在做好宣传引导的同时，还积极探索了具有地方特色、行之有效的配方肥技术推广模式，例如滑县充分利用县级农业科技服务大厅、乡级科技服务站及村级农业科技文化大院开展技术宣传指导服务；开封市的"四方三结合"模式得到部、省、市等各级领导的充分肯定，2013年在开封市召开了全国农企合作推广配方肥现场会，人民日报、农民日报等多家媒体进行了宣传报道。

**4. 强化项目示范带动** 一是重视新型经营主体示范带动。始终支持、鼓励、扶持新型经营主体打造测土配方施肥技术示范区，集中开展科学施肥和应用有机肥，有效带动周边农户应用新的施肥技术和新型肥料。同时，鼓励新型经营主体开展代耕代种代收、肥料统配统施、病虫害防统治等服务，更大范围带动科学施肥。二是强化试点的示范带动作用。2016年以来，依托测土配方施肥项目资金，在全省优选了82个减肥增效试点县，积极探索并创新了不同作物化肥减量增效技术模式，深入打造化肥零增长工作亮点，示范引领全省化肥零增长工作深入开展。各试点县结合实际，大胆创新，勇于实践，引进新产品、新技术、新机械，优化了科学施肥技术。

**5. 规范土壤采集和田间试验** 一是统一土壤植株样品采集化验规范。根据 NY/T 2911—2016《测土配方施肥技术规程》要求细化制定 DB41/T 1013—2015《测土配方施肥土样采集技术规范》地方标准，严格按照标准中规定的土壤植株测试方法，规范开展土壤植株样品的采集分析测试。二是统一田间试验方案设计。以更新、完善测土配方施肥指标体系为核心，严格按照 NY/T 2911—2016《测土配方施肥技术规程》要求，及时制定下发年度小麦、玉米等主要农作物试验方案，要求各地依据生态类型、土壤类型、种植制度和当地生产实际，合理安排"3414"肥效、肥料利用率、中微量元素单因子、有机肥替代、用量梯度、运筹和水肥一体化等田间试验，提高田间试验效率和试验针对性。三是统一试验数据汇总。省土肥站与河南农业大学等科研单位开展合作，应用专业数据分析软件，每年统一组织项目县对取得的大量田间试验数据进行集中分析汇总。目前已建成完善了省级小麦、玉米、花生等作物施肥指标体系，初步探索了不同区域主栽经济作物施肥指标体系，取得了较好的验证效果。四是统一质量控制技术培训。针对土壤植株样品采集测试量大、田间肥料试验周期长、干扰因素多等实际问题，每年在土壤采集分析、田间试验、数据汇总关键时点，省土肥站统一组织对各项目县技术负责人和试验负责人开展培训，使他们真正理解技术规范要求，把握要领，规范操作，切实加强加标要求和平行要求等过程质量控制。项目实施以来，累计举办化验室建设、田间试验、统计分析、耕地地力评价、施肥指标体系建立、数据库建设、效果评价等方面的培训班40余期，培训技术骨干6 000余人次。

**6. 持续开展主要农作物施肥调查** 在133个测土配方施肥县（市、区、场），采用随机等间距抽样方法，以乡（镇）为单位，每乡（镇）根据辖区内各村人均收入随机等间距抽取3个村，村内随机等间距抽取20家农户进行施肥状况调查。同时，每乡（镇）随机抽取3~5家肥料经销店，对肥料经销商开展调研。其中，2017年通过对全省28 761家农户（经销商），59种农作物、园林水果、茶叶全生育期施肥量化肥投入结构、肥料运筹、基肥施用方式、主要用肥品种、肥耗水平开展调查，初步查明小麦、玉米、水稻、花生施肥结构、施肥量、施肥运筹总体合理，肥耗水平均低于全国平均水平；基肥品种主要为复混肥料，施肥方式基本合理；追肥以尿素为主，多为撒施。需进一步提升机械施肥、种肥异位同播技术水平与覆盖率，以加快施肥方式转变。2018年重点调查了施肥与化肥利用率状况，分析了典型新型农业经营主体施肥案例，总结了化肥减量增效成效，认为化肥过量不合理施用现象局部存在、高新化肥减量技术与产品推广陷入瓶颈、土壤退化风险尚存、施肥方式和品种仍需提高，提出对化肥危害要理性面对、对氮肥利用率要科学评价、新型农业经营主体是减肥增效的重点、全方位强化化肥减量增效宣传培训、加大化肥减量增效资金支持力度等建议。为进一步调动土肥系统职工积极性，表彰优秀、鼓励先进、树立典范，组织专家对调查报告进行公平、公正的评选，并行文进行全省表彰。

**7. 及时发布主要农作物施肥配方**　根据测土配方施肥工作研究成果，及时更新完善主要农作物施肥指标体系，适时印发小麦、玉米和花生等主要农作物施肥指导意见，年发布主要农作物小麦、玉米和花生省级区域大配方 30 个，其中小麦氮总量控制指标 8 个，玉米氮、磷、钾总量控制指标 12 个，花生区域大配方 10 个。因地制宜，督促、指导市、县（区）两级土肥技术部门，进一步细化辖区内主要农作物施肥技术意见和区域配方，形成了省、市、县三级主要农作物配方定期发布机制，引导肥料企业按方生产，指导农民按方施肥。

**8. 加强化验室建设和质量考核**　一是狠抓基础设施建设。为满足化验项目需要，每个项目县化验室使用面积不少于 200 米$^2$，房间不少于 13 间，全省建成的项目县化验室基本达到技术规范要求。二是指导仪器设备购置。由省土肥站制定项目所需仪器设备参数，下发到各项目县，为项目县仪器招标采购提供参考，确保项目县之间土壤化验数据具有可比性和对接性。三是加强化验技术人员培训。为统一测试技术标准，规范各项操作，提高项目县化验人员技术水平，省土肥站每年组织举办土壤肥料检测技术培训班，对合格者颁发化验员证书，十五年来共举办化验技术培训班 15 期，培训检测技术人员 2 250 人次。四是强化质量考核工作。先后共有 57 个项目县参加农业农村部组织的土壤检测质量抽查和考核，一次性考核通过率达 93.7%，复考核通过率达 100%。

**9. 积极探索农企合作机制**　一是制定了《河南省 2013 年农企合作推广配方肥实施方案》《河南省测土配方施肥试点企业认定和配方肥生产推广管理办法》和《农企对接推广配方肥试点企业遴选认定工作办法》。详细规定了企业认定、试点企业遴选的条件、程序以及与项目县的合作方式、配方肥生产推广具体模式等，鼓励引导省内外肥料企业积极参与测土配方施肥工作。自 2006 年以来，在肥料企业自愿申请的基础上，先后分 9 批认定了鲁西化工、山东金正大、河南心连心等 30 家年生产能力在 30 万吨以上的省内外大、中型肥料生产企业作为河南省测土配方施肥试点生产企业，并在河南日报、河南科技报上进行公示，制作、颁发"河南省配方施肥试点企业""农企对接推广配方肥试点企业"证书、标牌和徽标，免费供试点企业使用。二是召开项目县和肥料生产企业对接洽谈会。省土肥站组织召开项目县与试点企业见面对接洽谈会，鼓励、引导肥料企业与专业合作社、种植大户、肥料经销商对接，实现按订单生产供应配方肥。三是及时总结交流企业参与经验。其中，2007 年在新安县专门召开了全省测土配方施肥推广暨肥料企业参与经验交流研讨会，2020 年在新乡市召开了全省化肥减量增效技术培训暨现场观摩会，现场观摩河南省心连心化肥有限公司智能终端配肥站和河南省农业科学院配肥站的"测配产供施"一体化运行模式，促进相互交流，进一步加强企业与农技推广部门合作。

**10. 强化项目管理**　一是实行项目实施进度月报或季报制度。为了掌握项目实施进度，及时推进项目实施，正确评价项目实施效果，自 2006 年开始，先后要求各项目县按月或季度上报项目工作进展情况，定期进行统计汇总，根据项目进展情况，对好的提出表扬、差的提出批评。同时针对项目实施过程中出现的新情况、新问题，及时研究解决。二是严格财务管理。在项目资金使用上，各项目县严格执行财政部、农业农村部《测土配方施肥试点补贴资金管理暂行办法》《河南省农业资源及生态保护补助资金管理办法实施细则》，设立测土配方施肥项目资金专户，实行专人专账管理，确保专款专用。三是招标采购仪器设备。各项目县所需的仪器设备都实行招标采购或政府采购。四是搞好督促指导。每年在项目实施关键阶段开展项目督促、指导，协助解决项目县在项目实施过程中遇到的困难和存在的技术问题。同时，各项目县对农企合作试点企业产品质量进行不定期抽查，防止出现假冒伪劣肥料坑农害农。各省辖市组织对第三方检测机构实施能力确认、盲样质量控制，确保土壤植株样品检测数据的可靠性。

**11. 严格项目验收和绩效评价**　根据农业农村部《测土配方施肥补贴项目验收暂行办法》，省农业农村厅专门制定了《河南省测土配方施肥试点补贴资金项目验收方案》，按照验收方案要求，2005—2009 年省农业农村厅组织有关专家先后通过现场抽验、阶段性省级验收、三年总体验收等形式对全省 133 个项目县的项目实施工作进行全面验收。从 2019 年开始，按照省农业农村厅项目管理要求，各项目单位开展绩效评价工作，及时上报绩效自评报告，确保项目单位高标准、高质量完成项目的目标任务。

## 三、主要经验

**1. 实施测土配方施肥补贴是当前实现农业节本增效、化肥减量增效、农业绿色发展、农业节本增效、面源污染防控、农民增收的主要途径之一**　通过 2005 年以来的测土配方施肥项目实施，取得了良好效果，有力促进了粮食增产、农业增效、农民增收。同时，有效降低了生产成本、节约了资源、改善了农业生态环境。实践证明，国家实行测土配方施肥补贴是一件利国利民的大好事。

**2. 领导重视是测土配方施肥工作扎实开展的关键**　凡是领导重视、认识到位的地方，测土配方施肥工作开展就积极、主动，措施得力，成效明显。反之，工作进展慢，存在问题多。

**3. 营造良好的社会氛围是推进测土配方施肥工作的基础**　在项目实施中，通过多形式、多渠道宣传和试点示范，扩大了测土配方施肥的社会影响力，呈现出各级政府高度重视、广大农户普遍欢迎、肥料生产企业积极参与、社会媒体积极关注的可喜局面，为进一步推进测土配方施肥创造了良好的社会环境。

**4. 财政投入是开展测土配方施肥工作的保障**　测土配方施肥工作包括取土测土、肥效与校正试验、指导施肥等环节，属于公益性事业。农民没有能力投入、企业不愿投入，只有靠政府不断投入，才能使测土配方施肥工作稳定和持续发展下去。

**5. 长效机制是测土配方施肥工作的核心**　测土配方施肥工作是一项系统工程，涉及多个行业和部门，要进一步巩固和扩大测土配方施肥工作发展成果，让更多的农户获得效益、得到实惠。只有在国家支持下，以农业农村部门为主导、肥料企业参与、相关部门多方协助，形成合力，才能整体推进。今后应重点在土肥技术研发、引导企业参与、服务指导农民、提高技术入户率等方面加大创新力度，积极探索有效方法和运作模式，不断把测土配方施肥工作引向深入。

# 湖北省测土配方施肥十五年总结

自 2005 年国家启动测土配方施肥项目以来，湖北省 17 个市、州先后实现了测土配方施肥、化肥减量增效工作的全县（市、区）覆盖。十五年来，全省围绕"测—配—产—供—施"五个关键环节，积极开展取土化验、农户调查、试验示范、宣传培训、配方肥推广、技术指导等相关工作，取得了显著成绩，为保障国家粮食安全、促进农民增收和农业绿色发展做出了巨大贡献。截至 2020 年，湖北省播种面积为 12 223.9 万亩，测土配方施肥覆盖面积为 11 288.0 万亩，覆盖率为 92.34%。主要农作物播种面积为 8 845.2 万亩，主要农作物测土配方施肥面积为 8 471.0 万亩，覆盖率为 95.77%。

## 一、测土配方施肥完成情况

**1. 取土化验**　自 2005 年测土配方施肥项目开展以来，湖北省各县（市、区）按照县域周期性测土、逐步加大取土测土密度、兼顾特色种植和农民测土需求的原则，对全省耕地进行分年周期性采样检测。2005—2020 年，全省共采集土样 90 万余个，完成土壤 pH、碱解氮、有效磷、速效钾、有机质和中微量元素等测试接近 500 万项次，为测土配方施肥提供了坚实的数据基础。

**2. 田间试验及施肥指标体系建立**　自 2005 年开启测土配方施肥工作到 2020 年以来，全省共开展"3414"试验、校正试验、"2＋X"试验、肥料利用率试验、中微量元素田间试验等 12 000 余个，建立了水稻、油菜、小麦、棉花和部分蔬菜作物等施肥指标体系。

**3. 配方制定与施肥信息公开**　全省建立了规范的测土配方数据库，初步研发出适合各县（市、区）土壤与作物的肥料配方 2 000 余个，分别应用在不同耕地和作物上。省农业农村厅每年制定发布《春季主要农作物科学施肥指导意见》和《秋季主要农作物施肥指导意见》，公布不同区域、不同作物施肥配方和施用技术。各地因地制宜制定完善施肥指导意见和施肥建议卡。"十三五"期间，全省各地采取在村组信息公开栏粘贴、直接发放、科技小报刊登等形式发放施肥建议卡 1 400 余万份。同时，江夏区等多地充分利用信息化服务手段，开发了测土配方施肥手机 App 或微信小程序，开展个性化服务，进一步推进技术入户。

**4. 推进配方肥应用**　针对土壤中微量元素缺乏状况，按照"减氮稳磷控钾补微"施肥策略，优化氮、磷、钾养分配比，差异化添加中微量元素，形成不同作物专用配方肥。例如，适宜油菜的专用配方肥 25 - 7 - 8（$N - P_2O_5 - K_2O$），其中含有腐植酸以及硼、钙、镁、锌微量元素。示范推广缓控释肥，推进速效养分与缓释养分结合，推进多次施肥向一次性施肥转变。示范推广水溶性肥料，发挥水溶肥料易溶于水、养分吸收快特性，提高肥料吸收效率。2020 年，全省推广缓控释肥面积 230 多万亩、推广水溶肥面积 210 多万亩。

**5. 示范区建立**  联合科研院所专家,进一步强化化肥减量增效技术集成。针对秸秆肥料化还田利用,建立了"基于秸秆还田下氮肥前移、钾肥替代"关键技术,并在武穴、荆州区等地示范推广;针对水稻生产结构调整现状,形成了再生稻科学施肥和稻田综合种养下化肥减量技术,并在潜江、应城等地示范推广;针对酸性土壤不断加剧的现状,形成了改良酸性土壤促进化肥减量增效技术,并在利川、浠水等地示范推广;针对绿肥种植,形成从不同绿肥品种种植到还田利用一整套技术,并在多地示范推广。测土配方施肥工作开展 15 年以来,全省累计共建立示范区 10 000 多个,并设立了宣传展示牌,示范面积 1 000 多万亩。省耕肥总站参与完成有关成果,先后获得省部级科技奖励 20 项,参编出版专著 6 部、发表科研论文 47 篇。

**6. 数据库建设**  为了科学管理,以便充分利用测土配方施肥项目实施获得的大量数据资料。以野外调查、农户施肥状况调查、田间试验和分析化验数据为基础,将土壤取样地块基本情况调查表、取样田块农户施肥情况调查表、土壤养分数据、试验示范数据等方面的数据信息全部录入测土配方施肥数据库系统中,建立了完善的数据库系统。

## 二、主要成效

**1. 摸清了全省土壤和施肥状况,积累了一批宝贵资料**  通过田间调查、施肥监测、采样测土和数据处理,逐步摸清了全省耕地土壤养分含量状况、不同土种养分水平,以及不同种植制度下耕地的养分情况、不同作物的施肥水平等,逐步完善了全省土壤养分丰缺指标体系和主要作物施肥指标体系。

**2. 化肥施用量和使用强度实现"双减",促进了生态环境的好转**  测土配方施肥的实施,避免了偏施滥施化肥,使得肥料施用更为合理,肥料利用率提高,从而减少肥料投入,降低了农业面源污染。据统计,全省化肥施用量从 2005 年的 285.83 万吨(折纯,下同)减到 2019 年的 273.8 万吨,施肥强度从 2005 年的 24.45 千克/亩(按照播种面积计算,下同)减到 2019 年的 20.88 千克/亩。其中,2015—2020 年,全省化肥施用量和施用强度更是实现了"五连减",乡村生态环境得到改善。

**3. 化肥品种与结构更加优化,提高了农民科学施肥水平**  2005 年全省农户普遍使用碳酸氢铵磷肥。开展测土配方工作以来,通过广泛宣传、技术培训和示范展示,有力提高了测土配方施肥技术普及和应用水平。测土配方施肥技术示范田显著增产,得到了广大农民群众的充分肯定和认可,使测土配方施肥技术成为农民相信科学、掌握科学、应用科学的一种自觉行为。农民逐步树立起基于土壤肥力和作物需肥特点的科学施肥观念,"一包碳酸氢铵、一包磷肥用到底"、单施、偏施、滥施等不当的施肥方法和现象正逐渐减少,配方肥、复合肥的施用比例逐渐增加,土壤养分结构趋于合理。随着测土配方工作的持续推进,测土配方推广面积已从 2015 年的 8 703.0 万亩增长到 2020 年的 11 288.0 万亩,全省农作物测土配方覆盖率已达到 92.3%。主要农作物测土配方施肥技术覆盖率在 2015 年为 85.3% 的基础上,提高到 2020 年的 95.7%。2020 年新技术的不断推广和相关企业的配合,作物专用肥、水溶肥料、微生物肥料等新型肥料产品和缓控释肥等一次性施肥的肥料类型也逐渐受到农户认可。化肥结构方面,通过保持"减氮、控磷、稳钾、补微、增有机"的施肥策略，氮、磷、钾施肥比例由 2015 年前的 1∶0.49∶0.27 调优到 1∶0.56∶0.44，大大提高了肥料利用率，化肥利用率在 2015 年为 35.1％的基础上，提高到 2020 年的 40.31％。

**4. 施肥方式改进，节本增效明显**　示范推广水稻机械侧深施肥、水肥一体化、小麦（油菜、玉米）种肥同播等新技术。水稻侧深施肥和玉米（小麦、油菜）种肥同播等先进施肥技术改变了传统肥料撒施表施方式，提高了施肥效率；插秧（播种）与施肥同步，一次性施肥减少了人工施肥次数，缓解劳动力不足。目前各地积极推进机械侧深施肥与种肥同播试验示范，鼓励新型经营主体推广应用先进施肥机械，加快替代落后机械，促进农机农艺融合，提高技术到位率。枝江市、罗田县、云梦县等都开展了试验示范现场观摩会，参会人员反应热烈，取得了良好的宣传效果，为进一步推进机械侧深施肥与种肥同播向全省推广打下了良好的基础。2020 年湖北省示范推广水稻侧深施肥技术面积达到 21.87 万亩，示范区化肥用量减少 10％以上，亩均节本增收 59.55 元，水稻侧深施肥等新技术从无到有实现了"零突破"。

**5. 有机肥施用和绿肥种植面积增加，改进了耕地质量**　一是推进农业废弃物肥料化还田利用。与畜禽粪污综合利用衔接，鼓励种养相结合，推广"畜禽粪污－沼气－粮（蔬、林、果、茶）"循环模式。2020 年，全省畜禽粪肥资源化还田利用面积 3 183 万亩。与秸秆综合利用衔接，推进秸秆机械粉碎还田、覆盖还田、留高茬还田等，促进秸秆肥料化应用。2020 年，全省秸秆还田面积达 6 800 多万亩。依托果菜茶有机肥替代化肥部级专项，采取政府购买服务方式，支持社会化服务组织为示范区提供有机肥积造、储存、运输、施用等服务；不断完善"有机肥＋配方肥""有机肥＋机械深施""有机肥＋水肥一体化"等技术模式。2017—2020 年，依托部级果菜茶有机肥替代化肥项目，全省累计示范面积 79.96 万亩。同时，武汉市等还探索了地方财政补贴有机肥工作机制。二是因地制宜发展绿肥。联合高校院所专家开展绿肥田间试验，筛选出适宜种植的绿肥品种，其中在果茶园、玉米等旱地提倡种植苕子、豌豆等豆科绿肥，在稻作区冬闲田提倡种植紫云英等豆科绿肥、油菜等十字花科或两种绿肥品种混播。集成应用绿肥轻简化栽培与利用综合技术，大力宣传绿肥与秸秆还田碳氮调控、绿肥混播套种、绿肥还田替代化肥等技术要点，指导农户合理利用绿肥，为绿肥推广提供了技术支撑。从 2020 年开始，依托部级化肥减量增效专项，明确化肥减量增效示范县，示范推广油菜绿肥 1 万亩以上。同时，部分县（市、区）统筹财政资金，对农户种植绿肥进行补贴，引导农户种植绿肥。2015—2020年，全省绿肥累计种植面积 1 070 万亩。

## 三、主要做法

**1. 强化组织领导，明确工作职责，确保测土配方施肥工作落实到位**　一是各县（市、区）均成立了测土配方施肥工作领导小组，领导小组由县（市、区）政府分管农业副县长任组长，农业农村局、财政局等相关单位主要负责人为成员。领导小组监督检查项目实施，解决协调项目实施中的疑难问题。二是成立技术指导小组。由各县（市、区）农业农村局局长任组长，农业农村局分管土肥工作的副局长为副组长，成员由土肥站、粮油站、植保站等单位主要负责人组成。通过加强组织领导，确保了工作有序开展，从组织到技术上保障了测土配方施肥技术的推广应用。

**2. 强化试验示范、取土化验等基础工作，为精准施肥提供基础数据**

（1）规范取土化验 全省按照《测土配方施肥技术规程》合理布设土壤采样点位，建立规范化检测体系。有自主检测能力的县（市、区）高标准扩建和改建化验室，购置先进测试设备，增加测试项目，提高测试能力。同时建立质量控制体系，通过平行测定、加测标准样、校准工作标准溶液、室内互检、专家把关等一系列措施保证检测结果的准确性。购买取土化验第三方服务的县（市、区）均选择近3年内承担相关土壤肥料样品检验工作无重大过错、未发现违法违规行为的机构。

（2）标准化田间试验 各县（市、区）严格按照省站总体方案与专家建议，根据当地情况制定试验方案，尽量减少人为因素、土壤因素和气候因素的影响，每种作物都进行多点多年不同肥力水平试验。每个试验做到"六有"，即有具体试验方案，有完整试验原始记载资料，有田间示范推广应用样板，有示范推广样板展示牌，有省市专家现场指导，有完整的试验示范报告。

**3. 创新培训宣传方式，扩大测土配方施肥的影响**

（1）强化技术人员的培训 除了积极参加部级组织的各类技术培训，省站每年也组织开展全省培训大会，同时邀请湖北省农业科学院、华中农业大学专家教授到各县（市、区）进行技术讲解与指导。各县（市、区）也积极回应，培养了经验丰富、技术过硬的专业技术队伍，并成为测土配方施肥、有机肥替代化肥、化肥减量增效等项目工作的中坚力量。

（2）全面拓宽宣传渠道 充分利用各级电视、电台、报纸、杂志、手机 App、农业信息网站和农业服务热线等宣传媒体，并采用悬挂标语、横幅以及科技下乡、召开现场会、观摩会和发放技术资料等形式，广泛宣传测土配方施肥在粮食增产、农业增效、农民增收及生态环境保护方面的重要作用。据统计，2005—2020 年，全省通过各类渠道与平台发放技术资料和施肥建议卡共 2 000 余万份。同时总结先进典型，交流推广各地的好经验、好做法。通过宣传，赢得各级政府、各有关部门的重视和支持，赢得社会各界积极参与，使越来越多农民了解、掌握测土配方施肥技术，使测土配方施肥技术逐步成为农民相信科学、掌握科学、应用科学的一种自觉行动。

（3）实施"培训班"进村入户 在春耕、秋冬季节，组织专家、技术人员开展了多种形式的农民培训和田间巡回指导，根据农民习惯施肥合理调整施肥结构、施肥方法，提供测土信息，讲解"施肥建议卡"，推荐使用配方肥，让农民易学易懂易操作。同时，邀请部分肥料经销商参加培训，提高企业参与生产配方肥、经销商愿意经销配方肥的积极性。2005—2020 年，全省累计开展培训班 2 万余次，培训技术人员、农民、经销人员合计 600 万余人次。

（4）加强信息发布，落实"建议卡"上墙进店 一是印发施肥建议卡到户，通过乡镇农技人员、农户培训讲座、村民委员会工作人员、乡镇肥料供应网点业务人员等多种形式发放施肥建议卡到户。二是以村为单位，在村民集中活动场所和肥料经销网点，积极采取施肥建议、测土配方信息、施肥指导方案和科普标语等上墙公示，方便农民了解掌握科学施肥知识，直接"按方"购肥施肥。三是在粮食主产区安装测土配方施肥信息查询与输出功能的"触摸屏"，农民通过"触摸屏"查询土壤养分状况和作物施肥指导方案，根据施肥建议选肥、配肥、施肥。

**4. 加强农企对接，狠抓"配方肥"下地**　农企合作对接推广配方肥，是解决配方肥下地的重要途径。一是各县（市、区）按照《湖北省配方施肥定点加工企业认定办法》的规定，确定供肥企业，签订农企合作推广配方肥协议，共同建立配方肥销售网点，企业组织生产，农户购买施用。二是积极组织专业合作社、种植大户与合作企业对接，建立"肥料企业＋合作社"的直供模式，使农民真正用上放心、安全、高效的配方肥料，推进配方肥施用到田，切实解决配方肥施用"最后一公里"的问题。

# 湖南省测土配方施肥十五年总结

从 2005 年开始，先后在 113 个县（市、区）启动实施中央财政测土配方施肥项目，围绕"测—配—产—供—施"关键环节，广泛开展了取土化验、田间试验、配方肥推广、农户施肥调查和测土配方施肥技术指导及宣传培训等工作，为促进粮食增产、农业提质增效、农民节本增收和农业绿色发展做出了积极贡献。

## 一、工作开展情况

2005 年在宁乡、耒阳等 13 个县（市、区）启动试点；2009 年扩大到全省 113 个县（市、区），基本覆盖了所有农业县；2010 年全省大部分县（市、区）建立了科学施肥技术指标体系，测土配方施肥工作重心开始从基础工作转到配方肥推广暨成果应用；2015 年至今，实施范围不断拓展，实施规模稳步扩大，成为推动化肥使用量零增长的重点工作。十五年来，全省测土配方施肥实现了由试点启动到全面实施、由阶段性工作向经常性工作、由局部性工作向全局性工作的重大转变。

**1. 基础工作持续夯实**　2005 年以来，全省累计完成农户施肥情况调查 94.32 万户，采集土样 115.49 万个，土壤化验 743.5 万项次，化验植株样 9.6 万个、35.89 万项次，完成田间肥效试验 15 413 个，其中："3414"试验 4 262 个、肥料利用率试验 1 583 个、肥料配方校正试验 4 909 个、化肥不同用量试验 1 230 个、不同基追肥比例试验 913 个、"2＋X"试验 980 个、中微量元素试验 389 个、其他试验 1 147 个。一是全面掌握全省耕地土壤理化性状动态变化情况。二是分区域建立主要作物施肥指标体系。按照以有机肥为基础，氮肥用量根据目标产量推荐，实行区域总量控制、分期精确调控，达到氮素资源供应与作物氮素需求同步，施用总量采用修正后的斯坦福（Stanford）公式计算；磷、钾肥和中微量元素肥用量根据土壤磷、钾丰缺指标法或氮、磷、钾比例法坚持实地恒量监控推荐；中微量元素肥用量实行因缺补缺推荐的技术路线，制定了《湖南省建立测土配方施肥技术指标体系实施方案》，以《测土配方施肥技术规程》为指南，坚持因地制宜，分类指导，统筹兼顾，根据不同生态区域、肥力水平、种植制度和肥料增产效应，分类获取施肥参数，做到宏观控制区域配方，微观调节施肥用量，科学运筹肥料比例，组织省内专家分区域统一汇总田间试验数据，建立了主要作物土壤养分丰缺指标，修订了推荐施肥方案，建立了水稻、棉花、油菜等主要作物测土配方施肥指标体系和主要作物测土配方施肥技术参数，摸清了当前主要作物氮、磷、钾肥当季利用率。三是优化配方设计。按照定量施肥的不同依据和工作基础，分别采用 3 类 6 法，即第一大类型为地力分区配方法；第二大类型为目标产量配方法，包括养分平衡法和地力差减法；第三大类型为田间试验法，包括肥料效应函数法、养分丰缺指标法和氮磷钾比例法。在 GPS 定位采样测试的基础上，综合考虑行政区划、土壤类型、土壤质地、气象资料、种植结构、作物需肥规律等因素，借助现代信息技术生成区域性土壤养分空间变异图和县域施肥分区图，优化设计不同区域的肥料配方。据统计，2005—2020 年全省共制定和优化县域肥料配方 1 488 个，省土肥站在审核各项目县肥料配方的基础上，分四大区域对县域配方进行汇总分析和调整优化，在湖南农业信息网、湖南土肥信息网、湖南科技报、湖南农业杂志等媒体（报刊）以科学施肥指导意见的形式公布区域性大配方，2020 年推荐发布区域性大配方 41 个。

**2. 技术推广卓有成效** 2005 年至今，全省累计推广测土配方施肥技术 12.19 亿亩次，近年来主要农作物测土配方施肥技术覆盖率每年稳定在 90％以上，2020 年水稻、玉米等主要农作物测土配方施肥技术覆盖率达 92.9％。一是施肥建议卡入户。各地创新施肥建议卡填发方式，桃源等县利用 Excel 宏功能开发了测土配方施肥建议卡自动打印系统。鼎城、汉寿等县将施肥建议卡与年历、年画结合，采取农民喜闻乐见的形式指导农户按方施肥。2005 年来，全省累计发放施肥建议卡 5 854 万份。二是推进施肥信息上墙。各地以村为单位，在肥料经销网点或村民集中活动场所设立施肥信息公示栏，将土壤测试结果、主要作物推荐施肥方案和技术人员联系方式等内容上墙公示，全省累计施肥信息上墙 54 568 处。三是强化配方肥推广。将配方肥作为测土配方施肥技术重要载体，及时发布区域肥料配方，加大品牌配方肥示范展示力度，加强农企合作和产需对接，建立健全配方肥销售网络，2005—2020 年，全省共建立标准化配方肥服务网点 4 442 个，累计推广配方肥 1 886 万吨（实物量），施用面积达 5.97 亿亩次。四是开展施肥信息化服务。截至 2020 年全省有 79 个县（市、区）已开通应用扬州开发的县域测土配方施肥专家系统，有 48 个县（市、区）开通了田间道测土配方施肥手机专家系统，有 22 个县（市、区）利用测土配方施肥专家系统结合智能配肥设备进行配方配肥，全省现有小型智能配肥机 32 台，年服务面积超过 13 万亩，现有触摸屏 421 台，随时为农户提供土肥信息查询服务。

**3. 示范创建亮点纷呈** 从 2010 年开始，全省以示范县创建为抓手，以技术推广普及为目标，充分发挥示范样板的现场展示效果和辐射带动作用，积极探索测土配方施肥整建制推进模式，着力推动测土配方施肥技术成果转化应用。示范坚持"四有"标准，即有包片指导专家、有科技示范户、有示范对比田、有醒目标示牌。各示范县做到县有万亩示范区、乡有千亩示范片、村有百亩示范方，在关键农时季节，组织现场观摩，将示范样板打造成展示科学施肥技术的重要窗口、农民培训的田间课堂。

**4. 指导服务扎实有力** 从 2011 年开始，全省在抓好分散经营农户施肥指导服务基础上，大力实施新型农业经营主体测土配方施肥示范工程，加强"一对一"个性化施肥指导服务：对规模经营大户实行"入户测土、送肥上门"；对咨询农户实行"坐堂指导、开具配方"；对购肥农民实行"智能配肥、售后跟踪"；对远程农户实行"网络诊断、短信服务"，实现测土配方施肥由广普性指导向个性化指导的根本性转变。省级于 2014 年对全省测土配方施肥个性化服务开展了专题调研，全面了解测土配方施肥个性化服务对象、服务方式、服务内容和服务效果。2011 年以来，全省各级农业部门共为 2 万多个规模种植户提供"一对一"全程个性化施肥指导服务，测土配方施肥技术到位率和配方肥推广普及率进一步提高，得到大户一致好评，呈现了"专家进大户、大户带小户"推进测土配方施肥的良好局面。

**5. 宣传培训有声有色**　省土肥站组织制作了《湖南省测土配方施肥》宣传片，通过各市、县农业农村局在当地电视台连续宣传播放；组织土肥专家编辑并免费发放 2 万册《湖南农业》测土配方施肥技术专刊，同时出版发行 1 万册《测土配方施肥理论与实践》；安排专人编辑《湖南省测土配方施肥工作简报》，对全省测土配方施肥进展情况、典型事例、工作经验等进行报道。全省各级在广泛宣传引导的同时，通过集中培训、以会代培、发放技术资料等方式狠抓针对农民群众的技术培训。据统计，实施测土配方施肥以来，全省共举办各类技术培训班 7.16 万期，培训技术骨干 50.5 万人次，培训农民 709.45 万人次，发放技术资料 7 566.8 万份，张贴标语与横幅 54.17 万条，媒体报道或网络推送 5.85 万次。

**6. 资金使用管理规范有序**　2005 年以来，全省共到位中央财政项目补贴资金 5.43 亿元。各项目县严格按照资金管理有关文件加强项目资金管理，对项目资金使用实行全程监控，确保发挥最大效益。一是实行专户储存、专账管理、专款专用。二是控制项目的开支，杜绝非项目支出，项目开支由专人审核审批。三是根据项目实施方案，及时编制项目预算、资金决算，全面、客观分析资金使用与管理情况及资金使用效益，检查资金使用是否符合项目管理规定，是否发挥了应有的作用。四是自觉接收财政、审计等部门根据有关规定对项目资金使用管理等情况进行定期检查和审计。

## 二、主要成效

### 1. 经济效益

（1）节本增收效果显著　2005—2020 年，全省累计完成主要农作物测土配方施肥面积 121 851 万亩，根据历年测土配方施肥项目节本增收情况统计，测土配方施肥与习惯施肥比，亩均节省肥料 1.75 千克（折纯，下同），节约肥料成本 7.98 元，共计节省化肥投入成本 97.24 亿元；各类作物均有明显增产效果，其中早稻亩均增产 21.2 千克，一季稻、晚稻亩均增产 22.5 千克，玉米亩均增产 22 千克，油菜亩均增产 10.7 千克，亩均增加产值 49.49 元，合计亩均节本增收 57.47 元，总计节本增收 700.28 亿元。

（2）改善了产品品质　各地试验示范结果表明，测土配方施肥能增强水稻分蘖能力、促进籽粒饱满、增加千粒重，与习惯施肥比较，稻谷糙米率提高 2.6%，蛋白质含量提高 0.82%，整米率提高 4.5%；柑橘可溶性固形物含量提高 1.49%，含糖量提高 0.43%，维生素 C 含量提高 0.73 毫克/千克；辣椒的维生素 C 含量提高 0.68 毫克/千克，硝酸盐含量降低 2.62 毫克/千克。

### 2. 生态效益

（1）提高了化肥利用率　湖南省 2020 年主要粮食作物氮、磷、钾化肥利用率分别为

40.4%、27.1%和50.5%，与2010年比较，分别提高10.4个、1.2个和13.8个百分点。肥料利用率的提高削减了化肥不合理施用对环境的负面影响。

（2）减轻了面源污染　2005—2020年，全省累计完成主要农作物测土配方施肥面积121851万亩，平均每亩节省肥料1.75千克，总计减少不合理化肥用量213.24万吨。化肥用量的减少，促进了农业节能减排，减轻了化肥不合理施用造成的面源污染。

（3）提高了耕地地力　各县（市、区）政府和农业部门把加强耕地地力建设、增强耕地综合生产能力作为项目实施重点工作，强调以有机肥为基础，坚持氮、磷、钾及微量元素肥平衡施用，推广普及秸秆还田技术，大幅增加有机肥料施用量，改良了土壤，培肥了地力。

**3. 社会效益**

（1）改变了施肥观念　一是改变了"重化肥、轻有机肥""重氮肥、轻磷钾肥""重大量元素肥、轻中微量元素肥"的施肥习惯，推广普及了秸秆还田、绿肥种植等技术，大幅度增加了有机肥料的施用量，起到了改良土壤、培肥地力的作用；二是改变了过去早稻、晚稻施肥种类和数量千篇一律的观念，开始朝着看田、看作物种类、看有机肥施用数量、合理施用化肥的观念转变，如在长期实行稻草还田的双季晚稻田，适量减少化学钾肥施用量，提高钾肥利用率，降低化肥成本；三是改变了过去施肥不看肥料品种、不了解肥料特性的情况下盲目施肥的传统观念，开始朝着有针对性选肥、放心施用配方肥的观念转变，全省2005—2020年累计配方肥施用面积59652万亩，年均3976.8万亩，占到了全省农作物播种面积的近1/3。

（2）优化了施肥结构　据调查统计，测土配方施肥区与习惯施肥相比，全省农作物每亩平均减少化肥施用1.75千克，分别减少氮、磷肥施用1.46千克、0.58千克，增施钾肥0.29千克，早稻施肥氮磷钾比例由原来的1：0.44：0.42调整到现在的1：0.38：0.48，中稻施肥氮磷钾比例由原来的1：0.37：0.27调整到现在的1：0.39：0.54，晚稻施肥氮磷钾比例由原来的1：0.21：0.29调整到现在的1：0.26：0.49。同时，有机肥与无机肥施用比例逐步趋于合理，其中早稻有机肥平均每亩施用量由原来的417.0千克增加到564.6千克，增加35.4%；中稻有机肥平均每亩施用量由原来的356.9千克增加到720.4千克，增加101.8%；晚稻有机肥平均每亩施用量由原来的326.1千克增加到439.8千克，增加34.8%。全省复混肥的施用量由2004年的19.7%增加到2019年的36.91%。

（3）增强了服务能力　一是技术队伍明显壮大。截至2016年底，全省县级土肥站共有在职干部职工1004名，其中具有中级以上技术职称的596名，比2004年增加122名，增长25.74%。二是技术装备大幅改善。2016年全省县级土肥化验室增加到109个，建筑面积3.68万米$^2$，办公室场地6933米$^2$，仪器设备7113台（套），计算机等办公设备达491台，年检测能力12.63万个、107万项次，其中隆回、东安等28个县土肥化验室通过计量认证和实验室资质认定，宁乡、桃源、邵阳、邵东、慈利、赫山、醴陵、永兴、茶陵、安化、桃江等11个县（市、区）率先建成农业农村部测土配方施肥标准化验室。三是信息化服务能力不断提高。到2016年，全省有桃源、洪江、长沙、浏阳、茶陵、醴陵、平江、汨罗、鼎城、临澧、石门、津市、桂阳、永兴、桂东、资兴、东安、江华、新晃、芷江等20个县（市、区）已通过国家测土配方施肥数据管理平台发布空间数据，其他项目县均开通了"田间道配方施肥手机专家系统"，90％以上的县（市、区）实现手机信息服务县域全覆盖。四是技术成果丰硕。2005年以来，全省土肥系统在专业期刊上发表测土配方施肥有关论文478篇，获省级科技进步奖8项、市级科技进步奖26项、县级科技进步奖34项；获国家级农业丰收计划奖3项、省级丰收计划奖50项、市级丰收计划奖15项。其中：省土肥站为主完成的《湖南省主要农作物测土配方施肥专家系统研究与应用》科技成果获2016年湖南省科技进步二等奖，《湖南省水稻测土配方施肥技术推广》项目获2007年度湖南省农业丰收奖一等奖，《湖南省2011—2013年主要农作物测土配方施肥技术推广》项目获2013年度湖南省农业丰收奖特等奖。

## 三、经验做法

**1. 强化组织领导** 一是建立健全组织机构。为推动测土配方施肥顺利实施，省农业农村厅成立了由主要领导任组长的测土配方施肥工作领导小组，领导小组下设办公室，由省土肥站负责日常工作；14个市（州）农业农村局同时成立相应机构；相关项目县都成立了由县委、县政府分管农业的副书记或副县长任组长的测土配方施肥领导小组。二是组建了测土配方施肥专门工作班子。相关项目县农业农村局都成立了由局长任组长的测土配方施肥项目工作小组，建立目标管理责任制。各个环节、各个岗位专人负责，完善目标管理责任制，职责到人，奖罚分明。三是健全测土配方施肥技术专家组工作机制，充分发挥专家在技术培训、技术咨询、施肥指标体系建立和数据材料审核中的作用。

**2. 加强项目管理** 每年会同省财政厅编制全省项目实施方案报农业农村部、财政部备案，向各县（市、区）下达项目计划任务，与各县（市、区）签订项目实施合同，切实强化了项目绩效考评与质量监督。各项目县根据计划任务，结合当地实际制定具体实施方案。每年以厅办公室印发通知文件，组织对测土配方施肥项目实行绩效考评。各市州土肥站负责对项目县项目实施现场督促指导；省土肥站负责项目日常监管，随时掌握项目进展情况，每年组织对项目县化验室检测质量考核，牵头组织现场验收和集中考评，考核结果及排名情况在全省农业系统通报，考评成绩同时作为下年度是否续建测土配方施肥补贴项目、调整安排项目资金的重要依据。

**3. 加强制度建设** 一是建立目标管理制度。各项目县政府把测土配方施肥工作完成情况纳入乡（镇）政府目标考核管理的内容，项目实施领导小组成员单位及各乡（镇）向县（市、区）项目实施领导小组签订责任状。二是建立项目工作业绩及责任可追溯制度。把工作任务和责任细化到人，对完成任务好的给予奖励，对因工作失误造成损失的追究责任。三是建立配方肥质量管理制度。中标的配方肥企业与项目县（市、区）农业农村局签订配方肥质量承诺书，农业行政执法大队向农业农村局签订肥料质量监管责任状，加强肥料市场监管，保证农民用上放心肥。四是建立项目监督管理制度。由县纪检监察部门和农业、财政、审计等相关单位组成工作监察小组，负责对项目实施目标任务、技术指标、质量标准、工作进度等实行跟踪监督管理。五是建立健全项目督查和评比制度。省和市州每年组织2～3次交叉督查评比。六是建立健全资金使用管理制度。对测土配方施肥项目资金实行专账管理，专款专用，严格按照项目批复的资金使用方案和项目实施方案开支补贴资金，在资金使用过程中，坚持先报计划，后使用开支，坚持由主要领导一支笔审批，在项目验收时要求出具项目资金使用管理情况专项审计报告。

**4. 探索推广模式**

（1）整建制推进模式　在整建制推进区域实现农户、耕地、作物测土配方施肥全覆盖，以行政村为工作单元，每个村做到"六有"，即有一个20亩以上村级示范片、有一个配方肥营销网点、有一名驻村技术指导员、有一条以上永久性宣传标语、有5个以上科技示范户、有一处以上村级测土配方施肥信息公示栏。通过强化"示范片"到村、"建议卡"上墙和施肥指导意见入户，有力地促进了技术落地。通过整建制推进，在全省建成示范网络，形成示范效应，各地组织周边农民观摩示范样板，使广大农民直观地认识到测土配方施肥的好处，扩大了测土配方施肥的影响，为湖南省常态化开展测土配方施肥工作打下了良好的基础。

（2）产需对接模式　鼓励和引导大中型肥料生产、销售企业积极参与测土配方施肥行动，推动配方肥向区域或大户定向生产供应，扩大配方肥覆盖范围。采取企业＋经销商＋农户、企业＋基地、企业＋农户等生产供应方式，建立农企合作配方肥推广机制。利用媒体网络公布主要农作物专用肥区域配方，明确配方肥推广试点企业产生办法以及配方肥质量监管措施，引导复混肥市场配方发展方向。组织推广机构、企业、农户层层签订配方肥推广合作协议，落实配方肥品种、数量、区域、价格和供应方式，并规定凡按湖南省公布的区域配方或经省土肥站确认的县域配方生产的配方肥，在省肥料登记办备案后，均可免费在包装袋上标注省土肥站注册的"测土配方专用肥"标识。

（3）大户带动模式　发挥种植大户科技意识强、接受新技术快和示范辐射作用广等优势，把优先服务种植大户作为重中之重，采取"专家进大户、大户带小户"方式，开展个性化指导，提供测、配、产、供、施全套服务，促进测土配方施肥技术推广普及。

（4）信息化服务模式　主动适应移动互联网和现代通信技术迅猛发展、农村智能手机加快普及的新形势，利用"12316"农业信息服务平台，在开展测土配方施肥综合信息服务上进行了大胆尝试。一是利用专家系统结合智能配肥设备进行配方配肥，提高施肥精准性。二是利用信息技术创建测土配方施肥网络信息公共服务平台，将测土配方施肥基础知识、不同区域耕地地力与养分状况、施肥建议方案等相关信息发布在网上，方便农户随时查阅。三是对种植大户、科技示范户和重点户等开发测土配方施肥信息手机短信服务功能，定期或不定期向其发布一些测土配方施肥技术服务信息。四是在备肥、用肥关键季节，发布一些区域性或针对性的施肥配方，积极引导种植大户、科技示范户和重点户按方购肥、"按方施肥到田"。五是通过国家测土配方施肥数据管理平台和"田间道配方施肥手机专家系统"开展测土配方施肥手机信息即时服务，手机用户通过发送含有经纬度信息或地块代码的短信即可查询到相应地块的施肥方案。

**5. 加快技术创新**

（1）全面推广应用GPS和GIS技术　在野外调查采样方面，所有采样点都应用GPS进行了定位；应用计算机技术将土壤图和土地利用现状图进行叠加，形成耕地资源管理单元图；运用空间插值方法，将各采样点的土壤测试数据赋值到单元图，制作了土壤养分分布图。在测土配方施肥数据管理方面，各项目县运用统一的软件平台，建立了规范的测土配方施肥数据管理系统和县域耕地资源管理信息系统，对测土配方施肥数据实现了数字化管理。在测土配方施肥数据应用方面，运用县域耕地资源管理信息系统完成了耕地地力评价、作物适宜性评价、土壤养分状况评价以及县域肥料配方拟合、单元推荐施肥等。

（2）系统创新田间肥效试验设计与组织方式　针对不同的作物分别采取不同的试验设计方案，粮棉油等大田作物采用"3414"试验设计方案。在试验组织方式上，主要采取了省级统筹、分工协作、规范管理的组织管理模式。一是统一试验方案，每年由省土肥站统一制定全省测土配方施肥田间试验示范方案，对试验设计处理进行了统一，并综合考虑试验种类、试验作物、试验土壤类型等因素，将年度试验任务发文下达到各项目县；二是教学、科研、推广相结合，整合省级科研院所的技术优势，省土肥站统筹负责全省田间试验的组织，每种主要作物田间试验委托一家科研院所牵头负责试验的组织实施，各项目实施单位负责试验的具体实施；三是规范田间试验的管理，做到统一试验设计、统一观察记载项目、统一样品检测、统一数据审核汇总。

（3）率先改进田间试验数据审核与汇总统计方法　在数据汇总方面，采取分区汇总的方法，将全省划分为湘北环洞庭湖（常德、岳阳、益阳）、湘中湘东（长沙、株洲、湘潭、娄底）、湘南（衡阳、郴州、永州）、湘西南（张家界、湘西自治州、怀化、邵阳）等四大生态区，将全省的田间试验结果分区域进行汇总，分别建立了四大区域的早稻、中稻、晚稻、棉花、油菜等主要作物的施肥指标体系。在试验数据分析方面，利用DPS等专业统计软件，采用二次多项式逐步回归的方法进行肥料效应模型拟合，即将肥料效应方程中显著性水平较低的回归项剔除，得到三元或二元回归模型。与此同时，采用线性加平台的模型对试验结果进行分析和建模，提高了试验模型拟合成功率，同时使得出的推荐施肥指标更接近实际。

（4）首次研发湖南测土配方施肥专家咨询系统应用软件　一是组织开发县域测土配方施肥专家咨询系统。基于测土配方施肥专家咨询系统通用模板，分湘北、湘中、湘南、湘西四大区域汇总分析历年"3414"田间试验数据，获取不同生态区主要作物氮磷钾肥利用率、土壤有效养分校正系数、农作物产量对土壤依存率、每百千克经济产量养分吸收量、最佳经济施肥量等技术参数，建立各技术参数与土壤速效养分之间的最佳数学模型；依据"斯坦福"公式，建立不同作物目标产量、土壤理化性状和施肥量三者之间的关系模型，实现了在不同目标产量和不同土壤养分含量下的最佳氮肥精确推荐值，以及该田块配方肥的最佳氮磷钾配比。二是首创湖南省主要农作物测土配方施肥手机软件。会同省农业信息中心，利用智能手机的GPS定位功能和网络连接技术，开发了基于安卓系统的湖南省主要农作物测土配方施肥专家系统软件2.0版，建立了土壤属性基础数据库，能实时定位自动获取、按照地名查找或手工输入三种方法取得土壤养分数据，随时随地依据土壤养分检测数据，估算农作物目标产量，精准计算施肥方案和配方肥最佳配方，并把自动生成施肥方案的短信发送到农户手机上，及时指导农户科学施肥。

# 广东省测土配方施肥十五年总结

自 2005 年启动测土配方施肥项目以来，广东省围绕"测土、配方、配肥、供应、施肥指导"，积极开展取土化验、农户调查、试验示范、宣传培训、配方肥推广、技术指导等相关工作，大力推广化肥减量增效技术，有力推动了农民增收和农业绿色发展。

## 一、工作进展与成效

2009 年测土配方施肥项目县达 96 个，覆盖全省 105 个县（市、区），实现全省主要农业县全覆盖。目前，各县（市、区）在做好测土配方基础工作的同时，工作中心逐步转向化肥减量增效。

### 1. 工作进展

（1）取土化验与农户调查　2005—2020 年，全省共有 110 个县（市、区）开展了农户施肥情况调查和土壤样品采集，共调查农户 43.95 万户，采集土壤样品 47.1 万个，化验项目 235 万项次。其中 2005—2014 年调查农户 38.9 万户，采集土壤样品 41.6 万个、植株样品 2.8 万个，分析土壤大量元素 156.95 万项次、中微量元素 28.03 万项次，测试植株养分 13.9 万项次；2015—2020 年调查农户 5.05 万户，采集土壤样品 5.5 万个，化验项目 36.3 万项次。

（2）田间试验　2005—2020 年共开展各类田间试验 5 802 个。其中，2005—2014 年开展"3414"田间试验肥效小区试验 3 957 个；2015—2020 年开展肥料利用率试验 181 个，其他试验 1 664 个。

（3）示范县创建　2005—2020 年共创建示范县 137 个。其中，2005—2014 年创建 86 个国家级测土配方施肥项目县、10 个省级测土配方施肥项目县；2015—2020 年创建国家级取土化验县 15 个，化肥减量增效示范县 26 个（不重复计算）。

（4）技术指导　各级农业技术人员深入生产第一线，开展技术培训和指导，共举办培训班 20 704 期次，发放培训资料 2 466 万份，培训农民 366 万人次。其中，2005—2014 年共举办培训班 13 120 期次，发放培训资料 1 752 万份，培训农民 260 万人次，发放测土配方施肥建议卡 4 390 万份，项目区施肥建议卡入户率达 90％以上；2015—2020 年发放测土配方施肥建议卡 1 264 万份，设立测土配方施肥专家系统（触摸屏版）510 台，测土配方施肥专家系统手机 App（施肥博士）用户达到 12 万户。

（5）资金投入　2005—2020 年共投入资金 5.68 亿元。其中，2005—2014 年，中央财政投入 2.45 亿元，省财政投入 0.6 亿元；2015—2020 年，中央财政投入 1.51 亿元，广东各级财政投入 1.12 亿元。

### 2. 主要成效

（1）农民增收效果显著　十五年来，全省共推广测土配方施肥面积 6.07 亿亩次，总节本增效 413 亿元，减少不合理化肥施用 127 万吨（折纯）。示范片作物平均亩增产 15 千克，增收节支 68 元。

（2）全省化肥用量明显减少 2020年化肥使用量下降至220万吨，比2015年减少15万吨以上，减幅达到6%；每亩耕地施用化肥（折纯）将下降至56千克，比2015年减少4千克，减幅达到7%。全省化肥施用总量和施用强度从2017年实现负增长后，继续呈现负增长。

（3）肥料结构得到优化 实施测土配方施肥后，改变了广大农户重施、偏施氮肥的习惯，呈现减氮增钾的施肥趋势，优化了肥料施用结构，减少了不合理化肥施用量，提高了肥料利用率。氮、磷、钾养分投入比例由农户习惯的1：0.25：0.49调整为1：0.29：0.58。

（4）施肥方式得到改进 施肥新技术得到广泛推广，2020年水稻侧深施肥技术面积达到17万亩，经济作物水肥一体化面积达到200多万亩次，化肥机械深施面积达到18万亩次，农民盲目施肥和过量施肥现象基本得到遏制，传统施肥方式逐步得到改变。

（5）科学施肥理念增强 通过开展形式多样的宣传、培训、试验、示范推广活动，广大农户亲身体验和感受到了测土配方施肥与化肥减量增效的作用，撒施表施的习惯逐渐改变，特别是种植大户在尝试水稻侧深施肥、经济作物水肥一体化等技术后，科学施肥意识明显增强。

## 二、主要做法

**1. 加强组织领导，增加资金投入** 省农业农村厅成立省测土配方施肥、化肥使用量零增长行动领导小组和专家组，将测土配方施肥、化肥减量增效列为全省农业主推技术，每年印发测土配方施肥和化肥减量增效工作方案，明确指导思想、工作目标和工作任务。为把工作落到实处，2020年省农业农村厅印发了《关于做好测土配方施肥有关考核工作的通知》，对肥料使用量、测土配方施肥技术覆盖率和肥料利用率进行考核。各地级以上市、县（市、区）农业主管部门也相应成立了领导小组，落实工作责任，细化工作措施，设定工作完成时间表，积极开展测土配方施肥和化肥减量增效工作。在用好中央资金的同时，各级农业农村部门积极争取地方财政的支持，加大资金投入。省政府从2007年起在省财政预算中增设农用地测土配方施肥专项资金1000万元；2015—2020年，广州、珠海、中山等市积极争取地方财政支持，出台政策措施，推进有机肥替代化肥。例如，广州市对粮食、蔬菜和果树种植大户购买以畜禽粪便和秸秆为主要原料的商品有机肥每吨补贴300元，2019年投入补贴资金500多万元；珠海市对粮食、果树和花卉苗木种植户购买使用本地生产商品有机肥每吨补贴150元；中山市设立专项资金，对项目区施用有机肥每亩补贴300元。补贴政策有效调动了农户使用有机肥的积极性，减施化肥成效明显。此外，惠州、阳江、湛江、茂名等市也统筹部分资金，用于测土配方施肥和化肥减量增效，取得了较好的成效。

**2. 狠抓基础工作，强化技术支撑** 一是抓好取土化验。为准确掌握全省耕地质量等级、肥料使用情况和变化趋势，对化肥使用量零增长行动效果进行科学评价，广东省从2017年起在全省组织开展了耕地质量等级调查和肥料使用情况调查，并印发了调查方案。2017—2020年土壤样品采集数量从每年5 205个增加至5 336个，样品数量逐年增加，代表性进一步增强。土壤样品统一送土肥部门的标准化验室进行检测，每年检测 3.5 万项次以上。二是规范田间试验。采用政府购买服务方式，委托省农业科学院、省生态环境与土壤研究所、华南农业大学资源与环境学院、仲恺农业工程学院、广东海洋大学等教学科研单位，开展水稻化肥利用率、经济作物"2＋X"肥效试验，完善农作物施肥指标体系，2018 年完成田间试验 242 个，2019 年 286 个，2020 年 512 个，目前，已建立了水稻、叶菜类蔬菜、果菜类蔬菜、甘蔗等作物省级施肥指标体系。三是及时发布肥料配方。2008 年以来，全省共发布肥料配方 437 个，涉及水稻、蔬菜、果树等作物，包括冬瓜、苦瓜、小白菜、菜心、迟菜心、花椰菜、青花菜、芹菜（西芹）、番茄、梅菜、辣椒、豆角、香蕉、柑橘、砂糖橘、春甜橘、年橘、金柚、三华李、橄榄等。省农业农村厅在审核发布各项目县肥料配方的基础上，组织省级测土配方施肥专家组研究制定了省级肥料"大配方"，发布水稻、香蕉等主要作物配方 50 个。

**3. 优化技术模式，提高施肥水平** 在认真总结化肥减量增效试验成效的基础上，各地组织农业新型经营主体推广使用化肥减量增效新产品、新技术，并进行技术集成。这些年，重点在水稻上推广配方肥、机械插秧同步侧深施肥，在水果、蔬菜、茶叶上推广配方肥＋有机肥（生物有机肥）、水溶肥（有机水溶肥）＋喷滴灌、果园机械开沟施肥技术模式，取得了较好的增产提质增收效果，应用面积逐年扩大。将化肥减量增效工作与世界银行贷款广东农业面源污染治理项目、广东省"一村一品、一镇一业"项目密切结合，示范推广水肥一体化、有机肥替代化肥、秸秆综合利用、肥药减量控害等绿色生态环保技术模式。世界银行贷款广东农业面源污染治理项目通过技术培训推广配方肥，通过 IC 卡发放配方肥补贴，引导农民减量施肥，效果明显。2019 年，项目区农户施肥量为 45 千克/亩，较非项目区农户施肥量低 27.2%。

**4. 强化示范带动，推动技术落地** 在春耕或冬种生产等关键季节前，组织专家研究制定并公开发布全省主要农作物科学施肥指导意见，并要求各地建设测土配方施肥、化肥减量示范区。各地采取有效措施，将测土配方施肥、化肥减量增效和粮食高产创建、高标准农田建设项目有机结合，建立示范区，并及时组织种植大户和普通农户参观学习，有效扩大配方肥的应用面积，推动了缓控释肥、有机肥等新型肥料和水稻侧深施肥、经济作物水肥一体化技术的推广应用。2015 年以来，全省共设立示范区 5 644 个，面积达到444.22 万亩，广泛分布在各县粮食和经济作物的优势产区。在总结分析测土配方施肥海量测土和试验数据的基础上，构建了主要农作物施肥指标体系，开发了广东省测土配方施肥专家系统应用平台，包括触摸屏和施肥博士手机 App。

**5. 加强宣传培训，强化技术指导** 大力开展测土配方施肥、化肥减量增效宣传工作，印制了《广东省水稻、蔬菜、甜玉米、香蕉、荔枝、龙眼、柑橘等作物的测土配方施肥挂图》13 万份、宣传册《测土配方施肥·广东行动》2 000 份，拍摄制作了《广东测土配方施肥在行动》和《测土配方施肥技术规范》宣传片，在《广东农业科学》2009 年第 4 期发表测土配方施肥专刊。全省举办现场会 5 029 次，广播电视宣传 9 257 次，发放测土配方施肥建议卡 5 654 万份，项目区施肥建议卡入户率达 90% 以上。配合中央电视台拍摄了广东实施化肥减量增效的新闻短片，在 2020 年 8 月 18 日新闻频道"朝闻天下"播出。强化技术培训，联合南方农村报、广东电信等单位，组织专家到惠东、高州、阳山、龙门、廉江等地开展技术培训，传授水稻、马铃薯、玉米、果树、蔬菜等作物的施肥技术，组织专家组成员在农业生产关键时期深入田间地头开展巡回技术指导，深受群众欢迎。

**6. 加强项目监管，确保项目成效**　严格项目管理，加强督促检查，及时开展绩效评价。一是严选实施主体。根据作物种植、土壤状况、施肥水平、农业经济等条件，科学确定测土配方施肥、化肥减量增效项目示范区域和实施主体数量，公开配方肥、有机肥、社会化服务组织等有关补贴方式、补贴标准、补贴资金数量、补贴资金发放流程等，对示范区内享受购肥补贴的农户张榜公示，农民购肥时出具身份证、签名确认。二是严格资金使用。各地建立了测土配方施肥、化肥减量增效资金管理制度，规范资金使用。肥料补贴资金发放既有采取"一卡通"或"购肥票"方式，也有在购肥时直接打折、肥料销售商再与县级农业、财政部门结算等方式。部分项目县还建立了第三方监管平台，对肥料购买、配送等环节进行有效监管。十五年来，没有发现资金使用违规现象。三是加强督促检查和绩效考核。在项目开展过程中，除通过季度报表及时了解项目进展情况外，广东省每年还组织专家组到各项目县对工作情况进行督查。项目结束后，及时开展绩效自评。

# 广西壮族自治区测土配方施肥十五年总结

## 一、项目实施情况

**1. 农业生产概况**　广西种植的主要农作物有水稻、玉米、甘蔗、马铃薯、大豆、木薯、油料、果树、蔬菜等，2019 年全区主要农作物播种面积达 8 983.8 万亩。2019 年全区化肥施用量（折纯，下同）为 252.03 万吨，其中氮肥 72.82 万吨、磷肥 29.49 万吨、钾肥 55.09 万吨、复合肥 94.63 万吨。

**2. 项目完成情况**

（1）项目实施面积广覆盖率高　2005—2020 年全区测土配方施肥示范推广累计 7.85 亿亩次，覆盖全区 15 053 个行政村，行政村覆盖率为 97.8%。其中，2020 年推广 6 936.4 万亩次，水稻、玉米、甘蔗三大农作物测土配方施肥技术推广应用 4 374.22 万亩次，技术覆盖率达到 91.94%，项目深受广大农民和种植大户好评，满意测评好评率达到 90% 以上。

（2）基本摸清广西耕地变化概况　截至 2020 年，全区累计采集了土样 72.55 万个，进行了 604.25 万项次分析测试，其中大量元素 335.83 万项次、中微量元素 267.39 万项次、其他项目 1.03 万项次。通过大量土壤样品的化验和结果分析，基本摸清了全区耕地土壤肥力现状和时空变化规律。

（3）规范建立了测土配方施肥数据库　截至目前各项目单位已按要求建立并补充完善了县域测土配方施肥数据库，自治区土肥站在各县域数据库的基础上集成建立了全区测土配方施肥数据库。据统计截至目前共收录 543.09 万条记录，21 738.51 万项次数据，15 266 幅县、乡镇和村级土壤图。

（4）科学建立了不同生态区域主要作物施肥指标体系　2005 年以来，广西共在水稻、玉米、甘蔗、果树、蔬菜等主要作物上完成"3414"、"2＋X"、中微量元素、有机无机配比等各类小区试验累计 40 125 个。各项目县依托田间试验数据确立了本地的施肥参数，基本建立了水稻、玉米、甘蔗、木薯、柑橘、蔬菜等主要农作物的县域施肥指标体系。自治区土肥站汇总分析全区试验数据，建立了全区主要农作物不同生态区域的施肥指标体系，开发了县域和全区的专家咨询系统、触摸屏推荐施肥系统和手机 App 推荐施肥系统，布设到全区各地重点乡镇，方便农民和种植大户查询施肥配方、按方施肥。同时，利用养分分区与施肥专家系统开展区域性配方研究，累计形成配方肥配方 6 624 个并向社会公布，引导企业按方生产配方肥，其中县级区域作物施肥配方 5 077 个，全区大中区域配方 1 547 个。项目实施以来，累计完成推广应用配方肥 1 265 万吨，应用配方肥面积达 28 141 万亩，应用施肥专家系统制定施肥推荐方案、印制施肥建议卡并向农户发放，累计发放施肥建议卡 3 912 万份，免费为 4 347 万（次）农户进行测土配方施肥技术指导服务。

（5）耕地地力评价工作基本完成　全区 98 个项目单位已在 2015 年底全部按进度要求完成耕地地力评价工作并通过了验收。78 个单位的县域耕地地力评价书籍已由广西科学技术出版社正式出版，其余单位的县域耕地地力评价报告也在陆续组织出版。

（6）建立了完善的土肥检测体系　通过项目实施，全区 98 个项目单位建立了规范的土壤和肥料测试样品化验室。化验室累计投资达 9 977.14 万元，使用面积 47 051.43 米$^2$，单个化验室使用面积均达到 200 米$^2$ 以上且标配电子天平、紫外可见分光光度计、原子吸收分光光度计、纯水器、定氮仪、马弗炉、大容量振荡器、数字瓶口分配器、连续移液器等大中型仪器设备，配备 8～10 名化验人员，其中 3～4 人通过自治区级土肥部门的土肥化验技术培训。项目化验室检测质量不断提升，18 个项目实施单位化验室进行样品检测考核，其中 16 个项目单位化验室全部项目一次性通过考核。

（7）有效促进自治区土肥人才队伍建设　在测土配方施肥项目的带动下，项目单位不断招录土肥专业技术人才。自治区土肥机构中土肥专业技术人员由项目实施前的 185 人增加到 700 多人，平均每个项目单位扩招 5.3 人。2009 年项目顶峰时期自治区土肥机构工作人员一度由项目实施前的 570 人增加到 2 011 人，平均每县扩充 14.7 人。同时，不断通过"走出去、请进来"的方式大力开展交流学习培训，技术人员个人职业和业务素质均都得到很大提高。项目实施以来，自治区土肥技术干部共发表相关论文 480 多篇，出版著作 16 种，获得成果奖励 14 项，其中自治区土肥站测土配方施肥项目相关成果获得科技进步二等奖 1 项、全国农牧渔业丰收奖二等奖 1 项，获施肥软件著作权 3 项、终端配肥相关专利 5 项。

（8）带动提升企业社会化服务能力　加强对肥料企业、经销商业务能力培训，特别是通过制定、发布肥料配方，引导肥料企业按方生产配方肥，构建配方肥产供施网络，推动建立以科学配方引导肥料生产、以连锁配送方便农民购肥、以规范服务指导农民施肥的产、供、销一体化机制，促进农民按方施肥，提升了肥料企业社会化服务能力。目前，广西已有 55 家国有和民营大中型肥料企业被认定为配方肥定点生产销售企业，累计建立 1 651 个终端配肥技术服务网点和配方肥连锁直供网点、59 个农化服务中心。

## 二、主要做法

**1. 强化组织领导，确保各项工作实施落到实处** 一是组建项目实施机构。成立广西测土配方施肥领导小组，组长由自治区农业农村厅主要领导担任，并在自治区土肥站成立办公室，抽调业务精兵强将全面负责组织项目实施。各项目实施单位也成立相应机构，确保项目机构健全、人员到位。二是加强项目部署实施。自治区每年都把测土配方施肥列入"为农民办实事十件大事之一"来抓，自治区农业农村厅一直将测土配方施肥技术列为全区"十大主推农业技术"宣传，每年组织召开 3 次以上测土配方施肥会议，多年来累计组织召开 40 余次全区性的测土配方施肥工作会议、现场会、技术研讨会、座谈会，切实把各项工作落实到位。三是成立项目技术专家组。自治区和各项目实施县（单位）均成立了测土配方施肥技术专家组、分片指导小组等技术支撑机构，强化了对项目的技术指导。

**2. 大力开展宣传培训，营造良好的科学施肥氛围** 项目实施以来，深入开展形式多样、农民喜闻乐见的测土配方施肥宣传培训活动。每个县每年刷写 40 条以上醒目的墙体宣传标语，每个村（分场）张贴至少 1 套测土配方施肥技术宣传挂图，示范田（地）块树立施肥指导牌和大幅宣传牌，试验田树立小幅指示牌，供农民参观学习。在每年春耕和秋冬种备肥用肥高峰前，发布春季、秋冬种科学施肥指导意见，指导农民"科学、经济、环保"施肥。同时充分利用互联网、电视、报刊等媒体大量宣传发布测土配方施肥信息。2005—2020 年全区累计张贴技术挂图 59.4 万多套，粉刷宣传标语横幅 32 636 条，出版墙报 2 199 期，电视广播报道 6 377 条次，网络报道 14 871 条次，发放培训资料 2 120 万份，发放宣传光碟 5 028 张，举办科技赶集 1.62 万场次，举办各类现场观摩会、估产竞猜和知识抢答活动 7 964 场次，举办培训班 3.92 万期（次），培训技术骨干 5.48 万人次、农民 697.42 万人次、经销商 3.08 万人次。

**3. 强化工作指导，确保各项工作顺利开展** 一是编制好规范的项目实施方案、工作方案，规范程序和方法步骤，供项目县（单位）逐一细化、规范实施；二是强化对项目县（单位）技术人员的培训，对关键环节进行集中专项培训；三是落实专门的工作小组全力抓好空间数据库和地力评价工作，确保这些项目重点、难点工作能按质、按时推进和完成；四是制定分组包片巡回督促指导制度，自治区农业农村厅设立 4 个测土配方施肥技术指导服务组常年深入各项目县（单位）开展巡回技术指导服务，确保项目实施任务的全面完成。

**4. 强化创新，推进技术入户** 一是在全国首创"测产选肥 钱粮双增"大型科技服务活动，通过基地示范展示与现场观摩活动，为肥料企业与农民搭起应用配方肥的桥梁。该活动从 2009 年启动，到 2017 年共举办八届，每一届现场观摩人数均超过上万人次，广受肥料生产、经销企业与农民朋友的好评。二是创新推出"测土信息公示、施肥方案上墙"的技术入户新模式，得到农业农村部的肯定并在全国推广，目前"测土信息公示、施肥方案上墙"覆盖了项目区的 21 339 个行政村（分场）。三是大力开展"一对一"技术帮扶活动，免费为帮扶农户或村（屯）提供技术指导和服务。目前广西各级土肥部门共为 5 113

个村和 21 870 个农户提供了"一对一"个性化技术帮扶服务。

**5. 强化管理，确保项目规范实施** 一是严格实行合同管理制度。基层各项目实施县（单位）每年与项目主管部门签订项目合同，确保项目规范有序运行。二是充分发挥市级农业行政主管部门对辖区项目实施县（单位）的工作督查作用。三是高度重视项目资金使用管理，严格按照《测土配方施肥试点补贴资金管理暂行办法》和项目合同管理规定，实行专账管理。四是强化监督检查。完善检查督促机制，制定下发《广西测土配方施肥项目运行绩效考评试行方案》并进行项目运行绩效考核，绩效考评结果作为项目验收和下一年度安排的重要依据。自治区 4 个测土配方施肥工作组，分片负责，责任到人，定期或不定期到各县（单位）开展检查指导工作，发现问题，及时纠正，保障项目实施规范有序运行。

## 三、取得成效

**1. 节肥增效效果显著** 2005—2020 年全区测土配方施肥与常规施肥相比，平均亩节约肥料 1.76 千克（折纯，下同），亩节本增效 40.18 元，全区累计减少肥料施用 138 万吨。主要农作物产量每亩平均增产 58.8 千克，平均增幅为 6.6%。其中，水稻平均亩增产 27.5 千克，增幅 7.1%；玉米平均亩增产 30.5 千克，增幅 8.2%。

**2. 化肥使用量持续降低实现负增长** 2005—2017 年全区化肥用量增幅明显放缓，到 2018 年全区化肥使用量为 255.05 万吨，同比减少 8.78 万吨，减幅为 3.33%，提前两年实现化肥使用量零增长的目标，并且实现了负增长。2019 年，全区化肥用量为 252.04 万吨，比上年（255.05 万吨）减少 3.01 万吨，减幅为 1.18%，继续保持负增长。

**3. 主要农作物肥料利用率不断提高** 大力推广测土配方施肥技术措施，引导农民采用精准施肥理念优化施肥方式，有效推动了全区主要农作物肥料利用率的不断提高。根据《基于田间试验的三大粮食作物化肥利用率测算规范》统计历年各地开展的肥料利用率田间试验数据，结果显示广西 2020 年水稻氮肥利用率为 40.34%，磷肥利用率为 16.81%，钾肥利用率为 47.90%，化肥利用率比项目实施前提高了 6.14 个百分点。

**4. 耕地质量稳步提升** 一是大力推广测土配方施肥＋秸秆机械粉碎还田、生物还田腐熟、集中堆沤还田等技术，扩大秸秆还田面积有效减少化肥施用量；二是通过测土配方施肥＋增施有机肥、种植绿肥，合理利用畜禽粪便等有机肥资源，提升土壤肥力；三是通过测土配方施肥＋施用石灰、土壤调理剂等多种手段推进中低产田改良。经过统计测算，2020 年全区耕地质量等级平均为 5.04 级，比基准年提升 0.61 个等级。

**5. 农民施肥观念转变** 广西通过大力开展测土配方施肥技术培训，把测土配方施肥技术与精准扶贫、增加农民收入、促进美丽乡村建设等工作有机结合，给农民宣贯科学施肥理念。以报刊、电视、电台、互联网为载体，结合赶圩、集市、现场培训、化肥农药使用量零增长技术进万家等多种活动，开展形式多样的宣传与技术培训工作。调查显示，广大农民科学施肥意识在逐步增强。

**6. 技术研究成果丰硕** 2005—2020 年，广西坚持科学施肥技术推广应用与试验研究并重，开展大量田间试验、示范基地田间应用、对比试验，分别探索出主要作物县域配方和全区区域大配方、作物施肥指标体系、施肥模型、作物施肥运筹方式、主要农作物有机肥替代化肥技术模式等技术成果，获得多项技术专利、软件著作权，发表大量学术文章，出版了《测土配方施肥与肥料识别图解》《化肥减量增效技术手册》《果菜茶有机肥替代化肥技术模式》《广西耕地地力评价》等书籍。《多元生态水溶肥料合作开发与应用推广》项目荣获全国农牧渔业丰收奖合作奖一等奖，《测土配方施肥技术研究与示范推广》荣获广西壮族自治区科技进步二等奖，《广西水稻、玉米、甘蔗测土配方施肥技术推广应用》项目荣获全国农牧渔业丰收奖二等奖。

# 海南省测土配肥施肥十五年总结

2005 年农业部安排万宁市作为海南省测土配方施肥补贴试点项目县，2009 年测土配方施肥覆盖全省 18 个市县（不含三沙市）和 10 个场（区），项目一直延续到 2016 年。2017—2020 年，测土配方施肥基础工作列入化肥减量增效项目的工作内容之一，主要为取土化验和田间肥效试验等基础性工作。截至 2020 年，测土配方施肥共投入项目资金 8 419.4 万元，推广测土配方施肥技术 9 936.12 万亩次，总节本增效 30.8 亿元。

## 一、基础性工作完成情况

**1. 野外采样工作** 2005—2020 年，共采集土壤样品 120 506 份、植物样品 6 314 份，调查农户 120 506 户。

**2. 测试分析工作** 2005—2020 年，全省共分析化验土壤样品 120 506 份，检测分析植物样品 6 314 份。其中完成土壤大量元素分析化验 602 530 项次，中微量元素分析化验 170 629 项次，植物样品养分测试 18 942 项次。

**3. 田间试验工作** 2005—2020 年，布置并实施水稻"3414"田间肥效试验 372 个，其他试验 666 个。通过"3414"肥效试验，建立了水稻等作物不同施肥分区氮磷钾肥料效应模型，筛选、设计区域施肥主体配方。通过配方校正与示范试验，验证和优化肥料配方，统计测土配方施肥效果，建立土壤养分丰缺与作物施肥指标体系，为配方设计、施肥建议卡制定和施肥指导提供依据。

**4. 配方设计及加工工作** 2005—2020 年，全省已制定配方肥配方 1 456 个，发放施肥建议卡 8 027 706 份，配方肥施用总量达到 62.10 万吨（折纯），配方肥施用达到 2 484.03 万亩次。

**5. 示范推广工作** 2005—2020 年，在全省范围内共建立示范田 1 398 个，示范推广 190.06 万亩次，示范推广测土配方施肥技术累计 9 936.12 万亩次。

**6. 宣传培训工作** 2005—2020 年，全省举办各类培训班 3 266 期次，培训技术骨干 35 997 人次，培训农民达 1 036 018 人次、经销人员 13 586 人次，发放技术资料 2 082 592 份，还通过电视、互联网、报刊、墙体广告（条、横幅）宣传 69 273 次，举办科技赶集 1 272 次和现场会 846 次，促进测土配方施肥技术知识普及。

**7. 数据库建设与地力评价工作** 截至 2012 年 12 月，全省各项目市县（不含三沙市）

均建立了县域耕地资源管理信息系统，完成耕地地力评价工作，并顺利通过验收工作。将第二次土壤普查及测土配方施肥的相关图件资料和数据资料数字化，建立规范的数据库，并将空间数据库和属性数据库建立连接，建立了县域耕地信息管理系统。

**8. 化验室建设工作** 18个项目市县先后建立了测土配方施肥化验室，配备一支土肥检测队伍，加强测试工作手段，增强为农民服务的技能。2005—2012年，按农业部测土配方施肥项目对化验室建设质量控制要求进行规划设计，全省共完善和整修实验室面积3 850余米$^2$。购置了原子吸收分光光度计、紫外分光光度计、微波消解炉、自动蒸馏定氮装置、火焰光度计等化验仪器、设备295余套（台）。各市县实验室均配备专兼职化验员4～7人，经过系统的培训之后，已具备了开展土壤和植株样品测试分析的能力。

**9. 数据管理信息系统与专家系统开发工作** 整合全省测土配方施肥补贴项目数据，建立了测土配方施肥数据应用管理信息系统，2005—2020年全省安装肥料配方触摸屏103台。委托中国热带农业科学院开发作物施肥专家系统，主要用于测土配方施肥服务流动站为农民现场取土、测土推荐施肥配方。

## 二、主要技术成果

### 1. 摸清全省土壤养分与属性状况

（1）土壤有机质及大量元素含量

①土壤有机质含量。耕层有机质含量范围在0.62～66.6克/千克，平均为19.44克/千克，变异系数0.12。按照全国第二次土壤普查养分分级标准来看，达三级和四级标准的样品数量最多，分别占总数的28.77%和42.63%。

②土壤有效磷。海南土壤有效磷平均含量为16.8毫克/千克。全省耕地土壤有效磷含量属中等偏下水平，达到一、二级标准的占25.1%，而三、四级标准的占33.8%，五、六级标准的占41.1%，说明总体上土壤有效磷处在缺乏的边缘。

③土壤速效钾。土壤速效钾含量在8～646毫克/千克，平均在47.66毫克/千克；全钾含量0.43～15.02克/千克，平均为5.01克/千克。整体而言，全省耕地土壤钾素较缺乏。全省4 115个调查样点中，1 734个样品的土壤速效钾含量属于六级，一级占2.53%，二级和三级分别占2.02%和5.32%，四级、五级和六级的总和超过了所有样点的90%。

（2）中量元素

①土壤交换性钙。耕地土壤耕层有效钙含量范围在4.8～5 442.6毫克/千克，平均434.52毫克/千克，变异系数为1.1。根据土壤养分分级标准，达一级标准的有587个，占14.26%；达二级标准的有0个，占0.0%；达三级标准的有607个，占14.75%；达四级标准的有847个，占20.58%；达五级标准的有2 074个，占50.4%。

②土壤有效镁。耕地土壤有效镁含量范围在3.2～3 005.4毫克/千克，平均112.7毫克/千克。全省耕地土壤交换性镁集中分布在四、五、六级，分布样点数最多的是四级，有1 024个，占总数的24.88%。总体而言，交换性镁属于缺乏的水平。

（3）微量元素

①土壤有效硼。耕地土壤有效硼含量范围在0.02～6.54毫克/千克，平均为0.10毫

克/千克。全省耕地土壤有效硼含量达一、二级标准的样点数极少，占比不足1%；达三级标准的只有52个，占1.26%；以低于0.5毫克/千克为缺硼临界值来看，达四、五两级的有4020个，占97.69%。可见，全省耕地土壤有效硼属极缺乏。

②土壤有效锌分析。耕地有效锌含量范围在0.1~59.8毫克/千克，平均为4.3毫克/千克。根据海南土壤养分分级标准，有效锌含量达一级标准的有1788个，占43.45%；达二级标准的有1072个，占26.05%。以低于0.5毫克/千克缺锌临界值来看，全省耕地土壤高于75%的样点有效锌都高于临界值，因此海南耕地土壤锌含量丰富。

（4）其他属性

①耕层厚度。全省耕地土壤厚度范围在7~36厘米，最薄的是石质土、最厚的是花岗岩砖红壤。耕层厚度>20厘米的有186248.98公顷，占总耕地面积的25.5%；耕层厚度<12厘米的有145687.13公顷，占18.2%；耕层厚度介于16~20厘米的有205943公顷，占25.7%。全省耕地耕层厚度总体上属于中等水平。

②土壤质地。全省耕地沙壤土面积居首，占全省耕地总面积的43.97%。该土类沙黏适中，大小孔隙比例适当，通透性好，保水保肥，养分含量丰富，有机质分解快，供肥性好，耕作方便，宜耕期长，耕作质量好，既发小苗也发老苗。全省沙土面积为123065.7公顷，壤质沙土占全县耕地总面积的16.86%，土质较沙，疏松易耕，粒间孔隙大，通透性好，但保水保肥性能差，抗旱力弱，供肥性差。

③耕地土壤酸碱度。全省pH范围在3.56~7.29。根据土壤酸碱度分级标准，全省土壤酸碱度集中分布在四级，有1344个样点，占总样点数的32.66%，无碱性土壤。总体上，全省耕地土壤呈现出强酸性。土壤过酸或过碱均不利于农作物的生长，也不利于土壤的培肥，应该因地制宜采取适当措施进行调节。

（5）土壤养分变化趋势分析 与第二次土壤普查相比，土壤养分含量有升有降，各养分高等级的面积均有所降低，低等级面积均有较大幅度上升，养分水平变差。各养分不同等级面积变化情况如下：有机质一、二等级降低，其余等级均上升，增大幅度最大的是四级，增幅达23.1%；全氮、全磷和全钾表现出相同的下降和上浮规律；速效养分当中，有效磷的变化规律与碱解氮和速效钾相反，碱解氮和速效钾处于贫瘠化过程中，而有效磷表现出一定的盈余趋势。

**2. 建立水稻施肥指标体系**

（1）主要参数

①无肥区水稻产量。无肥水稻产量（空白产量）代表土壤的基础地力，平均为284.72千克/亩，不同地块之间差异较大，最低203.71千克/亩，最高386.52千克/亩。

②目标产量。将试验全肥区水稻产量视为目标产量，目标产量与地力产量之间存在明显的相关性，一般高于实际常年平均产量的5%~10%，即地力产量高的地块可以获得较高的目标产量，这为预测目标产量提供了依据。

③养分相对吸收量。海南省水稻相对养分吸收量平均为：氮68.97%，磷82.95%，钾79.43%。

④单位产量养分吸收量。水稻100千克产量N、$P_2O_5$、$K_2O$吸收量分别为2.45千克、0.91千克、3.71千克，三要素吸收比例为1.00：0.37：1.49。

（2）确定氮、磷、钾等土壤养分丰缺指标　在不同地力区布置多点不同作物田间肥效试验，了解土壤养分测定值与作物吸收养分及产量之间相关性的基础上，把土壤养分测定值按一定的级差分成若干等级，一般为4～6级，如高、中、低、极低，或极低、低、较低、中、较高、高，然后再制成养分丰缺及应施肥量对照检索表。利用"3414"试验结果可进行分类。即根据缺素区相对产量百分比来表达土壤有效养分的丰缺状况。

以施氮肥处理、磷肥处理和钾肥处理的水稻相对产量与对应基础土壤的碱解氮、有效磷、有效钾测试值建立相关关系，其散点分布符合对数曲线模型（$y=b\ln x+a$），经方程拟合分别配置土壤碱解氮、有效磷、速效钾的对数方程。

缺素区相对产量（％）＝缺素区产量×100/全肥区产量。相对产量按照相对产量在50％以下时土壤养分的测定值为极低，相对产量50％～59％为低，相对产量60％～69％为较低，相对产量70％～79％为中，相对产量80％～89％为较高，相对产量90％（含）以上的为高。

（3）水稻施肥指标的制定　采取目标产量法推算氮肥施用量，根据全肥区及前三年平均产量的110％两者相结合制定，水稻目标产量分别是500～510千克、410～425千克、390～400千克，其相应地力产量分别为410千克、300千克、250千克左右。由此得出，水稻高肥田推荐施氮量为9.36～10.43千克/亩，中肥田推荐施氮量为11.47～13.04千克/亩，低肥田推荐施氮量为14.61～15.65千克/亩。根据土壤磷、钾肥效应模型得出不同土壤有效磷、钾水平的水稻推荐施肥量。

**3. 制定了海南省瓜菜的推荐施肥指标**　通过分析土壤测试和田间试验数据结果，并根据气候、地貌、土壤类型、作物品种、耕作制度等差异性，合理划分施肥类型区，并制定瓜菜的推荐施肥指标。通过农技人员下乡宣传推广的方式，加深农民对配方的理解和认识，并制作配肥卡发放给农民，由农民按卡购买各种肥料，农技人员指导配制和施用，同时安排农技人员定期对配方肥的施用效果实行跟踪检查。

# 三、主要做法

## 1. 加强项目管理

（1）成立领导小组　一是成立省级领导小组，负责组织领导、方案审定、资金安排及监督检查工作。办公室挂靠省土肥总站，具体负责项目县测土配方施肥工作的组织实施、技术指导和配方施肥质量监督管理等。二是成立市县领导小组，负责实施测土配方施肥试点补贴资金项目，包括采集分析土壤样品，开展田间试验、调查施肥情况、制定配方施肥建议卡、宣传培训等工作。

（2）成立专家技术小组　聘请海南大学、中国热带农业科学院、省农业科学院和省土肥站等单位土肥专家组成技术指导小组，负责技术培训、测土配方施肥技术资料编写，巡回现场操作指导，提供咨询服务。同时成立市县专家技术小组，具体负责土样采集选点、采样方法、操作要点，指导农户施肥及栽培管理。

（3）成立工作小组　一是成立野外调查、化验分析和室内资料工作小组，实行组长负责制。二是组织好配方肥生产销售工作。为配方肥生产企业提供肥料配方，创新配方肥生产认定、配方肥网络销售、连锁配送和定向销售等机制，扩大配方肥的应用规模。

**2. 建立项目运行的长效机制**

（1）建立田间试验与示范推广相结合的机制 通过田间小区试验研究，取得成功后，再以点带面建立示范区；通过现场观摩和培训等多种行之有效的手段，实现大规模的技术推广。

（2）建立研究、技术推广、企业生产与农户相结合的机制 为了实现测土配方施肥技术经济与社会、生态效益的最大化，充分发挥土肥技术科研、推广部门与肥料生产、销售企业的合作，调动企业的积极性，加大技术物化服务推广力度与广度，有效解决了测土配方施肥技术推广"最后一公里"的问题，提高了技术的到位率。组成的技术专家组进行挂钩指导，定期到田间实地调研、诊断指导，解决技术难题，并对试验数据的分析与汇总以及在计算机应用方面给予具体指导。

（3）建立项目合同制和责任制的管理机制 通过上下级签订合同形式，量化各项指标，实行目标管理。同时成立了测土配方施肥督导组，成员由领导小组、办公室、专家组成员与各区县项目负责人共同组成，采取异地督导的方式，对项目实施区县进行全面的督促检查和技术指导，对技术内容理解不到位、施肥建议卡发放不及时、测试数据不准确、调查资料不完整、资金使用不规范等情况给予及时纠正和指导，提出整改要求和解决办法，确保项目实施的进度和质量。

**3. 创新了技术推广服务模式** 测土配方施肥流动服务站于2007年10月正式挂牌成立，2007—2012年组建布局合理的测土配方施肥服务流动站39个。通过有关部门和单位的通力协作、精心组织，测土配方施肥流动服务站发挥了积极作用，并取得较好成效。全省各个项目县通过流动服务站这个桥梁，真正把测土配方技术送上门，让农民掌握贴身技术，实现农业增效、增产、增收。

（1）用新理念、新手段创建测土配方施肥服务流动站 全省组建了39个流动服务站，每个站配备了一辆流动服务车，车上装备了土壤快速检测仪、GPS定位仪和手提电脑等设备，可准确确定采样的地理位置，快速检测土壤中养分，及时分析数据，并给出施肥配方。每辆车每天可检测50个土样，可为40~50个农户提供测土配方技术服务。

（2）建立长效工作机制 一是建立督查督办制度，二是建立咨询热线电话制度，三是建立档案管理制度，四是建立总结报告制度，五是建立信息共享制度。

（3）快捷、高效、全方位开展服务工作 一是开展土样的采集、化验工作。各市县的服务流动站在果园、蔬菜地及其他经济作物处进行现场取土样分析，并指导施肥。二是加强肥料配方研发。省土肥总站与中国热带农业科学院品种资源研究所共同开发肥料配方软件，只要将土样检测数据和种植的农作物输入软件，软件就会自动显示出肥料配方，指导农民施肥，大大提高测土配方服务质量。

**4. 工作亮点**

（1）创建测土配方施肥服务流动站，方便快捷全方位地开展技术服务工作 全省创建布局合理的39个流动服务站，每个站已配备服务车、快速检测仪、GPS定位仪和手提电脑等。测土配方施肥服务流动站在全省开展快速、便捷全方位的技术服务。一是现场配方指导农户施肥。根据农民的需求，现场为农民测土，并应用肥料配方软件，当场为农民提供施肥配方，及时解决生产上的一些难题。

（2）测土配方施肥手机信息平台与农技通有机结合，创新配方肥下田的服务模式

测土配方施肥信息平台是将现代信息通信技术与土肥技术有机结合，海口、三亚、文昌、琼海、万宁、定安、屯昌、澄迈、临高、昌江、琼中和乐东等12个市县已建立了测土配方施肥信息查询平台。该平台主要包括"测土、配方、配肥、施肥指导"4个方面内容，主要是通过手机定位、自动发送短信等服务方式向农民提供自家地块现有测土数据，并根据农户种植作物类型给出科学施肥配方。平台具有数据更新快、操作便捷、应用范围广等优势，大大提高了测土配方施肥技术的入户率和普及率。农户可通过拨打9693663服务热线或关注微信公众号"海南农技通"，查询田间种植不同作物的施肥方案。

（3）探索农企合作、产需对接模式和机制，着力推进配方肥推广应用 一是采取农企合作与产销对接方式，稳步推进配方肥生产供应。2012年，海南省农业厅将推广应用配方肥作为测土配方施肥工作的重点，编制了《2012年海南省农企合作推广配方肥试点实施方案》。组织开展"十、百、千"整县、整乡、整村推进测土配方施肥试点，各项目市县（场）农业部门按照试点实施方案的要求，确定合作企业，签订配方肥推广应用协议。组织专家对肥料配方进一步优化，提出了24个主要农作物的"大配方"，明确了肥料配方适宜区域、适宜作物，免费提供给配方肥生产企业生产，并通过主流媒体向全社会公开发布。二是海南省文昌市作为全国农企合作推广配方肥试点单位，重点在组织配方肥生产和销售两个环节上力求突破、有机结合。在配方肥生产上，实现"双适"。根据农作物需肥规律，综合考虑肥料企业生产现状，研究提出既适宜作物施肥，又适宜企业生产的4个肥料配方。在配方肥应用上，实现"双推"。农技部门发挥技术优势，向基层肥料经销商推广介绍配方肥施用效果和方法，鼓励经销商销售配方肥。三是采取示范推广和补贴政策引导，加快配方肥推广应用。2012年文昌市重点实施了"挂百村、扶千户、带万家"配方肥推广应用工程，通过选定100名农技人员挂钩100个示范村，培育1 000个示范户，辐射带动20 000户，大力普及测土配方施肥技术，推广配方肥应用。

## 四、主要成效

**1. 经济效益** 通过推广测土配方施肥，培肥地力，协调土壤、肥料、作物之间的关系，充分发挥土、肥、水、种资源的最大潜力，是促进农业增产、农民增收的重要措施。据各地试验、示范结果统计，实行测土配方施肥，各种粮油作物亩增产幅度在6.68%～11.75%，平均亩节本增效55元；瓜果、蔬菜等增产效果更为明显，亩增产幅度在5.92%～9.93%，平均亩节本增效264元。

**2. 生态效益** 通过以示范带动的测土配方施肥项目实施，扭转了农民"施肥越多越好""一炮轰"等不合理的施肥观念。农民选用肥料从以前施用单质肥料向高浓度肥料、长效肥料和多元肥料转变。通过农技人员的宣传讲解测土配方施肥的科学知识，项目县（场）农民撒施等错误施肥方法基本得到纠正，同时，有机肥的施用量增加，提高了肥料利用率，减少了养分流失，土壤养分结构趋于合理，减轻了化学物质和有机废弃物对农田

和水源的污染，提高了耕地质量，改善了农产品品质。

**3. 社会效益**

（1）促进了广大农民施肥观念和方法的转变 测土配方施肥技术的推广应用让广大农民耳闻目睹了效果，改变了农民"丢点肥料就行""施肥越多越好""买肥料只看价格不看养分含量"的盲目认识，过量施肥、施肥不足、比例失调、方法不当等盲目施肥现象逐渐减少，"缺什么补什么""吃饱不浪费"的科学施肥观开始深入农民，认识逐步提高，稳氮、稳磷、增钾、适当添加微量元素肥等科学施肥观念日益深入，为有效改变土壤理化性状、提高肥料利用率、改善农业生态环境打下了基础。

（2）促进了土肥推广体系的建设 一是服务手段得到增强。项目实施后，增添了土壤肥料测试仪器设备，提高了检测速度和精确度。二是土肥技术力量得到加强。三是土肥专业技术水平得到提高。项目的实施，为各级土肥技术人员提供了比较全面的学习培训机会，提高了农技人员的土肥业务水平，培养锻炼了一批土肥技术骨干。

# 重庆市测土配方施肥十五年总结

自 2005 年测土配方施肥补贴项目启动以来，重庆紧紧围绕"测—配—产—供—施"关键环节，积极开展取土化验、农户调查、试验示范、宣传培训、配方肥推广、技术指导等相关工作，取得显著成效，为保障粮食安全、促进农民增收和农业绿色发展做出了巨大贡献。

## 一、主要技术成果

**1. 以测土配方为基础，建立大田试验为依据的科学施肥指标体系**

（1）开创性提出丘陵山地分坡位确定采样单元，摸清重庆农业土壤养分空间变异 分坡位确定采样单元，提高土壤采样代表性。立足重庆典型的立体地貌和立体气候，分不同坡位（山脊、坡肩、背坡、坡脚和沟谷）确定采样单元，重点区域按照 60 亩/个，其他区域则 150～200 亩/个，共划分 30 万个采样单元，利用 GPS 定位采样。全市共采集农化样 32.7 万个，其中骨干样 2.2 万个、田间肥效试验植株样品 1.9 万个、土壤剖面样 700 个，所有样品均按照农业农村部技术规范统一分析测试，构建了第二次土壤普查以来最具权威的土壤理化性状数据集。采用 GIS 地理信息系统研究土壤养分的丰缺及空间变异，赋予养分地理属性，采用对数正态克里格法进行内插制图，土壤养分分布规律明显，高值区主要分布于沟谷，低值区主要分布在山脊，而山脊与沟谷之间的坡地为过渡区。研究土壤属性空间变异，摸清重庆耕地土壤肥力现状，编辑出版《重庆农业土壤》《测土配方施肥土壤基础养分数据集》，为推荐科学施肥奠定基础。

（2）建立了主要作物的土壤养分丰缺指标体系和施肥推荐 项目实施以来，35 个项目县累计开展"3414"等田间肥效试验共 4 374 个，其中水稻 1 985 个、玉米 1 159 个、薯类 352 个、油菜 221 个、小麦 198 个、柑橘 198 个、蔬菜 261 个。根据 7 种作物缺素处理的相对产量与土壤该养分含量相关关系进行分析，拟合线性关系，达到显著水平，得出线性方程。依据相对产量 55%、65%、75%、85% 和 95% 将土壤养分供给水平由低到高依次划分为 6 个等级，将相对产量值代入上述方程求得不同等级土壤养分分级指标。项目首次对水稻、玉米、小麦、马铃薯、甘薯、油菜、莴苣等 7 种作物的氮磷钾分级指标体系进行拟合，建立了主要作物的土壤养分丰缺指标体系。项目实施以来共撰写形成《重庆市 2005—2008 年土壤理化性状测试结果分析》等关于指标体系研究的论文 10 余篇。

（3）构建了不同区域主要农作物的施肥指标体系　充分考虑重庆生态分区、地力水平等因素，依据 GIS 地理信息系统中渝西、渝中、渝东南和渝东北 4 个生态区土壤养分的丰缺及空间变异特性，汇总统计出四大生态区土壤养分基础属性，根据不同区域"3414"试验，构建出了不同生态区主要作物的施肥指标体系。

**2. 集成创新养分高效利用的区域调控技术**

（1）依循多熟制耕作模式，分区域制定各作物推荐配方　以不同生态区域土壤养分丰缺指标和作物的需肥特性为依据制定区域主要作物的肥料配方，通过综合分析试验研究推荐的最佳养分量比，应用 GIS 空间分析功能，将从各个试验点获取的最佳施肥推荐量扩展到相似区域，制定不同生态区主要作物的施肥推荐配方分区图。配方上以控氮磷补钾为主题，改变过去高氮型复混肥料为主的产品结构，按照"氮素后移"的思路研究中磷高钾型复混肥料配方。按照不同生态区域、不同作物研究制定专用肥配方 45 个，一个生态区域一种作物推荐 3～5 个复混肥料配方，便于企业生产和消费者选择。在重庆农技推广网上向全社会公布配方信息，供企业开发生产相应的专用复混肥料或者有机无机复混肥产品，通过技术的物化，将高效施肥技术送入千家万户，送到田间地头。

（2）建立了粮油作物控氮稳磷有机物料补钾的高产高效施肥技术　粮油作物生产区域的施肥水平和土壤肥力水平均处于全市中等水平，根据施肥指标体系，总体方案是水田上推广秸秆还田技术补钾，旱地采用增施有机无机复混肥料不断提高土壤有机质含量，氮肥用量在现有基础上减少 10% 左右，磷肥用量基本保持现有水平，满足粮油作物正常生长发育，达到高产高效目标。在水稻、油菜种植区进行机械收获作业，大力推广秸秆粉碎翻压还田技术。在土壤 pH 小于 5.5 的地区，增施生石灰、石灰石粉、石灰氮、其他商品调理剂等进行调节。积极推荐施用长效缓控释肥料，长效缓控释肥能根据作物生长发育特点，按需释放肥料养分供作物吸收利用，减少本地区因雨水较多而造成的肥料流失。形成了重庆市渝西和渝中地区中稻高产高效技术、重庆市渝南地区一季中稻高产高效技术等技术规程、重庆稻-油轮作"秸秆还田＋缓控释肥料＋土壤酸化改良"综合技术模式、三峡库区榨菜-水稻轮作"秸秆还田＋配方施肥"技术模式等化肥减量增效技术模式。

（3）首次提出园艺作物有机无机配合化肥减量优质高效施肥技术　针对蔬菜、果树等园艺作物施肥量大、施肥结构不平衡、施肥方法落后、有机肥施用不合理导致土壤盐渍化或酸化进程加快、土壤生物活性变差、化肥损失严重、病虫害严重、产品质量下降等生产问题，2013 年市农技总站牵头成立了蔬菜、果树、花椒测土配方施肥技术协作组，经过几年的协作攻关，首次提出园艺作物有机无机配合、用地与养地结合、化肥减量 10%～20%、改善产品质量、提高作物经济效益和可持续发展的施肥技术。形成了基于测土施肥的甘蓝、莴苣、萝卜、番茄等作物钾肥高效施用与替代技术规程；重庆地区甜橙高产高效技术规程；三峡库区柑橘"商品有机肥＋配方肥"技术、三峡库区柑橘"猪-沼-果"技术、西南山地丘陵区柑橘"测土配方施肥＋土壤改良＋有机肥"技术等化肥减量增效技术模式。

（4）创建"测土配方施肥咨询发布系统"和农业自然资源数据库，实现丘陵山区智能化施肥和多尺度分层级管理　利用 GIS 地理信息系统，构建测土配方施肥信息系统和地理空间数据库。同时项目集成的重庆农业自然资源数据库包括：重庆市基础地形、气象、地质、土地利用现状、行政边界、水系分布、采样地块空间、田间试验数据、作物丰缺指标、农户施肥调查、土壤养分、土壤剖面、作物施肥推荐、施肥配方查询、耕地地力等级等 15 个种类数据。在时间序列上，从 20 世纪 80 年代一直延续到 2015 年以后，涵盖 30 多年的跨度，数据还在不断更新。数据格式多，包含影像、图形、矢量图层、文本、地理定位数据、表格数据、元数据等多种格式。在数据量上，2005—2017 年全市采集土样 32 万个，形成 280 万条有效数据；实施"3414"田间试验等各种肥效试验近 4 400 个，约 24 万条有效数据；调查 3.4 万户农民施肥习惯，约 34 万条数据。数据与数据叠加，派生数据可达海量数据。数据库采用 WebGIS 技术开发，共有"自然地理、土壤资源、土壤养分、丰缺指标、施肥调查、施肥推荐、成果应用、产业发展"等 8 个模块化数据。开发县域测土配方施肥指导系统，实现丘陵山区施肥智能化、简易化和多尺度分层级管理。通过建立以田块（农户）为单元的科学施肥专家咨询系统，市、县、乡、村、田块（农户）多尺度分层级管理，为测土配方施肥技术应用提供支撑；实现丘陵山区施肥智能化、精准化、简易化。"秀山县测土配方施肥指导系统 V1.0""奉节县测土配方施肥指导系统 V1.0""酉阳县测土配方施肥指导系统 V1.0.0"等系统已取得计算机软件著作权登记证书。

**3. 获取了测土配方施肥技术参数**

（1）重庆市主要作物单位产量养分吸收量　与西南大学合作，利用重庆测土配方施肥"3414"试验、肥料利用率试验、西南大学试验和文献资料，综合测算出重庆市主要粮油作物（水稻、玉米、油菜）、蔬菜（莴苣、榨菜、甘蓝、辣椒）、果树（柑橘）等 8 种作物单位产量养分吸收量。同时，测算出不同产量下水稻单位产量氮吸收量、玉米单位产量氮磷钾吸收量和油菜单位产量氮磷钾吸收量。

（2）主要作物肥料农学效率　利用重庆测土配方施肥"3414"试验，测算出重庆市主要粮油作物水稻、玉米、小麦、油菜、甘薯和马铃薯的氮磷钾肥农学效率。

（3）主要作物肥料贡献率　利用重庆测土配方施肥"3414"试验，测算出重庆市主要粮油作物水稻、玉米、小麦、油菜、甘薯和马铃薯的氮磷钾肥贡献率。

（4）主要作物肥料偏生产力　利用重庆测土配方施肥"3414"试验，测算出重庆市主要粮油作物水稻、玉米、小麦、油菜、甘薯和马铃薯的氮磷钾肥偏生产力。

（5）主要粮食作物水稻玉米化肥利用率　按照农业农村部统一部署，2015—2020 年重庆开展了 455 个水稻玉米化肥利用率田间试验，测算了 2015—2019 年重庆市水稻玉米化肥利用率，重庆市水稻玉米化肥利用率由 2015 年的 31.5％提高到 2020 年的 40.3％，提高了 8.8 个百分点。

## 二、工作成效

### 1. 基础工作

（1）采样测试与农户施肥调查　2005—2020 年 38 个项目区县共计完成土壤样品采集 392 842 个，平均每个项目县采集土样超 10 000 多个，完成植株样采集 5 234 个。完成土壤样品检测 330 878 个，分析大量元素 1 193 387 项次，中微量元素 319 408 项次，其他项目 396 833 项次。植物样品检测 27 927 个，测试养分 83 781 项次。调查农户施肥情况 59 333 户，平均每个项目县农户施肥调查超 1 500 户。

（2）试验与示范　2005—2020 年，重庆市在项目区县开展各种田间肥料试验 7 005 个，其中"3414"试验 1 909 个。建立示范片 12 344 个，示范面积 3 049.94 万亩，各项指标均超计划任务量。此项工作的扎实开展，为重庆市测土配方施肥工作顺利开展打下了坚实基础。

### 2. 示范县创建

2010—2015 年，在江津、铜梁 2 个部级示范县，万州区龙沙镇等 14 个整建制推广示范乡镇和万州分水镇大地村等 160 个整建制推进示范村，以政府主导推进、专业合作社带动、定点供销服务等模式，整县、整乡、整村整建制推进测土配方施肥工作，带动了全市测土配方施肥技术覆盖率由 2009 年的 36.5% 提升到 2015 年的 75.4%，提升了 38.9 个百分点。

2016—2020 年，先后在 27 个示范县开展了化肥减量增效示范。示范县测土配方施肥技术覆盖率达 95% 以上，2020 年 6 个部级示范县测土配方施肥技术覆盖率达到 96.8%，带动了全市测土配方施肥技术覆盖率提升到 2020 年的 95.1%，较 2015 年的 75.4% 提升了 19.7 个百分点。每个区县都探索出了 2～4 套提高化肥利用率的技术模式。

### 3. 技术推广

（1）测土配方施肥技术推广及施肥建议卡发放情况　2005 年以来，重庆市在项目区累计推广测土配方施肥技术面积 5.2 亿亩。测土配方施肥技术推广面积由 2005 年的 31.6 万亩增加到 2010 年的 3 082.1 万亩，增加到 2015 年的 4 025.6 万亩，增加到 2020 年的 4 998.7 万亩。测土配方施肥技术率由 2005 年的 0.7% 增加到 2010 年的 46.5%，增加到 2015 的 75.4%，增加到 2020 年的 95.1%。累计发放施肥建议卡 6 245.6 万份，平均每个项目县发放施肥建议卡超 160 多万份。

（2）配方发布情况　2005 年以来，重庆市 38 个项目县累计发布配方 6 306 个，年平均发布 390 个以上。由 2005 年的 5 个增加到 2010 年的 422 个，增加到 2015 年的 490 个，增加到 2020 年的 865 个。

（3）配方肥施用情况　自 2005 年项目实施以来，重庆市 38 个项目县累计施用配方肥 331.63 万吨，由 2005 年的 0.22 万吨增加到 2010 年的 18.87 万吨，增加到 2015 年的 18.75 万吨，增加到 2020 年的 38.54 万吨。配方肥的施用量占化肥总量的百分比由 2005 年的 0.3% 增加到 2010 年的 20.7%，增加到 2015 年的 19.2%，增加到 2019 年的 42.3%。配方肥施用面积累计达到 2.9 亿亩，占测土配方施肥技术推广面积的 55.5%，由 2005 年的 16.8 万亩、53.0%，增加到 2010 年的 1 653.3 万亩、53.6%，增加到 2015 年的 2 083.5 万亩、51.8%，增加到 2019 年的 2 938.5 万亩、59.3%，增加到 2020 年的 3 201.5 万亩、64.0%。

**4. 培训宣传** 2005 年以来，全市举办测土配方施肥技术培训班 14 212 期次，培训人员 219.7 万人次，其中培训技术推广人员 20.6 万人次、农民 159.2 万人次、肥料经销人员 4.0 万人次。发放培训资料 589.4 万份，通过电视、互联网、报刊、墙体广告（条、横幅）宣传 9.3 万条次。

**5. 化验室建设情况** 2009 年底，全市 35 个项目区县单独建立化验室 32 个，共建化验室 3 个。为能如期按有关要求完成土壤样品各项目化验工作，各项目区县农业部门在投入大量资金采购各种仪器设备的基础上，依托大专院校、科研单位和重庆市土壤肥料检测中心，单独或共同建立了测土配方施肥化验室，至 2009 年底，全市 35 个项目区县单独建立化验室 32 个，共建化验室 3 个。有条件的项目县积极申请区县化验室资质认定和计量认证，逐步改善化验室装备条件，保证化验室处于良好的运转状态。同时注重化验人员技术培训，安排了 34 个项目区县化验人员分期分批（每 5 个县一批）在重庆市土壤肥料检测中心集中轮流培训，考核合格后发给检验员上岗合格证，并制定化验室工作质量手册，实现目标管理。

**6. 资金投入使用管理情况** 十五年来，各级财政投入测土配方施肥项目补贴资金 21 766.28 万元，其中中央投入资金 21 534 万元。测土配方施肥项目补贴资金完全根据农财两部门相关文件规定的标准和项目县的目标任务，专项用于野外调查、采样测试、田间试验、配方定制、仪器设备、数据库建立、地力评价、示范片建设、技术培训、组织管理等补贴。

## 三、经验做法

**1. 组建领导小组、技术专家组，统筹技术研发和培训推广** 按照"政府主导、部门主推、统筹协调、合力推进"的原则，市农委成立了分管副主任为组长、粮油处和财政局农财处长任副组长，财务处、计划处、科教处处长和农技推广站站长为成员的项目领导小组，领导小组办公室设在市农技总站。成立了由市农业技术推广总站和西南大学土肥专家组成的技术专家组。各项目区县成立以分管副县长为组长，农委主任、财政局局长为副组长，土肥、粮油分管主任以及土肥、农技、办公室、财务科、科教科等主要领导为成员的项目领导小组，领导小组下设办公室，由主任兼办公室主任。各乡镇也成立了项目实施领导小组和技术执行组。县领导小组与各乡镇签订项目实施责任书和示范片建设合同，制定"定项目、定规模（面积）、定产量、定奖励"的四定奖惩考核责任制，分年度对项目实施进行严格的奖惩考核。通过层层落实目标责任制，中途严格检查，年终奖惩，确保项目任务完成。

**2. 创新协作机制、加强农企合作，分作物推进化肥零增长** 2013 年，为探索"项目配合产业，促进效益农业发展"，在全国率先在蔬菜、柑橘、油菜、花椒四大特色作物上分区域成立测土配方施肥项目技术协作组和特色经济作物测土配方施肥专家组。采用市、县上下联动、推广、教学科研部门协作，农业企业、种植大户联合攻关模式，协同推进特色产业发展。经过几年摸索，为固化各方职责，确保年度试验示范效果，形成了"四方协议"（土肥推广部门、专家、合作企业、种植大户）。协作机制采用集中优势、重点突破的思路，起到市、县上下联动，推广、教学科研部门协作，农业企业、种植大户联合攻关的良好效果。通过建立示范园或展示园，不断优化配方，促进产业发展、化肥减量增效，解决生产中的急需难题（如土壤酸化治理等）。2017年根据粮油作物化肥利用率专家组的评审意见，重庆在油菜上率先实现了单位面积化肥使用量零增长。2018年重庆在水稻、玉米单位面积化肥使用量上实现零增长。中国农业信息网、重庆市政府网站、《重庆日报》等刊载了"重庆油菜率先实现化肥使用量零增长""我市提前三年实现化肥零增长"等文章。

**3. 凝练"七化"推广模式，确保技术到位**

（1）技术产品化 合作企业按照区域配方生产专用配方肥，连锁经营配送到乡镇和村社，在专家指导下施用。有效地解决了肥料配方精细化和产品生产批量化的矛盾，解决了农户自行"配肥"难的问题，配方施肥技术从专家手中进入田间地头，改变了数十年来种庄稼"一袋碳酸氢铵（或尿素）一袋磷肥（过磷酸钙）"的传统，简化了施肥过程。

（2）产品"套餐"化 根据作物不同生育时期对养分的需求，配制不同有机质和氮磷钾比例的系列产品——基肥、分蘖肥、穗肥，解决作物全生育期适时适量供给养分的难题。

（3）手段信息化 建立了以地块为管理单元的高效施肥专家咨询系统，农户和专家双向互动，施肥指导进农户、到田块，实现了精准化施肥。

（4）销售连锁化 按照农业技术部门提供配方，合作企业生产肥料产品，配送到适宜的区域，具有"五统一"规范化管理的配方肥专销点依据产品性状推介销售并负责售后服务。

（5）服务个性化 以专业合作社以及种植大户为服务重点，开展个性化服务，专家根据农事季节深入田间现场具体指导，"12316""三农"服务热线专家坐诊，"专家进大户，大户带小户"。手机适时推送施肥管理信息。

（6）机制多元化 整合行政资源建立部门联动机制、整合技术资源建立"四农"（农业推广、农业科研、农业教学、农业企业）协作机制，创新协作组"四方协议"形式来固化各方职责，确保每年度试验示范有成效。每个区县农技土肥站为"四方协议"的甲方，牵头实施针对生产问题的测土配方试验示范；大专院校的专家教授为乙方，负责制定完善针对甲方提出的生产问题的田间试验方案、数据分析和试验总结；肥料生产企业为丙方，负责提供试验肥料物资等后勤保障；种植大户为丁方，负责提供试验基地和实施田间试验及数据记载。

（7）培训田间化 采用"参与式"的方法，将培训课堂搬到田间，搬进农家小院，通过"秋收日""院坝会"等形式，让农户参与高效施肥过程，共同分享增产增收的喜悦，将科学的方法变为农民的行动。

# 四、效果评估

**1. 经济效益可观** 2005—2019年项目区县共推广测土配方施肥37 446.5万亩，平均亩增产 74.8 千克，全市共增产 2 800.5 万吨，平均每亩增产节支 106.8 元，共增产节支 399.9 亿元。其中，水稻推广测土配方施肥 10 973.2 万亩，平均亩增产 44.7 千克，亩节支增收 62.6 元；玉米推广测土配方施肥 6 703.4 万亩，亩均增产 40.3 千克，亩增产节支 50.8 元；油菜推广测土配方施肥 2 816.8 万亩，亩均增产 15.92 千克，亩增产节支 28.5 元；小麦推广测土配方施肥 1 259.2 万亩，亩均增产 50.2 千克，亩增产节支 56.2 元；马铃薯推广测土配方施肥 3 832.1 万亩，亩均增产 30.1 千克，亩增产节支 105.4 元；甘薯推广测土配方施肥 4 386.1 万亩，亩均增产 30.4 千克，亩增产节支 85.1 元；果树推广测土配方施肥 2 115.4 万亩，亩均增产 168.6 千克，亩节本增效 141.6 元。蔬菜推广测土配方施肥 5 360.4 万亩，亩均增产 470 千克，亩节本增效 329 元。

**2. 社会效益显著**

（1）显著提高粮食综合生产能力　2005—2019 年项目区通过调整养分配方，土壤养分盈亏矛盾得到缓解，肥力水平逐步提高，累计增产粮食、油菜籽、蔬菜和柑橘 2 800.5 万吨，为保证全市主要农产品有效供给做出了重要的贡献。

（2）树立了科学施肥的观念　通过广泛宣传、培训、示范，测土配方施肥技术覆盖率持续扩大，由 2005 年的 0.7％提高到 2020 年的 95.1％，提高了 94 个百分点，2005 年、2010 年、2015 年、2020 年的测土配方施肥技术覆盖率分别为 0.7％、46.5％、75.4％、95.1％。根据第三方评价，农民对测土施肥的知晓率达到 95％以上，科学施肥意识明显增强，重化肥、轻有机肥、偏施氮肥、忽视钾肥、"一炮轰"、"施肥越多越增产"等错误观念正在被科学施肥的理念取代，测土配方施肥技术已被越来越多的农民所接受，特别是种植大户、专业合作社等新型经营主体对测土配方施肥技术的需求呼声很高。

（3）提升了服务能力　各项目县建立了土壤化验室，总面积达到 4 500 米$^2$，购置仪器设备 530 余台（套），经过重庆市土壤肥料测试中心统一培训，考核合格后上岗的化验人员近 100 人。

（4）优化了施肥结构　通过测土配方施肥，主要农作物肥料施用结构明显优化。配方肥料施用量由 2 005 年的 0.22 万吨增加到 2019 年的 38.54 万吨，增加了 191 倍；占当年化肥用量的比例由 0.28％增加到 42.31％，增加了 42.03 个百分点；施用面积由 16.8 万亩增加到 2 938.5 万亩，增加了 174 倍。复混肥占化肥的比例由 2005 年的 14.1％提高到 2019 年的 28.2％，增加了 14.1 个百分点；全市化肥 N∶$P_2O_5$∶$K_2O$ 比例也由 2005 年的 1∶0.34∶0.08 调整为 2019 年的 1∶0.40∶0.22，氮肥用量过快增长的势头得到有效控制，施肥结构明显改善，养分供给更加平衡，支撑了重庆市 2016 年、2017 年、2018 年、2019 年化肥使用量连续四年实现负增长，经统计测算 2020 年化肥使用量较 2019 年减少 0.5％以上。

**3. 生态效益凸显**

（1）有效减少温室气体排放　实施测土配方施肥后，粮油作物每亩减少不合理氮肥（N）施用量 0.1～1.2 千克，果树每亩减少 1.5～4.8 千克，蔬菜每亩减少 1.5～10.72 千克，十五年累计减少不合理氮肥（N）施用量 36.27 万吨，相当于节约原煤 93.94 万吨，减少二氧化碳排放量 250.26 万吨，节能减排效果非常明显。

（2）有效降低面源污染荷载　测土配方施肥区域与农民常规施肥比较，施 N 量降低

7％，$P_2O_5$ 降低约 3％。水稻玉米两大粮食作物的化肥利用率由 2015 年的 31.5％提升到 2020 年的 40.3％，提高了 8.8 个百分点；2020 年水稻氮肥、磷肥、钾肥利用率分别为 40.9％、29.5％、52.0％，较 2015 年分别提高 5.4 个、7.4 个、14.5 个百分点，玉米氮肥、磷肥、钾肥利用率分别为 37.7％、27.9％、48.6％，较 2015 年分别提高 12.9 个、6.0 个、7.6 个百分点，减少氮、磷流失 15％～20％。

# 四川省测土配方施肥十五年总结

十五年来，四川省测土配方施肥经历了由试点到巩固再到普及的发展历程，成功实现了重点由测土、试验、配方等基础性工作转移到配肥、供肥及技术推广上。"十三五"时期，四川省实施的到 2020 年化肥使用量零增长行动，推动四川省科学施肥步入崭新阶段。

## 一、发展现状与进展

**1. 化肥用量得到有效控制**  2015 年全省化肥用量 249.8 万吨（折纯，下同），比项目实施前的 2004 年增加 35.8 万吨，增幅 16.7％，10 年间化肥用量增幅呈现先增后减的趋势。前 3 年化肥用量年增幅仍处于上升趋势，由 2005 年的 2.9％增加到 2007 年的 4.4％，后 5 年随着测土配方施肥技术的广泛应用，化肥用量年增幅逐步下降，由 2008 年的 1.9％减少到 2012 年的 0.7％，2012—2015 年化肥用量基本持平；自 2016 年起，随着化肥使用量零增长行动的推进，四川省化肥使用量实现零增长。据初步统计，四川省 2020 年化肥使用量 220.06 万吨（折纯），较 2015 年减少 11.1％，连续五年保持负增长。

**2. 化肥施用结构逐步优化**  随着测土配方施肥技术的推广应用，呈现出"控氮稳磷增钾"的局面，改善了化肥施用结构，有效控制了氮肥用量的过快增长，肥料资源配置更加合理，氮、磷、钾肥施用比例由 2004 年的 1∶0.39∶0.25 优化调整到 2015 年的 1∶0.43∶0.29，施用复混肥料与单质肥料的比例由 2005 年的 0.7∶1 提高到 1∶1，主要农作物化肥利用率达 40.1％，比项目实施前提高 10 个百分点以上。

**3. 化肥施用方法趋于合理**  化肥施用方法得到很大改善，化肥穴施、条施比例逐渐增加，肥料基追比趋于合理；随着有机肥替代化肥试点范围的逐步扩大，全省累计打造果菜茶有机肥替代化肥试点重点示范区 70 余万亩，辐射带动全省增施有机肥面积达到 2020 年的 3 608 万亩；随着现代农业不断发展，设施农业中滴灌、喷灌设施建设不断增强，水肥一体化技术应用面积进一步扩大，绿肥种植、机械施肥等施肥新技术推广面积不断加大，年机械施肥面积达 500 多万亩，绿肥种植面积近 350 万亩，水肥一体化推广面积 240 万亩。

**4. 化肥经营主体呈现多元化态势**  四川省肥料的销售模式主要有代销、经销、联销、直销和代理等，占市场经营总额的 90％以上，近年各地还出现了驻点直销、连锁经营、网上销售等新型经营模式。

**5. 服务机制更加多样化**  开展政府向经营性服务组织购买服务机制，注重培育新型经营主体和社会化服务组织，建立以财政投入为导向，企业、合作组织和农民投入为主体的多层次、多渠道、多元化投入机制。积极探索建立化肥减量增效的补偿机制，引导推动社会力量参与化肥使用量零增长行动。到 2020 年底，科学施肥社会化服务组织达 1 036个，服务面积近 670 余万亩。

## 二、主要技术成果

**1. 摸清了主要农耕土壤理化性状时空分布及其变化趋势**　根据 20 034 个土壤样品的28.45 万项次理化指标数据，按不同土壤类型、种植制度、生态区域进行对比分析，研究了土壤理化性状时空分布和变化趋势，提出了土壤养分管理和质量保育措施。

**2. 开展农户施肥现状调查与评价**　肥料投入与化肥效率因作物而不同，每亩化肥施用量玉米（20.3 千克）＞水稻（19.2 千克）＞小麦（17.4 千克）＞油菜（16.9 千克），有机肥施用量玉米（766 千克）＞水稻（551 千克）＞油菜（524.9 千克）＞小麦（519.2千克），肥料投入成本玉米（103 元）＞油菜（86 元）＞小麦（77 元）＞水稻（85 元），化肥效率水稻（26.6 千克/千克）＞玉米（19.2 千克/千克）＞小麦（16.6 千克/千克）＞油菜（9.6 千克/千克）。

**3. 理清了主要粮油作物肥料效应及利用率**　水稻、玉米、小麦和油菜土壤基础供肥能力分别为 70.58%、60.00%、54.48% 和 45.92%；百千克籽粒养分需求量分别为 N1.96 千克、2.590 千克、2.77 千克和 5.73 千克，$P_2O_5$ 0.85 千克、1.02 千克、1.13 千克和 2.16 千克，$K_2O$ 2.90 千克、2.51 千克、2.71 千克和 7.86 千克；氮肥增产率分别为31.6%、56.2%、65.0% 和 85.3%，贡献率分别为 22%、28.6%、35.3% 和 41.2%，农学利用率分别为 12.8 千克/千克、9.6 千克/千克、12.7 千克/千克和 6.7 千克/千克，肥料利用率分别为 33.4%、32.1%、44.3% 和 46.0%；磷肥增产率分别为 12.7%、19.3%、19.2% 和 33.2%，贡献率分别为 10.3%、14.6%、14.5% 和 21.7%，农学利用率分别为 13.1 千克/千克、12.7 千克/千克、10.3 千克/千克和 7.9 千克/千克，肥料利用率分别为 21.1%、18.5%、17.7% 和 20.3%；钾肥增产率分别为 9.4%、13.9%、13.3% 和 17.8%，贡献率分别为 7.9%、10.8%、10.2% 和 13.0%，农学利用率分别为10.2 千克/千克、10.2 千克/千克、8.3 千克/千克和 5.2 千克/千克，肥料利用率分别为40.5%、39.5%、41.3% 和 44.4%；氮、磷、钾配施的增产率分别为 45.8%、76.3%、99.3% 和 142.9%，肥料贡献率分别为 29.0%、39.0%、45.2% 和 53.6%，农学利用率分别为 8.5 千克/千克、7.3 千克/千克、8.0 千克/千克和 4.5 千克/千克。

**4. 建立了主要粮油作物施肥指标体系**　按照相对产量确定了不同生态区域主要粮油作物土壤养分分级指标，划分出成都平原区、川西南山地区、盆周山地区、丘陵区的水稻、小麦、玉米、油菜四种主要粮油作物土壤碱解氮、有效磷和速效钾等级，分为低、较低、中、较高和高 5 级，并取消了极低等级。各等级范围内的速效养分含量相对第二次土壤普查划分标准发生了较大变化，每个等级碱解氮含量相对原有等级含量均大幅度提高，有效磷变化不大，速效钾下降幅度较大。分别以三元二次、二元二次和一元二次模型对各试验点施肥量与产量关系进行模拟，根据散点图趋势和模型拟合决定系数选择最优模型，确定出最佳施肥量；每个等级推荐施肥量符合各生态区生产实际，主要呈现减施氮肥、增施磷钾肥的趋势。

**5. 发布主要粮油作物分区施肥指导意见** 推荐用肥量与常规施肥量相比，呈现出"控氮稳磷促钾"的规律。各区域推荐用氮量比习惯施肥最高减少 39.45 千克/公顷，而钾肥比习惯施肥最高增加 37.8 千克/公顷。按照推荐用肥量施肥，氮肥利用率增加 5.19%～17.06%，磷肥利用率增加 0.62%～7.57%，而钾肥肥效不太稳定。推荐用肥均可引起经济效益不同程度增加：水稻 1 097.7～1 441.4 元/公顷，玉米 1 409.4～1 820.4 元/公顷，油菜 793.6～987.4 元/公顷，小麦 1 000.0～1 135.4 元/公顷。

**6. 开展配方制定与配方肥开发技术研究** 组织土壤、植物营养、栽培、化工等专业的专家，以土壤分析测试为基础，依据土壤供肥性能、作物需肥规律与肥料效应，结合不同区域土壤养分分级指标和推荐施肥量，制定氮、磷、钾和中、微量元素肥适宜用量的配方，引导企业按方生产、供应专用配方肥，指导农民按方施肥、调整施肥时期和施用方法。测土配方施肥推广与应用实施十五年来，研究制定全省主要作物配方施肥区域大配方 17 个，制定县域肥料配方 1 200 余个，共计 48 家肥料生产企业参与配方肥生产，其中生产规模达到 30 万吨的企业 10 家。

**7. 测土配方施肥专家咨询系统研制** 利用项目实施中取得的数据和资料，研制了基于土壤养分含量和肥效试验的县域或村域测土配方施肥专家咨询系统，推动测土配方施肥技术进村入户、配方肥到田，充分利用已有的大量基础数据指导当地农业生产。

**8. 技术示范与推广** 建立了示范推广工作机制，包括整合行政资源形成部门联动机制、整合技术资源形成农科教合作机制、整合农业项目形成示范带动机制、引入绩效考核形成政府推动机制。探索创新出"网上平台、网下实体"的现代连锁配送服务模式，测、配、产、供、施"一条龙"服务模式，"配肥站"个性化配肥服务模式、"合作社"统配统供服务模式、政府主导合力推进模式等技术推广机制；集成创新了成都平原小麦"配方肥＋秸秆还田"、南方湿润平原稻—麦轮作区小麦"秸秆还田＋全程机械化＋配方肥"、四川盆周丘陵区猕猴桃园"生物有机肥＋精准施肥＋绿色豆科植物"等 12 个大化肥减量增效技术模式；创新推广"果-沼-畜""有机肥（堆肥）＋配方肥""自然生草＋绿肥"等技术模式，探索创新有机肥替代化肥运行服务机制，形成了丹棱柑橘、翠屏茶叶有机肥替代化肥等本地化、高效益绿色生产技术模式和"名山 13122 工程"推动"果-沼-畜"模式推进机制。

## 三、主要做法与工作成效

自 2005 年国家启动测土配方施肥补贴项目以来，中央财政补助四川 10.3 亿多元开展测土配方施肥及化肥使用量零增长工作，同时省级财政连续 3 年安排资金 1 000 万元，实施以测土配方施肥为内容的省级"育土工程"项目。四川省先后在 174 个县 4.2 万多个村实施了测土配方施肥项目，年均服务农户数达 1 250 万户，实现了农业县全覆盖。十五年来，共完成测土配方施肥技术推广 129 581 万亩次，其中配方肥施用 62 258 万亩次，累计打造化肥减量增效示范区 100 余万亩，果菜茶有机肥替代化肥试点重点示范区 70 余万亩，辐射带动全省增施有机肥面积达到 3 608 万亩，三大粮食作物化肥利用率达 40.1%。

**1. 夯实基础工作**　一是野外调查。共完成农户施肥情况调查 13.2 万户，填写施肥情况调查表 105 万份，填写采样调查表 538 万余份，基本掌握了项目区耕地立地条件、土壤理化性状与施肥管理水平。二是采样测试。采集土壤样品 91.98 万个，涉及 323 个耕地土种，其中骨干土壤样品 2.8 个；采集田间试验植株样 3.32 万个。三是田间试验。共安排落实田间试验 16 167 个，涉及作物主要包括水稻、玉米、小麦、油菜、马铃薯等主要粮油作物，还包括部分蔬菜、果树、烟草和药材等园艺、经济作物。四是施配方肥。制定了适合当地主要作物施肥配方 1 200 余个，涉及主要粮油作物和部分经济、园艺作物 14 种。认定配方肥定点加工企业 89 家，年加工生产配方肥能力达到 400 万吨以上，建立基层配方销售网点 12 077 个。五是示范推广。全省共建立各种类型测土配方施肥技术推广示范区（片、方）5 249 个，向农户发放测土配方施肥建议卡 13 190 万份，指导农民“按方”购肥、用肥，测土配方施肥技术推广覆盖率到 2020 年底达 93.3%。六是数据库建设。运用计算机技术、地理信息系统（GIS）和全球卫星定位系统（GPS），建立了县级测土配方施肥数据库 141 个。目前，2019 年以前数据已基本完成录入。七是技术研发。已形成了三套专家咨询系统，一是引进由中国科学院研发的触摸屏专家施肥系统，可根据不同目标产量输出施肥建议卡；二是由四川农业大学研发的村级施肥专家系统，精确到田块，集成了农业生产、农村政策等多方面的信息；三是由省农业科学院研发的基于 Web 的专家施肥系统，可用于网络查询施肥指导意见。

**2. 强化技术指导**　一是利用配方肥推广销售网络，在销售网点派 1~2 名技术人员，采取“坐堂门诊”的服务方式，为农民面对面解决配方肥施用难题，引导农民直接“按方”购肥、施肥。二是对高产创建示范户、果菜标准园、农民专业合作组织和规模化种植基地，提供全程个性化测土技术服务，并开展施肥技术指导，全省个性化服务大户达到 7 000 余户。三是每年组织土肥、农技人员 10 000 人次以上在小春收获、大春播栽期间深入田间地头，加强农民配方肥施用现场指导服务，确保让农民易学易懂易操作。四是省、市测土配方施肥专家定期或不定期深入项目实施田间地头开展分片指导、分区服务，平均每年全省专家技术指导服务达到 500 人次以上。

**3. 强化示范推广**　一是各项目县重点抓好县、乡、村三级测土配方施肥示范区、示范片和示范方的建设，做到“点亮一盏灯，照亮一大片”。全省共建立示范片（方）5 249万个，示范面积 677 万亩，培植了一批高效典型和示范样板。各示范区做到“五有”，即有包片领导、有指导专家、有示范户、有对比田、有标示牌，并做到“四定”，即定地、定时、定作物、定化肥量。二是以种植大户、科技示范户为重点，每县建立 1 000 户测土配方施肥示范户。利用示范户种植面积大、辐射作用广、示范作用强的特点，优先进行技术培训和现场技术指导，通过示范户的带动作用，提高广大农民推广测土配方施肥技术的积极性。示范户做到“四有”，即有标志牌、有明白人、有示范田、有施肥档案。三是整合项目促推广。各项目县将实施测土配方施肥推广与新农村建设、现代农业产业发展、耕地质量建设、粮油高产创建相结合，整合项目资金、技术力量和社会资源，共同推进测土配方施肥技术推广。

**4. 强化宣传培训**　一是开展市（州）、县、乡（镇）、村级技术人员培训，不断规范取土、化验、试验、配方、示范、推广等技术工作，确保项目实施各环节数据准确，配方科学。二是抓住农业生产的关键农时季节，由土肥、农技等部门联合配方肥料企业，对农民开展配方肥田间实际操作技能和肥水管理技术培训，普及测土配方施肥知识，使广大农民充分认识并积极使用配方肥。三是对生产、销售企业人员进行培训，提高企业农化服务质量，规范建立健全生产销售台账，为土肥技术部门提供配方应用状况和效果评价情况，以便土肥技术部门及时修订配方。

**5. 规范资金使用** 2005—2020年，中央测土配方施肥及化肥使用量零增长行动补贴资金共计10.3亿元。一是严格专款专用。在项目资金管理上，四川省各级财政、农业部门高度重视，严格按照《测土配方施肥试点补贴资金管理暂行办法》执行。项目县补贴资金设立了专账核算、专人管理，确保专款专用。二是优化管理机制。农业农村厅会同财政厅负责全省项目管理、组织实施、督促指导等工作，各市（州）农业部门开展项目县方案编制实施调研指导等工作，项目县负责项目具体实施与管理。三是严格绩效考核。严格按照《中央对地方专项转移支付绩效目标管理暂行办法》规定，定期开展监督检查，在关键技术环节组织专家巡回指导，项目县定期上报项目进展情况；市（州）农业（农牧）农村局在项目完成后对项目县组织开展绩效考核，并将考核结果上报，作为下一年项目安排的重要依据。

# 四、主要工作经验

**1. 建立完善的工作运行机制是测土配方施肥推广持续开展的前提** 一是成立了领导小组和技术组。省、市、县各级都成立了测土配方施肥工作领导小组和办公室，负责组织协调项目实施，成立了测土配方施肥专家组或技术组，负责解决项目实施中技术问题和难点。各项目县抽调有关技术人员，分工协作，落实责任，做到事事有人抓，有力促进了测土配方施肥工作的开展。二是制定年度工作方案和细化项目实施方案。每年年初，根据农业农村部的统一部署，组织行政、推广、科研、教学单位专家，认真制定年度工作方案，理清工作思路，明确目标任务，落实工作措施。同时对各项目县的年度实施方案进行认真审查，细化目标任务，做到责任到人、任务到点、措施具体。三是建立了项目工作考评机制。坚持过程考核与检查验收相结合，对项目进行打分评价，实行动态管理，分类排序，达到鼓励先进、鞭策落后的目的。四是建立形式多样的合作机制。探索开展政府向经营性服务组织购买服务机制，注重培育新型经营主体和社会化服务组织，建立以财政投入为导向，企业、合作组织和农民投入为主体的多层次、多渠道、多元化投入机制。到2020年底，科学施肥社会化服务组织达1 036个，服务面积近670余万亩。

**2. 建立严格的项目管理机制是测土配方施肥项目安全运行的保障** 一是建立了项目实施合同管理制度。省、县、乡镇逐级签订项目合同书，按照年度项目实施方案内容，明确测土配方施肥补贴项目的目标任务、技术指标、质量标准、资金管理以及奖惩办法，落实责任，确保项目目标任务全面完成。二是建立招投标制度。制定了《四川省配方肥定点加工企业和仪器设备招标管理办法（试行）》，在仪器设备采购和配方肥加工企业认定上，严格按照招标程序和要求进行，切实做到信息公开、过程公开和结果公开，确保项目资金运行安全。三是建立了检查验收制度。制定了《四川省测土配方施肥补贴项目验收办法（试行）》，对项目实施情况实行阶段督促检查制度，采用会议集中验收和现场验收两种形式，实行一年一小查、三年一大查，及时总结典型经验，对发现问题的限期整改，通过检查验收不断完善和提高项目运行水平。四是建立科学严明的考核机制。将化肥使用量年度增长率纳入考核，将测土配方施肥、耕地质量保护与提升、畜禽粪污综合利用 PPP 模式试点纳入绩效考核内容，将高标准农田建设纳入省政府对市州考核的"十大民生工程"。

**3. 建立全面的技术指导机制是测土配方施肥技术体系构建的基础** 一是建立了分片包干、分区指导制度。在技术指导上，组织省农业科学院、四川农业大学等科研、教学单位专家成立了省测土配方施肥技术指导组，将全省划为五大片区，专家组成员分别担任了片区组长，在省技术组的指导下负责片区的技术指导工作。各片区分别以市州为单位成立技术指导小组，负责市州内各项目县的技术指导工作。二是建立了专家会商制度。全省技术指导专家组不定期组织各片区专家召开工作会议和研讨会，每年召开 5～6 次，研究项目实施中遇到的难点，不断完善了项目实施的技术方案和技术成果，在关键农时季节落实部署任务。三是建立肥料登记及证后监管制度。严格依法登记、做实企业生产条件现场考核，开展年度肥料产品质量监督抽查，指导企业加快技术改造，淘汰落后产能，引导企业转型升级，不断丰富产品类型。支持企业使用测土配方施肥成果，开展新型肥料试验示范，推广缓释肥料、水溶肥料、液体肥料、生物肥料、土壤调理剂等高效新型肥料，高效新型肥料年推广面积 500 多万亩。

**4. 建立有效的推广应用机制是测土配方施肥技术入户到田的关键** 首先，形成了有效的适合各地的几种技术服务模式："网上平台、网下实体"的现代连锁配送服务模式，测、配、产、供、施"一条龙"服务模式，"配肥站"个性化配肥服务模式，"合作社"统配统供服务模式，政府主导合力推进模式等。整合行政资源形成部门联动机制、整合技术资源形成"三农"互动机制、整合农业项目形成示范带动机制、实行绩效考核形成政府推动机制等推广工作机制，按照"政府主导、部门主推、多方参与、共同推进"的思路，不断扩大配方肥的推广应用。其次，利用有机肥资源，实施替代减肥。积极引导有机肥生产企业开展农业废弃物资源化利用和产品创新升级，利用畜禽粪便、秸秆、菌渣等农业废弃物生产商品有机肥料，开展农业废弃物资源化利用和产品创新升级，全省现有有机肥生产企业 211 个，商品有机肥生产能力达到 230 万吨以上。支持规模化养殖企业通过沼气工程建设，利用畜禽粪便生产有机肥，探索以农业行政主管部门作为项目发起人，以沼肥异地还田利用为主要形式的畜禽粪污治理 PPP 模式，推广"畜禽粪污-沼-果菜茶"农业循环经济模式，促进沼渣沼液还田。结合秸秆禁烧大气污染治理，通过机械粉碎还田、秸秆覆盖栽培还田和秸秆快速腐熟还田等模式，大力推进秸秆肥料化利用，肥料化利用率近62.2%。支持农户利用冬闲田、作物行间等间套种绿肥，建立用地养地结合、农业可持续发展的新型耕作制度，绿肥种植面积已近 350 万亩。

# 五、项目实施效益

**1. 经济效益**  通过项目实施，提高了肥料利用率，减少了不合理施肥用量，实现了节本增效，施肥水平偏高的区域化肥用量减少，施肥水平偏低的区域增产效果显著。配方肥在农业生产中显示出比普通化肥质量更可靠、配比更合理、效果更显著的优势。十五年来，共完成测土配方施肥技术推广 129 581 万亩次，其中配方肥施用 62 258 万亩次，全省化肥利用率到 2020 年底达到 40.1%，比项目实施前提高了近 10 个百分点。

**2. 社会、生态效益**

（1）**转变了施肥观念**  各地通过开展肥料小区试验、肥料校正试验和示范片建设，使广大农民目睹测土配方施肥的实际效果，懂得了科学施肥知识，农民施肥观念逐渐转变，盲目施氮肥的现象减少；氮、磷、钾配合施用的逐渐增多，配方肥、专用复混肥深受农民欢迎。农民购买肥料不仅只是看包装、价格，还要看总养分、比例是否适合种植的作物和土壤；广大农户接受测土配方施肥技术的自觉性大大提高，主动上门要求农技人员进行施肥指导，或是将土样送到土肥部门要求化验，了解土壤养分丰缺状况。

（2）**优化了化肥配置**  一是改善了化肥施用结构，促进了全省不同区域、不同作物化肥施用水平和结构趋于平衡，有效控制了氮肥用量的过快增长，进一步发挥了不同肥料在农业生产中的效益，使资源配置更加合理。氮、磷、钾肥施用比例由 2004 年的 1∶0.39∶0.25，优化调整到 2015 年的 1∶0.43∶0.29，基本呈降氮、稳磷、增钾的态势。二是促进企业产业结构调整，各地通过制定并发布作物科学施肥配方，引导企业按方生产化肥，促进了化肥生产与施用对接、化肥资源合理利用和肥料产业结构调整，施用复混肥料与单质肥料的比例由 2005 年的 0.7∶1 提高到 1∶1，

（3）**提升了服务能力**  一是土肥监测体系不断完善和增强。全省落实化验室面积 2 万米$^2$，购置仪器设备 1 300 余台（套），基本具备了土壤常规检测能力。二是科技手段不断更新和提升。省农业厅与四川农业大学联合建立了省级耕地质量数据管理中心，部分县开发应用了测土配方施肥专家咨询系统、触摸屏配方查询终端系统，具备了向适度规模经营的农业经营主体开展个性化测土配方施肥技术服务的能力。三是服务机制有所创新。探索开展政府向经营性服务组织购买服务机制，注重培育新型经营主体和社会化服务组织，建立以财政投入为导向，企业、合作组织和农民投入为主体的多层次、多渠道、多元化投入机制，引导推动社会力量参与化肥使用量零增长行动，到 2020 年底，科学施肥社会化服务组织达 1 036 个，服务面积近 670 余万亩。

（4）**改善了农田生态**  通过测土配方施肥项目的实施，改变了项目区农民盲目施用和过量施用化肥的习惯，化肥表施、撒施的现象逐步得到纠正，流失的氮、磷、钾减少，溪河水质逐渐变清。据调查统计，测土配方施肥示范区每亩减少不合理施肥量 1~2 千克（折纯），作物长势健壮，有的田块粮食作物减少农药施用 1~2 次。在项目区提倡增施有机肥特别是秸秆大量还田，既有效控制了野外焚烧造成的大气污染，又培肥了土壤，提高了耕地综合生产能力。

# 贵州省测土配方施肥十五年总结

贵州省于 2005 年开始实施测土配方施肥补贴项目，实现了测土配方施肥技术应用转化的重大突破，提高了肥料利用率，增加了农作物产量和农民收入，对全省经济社会发展和农业科学技术进步有重大推动作用。

## 一、工作总结

**1. 基础工作** 十五年来，全省上下围绕"测土、配方、配肥、供应、施肥指导"五个核心环节、九项重点内容，全面推进测土配方施肥技术推广工作，全省共采集土壤样品 63.9 万个、植物样品 2.43 万个，累计完成 5 万户农户调查。分析土壤样品 63.9 万个，分析大量元素 255.6 万项次、中微量元素 107.06 万项次，其他项目 41.18 万项次。分析植物样品 2.43 万个，测试养分 12.15 万项次。开展水稻、玉米、油菜、马铃薯、蔬菜、果茶等作物田间试验 1 万余个。

**2. 示范县创建** 2005 年以来，贵州省先后在 83 个县（市、区）实施测土配方施肥补贴项目，占全省 88 个县（市、区）的 94.32%。全省累计建立测土配方施肥技术示范样板 1.23 万个，示范面积 1 444 万亩。

**3. 技术推广** 十五年来，全省加大建立测土配方施肥示范区，为农民创建窗口，树立样板，全面展示测土配方施肥技术效果，大力推广"测土到田、配方到厂、供肥到点、指导到户"的技物结合模式，把配方提供给企业，企业按配方方案组织生产配方肥，并通过事先预约合同销售给测土区域的农民。全省累计推广测土配方施肥技术 5.66 亿亩次，配方肥施用 2.45 万亩次，配方肥施用量 588 万吨。

**4. 指导服务** 全省广大干部职工，严格按照测土配方施肥项目实施要求，切实加强土壤肥料技术推广队伍建设，完善耕地质量监测网络，提升检测化验能力。组织专家指导各项目县因地制宜制定测土配方施肥技术推广实施方案，在关键农时季节，组织机关干部和农技人员深入田间地头，指导开展科学施肥。组织教学、科研、推广、企业、协会协同攻关，加快研发推广肥料新产品、施肥新机具、实用新技术。项目实施以来，全省累计发放技术资料（含施肥建议卡）841 万份。

**5. 培训宣传** 在项目实施过程中，广泛利用广播、电视、报刊、互联网等媒体，全方位、多角度宣传测土配方施肥的重要意义。组织主流媒体开展系列宣传报道，充分挖掘推进测土配方施肥工作的好做法、好经验、好典型，普及测土配方施肥与有机肥增施技术知识，增强全社会科学施肥工作的认识。全省累计举办培训班 2 万期次，培训技术人员、经销商和农户共计 280 万人次，现场观摩 1 万余次，宣传报道 1.3 万次。

**6. 资金投入使用** 十五年来，严格按照财政部、农业农村部和相关项目资金管理要求，加强资金监管，规范使用行为，确保专款专用。2005 年以来，全省测土配方施肥项目投入中央资金 3.565 亿元（2017 年以后为耕地质量提升与化肥减量增效项目资金），省级资金投入 6 860 万元，主要用于田间试验、土壤测试、配方设计、校正试验、配方加工、示范推广、宣传培训、效果评价、技术创新等测土配方施肥技术推广环节。

## 二、主要推广模式

**1. 智能化配方供肥网点模式** 该模式由农业技术部门主导，对乡级、村级肥料经销商进行招标选拔，筛选口碑好、信誉良的基层肥料经销商作为测土配方施肥定点供应服务网点，农技推广部门向网点业务员提供培训指导和技术支持，同时，依托服务网点的测土配方施肥信息服务系统帮助农户选配、配肥和购肥，并收集农户配方肥施用效果反馈信息和技术服务需求。

在县农业技术服务中心、乡农业技术服务站、村农业技术服务点安装触摸屏施肥信息服务系统为农民提供方便便捷的智能化施肥咨询。项目实施期间，在紫云县猫营镇、习水县同民镇、金沙县岩孔镇、锦屏县敦寨镇、三都县周覃镇、威宁县迤那乡、黄平县旧州镇、关岭县花江镇、清镇市红枫湖镇、江口县闵孝镇、黔西县洪水乡、遵义市新民镇等建立智能化配方供肥咨询服务站1 253个，配置967台（套）触摸屏。咨询服务站建设在乡镇政务办事大厅或农技站内，每个咨询服务站配置触摸屏查询机1台，安装相关软件。服务站数量覆盖乡镇104.23%，触摸屏数量乡镇覆盖率达80.36%。农户直接通过网络，或在服务站通过网络、单机、触摸屏实现对自己田块相关信息的浏览、查询，对田间任何位点（或任何一个操作单元）进行水稻配方施肥的咨询，打印施肥建议卡。农技推广人员因时、因地提供测土配方施肥技术指导，引导农户了解选择适宜的配方肥。

**2. 按卡购肥、按方抓药模式** 由县、乡、村服务中心（站）通过养分平衡配方法制作指导卡，或通过地力分区配方法制作指导卡，或通过耕地土壤资源管理信息服务系统制作施肥分区图、打印指导卡发放给农户，农民根据测土配方施肥指导卡自行选购所需肥料，进行配合施用。项目期间发放施肥指导卡713.523万份。这种模式重点解决农户对测土配方施肥技术多层次、多样化、多方面的服务需求问题，在一定程度上缓解了配方肥大规模生产与小批量需求的矛盾。

**3. 配方到厂、配送到店模式** 主要在水田土壤供肥能力相对一致、水稻种植面积较大、农民组织化程度比较高的地区推广。由农业部门收集测土结果和确定适合本区域的肥料配方并开展指导服务，肥料生产企业根据配方统一生产和统一供肥，经销网点负责配方肥统一销售，农民统一施用制定的配方肥。"配方到厂、配送到店"的供销服务模式在一定程度上降低了农户购买到假冒伪劣化肥的可能性，增强了农户对配方肥的信任度。

**4. 企业配方肥直供模式** 配方肥直供模式是大型肥料企业参与测土配方施肥项目的主要方式，构建"政府测土、专家配方、企业供肥、农民应用"的机制，帮助企业积极构建和完善基层配方肥经销服务网络，拓宽配方肥供应渠道。大型配料企业根据贵州省水稻的施肥配方，大规模生产水稻配方肥，并在贵州省主要示范推广区域构建配方肥销售网络，通过农资经营店、肥料销售点，或直接通过合作社供给农户，提供企业连锁配送服务，方便广大农户购买配方肥。这种模式主要实行"大配方、小调整"策略，配方肥直供在产品质量、企业信誉、性价比等方面普遍得到农户认可，并且实现产销直接对接，减少流通环节，促进配方肥推广应用，是相对简便的推广模式之一。

**5. 智能终端配肥站模式** 按照"大配方、小调整"施肥技术路线，因地、因作物量身定做的小配方逐渐成为农户更高层次需求，通过智能终端配肥站混配供肥是满足农户个性化按方配肥、供肥和施肥的有效模式。利用测土配方施肥技术成果，引导供肥企业建设乡村配肥供肥网点，通过智能化配肥设备，为农民提供现场混配服务。这种模式以基层配肥点为依托，以智能配肥机为手段，以方便、快捷、可靠的方式向农户提供不同土壤类型、不同作物的个性化配方、配肥和供肥服务。

**6. 手机信息服务模式** 针对智能手机快速发展的状况，设计开发在智能手机上运行的测土配方施肥系统。系统依托嵌入式 GIS 实现基于地图的浏览和查询等功能，并将系统单元确定为乡镇，把属性数据库、空间数据库、施肥模型等复杂的问题通过智能手机为操作平台展示出来，把复杂的技术简单化、可视化，较其他系统而言提高了推广的精确性，方便为基层农技人员和农民提供便捷的科学施肥指导工具，有利于测土配方施肥技术的推广。用户只要使用安装了本系统的智能手机就可以随时查询各处耕地的施肥建议，只需用手指轻点智能手机上的相关内容或输入字符实现咨询功能，就可为基层农技人员和农民提供便捷的科学施肥指导工具，有利于测土配方施肥技术的推广。利用智能手机便携性、易用性以及成本相对较低等特点推广测土配方施肥技术，为工作机动性很强的技术推广人员提供了方便的技术推广手段，有效解决了技术推广人员在田间地头利用信息技术推广测土配方施肥技术的难题，促进了测土配方施肥服务能力升级。

## 三、效益

**1. 经济效益** 项目实施十五年，全省累计推广测土配方施肥技术 5.66 亿亩次，按照 2017—2019 年水稻化肥减量增效技术推广应用项目测算水稻测土配方施肥单位规模新增纯收益 80.62 元/亩计算，总经济效益可达 283 亿元，取得了显著经济效益。据 2007—2009 年测土配方施肥技术推广资料统计，配方施肥区稻谷平均亩产为 495.62 千克，较农民习惯施肥区平均亩产 450.36 千克增加 45.26 千克，增产率为 10.05%；配方施肥区玉米平均亩产为 428.70 千克，较农民习惯施肥区平均亩产 379.57 千克增加 49.13 千克，增产率为 12.94%；配方施肥区马铃薯平均亩产 1 270.68 千克，较农民习惯施肥区平均亩产 1 134.19 千克增加 136.41 千克，增产率为 12.03%；配方施肥区油菜籽平均亩产为 124.00 千克，较农民习惯施肥区平均亩产 109.78 千克增加 14.22 千克，增产率为 12.95%。

**2. 社会生态效益**

（1）改变了农民的施肥观念，为深化测土配方施肥技术应用奠定了群众基础 通过项目实施，使广大农民感受到了科学配方施肥的好处，农民传统的施肥观念已发生了较大变化，逐渐被"缺什么补什么""按需施肥"的科学施肥行为所取代，项目区呈现越来越多的农民主动上门要求农技人员到自家田里取土化验，甚至不少农民直接送样到土肥部门要求化验的景象。据行业调度，2020 年全省测土配方施肥技术覆盖率为 91.55%。

（2）提高了肥料利用率，节约了肥料，减少了农业面源污染，改善了生态环境 一是提高肥料利用率，减少化肥施用量，降低农业面源污染。每年投入耕地的有机质增加，改善了土壤理化性状，提升了耕地质量，耕地供肥能力提高，化肥施用量逐年减少。二是节能减排，减少大气污染。通过秸秆还田技术推广应用，杜绝了项目区秸秆焚烧对空气的污染，化肥施用量逐年递减，保护了农业生态环境。据行业调度，全省主要农作物肥料利用率提高到2020年的40.16%；全省化肥使用量从2016年就实现负增长，并保持逐年下降态势；耕地质量等级稳步提升，2019年耕地质量等级提高到5.42等。

（3）有效保存了项目数据资料，实现了数据的共享和持续利用　通过项目实施，将分散于各县的测土配方施肥数据进行了挖掘整理，数字化了各种数据，改变了数据分散无序的存在状态，以数字化的形式存放，在为当代人提供共享服务外，为后代人持续利用这些资源提供了良好的基础和保障。

（4）摸清了耕地土壤主要养分含量状况　据2018年贵州省耕地质量调查点数据显示，全省耕地土壤有机质含量平均值36.12克/千克；土壤全氮含量平均值2.05克/千克；土壤有效磷含量平均值24.95毫克/千克；土壤速效钾含量平均值155.18毫克/千克；土壤pH平均值6.10。

（5）掌握了耕地质量等级情况　据2018年贵州省耕地质量等级评价结果显示，贵州省耕地面积4 512 248.68公顷，平均地力等级为5.44。耕地地力等级按一至十等地进行划分，其中：六等地面积最大，五等地次之，再次是七等地，接着是四等地，最小为一等地。安顺和黔东南以四等地面积最大，分别占该等地面积的25.02%和34.72%；贵阳、黔南、黔西南和遵义均以五等地面积最大，分别占该等地的23.36%、19.00%、27.13%和24.85%；毕节以六等地面积最大，占该等地的27.18%；六盘水和铜仁均以七等地面积最大，分别占该等地的30.28%和27.23%。

（6）建立了主要农作物施肥指标体系　通过十多年项目的实施，建立了完善的水稻、玉米、马铃薯、油菜土壤养分丰缺指标体系，分区确定的水稻、玉米、马铃薯、油菜的氮、磷、钾肥料效应函数回归方程，百千克产量吸肥量、土壤养分校正系数、肥料利用率和目标产量估算等推荐配方施肥方案所需的各种参数，解决了喀斯特地区配方推荐所需参数的取值问题。

（7）创新了技术推广应用机制　项目在技术集成转化上建立的"吸收、集成、验证、转化、研究、完善"六环紧扣工作模式，在技术转化组织上建立的"行政管理单位组织协调、科研教学单位技术集成、推广单位转化服务"三位一体组织模式，在技术转化传递上建立的"省、市、县、乡、村技术服务"的五级联动服务模式，在技术入户手段上建立的"指导员、配方肥、建议卡、计算机信息服务系统、农民培训、示范引导"的六法结合互补模式，解决了喀斯特山区测土配方施肥技术转化到位率低、入户难的问题，高效推进了测土配方施肥技术成果的转化应用。

（8）对农业科技进步的推动作用　通过项目实施，解决了测土配方施肥技术成果转化到位率低和施肥参数不适用及耕地地力评价指标体系针对性不强的瓶颈，实现了测土配方施肥技术应用转化的重大突破；搭建了测土配方施肥的技术转化平台，培养了一支科学施肥队伍，极大地改善了贵州省测土配方施肥技术服务条件，提升了土壤信息资源的信息化管理水平，丰富了测土配方施肥技术推广手段，提高了肥料利用率，增加了农作物产量和农民收入，改变了农民的施肥观念，对全省农村经济社会发展和农业科技进步有重大推动作用。

# 云南省测土配方施肥十五年总结

2005年以来，把测土配方施肥工作作为科技入户工程的第一大技术加大推广力度，在提高粮食产量、降低生产成本、促进农民持续增收、保护生态环境、保障农产品质量安全等方面取得了显著成效。

## 一、测土配方施肥工作基本情况

省农业农村厅成立了厅领导任组长的"云南省测土配方施肥工作实施领导小组"和"云南省测土配方施肥专家顾问组"，领导小组和专家顾问组办公室设在省土肥站，由站长兼任办公室主任。各州市农业农村局和各项目县均成立了项目领导小组及其实施工作办公室，加强了项目的组织领导和工作落实。

**1. 覆盖面逐年扩大**　2005年，测土配方施肥项目在寻甸、耿马两县正式实施；2006年后，中央和省级分别安排资金，逐年扩大项目覆盖范围，到2009年，测土配方施肥项目实现了对全省129个县（市、区）和6个农垦农场全覆盖（其中25个县区合并为10个实施单位，6个农垦农场合并为3个实施单位，全省共117个项目实施单位）。

**2. 强化宣传，营造氛围**　各地立足实际，采取广播、电视、互联网、报刊、技术挂图、明白纸、标语、宣传车、科技三下乡、赶科技大集等多种有效方式进行广泛深入的宣传，共发布宣传信息18.98万余条，举办科技赶集2.26万余次，举办各类现场会3.99万余次，发放宣传培训资料1 927.64万余份。

**3. 精心组织，强力推进**　项目实施期间，每年召开土肥工作会和测土配方施肥现场会，安排部署测土配方施肥工作，统一思想认识和工作步骤；交流测土配方施肥工作的好经验、好做法，相互借鉴、共同提高、齐头并进。签订测土配方施肥工作目标管理责任书，层层落实责任，确保工作落实。精心组织测土配方施肥技术培训，提高土肥技术人员业务素质，确保技术规范落到实处。加强对科技带头户及广大农民群众的培训，提高科技素质。共举办技术培训班6.06万余期，培训技术骨干39.48万余人次，培训农民1 274.2万余人次，培训肥料营销人员13.17万余人次，为推进全省测土配方施肥工作的开展奠定了重要的人员和技术基础。

**4. 开展取土化验，摸清耕地土壤"家底"**　全省土肥系统建成化验室115个，其中国家标准化验室13个，获资质认定化验室15个。累计采集化验了土壤样品45.74万余个、植物样品4.85万余个，发放测土配方施肥农户施肥情况调查表47.28万余份。根据土样化验分析结果，2012年着力推进了县域耕地地力评价工作，至2013年6月，完成125个县域（昆明市五华、盘龙、官渡、西山、呈贡五个区合并为一个县域）耕地地力评价并通过了省级验收和全国农业技术推广服务中心审核，评价耕地面积6 882.79万亩，绘制专题图件3 250余幅，编制成果报告125套（含工作报告、技术报告和专题报告），建立了 125 个县域耕地资源管理信息系统，基本摸清了全省耕地地力等级及土壤理化性状。2013 年以全省各县域耕地地力评价结果为基础，重新确定全省耕地地力评价指标体系，启动了全省耕地地力省级汇总评价工作。

**5. 开展田间肥效试验，初步建立主要农作物的施肥指标体系** 截至 2020 年底，全省共安排"3414"类田间试验 5 290 组，其他试验 18 999 组（校正试验、对比试验、"2＋X"试验、配方筛选试验、微量元素效应试验、化肥减量增效试验），初步摸清了土壤供肥量、肥料利用率等基本参数，基本建立了水稻、玉米、小麦、油菜、马铃薯、甘蔗、茶叶、部分水果、部分蔬菜等作物的养分丰缺指标和施肥模型。

**6. 加强指导服务，推进科学施肥技术应用** 发布全省主要粮食作物区域大配方及施肥建议，开展"配方卡上墙、示范片进村、培训班到田、配方肥下地"，全省制定各种作物施肥配方 1 185 个，发放施肥建议卡 5 011 万余份，建立示范片（区）18 094 个，示范面积 3 249 万亩。示范片（区）覆盖了各项目县的主要乡镇和作物。累计推广测土配方施肥面积 62 458 万亩（2019 年技术覆盖率达 91.49%），惠及 6 095 万余农户，施用配方肥 964.57 万余吨，配方肥施用面积 26 205 万亩次。

**7. 强化耕地地力评价** 云南省耕地地力评价专项工作从 2007 年启动，至 2013 年底，全省 129 个农业县（合并为 114 个项目单位，评价县域 125 个）均完成耕地地力评价并通过省级验收和农业部审核，评价耕地面积 6 882.79 万亩，绘制专题图件 3 250 余幅，编制成果报告 125 套（含工作报告、技术报告和专题报告），并建立了 125 个县域的县域耕地资源管理信息系统。

全省耕地地力省级汇总评价工作于 2013 年底启动，相继完成了数据审核、基础图件收集、整理与数字化、取样点位上图与耕地土壤养分分布空间分析、评价单元建立等一系列工作，在此基础上，召开专家论证会，选取了地力评价指标，建立了省级耕地地力汇总评价指标体系和专家评估隶属函数模型，至 2015 年 12 月底，完成了全省省级耕地地力等级汇总评价和省级地力等级划分，后续根据农业农村部土壤类型划分标准进行评土归类和成果报告、成果图件编制工作。

**8. 开展测土配方施肥专家咨询系统建设** 2011 年起，全省各地相继启动了县域测土配方施肥专家咨询系统开发和触摸屏电脑配置工作，到 2016 年底，全省已配置触摸屏电脑 469 台。按照项目要求，项目县已成功开发了适合当地的县域测土配方施肥专家咨询系统，并在全省乡镇配方肥销售网点和农科站投入试运行，免费为农户开放购肥、配肥、施肥咨询服务。

**9. 开展农企合作、整建制推进，促进配方肥入地** 2012 年，测土配方施肥工作重点从"配方研制"转移到了"配方肥入地"，确定了以"农企合作、产销对接""整建制推进"为抓手。云南省在积极推荐"全国农企合作试点企业"并与宣威、砚山、腾冲 3 个整建制推进示范县市对接的同时，确定了 31 个"省级农企合作试点企业"，重点与 40 个整建制推进示范乡、200 个整建制推进示范村对接。全省有 88 家肥料生产（销售）企业与全省 114 个项目单位签订了农企合作推广配方肥合作协议或配方肥供应协议，保证了主要农作物和大宗经济作物配方肥供应。每年组织一次省级农企合作试点企业集中交流对接活动，广泛听取各方意见，提出对困难、问题的解决办法。签订农企合作协议并制定工作考核办法，严格认真考核，优进劣汰，促进了各方责任的落实，加快了农企合作和整建制推进进程。

**10. 推进小型智能化配肥中心（站）建设**　2013 年，召开了全省小型智能化配肥中心（站）推进大会，积极支持云天化农业科技有限公司、云南威鑫农业科技股份有限公司、云南国农测土配方施肥有限公司等企业启动了小型配肥中心（站）建设，目前已在 10 余个州（市）建立了 300 余个小型配肥中心（站、微工厂），其中微工厂 140 个、配肥站 35 个、液体加肥站 160 个。小型配肥中心（站）由县级土肥技术部门提供配方支持，企业按市场规则寻找合作伙伴并生产配方肥，真正把测土配方施肥技术物化，实现技物结合，解决配方肥推广的问题。

**11. 编辑出版科学施肥技术专著**　对全省开展测土配方施肥 10 年来的数据和土肥水工作成果进行梳理汇总，编辑出版了《云南省农户施肥与耕地土壤性状》《云南省主要农作物科学施肥技术》《云南省节水农业技术》专著，其中《云南省农户施肥与耕地土壤性状》一书荣获第二十五届（2016 年度）中国西部地区优秀科技图书三等奖。2019 年云南省化肥减量增效技术推广与应用获得全国农牧渔业丰收奖三等奖。

**12. 加强项目检查验收**　根据《农业部关于印发〈测土配方施肥补贴项目验收暂行办法〉的通知》和《关于加快构建测土配方施肥工作考核机制的函》要求，组织州市土肥站对项目单位工作情况进行年度考评，总结经验、学习借鉴，找出问题、改进工作，不断提高项目工作水平；按项目进度，在项目县自验的基础上，州市组织初验后报省级验收。至 2017 年底，全省 117 个项目单位已完成州市级初验和省级验收，并向项目单位反馈项目验收整改意见。

## 二、测土配方施肥工作成效

**1. 实现了作物产量和农民收入"双增"**　通过项目区测产，全省水稻、玉米、马铃薯、油菜、甘蔗、茶叶、蔬菜等粮经作物亩增产 5.61％～10.8％，农民亩增收节支 27.77～81.65 元。统计报表显示，开展测土配方施肥工作以来，共推广测土配方施肥技术 62 458 万亩，农作物总增产 2 097 万吨，农民总增产节支 275.18 亿元，实现了作物产量和农民收入"双增"。

**2. 实现了生产成本和资源消耗"双节"**　测土配方施肥示范区一般每亩减少不合理施肥 1.54～2.70 千克，既节约了生产成本，又节约了资源消耗。昆明市结合滇池治理，在 7 个水源区开展"稳产减肥"行动，平均每亩减少施用纯氮 7.39 千克、纯磷 4.16 千克；大理白族自治州围绕洱海治理，推广"控氮减磷、增钾补素、调酸改土、增施有机肥"测土配方施肥综合技术模式，农田外排水中的总氮比常规施肥削减 4.11％～19.93％，总磷削减 8.5％～38.14％。统计报表显示，开展测土配方施肥工作以来，按照每亩减少不合理施肥 1.54 千克，根据测土配方施肥推广面积计算，可减少全省不合理施肥量（折纯）93.18 万吨，实现了生产成本和资源消耗"双节"。

**3. 加速了施肥结构和肥料产业结构"双优"**　测土配方施肥技术的推广应用，农户的施肥理念由 2005 年以前的"重氮磷、轻钾"，逐步转变为"控氮、稳磷、补钾"，全省施用氮、磷、钾肥比例由 1989 年的 1：0.34：0.09 调整为 1：0.40：0.34（2016 年），肥料种类由单质氮、磷、钾肥转向复合肥，复合肥占 25%。施肥结构的调整，推动了肥料产业结构优化调整，实现了施肥结构和肥料产业结构"双优"。

## 三、主要做法

**1. 领导重视抓落实** 云南省委、省政府高度重视测土配方施肥工作，将该项技术作为云南省十大科技增粮措施之一，并安排省级财政专项资金支持该项技术的推广应用工作。2015 年，按照农业部"部级把方向，省级创机制，地市抓督导，县级抓落实"的总体要求，进一步理顺工作机制，强化工作指导，明确省土肥站抓项目落实的工作职责，强化对州（市）、县（区）测土配方施肥工作的指导和服务。各州市农业局和各项目县均成立了项目领导小组及工作办公室，强化了项目的组织领导和工作落实。曲靖市将测土配方施肥项目实施情况纳入对各县（市、区）年度综合考核，实行目标责任制管理。各县（市、区）与各乡镇签订目标责任制，明确项目目标任务，层层分解落实。市、县、乡分别成立专业技术指导组，深入一线，包村、包片、包点，开展技术培训、信息服务、田间技术指导等工作，促使测土配方施肥各项工作落到实处。

**2. 加强培训抓落实** 省、州（市）、县（市、区）通过举办各类培训班，培训技术骨干、农民、营销人员，发放培训资料等，提高土肥技术人员的技能水平，为深入推进全省测土配方施肥项目的实施，奠定了重要基础。

**3. 突出重点抓落实** 为严格执行农业部项目实施方案和测土配方施肥技术规范，确保项目实施的技术水平，重点抓了八个技术环节：一是调查及资料收集，做到全面、准确、有代表性。二是定点取样，做到科学、规范、GPS 定位、代表性强。三是化验监测，做到完全按照方案要求完成化验室建设，严把化验质量关。四是精心安排田间试验，认真做好试验研究。五是加强数据规范管理，建立数据上报逐级审核制度。六是科学制定配方，确保配方肥配方科学准确。七是强化配方验证，不断验证和优化配方。八是加强农企产需对接，为配方肥生产企业提供区域性大配方，大力推进配方肥应用推广。

**4. 项目带动抓落实** 通过加强与肥料生产企业的沟通、合作，依托农技推广体系构建乡村配方肥销售网络，充分利用种植业协会、农业合作社和种植大户等组织联动，构建"企业—协会（合作社）—农户"配方肥产销模式；与龙头企业合作，构建大宗作物专用配方肥产销模式，依照"大配方、小调整"的原则，针对不同土壤类型、不同作物、不同施肥时期，根据专家组提供的配方，定向生产、供应配方肥，推进配方肥入地工作，使测土配方施肥深入人心。

**5. 探索模式抓落实** 积极探索总结适宜市场经济体制的测土配方施肥机制，各项目县在实施过程中，逐渐总结出了当前最为有效的 4 种模式：一是以农民为主体的市场"按方抓药"模式（施肥建议卡）；二是以智能化配肥设备为依托的"中草药代煎"模式（智能配肥点）；三是以规模化经营主体为服务对象的"私人医生"模式（农化服务＋智能配肥）；四是以"大配方、小调整"为主要技术路线的"中成药"模式（农企合作企业全程参与）。这些模式已在全省范围深入开展测土配方施肥中发挥了重要作用。

## 四、主要经验

**1. 根据云南特色产业发展的需求，推进智能配肥中心建设**　测土配方施肥目前已进入配方肥入地的攻坚时期，结合高原特色产业发展的需求，在特色经济作物种植集中区大力推进智能配肥中心建设。通过智能配方中心为当地特色经济作物种植基地配制配方肥，以种植基地使用配方肥打造示范带头作用，以点带面推动智能配肥中心在全省迅速铺开，加快配方肥推广。

**2. 整合资源，提升项目效益**　测土配方施肥是一项涉及面广、技术性强的工作。云南省结合实情，将测土配方施肥与科技增粮、高产创建、高原优势农产品基地建设等项目有机结合起来，实行捆绑同步实施，项目捆绑实施集中了全省优秀技术人员，多层面服务于农民，实现了农业科技成果与农业生产的有效对接，使各项工作相互依托，相互渗透，既造就了一支复合型农技推广队伍，又提高了测土配方施肥的功效，降低了测土配方施肥的工作成本。

**3. 示范带动，促进项目落地落实**　农业部门注重牵线搭桥，力促配方肥试点企业与家庭农场、农业科技示范园（场）、农民专业合作组织等团体或个人，整合资源，形成良性互动，在主要粮食作物和特色产业上大力推广配方肥，以点带面起到了良好的示范带动作用，从而推进测土配方施肥工作深入开展。

# 西藏自治区测土配方施肥十五年总结

西藏的测土配方施肥工作自启动以来，立足自身情况，借鉴先进经验，以"项目带动"和"技术援藏"为纽带，按照农业农村部统一部署和要求，全方位开展测土配方施肥工作，取得了显著成效。

## 一、主要成效

**1. 项目成效**　近年来，测土配方施肥项目县（区）达到 35 个，基本覆盖了全区所有粮油主产县，实现了从无到有、由小到大、由试点到"全覆盖"的历史性跨越，测土配方施肥技术示范推广面积累计达 1 245 万亩。

（1）全面开展取土化验测试，摸清了耕地土壤的"家底"　以市为单位，整合各方面技术力量，开展了 35 个粮油主产县 300 多万亩耕地土样采集、化验工作。完成了土壤 pH、有机质、全氮、有效磷、速效钾、有效硼、全钾、全磷、水解氮等项目指标测试，为因土种植、因土施肥提供了科学依据。

（2）广泛布置田间肥效试验，建立主要农作物的施肥指标体系　根据《全国测土配方施肥技术规程》，在青稞、小麦、油菜、马铃薯、水稻、玉米六大作物上累计安排实施了"3414"田间完全肥效试验、不完全试验、校正试验、无氮和"三区"试验等 1 000 余个。通过田间试验，进一步更新完善施肥指标体系，不断提高配方和推荐施肥方案的针对性、科学性，并尝试开展商品有机肥增施及替代试验、化肥与商品有机肥配比试验、新型肥料引进试验示范等工作，提高肥料利用率。

（3）测土配方施肥数字化工作平台建设有序推进　西藏自治区完成 29 个县域耕地地力评价工作，并编制完成工作报告、技术报告、专题报告等报告，绘制了耕地地力分布图、土壤养分分区图、采样点点位图等系列图件，建成了耕地资源管理信息系统，推动了土肥数字化管理，建成堆龙德庆、曲水、扎囊、乃东 4 个县域测土配方施肥专家系统。

（4）示范工作成效显著　通过示范，一是增产增效显著，示范区平均增产在 10%～15%。二是配方肥推广应用逐年扩大，整乡（镇）、整村整建制推进工作逐年深入；累计推广配方肥面积 1 245 万亩，自 2018 年开始，测土配方示范面积稳定在 190 万亩。测土配方技术覆盖率达到 90% 以上，主要农作物化肥利用率达到 40%。三是肥料品种结构发生了变化。根据土壤测试、田间试验结果，对肥料品种进行了结构调整，改变了多年来只施用尿素、磷酸二铵肥料品种的格局。四是改变了干部群众长期以来的施肥观念，农牧民科学施肥意识明显增强，施用配方肥的理念逐渐深入人心。五是无机有机肥配合施用力度加大。在政策层面出台了农业"三项补贴"政策，加快商品有机肥推广应用，开展耕地地力提升工作，引导农民增施有机肥。在技术层面开展有机肥系列试验示范，对商品有机肥种类、施用量、替代效果与化肥配施比例等问题进行了深入研究。据不完全统计，2020年商品有机肥施用量 13.52 万吨。

（5）耕地质量得到提升　长期以来对耕地实施有效保护，西藏自治区耕地未发生土壤污染事件。2017—2018 年连续两年累计在全区 60 个农业县 800 个耕地质量变更调查点位采集土样进行检测化验，2017 年土壤平均有机质含量为 28.88 克/千克，2018 年土壤平均有机质含量为 29.34 克/千克，土壤有机质含量增加 0.46 克/千克，增幅 1.6%，略有上升。2017 年耕地质量平均等级为 8.36，2018 年达到 8.27，提升了 0.09。通过多年测土配方施肥的推广应用，耕地质量得到了提升，农产品品质得到了改善。

（6）化肥减量增效工作稳步推进　推进化肥减量增效示范县创建，从 2017 年以来累计选择 18 个县开展化肥减量增效示范，突出青稞、冬小麦、马铃薯、茶叶等作物，以增施商品有机肥、高温堆沤农家肥、种植绿肥、示范推广新型肥料、有机肥部分替代化肥等技术模式为重点，集成化肥减量增效技术，化肥利用率在"十三五"末达到 40%，2020年全区化肥用量由上一年的 5.8 万吨减到 5.1 万吨，实现了减量 11%。通过试点启动、扩大示范，广大农牧民亲眼看到上述技术措施的实际效果，增强了科学施肥的主动性、自觉性和积极性，实现了化肥减量与粮食产量效能提升的双赢。

（7）体系建设逐步完善　通过开展实施测土配方施肥补贴项目，改变了西藏自治区土肥体系长期处于薄弱环节的局面。一是建立了一支高素质的技术服务队伍。通过"干中学、帮着带"，一支从事测土配方施肥工作的技术队伍初步形成。二是土壤化验室建设初具规模。新建了自治区和日喀则、山南、林芝、昌都地区土壤化验室 5 个，其中山南地区农技中心土肥化验室通过自治区和国家验收。

**2. 工作成效**

（1）认识不断深化，测土配方施肥需求更强烈　各地通过多渠道、多形式、多层次的广泛宣传，社会各界对测土配方施肥的重要性、紧迫性以及技术推广的成效有了普遍了解。通过试点启动、扩大示范，广大农牧民切身感受到测土配方施肥的实际效果，增强了科学施肥意识和应用技术的自觉性。农牧民作为农业生产的主体、科学施肥的实践者和直接受益者，从被动接受到主动要求施用配方肥，测土配方施肥逐步扎根农区、深入人心；通过测土配方施肥工作的开展，广大土肥工作者提高了服务能力，体现了自身价值，激发了工作热情。部、自治区级测土配方施肥项目县通过经验交流、相互启发、取长补缺，增强了深化测土配方施肥工作的信心。

（2）经验逐步积累，测土配方施肥工作机制更完善　地（市）和各项目县建立了测土配方施肥组织体系和工作机制，规范了测土配方施肥技术方法和操作规程，改善了基础条件，强化了技术力量，多形式多层次开展了宣传培训，扩大了社会影响，为做好测土配方施肥工作奠定了坚实基础。自治区成立了领导小组、工作办公室和技术专家组，制定了实施方案，探索企业参与机制和技术推广模式，形成了行政推动与技术指导相结合的工作机制，推动了全区测土配方施肥工作持续健康发展。全区农业部门把测土配方施肥作为科技入户的第一大技术、农业生产的关键技术加以推广，作为为农牧民办实事的重要工作内容来抓。全区围绕"测、配、产、供、施"五个环节、十一项内容，总结推广了"统一测配、定向生产、指导服务"的运行机制。为强化测土配方、试验示范、生产供应、施肥指导等环节的有效链接，缩小地区间差距，在农业农村部的大力支持下，开展了测土配方施肥技术援藏，为建立健全测土配方施肥技术研发体系、示范推广体系、生产供应体系和指导服务体系搭建了基础平台。

（3）整合资源，共同推进测土配方施肥工作健康发展　测土配方施肥工作不仅是农业部门的事，需要多部门合力推动。在工作中动员社会各方面的力量，充分利用行政、推广、科研、教学、肥料生产企业，以及各种协会和农民专业化合作组织的人力、物力、技术和信息资源，发挥各自优势，建立合力推进测土配方施肥的工作机制。各级农牧部门把测土配方施肥与农业标准化生产、粮油高产创建、特色农牧业发展、农产品质量安全结合起来，整合现有技术优势，统筹兼顾，合力推进测土配方施肥工作的深入开展。同时，强化创新意识，在农企合作、施肥指导服务等方面积极探索，学习借鉴先进经验，探索和总结适合当地实际、行之有效的工作方法、推广模式和运行机制，促进测土配方施肥工作真正取得成效，得以长期发展。

## 二、主要措施

十五年来，各级政府和相关部门高度重视，切实加强组织领导，明确工作责任，落实工作措施，强化统筹协调，抓好指导服务，为实现粮食总产 100 万吨目标提供技术支撑。

**1. 加强组织领导**　测土配方施肥涉及面广，技术要求高，是一项长期性的工作。各级农牧部门加强组织领导，认真研究、解决生产实践中遇到的困难和问题，及早制定测土配方施肥工作方案，建立目标责任制，明确职责分工，做到责任到人、工作到位。加强对测土配方施肥工作的组织协调和督导检查，督促落实相关工作措施，从人员、经费、培训和技术指导等方面为测土配方施肥技术的推广应用提供保障。各地（市）、县也成立专门组织，建立主要领导亲自抓、分管领导负责抓、具体工作专人抓的工作制度，细化工作方案，落实目标责任，确保工作落到实处。

**2. 认真制定工作方案** 根据自治区测土配方施肥办公室的总体工作方案和目标任务，各地认真制定科学的技术推广方案。在深化夯实基础工作的基础上，探索配方肥推广模式，全力推进测土配方施肥全覆盖。充分发挥各级农技推广部门技术力量，采取分工包干、奖惩分明的工作机制，深入乡村农户、田间地头，围绕测土、配方、配肥、供肥和施肥等内容，开展现场采土、调查、植物营养诊断、科学施肥等技术指导。

**3. 扎实搞好宣传培训** 各地把宣传培训作为普及知识、扩大影响、争取支持的重要措施。充分利用电视台、电台、报刊、互联网等媒体和墙报、挂图、标语等手段，大力宣传测土配方施肥的政策措施、工作部署、经验做法、实施成效和先进典型，使政策深入人心、技术进村入户、成效引人瞩目。加强技术人员的培训和指导，努力提高基层农业科技人员的技术水平和业务能力，为深入开展测土配方施肥提供技术支持。

**4. 开展技术援藏** 为缩短区域间差距，农业农村部先后组织湖南、重庆、广东、山东、四川、湖北、江苏7省（直辖市）的土肥专家开展对口技术援藏。据统计，援藏技术专家共举办各类培训班90多期（次），累计培训1 200多人次，给当地技术人员讲解培训了土样采集、田间试验、配方制定、数据分析、数据库建设、耕地地力评价、土壤、肥料及植株样品化验等方面知识，为西藏自治区培养了一支永不走的测土配方施肥技术队伍。四川省土壤肥料检测中心先后派出共10名技术专家来藏对化验员进行土壤、植株、肥料等化验分析培训，累计培训了20多名专业化验人员，有力地推动土肥检测能力的提高。2017年邀请张福锁院士团队等全国测土配方施肥技术专家赴藏，对3市5县进行了考察，形成《西藏土壤肥料工作考察报告》，对提高科学施肥水平、科学发展有机肥、夯实科学施肥基础等提出具体措施建议。由自治区党委农办牵头，赴甘肃、青海调研学习化肥流通体制改革、测土配方施肥工作，为西藏自治区化肥流通体制改革提供参考。

**5. 加强肥料监督管理** 为加强肥料管理，保护耕地质量安全，守住国家重要安全屏障，促进农业可持续发展，制定出台了《西藏自治区肥料监督管理办法（试行）》，相较《肥料登记管理办法2017》，总的要求是加强登记备案管理。主要体现在两方面：一是保留肥料备案制度；二是对有毒有害物质要求更加严格。在肥料推广、施用、监管等方面提出了明确要求。对在西藏建厂生产的商品有机肥实行登记制度，经农业农村部和其他省（自治区、直辖市）登记的肥料产品实行备案监管。截至目前，已为区内9家肥料生产企业发放肥料登记证16个，其中有机肥料登记证9个；办理区外肥料备案证163个，其中有机肥料58个。每年联合市场监管等相关部门进行实地样品抽检，并结合春季农业生产大检查走村入户、深入田间地头开展督导检查，经抽查，已登记生产的肥料产品基本符合国家标准。

# 陕西省测土配方施肥十五年总结

测土配方施肥补贴项目自2005年在全国范围内开始实施以来，在部、省测土配方施肥补贴项目县的强力带动下，以测土配方施肥示范县为重点，抓住粮食、果树等主要作物，加强组织领导，强化工作措施，提高工作效能，组织全省各级农业部门全面实施测土配方施肥工作，取得了显著成效。

## 一、总体情况

国家测土配方施肥补贴项目县（区）从 2005 年在陕西省陈仓区、合阳县 2 个县（区）开始试点，实施范围逐年扩大，2009 年覆盖全省农业区县，测土配方施肥补贴项目进入全面普及的发展阶段，逐步实现了主要粮食作物、果树、蔬菜等测土配方施肥技术全面普及。2016 年开始，测土配方施肥转为常态化基础工作，每年坚持采样测土 5 000 个以上，开展田间试验 500 个以上。近年来全省测土配方施肥技术年均推广面积稳定在 4 500 万亩，农民接受程度稳步提高，按方施肥占比达 50% 以上，改变了农户施肥长期存在的"三重三轻"误区，基本实现"两调三改一替"常态化施肥目标。测土配方施肥十五年来，国家专项资金投入 4.54 亿余元，全省推广面积达 5.5 亿亩次以上。

## 二、主要工作

**1. 深化"基础工作"支撑** 在粮棉油作物上实行周期性取土测土，合理安排肥料肥效、施肥时期、施肥方法及有机无机配合、中微量元素等田间试验，不断修正大宗作物施肥指标体系，提高配方的针对性。在设施农业及蔬菜、果树、茶叶等园艺作物和特色作物上，开展土壤测试、肥效试验和叶面营养诊断，逐步建立经济作物施肥指标体系，不断提高技术覆盖面。规范测土配方施肥数据管理，为指导农民科学施肥提供支撑。同时，有选择地安排肥料利用率验证试验。各县区从试验方案制定、选地整地、称取肥料、田间划区、播种移栽、田管记载、收获考种等主要环节，严格要求，规范操作，及时记载，提高了试验准确度与真实性，积累大量翔实的科学实验数据，为示范推广提供了科学依据。

**2. 强化"整建制"推进** 实施"百、千、万"整建制推进试点，农业农村部从农作物种植面积大、工作基础好、技术力量强、当地政府重视的测土配方施肥项目县中，筛选确定示范县、示范乡镇和示范村，采取政府主导合力推进、合作社带动、配方肥直供、定点供销服务、统测统配统供（统施）、现场混配供肥等模式，整县、整乡、整村整建制推进测土配方施肥工作。在粮棉油高产创建和园艺作物标准园创建项目区以及农业面源污染重点治理区，全面实施测土配方施肥。

**3. 狠抓"配方肥"下地** 各级农业部门科学制定并发布区域性的作物施肥配方信息，加强农企合作和产需对接，引导和扶持构建配方肥产供施网络，逐步形成以科学配方引导肥料生产、以连锁配送方便农民购肥、以规范服务指导农民施肥的机制。鼓励社会资金投入，引导建立乡村小型智能化配肥网点，利用农机购置补贴政策，支持农民专业合作社、种植大户、农民开办的肥料销售点等使用乡村小型智能化配肥设备。及时发布面向农民的科学施肥信息，引导农民施用掺混式配方肥。各级土壤肥料技术推广人员因地、因时、因苗指导农民科学施肥。通过项目区农民和技术人员推荐，统一认定配方肥定点生产企业，实行统一包装、统一标识、统一质量监控，直接配送到户，确保了配方肥质量安全、价格优惠和及时配送，未出现任何质量、服务投诉，深受农民欢迎。

**4. 强化"示范片"到村** 各项目县（单位）结合本地作物种类、土壤类型、耕作制度等，合理布局示范地点，细化示范片建设内容，以科学施肥技术为核心，加强农机农艺结合，开展化肥深施，实现高产高效和经济环保的目的。村级示范片要做到"四有"，即：有包片指导专家、有科技示范户、有示范对比田、有醒目标示牌，其中标示牌要明确标明作物品种、目标产量、施肥结构、施肥数量、施肥时期、施肥方式。

**5. 强化"培训班"进田**　千方百计推进科学施肥技术进村入户到田，结合村级示范片建设，举办农民田间学校和现场观摩活动，在关键农时季节，开展田间巡回指导和现场指导服务，加强田间实际操作技能和肥水管理技术培训，提高农民科学施肥技术水平。加强对基层农技人员和科技示范户的技术培训，对肥料经销商、基层农技人员开展配方师培训与认证，提高技术服务水平。

**6. 强化"建议卡"上墙**　结合当地实际，采取适合农村、贴近农民、喜闻乐见的形式，推动测土配方施肥技术普及工作。每年及时发布主要粮食和经济作物测土配方施肥技术指导意见，各地级市及县区结合地区主导产业，发布本地区主要农作物测土配方施肥技术指导意见或施肥建议卡，有效引导农户按照测土配方施肥技术科学施肥。同时，在肥料经销网点和村民集中活动场所，积极推进测土信息、配方施肥方案上墙；制作"施肥建议卡""技术明白纸"等资料，利用"科技下乡"、农资展示及现场培训会等活动，分发张贴，做到"村村上墙，户户知晓"，积极指导农民"按方"购肥、施肥，有效引导农户进行科学施肥，使测土配方施肥技术入户率大幅提高，有力促进了测土配方施肥技术的普及应用。

**7. 改进施肥方式方法**　筛选确定当地化肥深施机械类型，引导农民选购使用，因地制宜开展基肥深施、追肥深施，改变化肥表施、浅施的方式，同时，做好作物肥料统筹，确定更为合理的追肥用量和时期，提倡水肥一体化施肥技术，实现水肥耦合。在测土配方施肥村级示范方、万亩示范片以及粮棉油高产创建和菜果茶标准园示范区率先全覆盖，在有滴灌、喷灌条件的蔬菜、果树、棉花、马铃薯、玉米等作物上积极开展水肥一体化示范推广。

**8. 加强"信息宣传"引导**　指导各项目县（区）编印技术宣传画册、年历、技术指导书，提高项目科技影响力，引导农民科学用肥，利用广播、电视、报刊、互联网等媒体，广泛进行宣传培训，增强农民科学施肥意识，丰富科学施肥知识，提高科学施肥技能，营造科学施肥氛围，争取社会各界的关心与支持。各地市也利用本地的电视宣传媒体，在"农村新天地""天气预报"等栏目常年进行有关测土配方施肥项目的宣传，拍摄项目工作有关方面的题材，开展网络视频宣传。

## 三、主要成效

**1. 推动了农户施肥方式转变，促进了农业增产增效**　用肥结构进一步优化，氮肥施用量小幅下降，钾肥施用量有所上升。自2005年以来，肥料利用率提高了10个百分点以上，减少了氮肥过量施用给环境带来的面源污染。通过项目的实施，实现了化肥利用率提高，节约资源，增产增效，推动农业增长方式转变，依靠科技进步实现可持续发展。通过示范宣传和技术推广带动，广大农民的科学施肥意识大大提高，改变了群众重无机肥轻有机肥、重氮磷肥轻钾肥的不良习惯。增施有机肥和补施钾肥意识明显增强，看地施肥、配方施肥、因苗施肥逐步成为新的习惯。

**2. 查清了全省耕地土壤养分，建立了主要作物的技术指标和配方体系**　通过 50 余万个土壤样品的测试和数据统计分析，基本查清了全省耕地养分状况，摸清了耕地质量的家底。各地均建立了当地主要作物的施肥指标体系，制定了区域配方。省级根据全省试验和测土数据，制定了土壤养分丰缺指标和主要作物的分区施肥指标体系。农企合作开展后，又根据"大配方小调整"的技术路线，制定了小麦、夏玉米、水稻、苹果、油菜、春玉米、马铃薯等 7 种作物的区域大配方，指导各地开展配方肥推广工作。在此基础上，组织完成的陕西省耕地养分普查及分区施肥技术推广项目获得省农业科技推广一等奖。

**3. 完成了全省县域耕地地力评价**　与西北农林科技大学资源与环境学院合作，历经四年，分批完成了全省 93 个项目县（单位）的耕地地力评价工作，覆盖全省 103 个县（区）耕地。耕地地力评价和分级，为种植结构调整、农业规划制定、适宜性评价等工作奠定了基础。每年各市县依据基础采样数据进行评价结果更新，持续对耕地地力变化进行动态管理。

**4. 增强了项目区农民科学施肥意识**　随着测土配方施肥技术普及，越来越多的农民得到了技术培训和指导，掌握了科学施肥方法，亲眼看到了科学施肥带来的实惠，了解和接受了测土配方施肥技术，逐步转变了依据传统经验和固有习惯盲目施肥的现状，农民群众的科学施肥技术水平明显增强。施肥比例出现了氮下降、磷稳中有降、钾肥上升的趋势；肥料结构呈现配方肥用量直线上升，单质化肥用量下降；施肥方法呈现机械深施比例上升，人工撒施表施比例下降。

**5. 完善了科学施肥推广服务体系**　通过项目的实施，陕西省科学施肥推广服务体系进一步健全，土肥化验室建设得到大力加强，县级完全具备了土壤样品常规测试能力。土肥系统办公和培训装备得到补充，服务手段和服务能力得到加强。培养了一批技术骨干，技术水平明显提升，系统活力明显增强。全省 10 个区市及 100 个涉农县区设立土肥化验室 88 个，专职化验人员 304 人，全部能够开展土壤酸碱度、电导率、有机质、全氮、碱解氮、有效磷、速效钾等常规养分和中微量元素指标测定。2012—2016 年，全省创建测土配方施肥标准化验室 15 个。到 2020 年，城固县、陈仓区、韩城市等 3 个县级化验室通过了部耕地质量标准化验室创建考核认定。

**6. 建立了配方肥供应网络**　在陕西省开展多年的统测统配工作和项目实施过程中，特别是农企合作开展以来，各地结合实际情况，加强配方肥供应网络建设，取得了明显进展。通过综合土样测试结果、田间试验数据、作物养分吸收量、群众施肥习惯等因素，分区域分作物制定施肥方案，发布肥料配方，建立了到乡镇或到村的供应网络，农企合作创造出了"村级工作站"模式、"智能化配肥点"模式。通过这些模式推广配方肥，既保证了配方肥质量，又节约了农民投入，满足农民的个性化需求，在配方肥推广中发挥着日益重要的作用。

## 四、主要经验

**1. "大配方、小调整"是配方肥推广的突破口** 虽然总结出了站企结合型、购销经营型、设点现配型三种不同的配方肥推广模式，但是由于配方多、规范化生产难，生产企业的积极性不高。"大配方"的制定发布，引起了肥料生产企业的高度关注，取得了较好的反响。按照公益性配方、规模化生产、市场化配肥的思路，进一步加强企业、农民和农机部门三者之间的衔接，落实合作的具体措施，努力推动配方肥推广工作。

**2. 建立健全示范体系是推动配方肥应用的重要方法** 建立健全县级万亩方，整乡、整村推进的配方肥示范体系，在效果表现的关键时期，组织农民观摩，使农民看有典型、学有榜样，能有效推动配方肥的应用。

**3. 搞好广泛联合是技术普及的关键** 搞好测土配方施肥技术普及工作，必须整合资源，形成工作合力，开展广泛的联合，建立合作机制。一是搞好与农村专业合作组织的联合。农村专业化合作组织是农技推广的一支活跃力量。部分项目县在测土配方施肥工作中，注重与果树、蔬菜、花卉等种植业协会搞好联合，效果较好。二是搞好与其他部门和基层组织的联合。部分项目县在横向联合和发动农村基层组织方面有很好的做法。如南郑县在县政府的协调下，县委宣传部、乡镇领导、经济发展办、配方肥生产营销企业等各方积极参与，形成了强大的工作合力。三是与种植大户搞好联合。种植大户是农民中对农业新技术较为敏感的群体。部分项目县首先选择相当数量的种植大户作为示范户，安排试验示范，对测土配方施肥技术推广工作起到了很好的示范带动作用。四是与其他项目结合。高产创建、旱作农业科技推广项目的实施中，由农业部门组织统一招标配方肥，实行配方肥补贴，推动了配方肥的应用和示范，也提升了项目的实施效果和效益。

**4. 实施量化考核是加强项目管理的重要措施** 项目实施农业县区全覆盖后，项目县数量多，管理难度加大，必须加强考核才能保证项目实施质量。实施数据上报量化考核，对各项目县数据上报时限、质量分项计分，每季度全省通报一次，考核结果与年终评选先进挂钩，有效扭转了数据上报拖拉、数据质量不高的问题。实施项目综合量化考核排序后，有效促进了工作落后项目县的工作改进。今后还将进一步细化任务考核指标，提升工作质量。

# 甘肃省测土配方施肥十五年总结

测土配方施肥项目自 2005 年试点起步以来，到 2009 年项目单位达到 79 个，覆盖了全省 86 个县级行政单位，2012 年开始转入常态化工作。经过十五年的技术推广，全省测土配方施肥技术入户率粮食作物达到 95.17%，肥料利用率由 2005 年的 27.4% 提高到 2020 年的 40.15%，化肥年施用总量增幅由 2005 年的 12.4% 下降到 2020 年的负增长，取得了较为显著的节本、增效效果。

## 一、测土配方施肥工作开展情况

**1. 土样采集与分析化验**　2017 年起中央财政实行"大专项＋任务清单"管理，将测土配方施肥、耕地质量提升、化肥减量增效、耕地质量监测与耕地质量调查评价五项工作整合到耕地质量提升大专项下实施。为此，2017—2019 年采取整合耕地质量调查监测与评价样点，合并测土配方施肥取土样点，利用国家和省级耕地质量长期定位监测点的原则，以全省耕地面积 8 115 万亩计，按照 1 万亩采集 1 个土样的方法，兼顾耕地土壤类型、气候条件、种植制度，按照省统一定位、各项目单位按"点"采样的方式，采集 34 个国家级和 500 个省级耕地质量长期定位监测点（包含 34 个国家级）、8 000 个测土配方施肥和耕地质量调查监测与评价样点（包含 500 个省级长期定位监测点），建立了覆盖全省 14 个市（州）、86 个县（市、区），涵盖全省所有耕地土壤土类、土属、土种的耕地质量调查监测与等级评价网络。同时，将部分样品外送到有资质的第三方检测机构进行分析化验，确保数据准确性。

**2. 田间肥料试验安排情况**　结合甘肃省测土配方施肥工作和化肥减量增效试点现状，为了尽快摸清经济作物需肥规律，加快建立经济作物施肥指标体系，连续多年将试验重点安排在当地主产（主栽）的经济作物上，其中每个项目单位安排肥料利用率试验 1 项次、"2＋X"田间肥效试验 2 项次、肥效校正试验 1 项次、中微量元素单因子肥效试验 1 项次。肥料利用率、中微量元素试验方案由省统一制定，校正试验、"2＋X"肥效试验按《测土配方施肥技术规范》要求执行。

**3. 多种形式开展技术服务**　不断完善手机短信个性化、"12316"共性技术推送等信息化模式，大力推广"千乡千店、一屏一机"掺混配方服务，及时发布肥料配方，鼓励引导肥料生产企业建立村级配方肥经销门店等多种方式促进测土配方施肥技术进村入户、配方肥下地。2019 年推广测土配方施肥技术 5 460 万亩，配方肥施用面积 2 310 万亩；推广有机肥、缓释肥、水溶性肥料、生物有机肥料等新型肥料 1 320 万亩，农作物肥料利用率提高 1.3 个百分点，达到 39.3％；全省测土配方施肥技术到户率粮食作物达到 95％；玉米、马铃薯化肥减量试点面积达到 422 万亩，其中果树 257 万亩、蔬菜 285 万亩。通过多种措施示范区粮食作物亩节省化肥 5.3 千克（实物，下同）、果树亩节省化肥 39 千克、蔬菜亩节省化肥 42 千克，年总减肥 2.23 万吨。2020 年在全省 68 个项目单位（覆盖 87 个县市区）推广测土配方施肥技术 5 520 万亩，超额完成计划任务；布设肥料田间试验 419 项次，示范推广配方肥施用面积 2 400 万亩、生物有机肥等新型肥料 1 150 万亩。

## 二、工作成效

**1. 化肥减量增效显著**　紧紧围绕测土配方施肥、耕地质量提升与化肥减量增效、有机肥替代化肥等重大项目的实施，化肥施用量逐年减少，肥料施用日趋科学合理。与2015 年相比，2016—2019 年全省累计减少化肥施用量（折纯）17.04 万吨，减幅 17.5％，年均减少 4.36％；2019 年比 2018 年化肥施用量（折纯）减少 2.32 万吨，减幅 2.78％。

2016—2020 年累计创建化肥减量增效示范县 55 个、取土化验 3.4 万个，田间试验 1 200 多个，测土配方施肥技术推广面积累计 2.12 亿亩以上，配方肥施用累计面积 9 000 万亩，推广有机肥替代化肥累计面积 60 万亩以上，化肥减量效果明显。

**2. 增强了农民科学施肥意识**　通过多层次、多形式的宣传培训，年培训县、乡、村农技人员和农民 16.1 万人次，发放宣传资料 10 万多份。累计新闻媒体报道 420 期次，营造了浓厚的氛围，确保了技术到位率，使人们了解测土配方施肥技术在耕地保护中的重要性，转变了农民的施肥观念，增强了农民的科学施肥意识。紧扣重点项目的实施，减少了化肥的用量，协调了土壤水肥气热关系，增强了耕地可持续发展潜力。

**3. 创新测土配方施肥技术推广模式**　总结经验，多措并举，广泛开展"按方施肥"工作。在继续推广"一卡两用"、逐户发放的基础上，在村社办公住地、村社肥料经销网点及村社小卖部醒目墙体上广泛开展"测土信息公告、施肥建议上墙"活动；充分利用取土化验、田间试验等阶段性成果，不断修订完善施肥参数，及时进行系统升级维护，不断扩大"触摸屏进店"活动范围；在春耕秋种等关键季节，及时向社会发布主栽作物肥料配方，确保施肥建议进村入户、按方施肥落实到田间地头。通过农企对接、手机短信个性化、"12316"共性技术推送、智能化配方站、"千乡千店、一屏一机"等服务，优选种植大户、专业合作社等新型经营主体，建立化肥减量增效典型示范样板田，补贴推广配方肥、缓释肥、水溶性肥料、有机肥料等新型肥料，带动全省化肥施用总量减少。

## 三、主要做法

**1. 合并项目整合资金开展综合点位监测**　采取多种项目合并采样的方法，将测土配方施肥、耕地质量调查监测与评价、国家和省级耕地质量长期定位监测土壤样品、项目经费整合，最大限度发挥资金作用，减轻了基层农技人员工作量，充分利用了不同项目分析化验数据，采样数量减少了，分析化验质量提高了，肩负任务更重了。

**2. 省里统一县级定点开展土壤样品采集**　样点由省里统一确定县级按"点"采集的方式采取。为了实现 1 个样点测土配方施肥和耕地质量调查监测与评价共同使用，2017 年开始利用测土配方施肥省级耕地地力评价图件等成果，以全省耕地面积 8 115 万亩计，按照 1 万亩采集 1 个土样的原则，由省站确定 8 000 个样点经纬度，并分解到各项目单位，各项目单位按省站统一下达的样点取样并分析化验。

**3. 因地制宜结合实际开展个性化田间试验**　2017—2019 年省里只安排试验数量，不再统一安排试验类型。具体试验由各项目单位根据当地农业生产需要、结合各自主产（主栽）的经济作物自行安排，试验的目的性、针对性更强，试验结果应用性更好。

**4. 开展社会化服务进行水肥技术托管**　随着土地流转步伐加快及农业适度规模经营的普及，农业生产过程中的社会化分工会越来越细，专业的公司做专业的事情是必然趋势。农业生产性社会化服务是促进农业绿色发展和资源可持续利用，帮助农业增效和农民增收，提升农业生产标准化、规模化、专业化水平的重要途径。而水肥技术托管对构建现代农业产业体系、生产体系、经营体系，推动现代农业全面升级，助力乡村振兴战略的实现都具有重要意义。

2018 年，张掖市甘州区依托耕地质量提升与化肥减量增效项目及旱作农业技术（水肥一体化）推广项目，实施了绿色农业发展水肥技术托管服务试点，托管服务面积 800 亩。作物为制种玉米，项目区位于甘州区中种国际制种玉米生产基地，3 家肥料生产或销售企业作为托管方，对基地制种玉米进行了全程水肥技术托管服务。经过一年的实施该项目取得了良好的经济、社会和生态效益。2020 年结合化肥减量增效项目，安排 6 个县 120 万元开展土肥水技术托管社会化服务工作。

**5. 突出重点开展观摩指导，确保宣传培训到位**　紧抓农业节水、耕地质量提升、化肥减量增效三大行动，结合"甘肃灌区节水减肥示范区建设"专家论坛，充分展示土壤改良、高效节水和化肥减量的实施效果。在化肥减量增效项目实施过程中，结合物资发放工作，狠抓技术指导培训工作，编印并发放简明易懂技术明白纸，逐村开展技术宣讲，达到了采购物资、培训资料、技术宣讲同时进村入户。

# 青海省测土配方施肥十五年总结

## 一、基本情况

实施测土配方施肥项目工作十五年来，青海省围绕"五个环节、十一项工作"，积极探索，扎实推进，在管理制度、工作机制、技术体系、推广服务、队伍建设等方面开展了大量富有成效的工作，确保了项目顺利实施，促进了科学施肥水平的全面提高。青海省测土配方施肥补贴项目从 2006 年开始实施，全省共有 22 个县（市、区）和 2 个项目单位在实施，其中：2006 年有 2 个县（大通回族土族自治县、乐都县）实施，2007 年新增 9 个县（湟中县、互助土族自治县、民和回族土族自治县、化隆回族自治县、门源回族自治县、湟源县、平安县、贵德县、共和县），2008 年新增 11 个县、市、区（贵南县、都兰县、同德县、同仁县、循化撒拉族自治县、西宁市城北区、尖扎县、德令哈市、乌兰县、兴海县、格尔木市），2009 年新增 2 个项目单位（玉树藏族自治州农业技术推广站、海北藏族自治州农业技术推广站）。2009 年开始在全省 24 个项目单位实施，覆盖率达 90%。十五年来全省累计推广测土配方施肥技术 9 180.5 万亩次，每年为 50 万农户提供测土配方施肥服务。

## 二、重点工作

**1. 野外调查与土样采集**　各项目县（市、区）合理布局土壤采样点，并进行 GPS 定位，按《测土配方施肥技术规范》要求进行典型农户调查、资料收集整理，并建立样品采集档案，至 2020 年底共采集土壤样品 13.8 万个，采集植物样品 1.01 万个，农户调查 1.65 万户。

**2. 样品化验分析**　对于采集的土壤样品和植株样品，按相关技术规范的要求进行养分测试。十五年来共测试土壤样品 112 万项次，植物样品 3.03 万项次，为合理制定肥料配方和田间试验提供了基础数据。

**3. 布置田间试验** 每年在青海省的灌溉水地、干旱山地、高寒山地的不同肥力水平土壤上，在小麦、油菜、马铃薯、蚕豆、蔬菜等作物上安排肥效试验，十五年来共安排各类肥效试验 3 232 个，初步得出全省土壤养分校正系数、土壤供肥量、各作物需肥规律和肥料利用率等基本参数，为作物施肥指标体系的建立奠定基础。

**4. 发放施肥建议卡，开展施肥技术指导** 根据土壤分析测试结果、田间试验结果、生态类型、气候条件、土壤类型、作物种类、产量水平等，合理划分施肥分区，制定各作物肥料配方和施肥建议卡，并发放到农户，全省共发放施肥建议卡 602 万份。技术人员进村入户，深入田间地头，开展测土配方施肥技术指导，施肥技术入户率达 90% 以上。

**5. 配方研制及配方肥推广** 组织专家技术组，汇总分析土壤测试和田间试验数据结果，根据气候、地貌、土壤类型、作物品种、耕作制度等差异，在灌溉水地、干旱山地、高寒山地三个施肥类型区，制定肥料配方共 116 个。采用配方建议卡、生产配方肥两种方式相结合的模式，向农户配制、供应配方肥，指导农户配肥，扩大配方肥施用面积。项目实施以来累计施用各类作物配方肥 2 682.7 万亩。

**6. 建立项目示范田** 为了全面展示测土配方施肥技术效果，各项目县分区域、分作物建立测土配方施肥示范区，累计建立示范面积达到 621.56 万亩。

**7. 积极开展耕地地力评价工作** 24 个项目实施单位均已完成耕地地力评价工作。

**8. 加强化验室建设** 一是项目县对化验室进行改造，建立了样品处理室、样品保存室、天平室、电热室、分析室、浸体室、贮藏室等；二是补充完善化验仪器设备，设备实行政府采购，配备了原子吸收分光光度计、火焰光度计、紫外-可见分光光度计、定氮仪、酸度计、电导仪、超纯水器、样品粉碎机、振荡机、电热干燥箱、电子天平等仪器设备；三是配备化验技术人员并进行技术培训。

**9. 建立测土配方施肥数据库和测土配方施肥专家施肥系统** 在 24 个项目单位建立了测土配方施肥数据管理系统，数据库在进一步完善中。同时，建立了测土配方施肥专家施肥推荐系统。

## 三、主要技术成果

**1. 通过农户调查研究明确了施肥现状及问题** 全省累计调查农户总数 50 万户。根据获取的调查数据，了解了不同区域、不同作物及不同灌溉条件下农民习惯施肥的种类、施肥水平、施肥方式等，并分析了农民习惯施肥方面存在的问题，为研制施肥配方、指导农民施肥提供了科学依据。

**2. 摸清了全省耕地土壤养分状况，建立了耕地资源管理信息系统** 通过调查，基本摸清了全省农业生产的施肥状况，找出了存在问题。通过检测，明确了耕地土壤养分现状及空间分布，建立了青海省土壤养分数据库，统计分析了土壤各种养分的最大值、最小值、平均值和不同分级标准下的分布频率，应用 GIS 等技术由土壤养分点位图生成土壤养分分布图。纵向对比分析了全省耕地土壤耕层（0~20 厘米）养分的变化趋势及变化原因。在川水地区土壤有机质和全氮含量基本与第二次普查结果持平，在脑山地区、浅山地区土壤有机质和全氮含量较第二次普查结果有所下降；速效氮、有效磷含量均较第二次普查结果有所提高，尤其川水地区保护地蔬菜有效磷含量大幅度提高，速效钾含量下降，土壤肥力呈下降趋势。利用调查成果，建立了县域耕地资源管理信息系统，实现了土壤养分基础信息数字化管理。为耕地地力评价、改土培肥、种植业结构调整、作物推荐施肥、制定区域性的施肥配方奠定了基础。

**3. 提出了不同地区不同作物测土配方施肥建议用量**　肥料配方的制定首先是确定氮、磷、钾养分的用量，然后确定相应的肥料组合，肥料用量的确定方法主要采用地力分区法、目标产量法和效应函数法。地力分区法使用最多，按土壤肥力水平分为若干等级，将肥力均等的田块作为一个配方区，利用区域的大量土壤养分测试结果和已经取得的田间试验成果，结合专家和群众的实践经验，计算出配方区内比较适宜的肥料种类和施用量。

**4. 建立了土壤有机质、大量元素的丰缺指标**　通过全省的土壤养分分析检测和耕地养分等级的确定，青海省土壤有机质和大量元素30%～40%处于中等地力水平，pH大部分集中在7.5～8.5，低碱性土壤面积占总耕地面积的86.7%，中碱性耕地面积占7.8%，强碱性耕地面积占5.4%；耕地养分面积排序为中等水平面积＞较高水平面积＞较低水平面积＞高水平面积＞低水平面积＞极高水平面积。

**5. 修订完善了土壤养分的分级标准**　根据742个"3414"试验结果，建立了土壤有机质、全氮、有效磷、速效钾的丰缺指标，修订完善了土壤养分分级标准。

**6. 分析汇总了作物养分吸收规律**　通过"3414"试验与土壤和植株养分氮、磷、钾测定，汇总得出不同地区、不同作物、不同产量的百千克籽粒吸收氮、磷、钾的量。

**7. 研制并生产配方肥**　针对企业规模化生产与配方肥区域化需求的矛盾，采取区域大配方与局部小调整相结合的办法，适度减少配方数量，促进企业按方生产供肥，努力扩大配方肥应用范围。项目实施以来全省共公布了17个肥料配方，为适应肥料企业的生产和尽量满足作物的生长需要，涉及小麦、油菜、马铃薯、玉米、豆类、蔬菜等作物。每种配方都在特定区域开展了田间肥效校正试验，进行了配方施肥增产效果分析，为补充完善配方提供科学依据。项目组根据配方、原料及企业生产工艺，确定了配方肥生产企业，制定了主要作物的配方肥标准。依托体系的职能，严把生产企业关、配方肥质量关、销售网络关、技术指导关，做好技术服务。

**8. 主要技术模式**

（1）川水地区小麦稳磷、增钾、分次施氮技术模式　对川水地区小麦进行技术模式研究，土壤养分不足严重抑制小麦产量，提出磷钾肥足量基施、分次追施氮肥的施肥技术，苗期氮肥需要量仅占总氮量的3%，第一次追肥在3叶期或3叶1心时进行，且要重施，占追肥的2/3，提高分蘖成穗率，促壮苗早发。其余1/3在拔节期追施，追施氮肥总量7.5千克/亩。

（2）浅山地区马铃薯高产补钾施肥模式　根据马铃薯生育期对养分的吸收规律，提出"前促、中控、后保"的施肥原则，马铃薯生长需要的养分较多，对钾肥的需求更为突出，充足的钾营养能促进淀粉合成，对块茎膨大有明显的效果，旱地马铃薯增施钾肥，最高增产达到25%。马铃薯开花后，主要以叶面喷施方式追施磷、钾肥，每隔8～15天叶面喷施0.3%～9.5%磷酸二氢钾溶液750千克/公顷，连续2～3次。

（3）蚕豆减氮、补微肥施肥技术模式　针对不同类型蚕豆品种的养分吸收特点，合理配施有机肥、氮磷钾肥，增施钙、硼、钼等中微量元素，制定不同生态区蚕豆配方施肥技术要点，制定缓控释尿素与速效化学氮肥配施技术要点，采取蚕豆覆膜区播种前一次性施肥技术，减少氮肥损失，提高氮肥利用率。

（4）旱地春油菜垄膜沟植平衡施肥技术模式　根据旱地气候条件，选用厚度抗拉性强的聚乙烯塑料薄膜，宽幅 40 厘米，起垄种植，减少杂草危害，增强保温、保湿功能，提高旱地春油菜种植水分利用率，确定垄膜沟植栽培方法下氮、磷、钾养分的施用量，示范区春油菜产量由 3 210 千克/公顷提高到 3 980 千克/公顷，产量提高 19.3%，氮、磷、钾利用率提高 4~7 个百分点，解决了旱地春油菜水分利用和肥料平衡投入问题。

## 四、主要工作成效

**1. 增产效果明显**　通过多年的连续测产，实施项目的 24 个县（市、州）各类作物增产增收明显，其中小麦亩增产 6~19 千克、油菜亩增产 6~14 千克、马铃薯亩增产 44~86 千克、豆类亩增产 9~15 千克、其他作物亩增产 24~59 千克。

**2. 社会生态效益显著**

（1）提高了农民的科学施肥意识　通过为项目区农民免费测土、发放施肥建议卡、开展技术指导和各种形式的宣传培训，农民传统的施肥观念发生了改变，提高了科学施肥的意识，减少了盲目施肥和过量施肥的现象。据对项目区大通、平安、乐都、门源、都兰、贵德、化隆和同德 384 户农民的抽样调查，90% 以上的农户知道测土配方施肥项目，其中大通、乐都、平安、贵德达到 100%，配方卡的入户率为 100%。有 78% 的农户是通过参加技术培训、配方卡和其他媒体宣传形式了解配方施肥项目的，有 14% 的农户是通过使用配方肥了解。80% 以上的农户能够看懂配方卡，并可按配方卡进行施肥。

（2）提高了土肥测试能力和服务水平　通过项目的实施，项目县改造土肥化验室，添置仪器设备，完善设施条件，强化公益性职能，稳定了技术队伍，提高了测试能力和测试水平。同时提高了专业技术人员的业务水平，培养了一批技术能力强的土肥队伍。

（3）调整了肥料结构　青海省的肥料施用品种以磷酸二铵和尿素为主，其他肥料用量很少，土壤养分处于不平衡状态。通过开展测土配方施肥，结合各地土壤实际状况，对不同地区的氮、磷、钾施用比例进行调整，适当增施微量元素肥料，肥料施用品种也由单质肥料向高浓度肥料、长效肥料和多元肥料转变。有机肥、配方肥施用量增加，施肥比例趋于平衡。

（4）营造了科学施肥良好氛围　通过测土配方施肥工作的开展，农业部门广泛深入宣传测土配方施肥，形成了全社会关心、支持、参与、推动科学施肥的良好氛围，行政、科研、推广、企业和农民密切配合，上下联动、左右协同，促进了以政府为主导、科研为基础、推广为纽带、企业为主体、农民为对象的科学施肥体系的建立。农民真切地感受到测土配方施肥带来的效益，学技术、用技术的热情和积极性空前高涨，有力地促进了农业科技的推广与普及。

**3. 建立健全了测土配方施肥技术体系**　通过测土配方施肥项目的实施，进一步建立健全了青海省化验、试验、示范、推广和培训为一体的土肥技术服务体系，改善了基础设施，增加了固定资产，锻炼了一批既能测试分析又能田间操作的土肥技术队伍，培训了一批学技术、懂技术的科学种田能手。在全省 24 个项目实施单位建起了化验室，项目县化验室累计面积达 4 000 多米$^2$，为各县化验室配备大中型仪器设备 1 000 多台（套）。

**4. 建立了主要作物施肥指标体系**　通过汇总分析田间试验数据资料，提出主要作物施肥技术参数，建立施肥模型，修订土壤丰缺指标，提出主要作物推荐施肥方案，并对相关技术指标和推荐施肥方案进行田间校验，使不同地区、不同作物的最高产量施肥量与最佳施肥量不断得到完善。

**5. 摸清了土壤养分状况及变化趋势**　通过对项目实施以来的土壤养分测定结果分析，并与第二次土壤普查结果进行比较，川水地区土壤有机质和全氮含量与第二次普查结果基本持平，脑山地区、浅山地区土壤有机质和全氮含量较第二次普查结果有所下降；速效氮、有效磷含量较第二次普查结果有所提高，尤其是川水地区蔬菜保护地的有效磷含量大幅提高，速效钾含量下降，土壤肥力呈下降趋势。

**6. 加快了配方肥的研制与应用**　通过项目实施，在川、浅、脑等不同生态区域、不同作物、不同土壤类型条件下，测土配方施肥技术的肥料利用率比农民习惯施肥明显提高。同时改良了土壤结构，提高了农产品质量。小麦、油菜、青稞等作物通过增肥、调肥达到增产，马铃薯、蔬菜等作物通过减肥、调肥达到增产、增收。根据不同地区施肥习惯的不同，除推荐配方肥外，各县还提出了尿素＋磷酸二铵＋硫酸钾、尿素＋普通过磷酸钙＋硫酸钾、碳酸氢铵＋普通过磷酸钙＋硫酸钾等不同肥料种类搭配的施肥方案，农户可根据自己的实际情况选择不同的配方。

# 五、主要做法

**1. 突出五个加强**

（1）加强项目管理　由省财政厅和农业农村厅共同组织实施，成立项目领导小组、技术组和实施组。项目领导小组负责项目的管理、协调、督查，下设青海省测土配方施肥办公室，办公室设在青海省农业技术推广总站，负责制定《青海省测土配方施肥工作方案》，对测土配方施肥项目进行安排。省级成立项目技术组，技术组由省农业技术推广总站、青海大学农牧学院、省农林科学院和有关县专家组成，负责项目技术的指导、培训、研究、开发。实施组负责项目的具体实施。各项目县成立由主管农业领导任组长、有关部门负责人为成员的测土配方施肥领导小组，项目县也成立技术指导小组，负责本县的技术指导和培训，形成政府组织领导、农业部门牵头落实、专家技术指导的项目组织保障系统，确保工作落到实处。

项目实行合同管理和法人负责制，省农业农村厅与农业农村部签订部级合同，并与各项目县签订省级合同。各项目县采取定人员、定任务、定指标、定措施的承包责任制。各项目县按照项目合同规定的内容和期限完成任务，项目县农业（农牧）局法定代表人对项目实施完成质量和资金管理负总责。同时，技术人员深入基层、田间地头进行技术指导，确保了各项技术落实到位。

制定了青海省测土配方施肥项目仪器设备招标、投标管理实施细则，对项目所需的仪器设备采用招投标制；制定了青海省测土配方施肥补贴项目化验室建设的实施意见，项目所采购的各项仪器设备由项目县农业技术推广中心管理和使用。

建立项目档案。项目已建立了野外调查、农户施肥情况调查、土样采集、化验、施肥观测点、试验、示范、配方设计等项目档案，收集了项目区的相关技术资料，为建立测土配方施肥技术数据库积累了资料。

加强项目的督促和检查。由项目领导小组、项目专家技术组、财务人员组成监督检查组，对项目县的实施情况进行检查，对项目管理、资金管理、执行情况、农户评价进行综合评定，同时帮助项目县解决实施中存在的技术难题。省农业农村厅下发了《关于开展测土配方施肥补贴项目督促检查工作的通知》，使测土配方施肥督促检查工作落到实处。

（2）加强示范县建设　大通县是测土配方施肥普及示范县，除了进一步完善施肥指标体系、扩大涵盖作物、强化科学施肥服务外，村村举办培训班，每年建立定地、定时、定作物、定化肥量的大面积示范区，村级示范方，并针对不同生态区及不同种植作物制定施肥配方，发放测土配方施肥建议卡，推广使用配方肥，力争做到施肥数量准确、施肥结构合理、施肥时期适宜、施肥方法恰当，减少过量施肥和不合理施肥。

（3）加强宣传　一是与省广播电台、省电视台合作，开办科技讲座和科技之窗栏目。二是与省广播电台、省电视台合作，拍摄专题片和新闻报道。三是在《青海农林科技》《青海农牧信息》《青海农技推广》等杂志上，介绍测土配方施肥技术、常用肥料品种及施用方法，刊登部分项目县好的经验和做法及试验论文。四是通过电视、广播、科普宣传车、墙体广告、科普活动日、集市、冬季培训、田间地头、现场会、观摩会等多种形式宣传培训。

（4）加强技术培训　省农业技术推广总站举办各类培训班，邀请省外和青海大学农牧学院、省农林科学院土肥所等专家对测土配方施肥技术进行系统讲解，同时对化验室的技术人员进行培训，各项目县也开展了不同层次、不同方式的培训，并加强农民的田间实地培训。通过举办农民田间学校和开展田间巡回指导，根据农民需求，突出田间实际操作技能和肥水管理技术培训，开展现场指导服务，让农民易学易懂易操作，增强农民的实际操作能力。另外，还编制各类培训教材。

（5）加强协作攻关　一是加强农业技术推广部门与省级教学和科研部门的协作。省农业技术推广总站与青海大学农牧学院、省农林科学院土肥所携手，通过专家技术组的调研、研发和指导，解决实际中存在的问题。青海大学农牧学院、省农林科学院土肥所还承担了20个项目县100多人化验室专业技术人员的培训和项目县土壤样品、植株样品的化验工作。二是省、县农技推广部门的协作。项目实施县（市）农业技术推广中心（站）、省农业技术推广总站的技术人员，共同制定项目实施方案、项目技术方案。在项目实施中，省农业技术推广总站主要负责项目的培训、指导、监督等工作，项目县具体负责项目的实施，共同解决技术难题。

**2. 强化"五个结合"**

（1）测土配方施肥项目与省级现代农业、高产创建、蔬菜示范园建设、"一村一品"等项目相结合　在项目的实施过程中，把测土配方施肥技术作为农业的主导技术来推广，扩大应用范围，从粮食作物扩大到蔬菜等经济作物上。

（2）测土配方施肥项目与新型农民培训和科技进村入户工程相结合　结合新型农民培训和农业行业技能鉴定培训、农资营销员等不同类型的培训，将测土配方施肥知识作为主要的农业增产技术进行讲解，同时结合科技进村入户工程将测土配方施肥知识带到千家万户，多渠道宣传培训农民，让农民了解测土配方施肥技术，为测土配方施肥技术的顺利实施提供了保障。

（3）项目资料收集整理与野外定点采样调查相结合、典型农户调查与随机抽样调查相结合　收集了各县第二次土壤普查区划报告，通过野外调查和典型农户调查，初步掌握了耕地地力条件、土壤理化性状与施肥管理水平。

（4）点面结合　在项目实施中，注重发挥示范区的示范带动作用，全省累计建立示范区面积621.56万亩。采取了发施肥建议卡、配方肥示范推广和配套各项综合技术等措施，推动项目的实施。

（5）农技推广部门与配肥企业相结合、技术与资金优势互补，促进测土配方施肥技术转化　专用配方肥由省级专家技术组根据不同区域、不同土壤类型、不同作物提出配方，生产企业严格按照配方生产配方肥，由推广部门和企业共同销售。各级推广部门对配方肥的施用效果进行跟踪调查，发现问题及时解决。肥料企业也积极参加宣传培训工作，由农业技术人员对基层肥料营销人员进行培训，提高营销人员的综合素质。

## 六、主要经验

**1. 实现了五个统一**　即统一制定配方、统一生产、统一供肥、统一抽检、统一印制测土配方施肥建议卡。

**2. 实现了四定**　即定企业、定销售区域、定价格、定技术人员。

**3. 强化了"三个结合"**　即农技推广部门与配肥企业相结合、技术与资金优势互补，促进测土配方施肥技术转化；测土配方施肥技术与农业生产相结合，通过培训指导，使配方肥入户到田，促进测土配方施肥技术应用；测土配方施肥与新型农民培训和科技进村入户工程相结合。

# 宁夏回族自治区测土配方施肥十五年总结

自2005年实施以来，以提高农户科学施肥水平和耕地综合生产能力为目标，围绕粮食生产功能区、重要农产品生产保护区及入黄十二条排水沟周边进行合理布局，紧紧依托服务经营主体，围绕"测、配、产、供、施"五个中心环节，大力推广测土配方施肥技术，全面完成了项目建设各项目标任务。

## 一、开展的重点工作

**1. 扎实开展基础工作，强化技术支撑**　2005年以来，全区共采集土壤样品147 263个、植株样品2 964个，土壤分析化验125.1万项次，其中常规7项加全盐117.8万项次，中微量元素 7.29 万项次。按照农业农村部测土配方施肥技术规范要求，全面完成测试任务，为掌握土壤肥力状况、完善县域耕地资源管理信息系统、开展全区耕地质量评价奠定了基础。开展施肥现状农户调查 22 762 户，准确掌握全区各类作物施肥现状，推进测土配方施肥基础工作；共完成田间肥效试验 4 221 个，为不断补充完善全区主要作物施肥指标，探索新型肥料应用技术和机械施肥技术提供依据。

**2. 科学制定配方，力推配方肥下地**　十五年来，以大配方为基础、以田间校正试验为依据，全区统一制定大配方 697 个，提出田块个性化配方 36.2 万个，制定区域小配方 4 895 个，共开发研制 11 种作物 73 种专用配方肥，通过田间校正试验 1 771 个。通过多年持续推进，自治区配方肥配方制定由最初单一的作物专用性向区域性和作物专用性二者兼备发展，由无机肥料配方向无机有机肥料配方发展，使配方肥针对性更强。累计推广配方肥 84.5 万吨，配方肥施用面积 3 378 万亩。

**3. 建立测土配方施肥技术指标体系**　针对灌溉农田的"肥"和旱作农田的"水"这两个决定作物产量的"短板"，结合多年田间肥效试验结果及耕地氮、磷、钾及微量元素含量现状，将作物、土壤作为一个系统来考虑，因地制宜建立了具有宁夏特色的"作物-土壤"整体系统的养分平衡理论，明确了施肥的目的是同时满足作物生长和维护土壤肥力对养分的平衡需求，确定灌溉农田的测土配方施肥技术路线为"以土定产、以产定肥、以肥保产"，旱作区农田的测土配方施肥技术路线为"以土定产、以水定肥、以肥保产"。氮肥推荐施肥量采用目标产量平衡系数法，磷、钾肥推荐施肥量采用目标产量平衡系数法、土壤养分丰缺指标法和经验函数法，中微量元素肥料施用量推荐因缺补缺的方法。不同区域提出针对性施肥建议：自流灌区控氮减磷针对性补钾，中部干旱带增氮补磷针对性补钾，南部山区增氮补磷一般不施钾。十五年来，印发测土配方施肥建议手册近 15 万册，各县（市、区）发放 556.45 万份，测土配方施肥推广面积由 2005 年的 30 万亩增加到 2020 年的 1 033.24 万亩。

**4. 狠抓示范区建设，确保技术落地**　十五年来，通过建立核心示范区，示范展示测土配方施肥技术面积 981.34 万亩，示范区集高产优质作物品种、测土配方施肥技术、高产栽培技术、规范田间管理等为一体，示范区均落实了包片指导专家、科技示范户、示范对比田、醒目标示牌，充分展示高产高效技术示范带动作用，带动全区累计推广测土配方施肥技术 12 223.02 万亩，其中粮食作物 11 906.02 万亩、经济作物 317 万亩。项目区核心示范区测土配方施肥技术覆盖率 95% 以上，确保测土配方施肥技术落实到田。

**5. 加强数据库建设，扎实推进耕地质量评价**　全区开展了大规模的耕地土壤田间调查与采样工作，2010 年底全区 22 个县（市、区）和 14 个国有农垦农场的属性数据库全部完成自治区级审核。在此基础上启动了第二轮耕地地力评价工作，通过构建耕地地力评价层次分析模型将宁夏全区耕地划分为 133 408 个耕地评价单元，将宁夏耕地地力划分为 10 个等级。2015 年以后，开展了新一轮耕地质量评价，依据《耕地质量等级》国家标准，在上一轮耕地地力评价关注耕地自然属性和生产能力的基础上，同时关注耕地健康质量和生态环境质量，将全区 1 938 万亩耕地质量划分为 10 个等级，全区耕地质量平均等级为 6.85 等；其中北部引黄灌区 658 万亩耕地质量平均等级为 4.86 等、南部旱作农业区 1 280 万亩耕地质量平均等级为 7.97 等。

**6. 开发研制示范推广专家推荐施肥决策系统**　在建立完善的测土配方施肥指标体系的基础上，2007年自主开发研制了自治区测土配方施肥专家推荐施肥决策系统，实现了计算机指导施肥的新突破。2008年全区各县广泛应用自治区测土配方施肥专家推荐施肥系统，使测土配方施肥工作进入专家化、信息化层面。通过推广应用自治区测土配方施肥专家推荐施肥系统，即时、高效地为农民进行不同区域和地块养分现状查询和施肥技术指导服务。根据农民提供的产量目标和测土结果现场打印施肥建议卡，实现了电脑专家开"处方"、土地吃"套餐"、计算机指导施肥的新突破，十五年来通过计算机指导施肥面积750万亩以上。

**7. 落实触摸屏进村，强化技术服务手段**　2008年开发了"宁夏农作物施肥决策触摸屏系统"，到2015年实现了全区24个项目单位覆盖全区60个乡（镇），建立超过100个"农作物专家施肥决策智能化系统"触摸屏进乡进村，12个项目县开发了测土配方施肥手机信息服务终端，方便为农户提供地力查询、施肥推荐和技术指导服务，初步实现主要粮食作物小麦、玉米、水稻、马铃薯手机在线查询推荐和手机远程定位及信息推送，大幅度提升了技术传播效率、提高了技术服务覆盖面和针对性，帮助越来越多的农户获得了量身打造的信息服务，将科学施肥工作引向深入。

**8. 利用智能信息手段，推进科学施肥到田服务**　为适应新形势下为农服务新挑战，用计算机信息技术和现代网络信息工具。构建了面向全区多级用户的多端一体化云平台——宁夏农技云平台，连接全区建立的112个智能化配肥服务网点，借助测土配方施肥手机App、微信公众号等移动服务端，各经营网点的触摸屏查询端实现和小型配肥站信息互联互通，农户实现远程地力查询和配方推荐，配肥站按农户配方需求提供个性化配方肥生产和配送服务，为经营主体和种植大户提供"产需有对接，农企有合作"的全方位科学施肥技术指导服务。十五年来，累计推广配方肥84.462万吨，配方肥应用面积3 378万亩，智能化配肥配送7.05万吨，智能化配肥应用面积175.85万亩，推进了施肥技术服务多样化，实现了农户施肥结构优化和施肥方式转变。

**9. 强化宣传培训，提高科学施肥技术影响力**　全区举办自治区、县、乡镇及村级测土配方施肥技术培训班19 352期，培训技术骨干63 149人次，培训农民625.14万人次，培训营销人员27 977人次，印制发放培训资料689.68万份，印发施肥建议卡556.45万份，广播电视宣传报道2 521次，发布报刊简报1 514次，刷写墙体标语20 233条，网络宣传报道396次，科技赶集宣传3 816次，召开各种现场观摩会1 231次。

## 二、资金使用管理情况

2005—2020年各级财政专项共投入13 465万元，其中中央财政资金11 383万元、自治区财政配套资金2 082万元，资金使用率达98.68%，未使用完的资金主要用于2020年后续扫尾工作。

各县市严格按照《测土配方施肥试点补贴资金管理暂行办法》要求，依据专项资金管理办法，做到专款专用。在管理上，自治区实行合同管理，建立定期检查制度，要求项目县合理安排资金支出，完成年度财务决算及审核报告。

## 三、取得的成效

**1. 促进了农民增产增效** 十五年来，全自治区累计推广测土配方施肥面积 12 223.02 万亩，其中粮食作物 11 906.02 万亩、经济作物 317 万亩。与习惯施肥相比，粮食作物亩均增产 19.3 千克，亩均增收 40.5 元（粮食单价按 2.1 元/千克）；经济作物亩均增产 181.6 千克，亩均增收 544.8 元/亩（蔬菜单价按 3.0 元/千克）。总计增产粮食 229.8 万吨、瓜菜 57.6 万吨，增收 65.5 亿元。粮食作物亩均节肥 1.2 千克，总节肥 14.28 万吨，总节本 6.9 亿元。

**2. 促进了施肥结构改变** 一是基本改变了过去偏施化肥的习惯，增加了有机肥施用量，实现了有机肥与无机肥相结合，有机肥应用面积由 2015 年的 8.4 万亩增加到 2020 年的 609 万亩。二是改变了过去长期以来以施用单质化肥为主的习惯，调整到以施用配方肥为主。由自治区配方肥定点生产企业生产的 73 种专用配方肥供不应求，十五年来累计推广配方肥 84.46 万吨，配方肥应用数量逐年上升。三是主要粮食作物氮肥、磷肥用量明显降低，氮肥施用量从 2013 年最高峰值 55.9 万吨减少到 2019 年的 51 万吨，降低 8.77％；磷肥施用量由 2013 年的 24.3 万吨降低到 2019 年的 23.0 万吨，降低 5.7％。四是肥料施用结构趋于合理，区域配方更加规范。自流灌区控氮减磷针对性补钾，中部干旱带增氮补磷针对性补钾，南部山区增氮补磷一般不施钾。

**3. 减少了农业面源污染** 一是通过测土配方施肥，调整了氮、磷、钾三要素施用比例，灌区氮肥和磷肥用量明显降低，提高了化肥利用率，相应减少了因过量或盲目施用化肥造成的养分流失，减少了对地表水和地下水的污染。十五年来减施化肥总量 14.28 万吨，有效降低了自治区农业面源污染。二是通过大面积推广施用以农作物秸秆为主的有机肥料，实现了农业废弃物的再利用，提高了秸秆利用率，项目区杜绝了田间地头焚烧秸秆的现象，减少了农业废弃物对环境的污染。三是通过推广测土配方施肥，农作物生长健壮，增强了抵抗病虫害的能力，一般农药施用量减少 15％以上，有效控制了农业面源污染。

**4. 改变了农民传统施肥习惯** 一是农民种粮只施化肥的习惯改为有机无机相结合方式。随着种植结构调整，农民多在设施蔬菜上施用有机肥，对粮食作物有机肥的投入有所下降。通过不同肥力水平校正试验对比分析，农民认识到有机肥培肥改良土壤的作用，项目区"卫生田"面积减少，增施有机肥面积增长势头强劲，亩均施用有机肥的数量也有所增加，2020 年项目区有机肥亩均施用量 175.67 千克，其中小麦亩均施用有机肥 100 千克、玉米亩均施用有机肥 154.3 千克、水稻亩均施用有机肥 222.0 千克、杂粮亩均施用有机肥 82.2 千克、蔬菜亩均施用有机肥 395.8 千克。二是农民盲目施肥改为按方施肥。随着测土配方施肥项目逐渐深入，农民"按方施肥"，因土施肥、因作物施肥、因产量施肥、施配方肥的主动性和积极性越来越高。

## 四、主要做法

**1. 加强组织领导，强化责任意识** 按照"政府主导、部门主推、统筹协调、合力推进"的原则，成立了以分管副厅长为组长，种植业管理处、规划财务处、农业技术推广总站等单位负责人为成员的项目协调工作领导小组，负责制定项目实施方案，开展监督检查和绩效目标考核评价等项目管理；宁夏农技推广总站成立了由站长任组长、主管站长任副组长的技术小组，技术小组负责全区测土配方施肥工作的具体实施、技术指导、检查监督落实。各相关县（市、区）成立项目实施领导小组，细化实化实施方案，负责项目具体实施工作，构建上下联动、共同推进的工作机制。

**2. 强化基础工作，狠抓示范区建设**　多年来不间断抓田间调查、取土化验、田间试验等基础性工作，不断探索肥料新配方、施肥新方式，完善肥料配方制定和发布机制，不断提高科学性和适用性。十五年来，全区共采集土壤样品 147 263 个、植株样品 2 964 个，分析化验 127.8 万项次，开展施肥现状农户调查 22 762 户，共完成田间肥效试验4 221 个，为不断补充完善全区主要作物施肥指标、探索新型肥料施用技术和机械施肥技术提供依据。为充分展示示范带动作用，树立科学施肥样板窗口活教材，2015 年以来共建立核心示范区 1 606 个，示范面积 981.34 万亩，示范区集高产优质作物品种、测土配方施肥技术、高产栽培技术、规范田间管理等为一体，示范区均落实了包片指导专家、科技示范户、示范对比田、醒目标示牌，充分展示高产高效技术示范带动作用。

**3. 加强检查督导，狠抓任务落实**　为抓好各环节的落实，逐项逐条分解任务，落实措施，各地成立了测土配方施肥工作领导小组和技术专家组，围绕"测土、配方、生产、供肥、施肥指导"等各环节，逐项逐条分解任务落实措施，积极开展技术指导和培训、包点指导和检查督导。强化项目管理，对项目实施情况进行自查和督导检查，确保资金使用和账目符合要求、技术操作规范、目标任务按时完成。同时，加强肥料监督管理，严格规范肥料登记，组织肥料质量抽查，特别是配方肥的质量抽查。积极开展肥料主推，指导农民购买优质肥。使测土配方施肥项目实施全过程有合同约束、有检查督导、有咨询指导、有经验交流、有总结评比，确保各项措施落到实处。

**4. 强化宣传培训，营造舆论氛围**　一是通过出版《宁夏测土配方施肥技术》等相关书籍，扩大测土配方施肥的影响力；二是印发《测土配方施肥技术 116 例》及测土配方施肥建议卡等技术资料 556.45 万册，为各项目县宣传普及测土配方施肥技术提供了有力的技术支撑；三是组织专家对各项目单位进行面对面现场培训和技术指导，十五年来培训技术骨干 63 149 人次、农民 625.14 万人次、营销人员 27 977 人次，扩大测土配方施肥的受众群体；四是通过各种新闻媒体、宣传报道、报刊简报、互联网、现场观摩会等形式，营造测土配方施肥技术推广的良好氛围，如平罗县的"农民天地"、贺兰县的"农科新天地"、吴忠市的"专题报道"、中卫市的"新闻视点"等专题节目，盐池县将施肥建议卡制成门帘和被单，使农民亲眼看到测土配方施肥的增产效果，让农民真切地感受到测土配方施肥带来的效益。

**5. 利用现代智能信息手段，创新科学施肥技术传播方式**　2005 年实施测土配方施肥项目以来，陆续开发了宁夏测土配方施肥专家决策智能化系统、公众版测土配方施肥专家决策系统、测土配方施肥手机 App 无图模式和有图模式、测土配方施肥微信公众平台、智能配肥机管理系统等 8 个子系统，2019 年充分利用现代智能信息技术，采用"5＋2"的体系架构，以 B/S 为主要技术框架，集成 GIS 技术、WEB Service 技术、移动互联网、云计算、大数据分析、物联网等多种技术手段整合 8 个子系统，集成组建宁夏全域多端一体化测土配方施肥云平台，以互联网浏览器、智能手机、触摸屏、微信公众号为载体，通过"四位一体"的管理模式实现各终端应用向小型智能配肥机的订单发送、线上和线下开展农业技术培训或技术指导，真正实现了"测土—配方—配肥—施肥"的一体化应用，构成了面向农户、专业技术人员和新型经营主体的科学施肥信息化服务综合体系。

## 五、推广模式

**1. 政府主导，合力推进模式**　以政府主导、部门主推、多方参与、分类指导、示范带动的合力推进模式是宁夏推广测土配方肥的主要模式。连续十五年，自治区政府将测土配方施肥作为全区惠家政策予以支持，将测土配方施肥整建制推进和粮油高产创建项目进行整合，对核心示范区、农民专业合作组织、种植大户、科技示范户实行配方肥物化补贴。自治区农技总站确定主要农作物区域大配方，县农技部门根据区级区域配方确定本辖区主要农作物施肥配方，在冬季集中培训的基础上，带着测土结果、施肥建议卡、配方肥，深入田间地头，引导农民施用配方肥，通过示范带动，进一步拓展了配方施肥技术推广的广度与深度。十五年来，示范区建设以新型经营主体为抓手，共建立示范区 1 606个，示范面积 981.34 万亩。

**2. 新型经营主体带动模式**　宁夏回族自治区以农民专业合作、新型经营主体、社会化服务组织为纽带的合作社带动模式不断扩大。以惠农区为例，惠农区农技中心针对农民专业合作社及土地规模经营户主要开展"七统一"服务：一是对种植的主要作物脱水蔬菜的农民合作社、土地规模经营负责人统一宣传培训。二是根据对脱水蔬菜覆盖面积和土壤类型统一选点采样。三是由自治区土壤测试中心统一化验分析土样。四是统一制定不同区域不同脱水蔬菜的配方。五是自治区配方肥定点生产企业统一供应配方肥。六是技术骨干进行面对面的统一现场施肥技术指导。七是从脱水蔬菜的施肥、育苗、起垄、定植、灌水、除草、病虫草害防治等技术环节实行统一模式管理，提高了脱水蔬菜的产量、品质和市场竞争力，实现了脱水蔬菜生产的标准化管理。这种模式提高了测土配方施肥技术的到位率，有力推动了测土配方施肥技术的应用。十五年来，为全区共 3 600 个大户、示范户和专业合作组织提供了"测、配、产、供、施"一体化个性化服务，亩均节约施肥成本 15 元，增产 20 千克左右（平均价格按 2.2 元/千克），节本增收35 元，961.54 万亩核心示范区增收 3.39 亿元。

**3. 配方肥直供模式**　随着土地流转规模的不断扩大，以订单式生产供应的配方肥直供模式也逐渐增多，在配方肥下地环节实行"大配方、小调整"策略，通过农业部门发布配方，引导企业按方生产，建立配方肥现代物流体系，发展企业连锁配送服务，方便农户购买配方肥，这是大型企业参与测土配方施肥的主要方式。

**4. 技企结合模式**　各项目县农技部门根据多年土样测试结果，对不同区域主要作物不同产量水平制定施肥配方，自治区专家组审定配方，并将核准配方向社会公开，自治区级印制全区测土配方施肥建议手册，各农技部门针对不同区域和作物印发既有单质肥配方又有配方肥配方的施肥建议卡，依托自治区复混肥生产加工企业或认定的 8 家配方肥定点生产企业加工配方肥，农民按卡施用配方肥或购买单质肥按施肥建议卡自配，农技人员全程指导，实现"测、配、产、供、施"一体化服务，形成了"统一测配、定点生产、连锁供应、指导服务"的运行机制，十五年来，示范推广配方肥 84.462 万吨，配方肥应用面积 3 378 万亩，进一步提高测土配方施肥技术到位率。自治区测土配方施肥项目实践表明，立项越早的项目县、示范区农户、示范区周围的农民按方施肥的积极性高，施用配方肥的主动性高。

**5. 统测统配统供模式**　近年来，宁夏全区深入开展了针对种植企业和种植大户的个性化测土配方施肥技术服务，在推广应用配方肥的基础上，集合优良品种、丰产栽培技术及节水高效技术为一体，节本增收效果显著，示范辐射作用强。宁夏固原市原州区农技中心为当地种植大户马玉龙的 600 亩马铃薯种植基地提供了全程测土配方施肥个性化服务，在该基地无灌溉条件下，采用统一测土、统一种植品种、统一播种期、统一机播高垄双行、统一施用马铃薯特定配方肥 60 千克，通过实施"五统一"高产高效栽培技术，实地测产平均产量 2 321.5 千克/亩，较对照产量增加 621.3 千克，增产 36.5%，新增纯收益 591.5 元/亩。隆德县农技中心为宁夏西海固国联马铃薯产业有限公司万亩马铃薯种植基地进行了个性化测土配方施肥技术指导服务，在测土基础上，提出个性化含有效硼的氮、磷、钾腐植酸专用配方，并由配方肥定点生产企业加工生产直供基地，平均产量 2 257.7 千克/亩，较对照产量增加 757.7 千克，增产 50.5%，新增纯收益 818.85 元/亩。

**6. 智能服务模式**　施肥决策系统和成品配方肥是测土配方施肥技术的物化载体，其承载和集成了测土配方施肥各项成果，各县广泛应用自治区测土配方施肥专家推荐施肥系统，根据农民提供的产量目标和田块测土结果，现场打印施肥建议卡，即时、高效地为农民进行不同区域和地块土壤养分现状查询和施肥技术指导服务，使测土配方施肥工作进入专家化、信息化层面。十五年来，全区建立计算机指导施肥核心示范区近 750 万亩，实现田块配肥个性化服务。

## 六、工作机制

**1. 强化农企对接**　提高各类生产主体对科学施肥的认识，充分调动种植大户、农业社会化服务站、肥料生产企业、农资经营商、基层农技人员和广大农民参与测土配方施肥的任务落实，深化农企合作，加强产需对接，构建政府引导、生产主体抓落实、经营企业和社会化服务站抓服务的三方共赢机制，全面落实测土配方施肥及化肥减量增效工作任务。

**2. 狠抓农化服务组织建立**　在项目实施过程中，重点发展具有代表性的种植大户、龙头企业、家庭农场、农民专业合作社、农业社会化服务组织等新型农业经营主体，从产业发展、内部管理、利益联结和带动能力等方面加强培育，积极鼓励社会化服务组织通过开展承包田托管、肥料直供、统供统施，提高专业化社会化服务水平。

**3. 加强推进成果转化和创新发展**　筛选确定一批符合宁夏农业生产现状的科学施肥技术和配套产品，加快推进科学施肥成果转化，集成推广一次性施肥技术、水肥耦合高效利用技术、微生物菌肥土壤调理技术等施肥新技术和新产品，创新施肥机制和肥料监督管理机制，从用户关注点出发推进技术创新和机制创新。

**4. 关键技术集成推广**　加大科学施肥成果转化与应用，粮食作物主推测土配方施肥＋一次性施肥技术、测土配方施肥＋秸秆粉碎翻压还田技术、测土配方施肥＋农机农艺融合机械施肥技术、配方肥＋有机肥技术等；经济作物主推测土配方施肥＋水肥药一体化技术、测土配方施肥＋有机肥技术、配方肥＋秸秆生物反应堆技术等，集成推广一批高产、高效、绿色、生态施肥模式。在全区打造科学施肥核心示范园区，放大示范效应，做给农民看，引导农民干。

**5. 创新服务机制**　积极探索公益性服务与经营性服务有机结合和政府购买服务的有效模式，创新肥料配方信息发布机制，完善测土配方施肥专家咨询系统和专用肥配方形成机制，创新社会服务站服务模式，推进落实农作物全生育期科学施肥与化肥减量增效社会化服务，提高施肥效率，降低农户施肥成本。

**6. 推进化肥减量增效信息化管理**　充分发挥"一个平台、三个客户端"的支撑作用，在"宁夏农技云平台"全面落实化肥减量增效、有机肥应用示范和旱作农业示范区上图建库，实现示范园区的远程信息管理。通过手机 App"宁农宝"的推广应用，确保全区所有新型经营主体等客户端实现远程地力查询和配方推荐，智能配肥站客户端实现个性化配方肥生产和配送全方位科学施肥技术指导服务，农技推广人员端实现土肥、植保、粮油等技术试验示范管理和在线服务，并向用户免费提供墒情、气象、农作物病虫草害预警和防治等信息以及在线咨询等，构建了面向全区多级用户的多端远景模式。

# 新疆维吾尔自治区测土配方施肥十五年总结

## 一、基础情况

自 2005 年测土配方补贴项目启动以来，累计投入资金达 3.64 亿元，先后在全区 87 个县（市、场）开展小麦、玉米、水稻、马铃薯、棉花、加工番茄、西甜瓜、葡萄等作物"3414"肥料试验 5 414 个，其他类型试验 5 715 个，共采集植株样品约 10.03 万个，养分分析测试约 33.34 万项次；采集土壤样品约 57.08 万个，分析测试约 417.84 万项次，其中大量元素分析测试约 274.15 万项次；开展农户调查约 65.98 万户；共建立测土配方施肥示范点约 1.27 万个，示范面积 2 349 万亩；涉及农户约 1 828.35 万户，推广面积 51 765.67 万亩次；累计发放配方卡约 1 092.46 万个，设计配方肥配方 6 055 个，配方肥施用量达 286.82 万吨，配方肥施用面积 19 928.61 万亩，并累计在 45 个县市推广应用专家系统，在 44 个县市推广应用信息化服务系统（互联网/手机/咨询电话）、配置测土配方触摸屏应用终端 429 台、配肥机 33 台、配肥站 68 个。

## 二、主要的措施与做法

**1. 加强领导，健全机制**　按照"区级定方案、创机制，地州级强服务、促实施，县市级抓落实，见行动"的总体要求，明确职责，分工合作，构建上下联动、左右互动的工作机制。自上而下成立测土配方施肥领导小组，各项目单位将各项任务指标落实到人，并与年底考核挂钩。建立健全区、地、县三级监督管理机制，加大自治区级督查力度，强化地州级监管职能。在项目检查验收中，发现问题，全区进行通报，责令限期改正，并根据实际调减下年度项目补助金额。同时，积极与教学科研机构对接，充分发挥其技术优势，开展技术推广服务等工作。

**2. 强化示范带动，开展个性化技术服务**　一是采集分析土样针对化。按照农业农村部《测土配方施肥技术规范》要求，从以往侧重全区普及采样方针转变为向种粮大户、科技示范户、农业专业合作组织、土壤肥料监测点、经济园艺蔬菜等作物转移的原则，采取面对面、一对一服务方式。二是针对农业技术推广工作转变面大、效果不显著的特点，要求技术人员结合粮棉高产创建集中抓1～2个高产攻关示范点，以示范带动促进技术推广，新技术推广服务、农业项目开展转向以农业企业、种植大户和专业合作组织为重点，促进技术成果的转化。三是针对农民专业合作社、种植大户、家庭农场等新兴经营主体，开展个性化技术服务。按照"施肥结构合理、施肥总量减控、施肥方式恰当、施肥时期适宜"的施肥原则，组织实施以推进配方肥应用和施肥方式转变示范工程，各示范点做到了有专家指导、有示范对比、有简明标示牌。

**3. 多措并举，加强宣传培训**　总结经验，结合化肥减量、粮食高产、农田节水项目、基层农技推广体系改革与建设、基层农技推广服务体系建设（乡站）等项目，举办农民田间学校和现场观摩活动，组织科技示范户、农业技术人员、配方肥销售人员、种粮大户、村组干部、配方员等人员集中培训，达到培训重点突出。同时利用手机信息服务平台（农技宝等）、报纸、简报等媒体以及横幅、墙报、配方卡、技术指南、送科技下乡等多种形式，密集开展宣传活动，达到看点有内容。利用广播电台向广大听众、各级干部、种植大户、科技示范户等普及测土配方施肥知识，达到服务有目的、有创新。同时利用"农业科技直通车"，运用多媒体技术，开展进村入户培训。据统计，2005—2019年累计举办培训班26 244期，培训技术人员262 093人次、农民约630.2万人次、经销商53 081人次，发放培训资料918.6万余份；广播电视宣传14 712期（次），报刊简报约14.2万次，露天广告43 782条，科技赶集6 627次，召开现场会7 147次。

**4. 依托项目，整合资源，有效推进测土配方施肥**　一是以测土配方施肥技术为基础，依托化肥减量增效、有机肥替代化肥等项目，以阿克苏、喀什、和田等地区为重点，结合农村人居环境整治工作，推广新型农家肥积造技术，充分利用畜禽粪便、农作物秸秆、野生绿肥、农村生活垃圾等现有的有机物料资源，提高有机肥积造水平，广泛积造和施用有机肥，大幅增加有机肥积造施用量，优化施肥结构，减少化肥用量，提高土壤质量，提高农产品品质。二是推进秸秆还田。推广应用秸秆粉碎还田、快速腐熟还田、过腹还田等技术，推广具有秸秆粉碎、腐熟剂施用、土壤翻耕、土地平整等功能的复式作业机具，使秸秆取之于田、用之于田。三是因地制宜种植绿肥。充分利用闲田土肥水光热资源，推广种植绿肥，指导各地大力推广多模式绿肥种植。在南疆，结合林下经济大力发展套种苜蓿、草木樨、油菜等绿肥，增加土壤碳库，培肥地力，减少化肥用量。四是田间试验与生产实际相结合。根据实际需要，增加肥料利用率试验、"2＋X"试验及高效缓释肥、土壤改良剂、秸秆腐熟剂、生物磷钾肥和中微量元素水溶肥等肥效对比试验，为下一步开展配方肥配方调整与配方肥下地积累了技术储备。

**5. 实施水肥一体化技术，节水节肥，示范带动** 结合高效节水灌溉，在棉花、玉米上大面积示范推广膜下滴灌水肥一体化技术，提高肥料和水资源利用率。各地充分利用农业项目资金和国家水土保持工程建设项目，结合节水滴灌工程，开展技术集成和试验示范工作，探索本地化、可操作、易推广的技术模式。通过印发资料、入户指导、技术讲座等形式，开展技术培训，培养技术骨干，提升基层农技推广人员技术水平，以点带面，带动水肥一体化技术的推广普及。北疆水肥一体化技术已迅速普及，2014 年滴灌田不足 20%，目前约 90% 棉田、70% 玉米田实现了水肥一体化。

**6. 产学研推四位一体技术支撑，联合推进测土配方施肥** 结合高产创建和绿色增产模式攻关，研究集成推广一批高产、高效、生态施肥技术模式，实现化肥减量。从 2015 年起开始在全疆各地开展滴灌棉田"氮钾后移、磷肥减量"试验，通过试验验证了"氮钾后移、磷肥减量"技术措施的可行性，推广此项技术，滴灌棉田每公顷减少化肥用量 75 千克以上，使水肥一体化优势得到充分发挥。组织开展"叶面营养诊断施肥示范"，在不同生长期进行叶面营养诊断，动态监测氮养分变化情况，结合营养诊断指标，及时调整氮肥的施入量，达到精准施肥，效果显著，每公顷减少化肥用量 75~120 千克。同时，充分发挥集体和网络优势，选择一批信誉好、实力强的大中型肥料企业进行合作推广，推动肥料产业转型升级。

# 三、技术成果与成效

## 1. 技术成果

（1）农户施肥现状调查与评价 采用实地面访的方式进行农户施肥调查，主要调查内容有：地块位置、地块面积、农户姓名、历年产量水平、作物名称、品种名称、播种日期、收获日期、生长期内降水情况、灌水情况、灾害发生情况、肥料施用品种、肥料有效养分含量、肥料用量、肥料施用时期、作物实际产量等。并采用化肥效率（PFP）评价当地土壤基础养分水平和化肥施用量综合效应。项目实施期间，累计获得调查样本约 65.98 万个，累计调查面积 2 349 万亩。

（2）新疆耕地土壤肥力现状及变化 充分考虑地形地貌、土壤类型、肥力高低、作物种类等因素，确保采样点具有典型性、代表性，同时兼顾空间分布的均匀性。项目实施期间，共采集土壤约 57 万个，测试分析约 418 万项次。

相对于新疆第二次土壤普查时新疆土壤养分"缺氮少磷富钾"的含量特点，以及新疆土壤养分"南东低西北高，从南到北、从东向西逐渐增加"的空间分布规律来看，经过近 30 年的种植，新疆耕地土壤养分的含量及空间分布都发生了不同程度的变化。整体趋势为："碳升氮升、磷升钾升、微平"。即有机质和全氮有小幅上升，速效氮、有效磷有一定增加，尤其土壤有效磷表现突出，基本缓解了新疆土壤缺磷的状况，速效钾的含量增加较大，微量元素基本处于中等水平。新疆土壤养分特点已经由第二次土壤普查的"缺氮少磷钾丰富"变为"缺氮平磷钾略高"。

（3）新疆主要作物测土配方施肥指标体系构建 通过对全疆 87 个县（市、场）5 414 个"3414"肥效试验结果的分析研究，得到如下结果：

①明确新疆主要作物的营养特性与需肥规律，建立了相应的肥料效应函数模型，制定了棉花、小麦、玉米以及加工番茄等特色作物的经济最佳施肥量和肥料养分经济最佳配比施肥方案924套。通过对县市、地州、生态区等不同尺度试验数据的挖掘，获取了相应尺度下棉花、小麦、玉米等主要作物的肥料利用率、养分吸收系数和土壤养分校正系数等完备的参数体系，为"大配方、小调整"的测土配方施肥理论提供技术支撑。

②根据建立的施肥模型和施肥参数，并结合专家经验、农户调查结果及历史资料等，建立了小麦、玉米、棉花、加工番茄、向日葵、葡萄、甜瓜、大豆等主要作物的土壤养分丰缺指标和推荐施肥指标体系59套，为测土配方施肥技术区域"大配方"的设计提供了科学依据。

③通过分析测土配方施肥项目中"3414"田间肥效试验数据和"三区"示范数据，获取了绿洲灌溉条件下主要作物肥料利用率参数。其中，2020年小麦测土配方施肥区氮、磷、钾肥的利用率分别为39.90％、22.53％、45.03％，玉米氮、磷、钾肥利用率分别为46.19％、19.20％、46.87％，棉花氮、磷、钾肥利用率分别为42.42％、16.71％、50.04％。根据三种作物的播种面积加权平均，新疆主要作物的氮、磷、钾肥利用率分别为42.70％、18.59％、48.19％。

④通过利用新疆测土配方施肥数据管理系统，建立了农户调查、土壤养分、植株养分、"3414"试验等属性数据库，结合地理信息系统，构建了新疆耕地土壤有机质、全氮、碱解氮、全磷、有效磷、全钾、速效钾、有效微量元素、总盐、pH数字图件700余幅等空间数据库，并形成了自治区、地州、县（市）逐级上报、审查、反馈的数据管理模式，实现了对新疆施肥信息、耕地地力信息的有效管理和数据共享。应用3S技术，自主研发了基于互联网、触摸屏、掌上电脑等平台的维汉双语"测土配方施肥专家决策系统"，并在87个项目县（市、场）推广应用1 610台（套），进一步提升了服务耕地质量建设和农业生产决策的能力。

⑤根据地力分区配方法、目标产量配方法、田间试验法，研究制定地州级、县级配方300余个。在此基础上，通过专家会商机制，研制新疆主要作物区域大配方7个，为新疆测土配方施肥技术体系研究与推广应用提供强有力的技术物化支撑。

**2. 取得的主要成效**

（1）**农民科学施肥意识不断增强**　项目以保障新疆粮棉安全和农产品有效供给的总体要求，围绕优质、高产、高效、生态、安全等农业发展目标，坚持以科学发展观为指导，以服务农民为出发点，以技术创新为关键点，以提高技术入户率、覆盖率、到位率为核心，依据有机肥和无机肥相结合，"测、配、产、供、施"相连接技术路线，坚持分类指导、区别对待、突出重点、分级负责、整体推进的原则，构建测土配方施肥长效机制。通过整合相关资源，开展技术研究，加强示范培训，推进企业参与，创新推广机制等举措，努力提升农民科学施肥整体水平。全面实现新疆农耕区测土配方施肥项目全覆盖，免费为农民提供测土配方施肥技术指导服务，2019年测土配方施肥技术覆盖率达90.01％，农民科学施肥意识不断增强。

（2）**耕地有机肥施用量大幅增加**　以测土配方施肥技术为基础，依托化肥减量增效、有机肥替代化肥等项目，以阿克苏、喀什、和田等地区为重点，结合农村人居环境整治工作，充分利用现有有机物料资源，开展有机肥积造替代化肥行动，在全区掀起了一股积造农家肥的热潮。2019 年，全区有机肥施用量达 5 942.57 万吨，较 2005 年有大幅增加，土壤有机质含量明显提升，农村面源污染得到有效控制。

（3）耕地质量明显提升　随着农民科学施肥意识不断增强，有机肥施用量逐年增加，耕地质量等级明显提升。2019 年耕地质量评价结果显示，全区耕地质量平均等级为 5.20 等，较 2014 年增加 0.46 等。

（4）主要农作物化肥利用率明显提高　将测土配方施肥、机械深施、机械追肥、种肥同播、种肥分离等技术有效结合，有机肥施用量大幅增加，水肥一体化面积进一步扩大，主要作物肥料利用率明显提高，氮、磷、钾肥利用率分别为 42.70%、18.59%、48.19%，主要作物的氮肥利用率较 2015 年提高了 5 个百分点以上。

# 新疆生产建设兵团测土配方施肥十五年总结

测土配方施肥项目自 2005 年开始实施以来，对于提高新疆生产建设兵团（以下简称兵团）粮食棉花单产、降低生产成本、实现粮食棉花稳定增产和农场职工持续增收起到不可或缺的作用，对于提高肥料利用率、减少肥料浪费、保护农业生态环境、改善耕地养分状况，实现农业可持续发展具有深远影响。

## 一、项目实施基本情况

十五年来，兵团根据现有种植业结构的实际情况，以师为单位选择主要作物小麦、棉花为试点，逐步扩展到玉米、水稻、大麦、油料、甜菜、番茄、葡萄、红枣等作物。免费为 40 万职工提供测土配方施肥指导服务，推广应用测土配方施肥技术面积 1 337.28 万亩，项目区配方施肥建议卡和施肥技术指导入户率达到 90% 以上，亩节本增效 30 元以上，取得了良好的经济效益、社会效益和生态效益。

## 二、经验做法

**1. 成立领导小组，加强工作的协调、管理与检查**　各级农业部门协同相关部门、农技推广站负责项目的落实，并做好工作的组织、协调、技术服务、资金使用、跟踪检查等工作。各团场生产科、农发中心、供销科密切协作，建立目标责任制，细化实施方案，确保测土配方施肥工作落到实处。

**2. 成立技术专家组，做好项目全程技术服务**　为了确保工作完成的质量，兵团聘请了科研、教学、农业推广方面的专家组成技术专家组，负责技术方案制定、技术培训、服务与指导、配方设计、参数及模型修正、营养诊断指标制定、专家咨询系统建立以及技术咨询和研发等技术工作，确保兵团测土配方施肥各项技术及时准确到位。

**3. 制定项目实施方案，明确目标、任务**　分阶段按年度制定兵团测土配方施肥实施方案，并要求各师严格按照方案做好工作安排。同时，兵、师、团层层签订合同，实行合同化管理。明确了目标、任务，分清了各方的责、权、利，有力保障了测土配方施肥项目的顺利实施和任务的完成。

**4. 加强宣传，搞好技术培训**　测土配方施肥技术宣传培训是提高职工科学施肥意识，普及科学施肥技术的重要手段。农工是测土配方施肥技术的最终使用者，迫切需要了解科学施肥的各方面知识。十五年来，通过举办技术培训、发放宣传资料等方式，干部、职工充分了解推广测土配方施肥和施配方肥的目的、意义，以及对农业增产、增收、降低成本的作用，增强了科学施肥意识。同时加强了对团场农技骨干人员的技术培训，通过提高技术骨干的专业素质，使每个技术骨干能较好掌握测土配方施肥内容、特点、效果和具体做法。

**5. 大力推广"测、配、产、供、施"一条龙服务，提高配方肥施用到位率**　测土配方施肥最关键的环节是施肥，为尽可能方便职工，把测土配方施肥技术真正应用到生产中，必须改"配方施肥"为"施配方肥"，把科学施肥技术物化到配方肥中。其中，第八师133团、148团和149团与肥料企业合作，面向团场、连队、农户实行"测、配、产、供、施"一条龙服务，直接为团场、连队、职工提供适合当地的配方肥，简化了职工施肥操作，提高了配方肥施用到位率。

**6. 坚持试验、示范、推广三结合，稳步推进测土配方施肥工作进程**　测土配方施肥既是一项生产工作，又是一项科研工作。测土配方施肥方案的产生来自试验实践，而测土配方施肥技术及肥料配方又需要在实施中不断完善优化。采取试验、示范、推广三结合的方法，在小区试验的基础上，分别建立了以条田、连队、团场为单元的核心试验点、示范区，辐射周边团场及连队进行试验、示范，同时以大田示范的方式，验证参数模型及配方的准确性，不断修正试验结果，完善测土配方施肥技术，确保方案的可行性和科学性，对较成熟的配方模式，进行大面积推广。坚持试验、示范、推广三结合的方法，以点带片，以片带面，带动测土配方施肥全面发展，稳步推进测土配方施肥工作进程。

# 三、主要成效

**1. 经济效益明显**　测土配方施肥采用了合理的施肥量及比例，协调了土壤养分的供需平衡，充分发挥了肥料的交互作用，满足了作物生长发育的需肥要求，因而不仅减少了磷肥用量，降低了成本，还提高了产量。小麦在降低磷肥施用的同时每亩增产 5% ～ 10%，亩节本增效 24 元以上。棉花一般增产 4% ～ 7%，高的达 8% 以上，亩节本增效 48 元以上，获得了较好的经济效益。

**2. 化肥施用趋向合理**　在不同肥力的土壤上布置了多点田间肥料小区试验，摸清了测土配方施肥基本参数，建立不同施肥区肥料效应模型，分区域、分作物制定肥料配方，建立施肥指标体系；以小麦、棉花及其主栽品种为对象，设置校正试验，验证和完善肥料配方，优化测土配方施肥技术参数。根据试验结果，制定了合理的施肥量及比例，改变了经验施肥的旧习惯。实施了土壤补钾工程，逐步扭转了过去只重施氮、磷肥，不施钾肥的盲目施肥现象。改过去的"重氮、重磷、不施钾"为现在的"减氮、轻磷、适当补钾"的施肥方式，与习惯施肥相比，各项目团场每亩普遍节省磷肥1～3千克（折纯），避免了由于盲目施肥造成的肥料利用率不高及农田环境污染。促进了配方肥的发展，将科学施肥技术物化到肥料产品中，简化了职工的操作。部分连队氮、磷肥投入比例由过去的1：（0.6～0.7）调整到现在的1：（0.3～0.4），氮肥利用率普遍由35％左右提高到40％左右（滴灌棉花提高到50％左右），磷肥利用率普遍由15％左右提高到18％左右（滴灌棉花提高到22％左右）。有机肥比例加大，改善了土壤理化性状，逐步提高土壤肥力，促进了农业生产可持续发展。

**3. 加强了土肥推广体系建设，提高技术人员专业素质** 项目实施过程中加强了师、团级土肥技术骨干、农业技术人员及职工的培训。通过培训，提高了技术人员专业素质，充实了团、连级土肥专业人员。在土肥化验体系建设方面，不仅添置、新增了必要的测试设备、仪器，完善土壤化验室建设，而且对化验检测人员进行培训，提高了团场土壤化验室检测分析能力，使化验室分析检测逐步标准化、规范化、信息化。土肥推广体系整体得到加强，技术人员素质得到提高。

**4. 提高了科学施肥意识** 为职工发放测土配方施肥建议卡，建立测土配方施肥示范区、样板田，展示测土配方施肥效果，利用电视、报刊、明白纸、现场会等加强宣传。测土配方施肥技术的普及，改变了传统的施肥观念，进一步认识到测土配方施肥和推广配方肥的作用，增强了科学施肥意识。

**5. 建立了一套测土配方施肥技术档案** 通过项目的实施，各项目团场较好掌握了当地土壤肥力现状，建立了测土配方施肥档案，并逐步建立了计算机数据库（包括田间试验、示范结果资料档案，土壤耕层农化土样化验结果资料档案，农户施肥情况调查档案，肥料配方及施肥卡资料技术档案，不同地力水平小麦、棉花施肥参数与模型资料档案等）。根据农田档案随时可以了解每块条田的耕作、施肥、种植及产量等情况，作为制定作物布局、平衡土壤营养、合理分配肥料的主要参考资料。

**6. 开展了地理信息管理及施肥决策专家系统的研发** 应用全球定位系统（GPS）、地理信息系统（GIS）等先进技术，根据土壤养分数据库，研发了地理信息管理及施肥决策专家系统，制作了土壤养分分布图和作物推荐施肥分区图。系统包括团场基本信息、农田信息管理、地理信息图库和施肥推荐、信息统计、技术咨询等功能。通过地理信息系统对农田信息统计、条田施肥推荐、农田信息专题图等进行直观、及时、准确的管理，实现农业技术决策的智能化和现代化。

# 北大荒农垦集团测土配方施肥十五年总结

测土配方施肥项目始于2005年，第一批测土配方施肥项目农场（简称项目农场）为八五二、七星、八五、七星泡4个农场。到2009年，黑龙江农垦（即北大荒农垦集团）共有71个项目农场，其中有12个项目农场是打捆的项目农场。按2020年农作物总播种面积计，这94个农场的播种面积为2 812 331.92公顷，占垦区播种面积（2 910 449.57公顷）的96.63％。

## 一、项目运行模式

项目的主管部门为北大荒农垦集团有限公司农业发展部，管理上直接对农场，工作方式以二级管理为主。各年度均有项目领导小组和办公室，对接上级部门的要求，制定项目实施方案，签订项目任务合同，并严格执行和考核。项目承担单位是各项目农场，农场场长是第一负责人。农场的执行部门通常为土壤化验室，多数农场土壤化验室归属农业科管理，有的归属科技园区管理。化验室是项目"五个环节十一项"工作的主体承担单位。技术依托部门主要有大庆黑农数据服务有限公司、黑龙江八一农垦大学农学院，负责除化验技术以外的测土配方施肥技术工作，主要有土壤采样、采样点位校对、田间试验、数据汇总、耕地质量调查评价、常规技术培训等。化验由两个单位负责，东部四局项目农场依托单位为黑龙江农垦科学院检验检测中心，西部五局项目农场依托单位为黑龙江八一农垦大学测试中心。

## 二、主要工作成效

**1. 取土化验** 从 2005 年开始，各农场均按《测土配方施肥技术规范》进行取土、制样、化验，经统计，2014—2019 年共采集土壤样品 300 264 个，其中常规五项 pH、有机质、碱解氮、有效磷、速效钾的化验量分别为 298 991 个、298 971 个、299 742 个、299 757 个、299 761 个。

（1）土壤 pH 土壤 pH 平均值 5.9，东部局红兴隆最高，其他 3 个局较低。西部局中齐齐哈尔、哈尔滨较高，哈尔滨局农场较分散，其中四方山农场盐碱地较多，拉高了全局平均值。土壤 pH 年度变化很小，主要分布在 5.6～6.5，占样品总量的 69.28%。

（2）土壤有机质 土壤有机质平均值 44.0 克/千克，北安局平均值最高，达 60.6 克/千克，宝泉岭局平均值最低，只有 32.8 克/千克，通常西部局纬度高的农场高于东部局的农场。5 年间，土壤有机质数值上下有浮动，略有下降趋势，主要分布区间在 40～60 克/千克，其次在 30～40 克/千克。

（3）土壤碱解氮 土壤碱解氮平均值 196.1 毫克/千克，北安局平均值最高，达 259.9 毫克/千克，宝泉岭局平均值最低，只有 150.8 毫克/千克，通常西部局的农场高于东部局的农场。5 年间，土壤碱解氮略有下降趋势，主要分布区间在 180～250 毫克/千克，其次在 100～150 毫克/千克、150～180 毫克/千克、250～500 毫克/千克。

（4）土壤有效磷 土壤有效磷平均值 32.8 毫克/千克，北安局平均值最高，达 36.4 毫克/千克，齐齐哈尔局平均值最低，只有 23.8 毫克/千克。土壤有效磷数值上下有浮动，总体略有积累趋势，主要分布区间在 30～40 毫克/千克、20～30 毫克/千克，其次在 40～60 毫克/千克。

（5）土壤速效钾 土壤速效钾平均值 199 毫克/千克，齐齐哈尔局平均值最高，达 260 毫克/千克，宝泉岭局平均值最低，只有 156 毫克/千克。土壤速效钾有持续上升的趋势，主要分布区间在 100～300 毫克/千克，其次在 50～100 毫克/千克、300～400 毫克/千克。

**2. "3414"肥料田间试验** 各项目农场填报了 2015—2019 年 "3414" 肥料田间试验。经汇总,水稻试验共 1 677 个,主要分布在东部三江平原,西部松嫩平原只有查哈阳农场水田面积较大。玉米试验 1 734 个,大豆试验 1 223 个,小麦试验 30 个。

(1)玉米 "3414" 试验 玉米 "3414" 试验二水平 100 千克籽粒吸收 N、$P_2O_5$、$K_2O$ 养分量平均值分别为 1.903 5 千克、1.612 8 千克、1.982 2 千克,N、$P_2O_5$、$K_2O$ 养分当季利用率分别为 37.35%、28.97%、53.99%。对玉米来说,施用单位钾肥增产最多,其次是氮肥,最后是磷肥。

(2)水稻 "3414" 试验 水稻 "3414" 试验二水平 100 千克籽粒吸收 N、$P_2O_5$、$K_2O$ 养分量平均值分别为 1.709 0 千克、1.621 5 千克、2.590 8 千克,N、$P_2O_5$、$K_2O$ 养分当季利用率分别为 39.43%、39.48%、46.74%。对水稻来说,施用单位氮肥增产最多,其次是磷肥,最后是钾肥。

(3)大豆 "3414" 试验 大豆 "3414" 试验二水平 100 千克籽粒吸收 N、$P_2O_5$、$K_2O$ 养分量平均值分别为 4.898 3 千克、2.343 0 千克、3.256 4 千克,N、$P_2O_5$、$K_2O$ 养分当季利用率分别为 41.03%、18.71%、45.70%。对大豆来说,施用单位钾肥增产最多,其次是氮肥,最后是磷肥。

(4)常规施肥建议 全区常规情况下,水稻、玉米、大豆建议施肥量见表 8-6、表 8-7、表 8-8。

**表 8-6 水稻建议施肥量(千克/亩)**

| 土壤肥力 | N | $P_2O_5$ | $K_2O$ |
|---|---|---|---|
| 高 | 5.0~6.0 | 3.0~4.0 | 2.5~3.0 |
| 中 | 6.0~7.5 | 4.0~4.6 | 3.0~4.0 |
| 低 | 7.5~8.0 | 4.6~5.0 | 4.0~4.5 |

注:磷肥全部基施。氮肥 40%~50% 基施,20%~30% 作一肥追施,10% 作调节肥,10% 作穗肥。钾肥 70% 基施,30% 作穗肥追施。

**表 8-7 玉米建议施肥量(千克/亩)**

| 土壤肥力 | N | $P_2O_5$ | $K_2O$ |
|---|---|---|---|
| 高 | 9~11 | 4.5~5.0 | 3.0~3.5 |
| 中 | 11~12 | 5.0~5.5 | 3.5~4.0 |
| 低 | 12~14 | 5.6~6.5 | 4.0~4.5 |

注:磷、钾肥全部基施。氮 1/2 基施,另 1/2 拔节期追施。

**表 8-8 大豆建议施肥量(千克/亩)**

| 土壤肥力 | N | $P_2O_5$ | $K_2O$ |
|---|---|---|---|
| 高 | 2.5~3.0 | 3.5~4.0 | 2.0~2.5 |
| 中 | 3.0~3.5 | 4.0~4.5 | 2.5~3.0 |
| 低 | 3.5~4.0 | 4.5~5.0 | 3.5~3.3 |

注:肥料的 2/3 基施,深度 9~15 厘米。另外 1/3 作种肥,深度 5~8 厘米。

**3. 肥料利用率试验**

（1）肥料利用率试验开展情况　根据《农业部办公厅关于开展全国肥料利用率专题研究的函》开展了2011年肥料利用率试验工作。从2014年开始，肥料利用率试验基本成为测土配方施肥项目的一项常规试验工作，但各年度试验方案稍有不同。2011年进行水稻、玉米、大豆3种作物的试验，每种作物5个主栽品种，每个品种安排10个试验点，共150个试验点。每个试验点分常规施肥区和配方施肥区，相当于2个肥料利用率试验。2014年进行水稻、玉米2种作物的试验，水稻104个试验点，玉米104个试验点，每个试验点分常规施肥区和配方施肥区。2015年水稻84个试验点，玉米90个试验点，每个试验点分常规施肥区和配方施肥区。2016年水稻81个试验点，玉米78个试验点，每个试验点分常规施肥区和配方施肥区。2017年水稻18个试验点，玉米17个试验点，大豆1个试验点，每个试验点分常规施肥区和配方施肥区。2018年肥料利用率试验点不再分常规施肥区和配方施肥区，仅1个配方肥肥料利用率试验，水稻试验点6个，玉米试验点15个，大豆试验点2个。2019年试验点安排与2018年相似，水稻试验点6个，玉米试验点15个，大豆试验点2个。

（2）水稻试验结果　2015—2019年水稻肥料利用率试验常规施肥试验点共189个，肥料利用率N、$P_2O_5$、$K_2O$平均值分别为34.28%、24.33%、38.53%。2015—2019年水稻肥料利用率试验配方施肥试验点共199个，肥料利用率N、$P_2O_5$、$K_2O$平均值分别为38.94%、30.03%、41.67%。

（3）玉米试验结果　2015—2019年玉米肥料利用率试验常规施肥试验点共198个，肥料利用率N、$P_2O_5$、$K_2O$平均值分别为31.31%、26.13%、37.16%。2015—2019年玉米肥料利用率试验配方施肥试验点共215个，肥料利用率N、$P_2O_5$、$K_2O$平均值分别为39.75%、31.21%、43.00%。

# 大连市测土配方施肥十五年总结

2006年以来，大连市紧紧围绕质量兴农、绿色兴农，牢固树立新发展理念，以《测土配方施肥技术规范》为指导，以发展环境友好型、资源节约型现代农业为目标，按照统筹规划、分级负责、分步实施、整体推进的原则，全面开展测土配方施肥工作，并取得了阶段性成果。

## 一、项目实施情况

各级农业部门扎实推进制度建设，积极探索推广模式，不断完善技术规范，截至2020年末，全市共争取国家财政投入2 889万元，累计推广测土配方施肥技术面积4 125万亩，测土配方施肥技术覆盖率达到90.3%，主要粮食作物化肥利用率为40.3%。

**1. 示范县创建**　2017—2020年，按照农业农村部相关文件要求，采取自愿申报与竞争性选拔相结合的方式，遴选确定瓦房店市和庄河市作为化肥减量增效试点县，依托新型农业经营主体和社会化服务组织，因地制宜推广耕地质量提升和化肥减量增效技术。累计示范面积 6 万亩。其中，在玉米上，集成推广有机替代技术，开展增施有机肥技术，示范面积 3 万亩；在水稻上，开展水稻留高茬秸秆还田技术，示范面积 2 万亩；在设施蔬菜上，集成推广"轻减控施"技术，示范面积 1 万亩。

**2. 土壤采集与检测**　2006—2020 年，结合大连市土地比较分散的特点和一家一户生产经营形式的实际，确定 50 亩为一个采样单元（超过农业农村部规定的 100～200 亩一个采样的密度），综合考虑土壤类型、肥力水平、轮作制度等因素，按照"三年一轮回"原则，合理布设采样点位。全市累计采集土壤样品 88 561 个，采样点全部采用 GPS 定位。按照《测土配方施肥技术规范》，对土壤有机质、全氮、有效磷、速效钾、pH 和中微量元素等项目进行检测，累计共获得检测数据 425 298 项次。

**3. 田间试验示范**　2006—2020 年，全市累计统筹安排各类田间试验 1 010 个，其中"3414"试验 358 个、配方校正试验 512 个、经济作物"2＋X"试验 15 个、肥料利用率试验 52 个、中微量元素肥效试验 18 个、缓控释肥田间试验 32 个，生物有机肥肥效试验 23 个。田间试验类型从"3414"试验和配方校正试验，过渡到利用率高且有改良土壤功能的缓控释肥、生物有机肥等试验示范，建立了较完善的粮食作物施肥指标体系，同时依托新型经营主体和科技示范户建立测土配方施肥、肥效对比和配方校正示范田和示范展示区 1 576 个，形成试验、示范、展示相结合的试验示范网络，通过示范田向农户展示测土配方施肥技术和效果，通过示范区的辐射带动，扩大测土配方施肥应用面积。

**4. 配方配肥**　根据土壤养分测试结果，按照土壤类型分布和作物布局，综合考虑不同作物需肥规律、肥料效应，划分施肥分区。每个分区根据田间试验、测试数据，结合农户施肥情况调查及专家经验，制定配方施肥方案，填写配方施肥建议卡。全市共发放配方施肥建议卡 209.84 万份，应用专用配方肥 158.65 万吨，配方肥应用面积总计 3 168.57 万亩。

**5. 宣传培训**　充分利用电视、广播、科普简报、互联网等多种媒体，做好技术培训和典型经验宣传工作，扩大测土配方施肥的影响。2006—2020 年，全市累计召开现场会 652 场次，制作墙体广告 11 749 条，发布网络信息 15 199 条，发放宣传单 221.56 万份。市、县、乡共举办各种培训班 1 597 场次，培训技术骨干 28 833 人次、配方肥经销人员 4 837 人次、农民 68.25 万人次。

**6. 数据库建设**　自开展测土配方施肥工作以来，全市积累了大量测土配方施肥数据成果，各项目县将地块土壤采样登记、农户施肥情况调查、田间试验等数据档案整理成册，建立并启用数据库，安排专人对数据库进行管理和维护，数据齐全规范，运行情况良好，为开展耕地地力评价工作奠定坚实基础。

**7. 耕地地力评价**　各项目县利用测土配方施肥数据成果开展了耕地地力评价工作。在技术上依托大专院校和科研单位提供的支持，根据耕地地力评价相关要求，确立了评价因素、评价单元、评价方法和评价指标，确定了各项目县耕地地力等级，全面完成县域耕地地力评价工作，基本摸清了全市的耕地地力情况，为土地资源利用和农业可持续发展提供了有力保障。

**8. 耕地资源管理信息系统**　2009 年与沈阳农业大学联合攻关，建立了大连市耕地资源管理信息系统。该系统以全市典型耕地类型为信息采集单元，建立大连市耕地资源管理信息数据库，能够查询大连市各类耕地面积、肥力状况及障碍因子，能够科学评估耕地综合生产能力，可为政府及相关部门高效管理土肥资源、调整产业结构提供科学决策和依据。

## 二、主要做法

**1. 把握关键环节，做到"四个统一"**

（1）统一采样 为了保证采集工作按照标准进行，确保样品的典型和代表性，大连市土肥站搜集整理了全市土地规划图、土地利用现状图、作物布局图、土壤志、土壤普查资料汇编和各乡镇土地现状图，按照不同土壤分布、类型、作物布局、产量水平和当地施肥习惯等，进行室内布点。各项目县采样人员根据室内布点要求，按照《土壤养分调查规程》采集土样。

（2）统一检测 一方面统一按照国家实验室认证建设标准的要求，对各项目县化验室重新进行了升级改造，建立起一整套的质量管理体系，包括《质量手册》《程序文件》《作业指导书》等，同时要求化验室工作人员持证上岗，上岗前必须进行专业培训；另一方面土样统一采用《测土配方施肥技术规范》中要求的方法进行分析检测，并对检测数据及时进行分析汇总，为科学施肥提供依据。

（3）统一计算施肥量 在测土的基础上建立全市土壤养分数据库，由土肥站技术人员对所有土壤检测样点地块的土壤供肥量和作物施肥量进行统一计算，摸索施肥规律和施肥量范围，进而确定不同区域的施肥配方。

（4）统一填写发放施肥建议卡 土肥站将不同区域施肥配方统一印制成施肥建议卡，统一标准组织科技下乡人员发放到农户，并逐户登记，从而保证了技术到位率。

**2. 强化宣传培训，抓住"四个"重点**

（1）抓重点培训 组织专家和技术人员深入村、屯，重点对科技园区、种植大户、高产创建示范户和农民合作组织、肥料经销商等开展面对面的测土配方施肥技术培训。

（2）抓难点培训 通过进村入户服务，开展现场培训和农户施肥情况调查等活动。针对农民在测土配方施肥中的疑难问题，指导农民如何识别优劣肥料；根据作物外部特征判断缺素症状，如何看作物长势追肥；在不同气候和土壤条件下怎样选用肥料等，提高农民科学施肥水平。

（3）抓典型宣传 聘请科技园区和种植大户、高产创建示范户和农民合作组织等科技带头人，大力宣传实施测土配方施肥后节本增效的典型经验，增强影响力和说服力，扩大辐射面，加快测土配方施肥技术推广速度。

（4）抓技术培训 对全体科技人员开展技术培训，要求全力做好样品化验后的施肥量计算、施肥建议卡制作、"3414"田间试验设计、配方研制和测土配方施肥技术指导方案制定等工作，每年及早落实到农户和田块。完善和加强土壤数据库的信息化管理工作，不断提升测土配方施肥项目水平。

**3. 加强田间试验，把握"四个"环节** 为了保证田间试验结果的可靠性和代表性，详细制定全市田间试验工作方案，把握好试验处理设计、肥料用量设计、小区田间设计和试验田间调查四个关键环节。"3414"肥效试验实行"四个统一":即统一田间设计,统一小区面积,统一肥料品种、用量,统一作物;配方对比校正试验,保证空白试验小区面积;每个试验点都设定了标志,建立了田间观察记录档案,绘制了试验小区平面图。各县区均按照大连市土肥站的统一要求,依托科技示范户建立测土配方施肥、肥效对比和配方校正试验田、示范田和示范展示区,形成试验、示范、展示相结合的试验示范网络,通过示范田向农户展示测土配方施肥技术和效果,通过示范区的带动辐射,扩大应用面积。

**4. 创新技术服务手段,着力配方肥推广** 充分利用互联网、物联网等技术手段和移动终端、智能化配肥设备将测土配方施肥数据成果转化为相应的产品,开展科学施肥信息化、数字化、智能化指导和服务。在瓦房店市开展了测土配方施肥手机信息查询试点服务。农民用户可在自家田地通过拨打12582电话,完成GPS地块定位,系统根据种植作物和目标产量,推荐合理的施肥建议,连同定位地块土壤养分状况以自动回复短信的方式发送到农民手机,实现对农民的施肥指导。该服务可以将测土配方施肥技术直送农户、对点服务、按需配方、依方施肥,有利于扫除技术服务"死角",达到精确施肥。目前,该系统又增加测土配方施肥手机App服务功能,标志着测土配方施肥手机服务模式又迈前一步。

## 三、推广成效

**1. 实施面积不断扩大** 据统计,大连市自开展测土配方施肥工作以来,累计实施测土配方施肥技术面积4 125万亩,主要粮食作物的测土配方施肥技术推广面积达到95%以上,经济作物、园艺作物应用面积也逐年扩大。测土配方施肥技术覆盖率达到90.3%。

**2. 科学施肥深入人心** 随着测土配方施肥深入开展和面积扩大,广大农民科学施肥意识明显增强,重化肥、轻有机肥、偏施氮肥和"施肥越多越增产"等传统施肥观念正在发生深刻变化。氮、磷、钾化肥施用比例由项目实施前的1:0.20:0.10调整为1:0.23:0.23,施肥成本下降和施肥效益得到大幅度提高,测土配方施肥技术已被越来越多的农民所接受。

**3. 技术体系日渐完善** 各项目县按照技术规范,结合本地实际,修正当地主要作物的土壤养分丰缺指标,完善了粮食、油料等大田作物施肥指标体系,逐步建立果树、蔬菜等作物施肥指标体系。在此基础上,综合土壤肥料、作物栽培品种以及肥料生产工艺等方面专家意见,科学制定施肥配方419个,累计应用专用配方肥158.65万吨。

**4. 经济社会生态效益显著** 测土配方施肥依据"因缺补缺,缺多少补多少"的原则,坚持有机无机相结合、大量元素与中微量元素相结合,不仅改善了土壤理化性状,提高了农产品品质,还降低了农业生产成本,提高了肥料利用率。根据田间试验结果,主要粮食作物化肥利用率由项目实施前的32.0%提高到40.3%,全市应用测土配方施肥技术累计增产131.79万吨,总计增收节支33.50亿元,同时累计减少不合理施肥约36 686.9吨(折纯),大幅度提高了施肥效益,有效降低了肥料的面源污染。

**5. 基本摸清大连市土壤现状** 根据测土配方施肥项目数据成果,基本摸清土壤的形态特征、理化性质以及耕地土壤的养分状况,科学评估了全市耕地综合生产能力,以此指导农民科学精准施肥。

# 青岛市测土配方施肥十五年总结

青岛市测土配方施肥工作始于 2006 年，紧紧围绕"测土、配方、配肥、供肥、施肥指导"五个环节，始终把实施测土配方施肥与实现农业绿色可持续发展有机结合，扎实开展工作，积极推广施肥新技术、肥料新产品、施肥新机具应用，狠抓各项计划指标的落实，全面提高青岛地区科学施肥水平，取得了显著成效。

## 一、基本情况

**1. 测土配方施肥基础工作项目县情况**　青岛市共有国家级测土配方施肥项目单位 6 个，其中：2006 年国家项目单位 2 个，即墨区、莱西市；2007 年国家项目单位 2 个，平度市、胶南市；2008 年国家项目单位 1 个，胶州市；2009 年国家项目单位 1 个，城阳、原黄岛、崂山三区打捆。至此，青岛实现了测土配方施肥基础性工作县级行政区全覆盖。

**2. 化肥减量增效示范县情况**　2016 年，即墨区成为国家化肥减量增效示范县之一；2017 年，示范县为莱西市；2018 年，示范县 2 个，青岛西岸新区（简称青西新区）、胶州市；2019 年，示范县 2 个，即墨区、平度市；2020 年；示范县为莱西市。自 2019 年，青岛市开始进入第二轮示范县建设。

**3. 资金投入情况**　2006—2020 年，中央财政直接拨付青岛市测土配方施肥补助项目、耕地地力保护与提升项目资金共计 3 906 万元，其中 2018 年包含 5 万亩盐碱化治理示范资金；2020 年青岛市统筹中央绿色高质高效创建资金 180 万元，用于化肥减量增效示范县建设；2006 年以来，青岛市财政投入地方资金 1 050 万元，用于支持各农业区市开展测土配方施肥基础工作。

## 二、主要成果、成效

**1. 建立测土配方施肥数据管理系统**　市级和县（区、市）级测土配方施肥数据管理系统管理规范，2006—2020 年全市录入系统的土壤样品 66 578 个，化验 456 129 项次，肥料利用率、田间肥效试验和示范 917 个，化验植株样品 992 组，农户施肥情况调查 59 446 次。这些基础工作和数据，为青岛市准确掌握耕地养分状况、科学制定肥料配方提供了有力的支撑。

**2. 开发测土配方施肥专家系统**　先后组织青西新区、即墨区、胶州市、平度市和莱西市 5 个项目县与青岛农业大学合作，成功开发出了适宜各自县域的测土配方施肥专家咨询系统。莱西市县域测土配方施肥专家咨询系统 2011 年获得青岛市科技进步三等奖。2015 年完成市级测土配方施肥地理信息系统建设，2019 年"青岛市测土配方施肥技术网络平台研究开发与推广应用"项目获全国农牧渔业丰收奖三等奖。施肥专家系统的建立和应用，改变了土壤肥料技术推广指导依靠办培训班、发技术资料等传统模式，实现了对农户进行个性化的测土配方施肥指导服务，促进了测土配方施肥技术普及，提高了科学施肥水平。

**3. 开展耕地地力评价**　自 2006 年实施项目以来，青岛市积累了丰富的野外采样调查、土壤养分测试、肥效试验示范、农户施肥情况等技术资料，为充分发挥这些资料的效益，根据《测土配方施肥技术规范》和《耕地地力调查与质量评价技术规程》的有关要求，2009—2011 年组织青西新区、即墨区、胶州市、平度市、莱西市先后开展了县域耕地地力评价工作，2015 年完成市级耕地地力评价汇总，并全部通过省级验收。通过开展耕地地力评价工作，分别制作出了最新土壤养分图（包括土壤全氮、碱解氮、有效磷、速效钾、有机质、pH、缓效钾、有效硼、交换性钙、交换性镁、有效铁、有效锰、有效铜、有效锌等）、耕地地力调查点位图、土地利用现状图、农田水利分区图、行政区划图、耕地地力调查点位分布图、地貌类型分区图、农田水利分区与灌溉保证率图等 20 余副一整套电子图件，建立完善了测土配方施肥数据库和耕地资源管理信息系统，对准确掌握全市耕地生产能力、因地制宜加强耕地质量建设、指导农业种植结构调整、提升农产品质量安全水平等方面具有重要意义。

**4. 社会生态效益显著**　据统计，2020 年全市测土配方施肥技术覆盖率平均达到 97%，小麦、玉米两大粮食作物测土配方施肥技术应用率达到 97.9%，其中机械施肥应用率达到 94.8%，商品有机肥施用量达到 31.1 万吨，水肥一体化应用面积达到 80 万亩。近几年，每年测土配方施肥技术推广面积都在 700 万亩以上，配方肥施用面积达 400 万亩以上，发布区域性肥料配方 30 余个，累计建设化肥减量增效示范区 12 万亩。根据统计数据，2007 年青岛市化肥施用量达到历史最高峰 33.89 万吨（折纯），自 2008 年开始平稳下降。2019 年全市化肥施用总量为 26.71 万吨（折纯），比用肥最高峰减少 7.18 万吨（折纯），下降 21.2%。一方面提高了耕地质量，为实现"藏粮于地、藏粮于技"战略保证粮食安全和主要农产品供给夯实了基础，实现节本增效，为农业增效、农民增收提供了强劲支撑；另一方面提升了科学施肥水平，为减轻农业面源污染做出了贡献。

## 三、主要工作经验

**1. 高度重视、精心规划**　青岛市成立了以市农委主任为组长的测土配方施肥工作领导小组，各项目县也都成立了以分管农业的副市长为组长、农业农村局和财政局局长任副组长的测土配方施肥领导小组。同时成立技术专家小组负责技术培训和指导工作。2015 年 11 月市委、市政府印发《青岛市人民政府办公厅关于组织实施青岛市耕地质量提升规划（2015—2020 年）的通知》和《青岛市化肥使用量零增长行动方案（2015—2020 年）》，推进全市化肥减量增效工作。2017 年 2 月中共青岛市委办公厅、青岛市人民政府办公厅印发了《关于加快发展节水农业和水肥一体化的意见的通知》，促进水肥一体化技术应用在全市得到快速发展。

**2. 政府扶持、强力推进**　2006—2010 年，地方财政投资 1 050 万元，支持区市开展测土配方施肥基础性工作。"十三五"期间，在水肥一体化建设和农田增施有机肥上加大了投资。2018 年，市农业农村局统筹资金 1 350 万，在国家级果菜茶有机肥替代化肥试点县平度市、莱西市之外的青西新区、即墨区和胶州市开展有机肥替代化肥工作各 1 万亩，统筹资金 6 600 万元，在 5 个主要农业区市的果树、蔬菜、茶叶上建设水肥一体化示范区 12 万亩；2019 年，统筹资金 606 万元，在 5 个主要农业区市粮油作物上建设水肥一体化示范区 1.2 万亩；2020 年，统筹资金 5 140 万元在全市粮食功能区应用生物堆肥 7 万米$^3$、商品有机肥 3 万吨，统筹 1 400 万元在全市粮田上建设水肥一体化示范区 2.8 万亩。

# 第九章
# 测土配方施肥项目县级典型案例

## 北京市大兴区测土配方施肥典型案例

北京市大兴区自 2006 年开始在全区开展测土配方施肥技术推广工作。在技术推广的起步阶段，全区开展大范围土壤和植株采样与检测、"3414"试验和配方校正试验等，提出"土壤医生"模式，组织本区相关技术人员成立土壤医生服务队，对化验室提档升级，提高化验能力，对农户开展取土、测土和施肥推荐服务，得到了农户认可。在技术推广体系逐渐成熟、农民认可度逐渐提高后，逐步开展农企对接、"互联网＋"现代化技术推广服务，扩大配方肥的补贴和推广面积，更好地将测土配方施肥技术落地。自 2015 年农业部制定《到 2020 年化肥使用量零增长行动方案》以来，大兴区坚持以"增产、经济、环保"为施肥理念，以提高肥料利用率为主线，以强化配方肥推广应用和改进施肥方式为重点，巩固测土配方施肥成果，推进化肥减量增效示范，全面增强农民科学施肥意识，着力提升科学施肥技术水平，促进粮食增产和农业增效。

经过 15 年的不懈努力，总结多年来的技术推广成果，逐步建立了大兴区主要作物施肥指标体系，同时建设并丰富测土配方施肥数据库（包括土壤养分数据库、农户施肥调查数据库等）。到 2020 年，大兴区单位耕地面积化肥用量减少到 28.08 千克/亩（纯量），与 2015 年相比降低 25%，粮食作物化肥利用率达到 41.7%，测土配方施肥覆盖率达到98%，测土配方施肥技术推广和化肥减量工作取得了明显效果。

## 一、技术方法

**1. 测土配方施肥技术**　大兴区通过开展取土化验、田间肥效试验等方法，完善本区作物施肥体系，通过优选农民专业合作社、种植大户、种植园区等经营主体，建立测土配方施肥示范方，推广科学精准施肥，做到有专家指导、有示范对比，带动全区的测土配方施肥技术推广工作。积极开展农企合作推广配方肥应用，通过购买服务方式，充分调动和发挥农资经营主体的积极性，深入开展整县、整乡、整村等整建制推进测土配方施肥。结合农民田间学校工作，利用多种形式宣传测土配方施肥技术，以开办培训班的方式，培训技术骨干、农民、营销人员等，并发放培训材料。通过广播电视、报刊简报、墙体广告、网络宣传、科普赶集、现场会等方式，扩大测土配方施肥技术影响力。

**2. 水肥一体化技术**　水肥一体化技术是集节水灌溉和高效施肥于一体的现代农业管

理技术，主要借助压力系统（或地形自然落差），将可溶性固体或液体肥料，按土壤养分含量和作物种类的需肥规律与特点，配兑成肥液与灌溉水一起，通过可控管道系统供水、供肥，使水肥混合后，通过管道和滴头以滴灌形式均匀、定时、定量浸润作物根系生长发育区域，使主要根系土壤始终保持疏松和适宜的含水量。同时，根据不同作物的需肥特点、土壤环境和养分含量状况，作物不同生育时期需水、需肥规律情况进行按需设计，把水分和养分定时、定量按比例直接提供给作物。该技术具有良好的节水、节肥、省工和增收作用。通过该技术的实施，可提高肥料利用率，减少化肥的投入，达到化肥减量的目的。

大兴区土肥工作站自 2014 年开始推广应用该技术，截至 2020 年，全区累计推广应用面积 1.8 万余亩。主要应用于设施瓜菜种植生产中，一般采用滴管或微喷带施肥系统。

**3. 有机肥替代部分化肥施用技术**　通过在全区补贴推广应用有机肥，回收处理田园废物，截至 2020 年，全区累计补贴推广有机肥 16.7 万吨，推广应用面积 16 万余亩。通过补贴有机肥，鼓励园区减少化肥投入，提高土壤肥力基础，培肥地力，提升耕地质量。通过回收园区、种植基地的瓜菜秸秆，进行集中回收、处理，明显减少乱丢、乱弃对园区及周边环境造成的污染，改善了园区环境。选取培肥效果监测点，对补贴有机肥区域开展土壤取样检测工作，并在监测点开展施肥调研工作，摸清主要种植作物的施肥情况。

同时，要求供肥企业与各实施地块联系，确定肥料配送与废弃物回收的时间、地点、联系人与运输办法。做好补贴肥料的质量抽检工作，每批配送的肥料均由区土肥技术人员抽样封存，并由市级单位统一检测。

**4. 配方肥和缓控释肥应用**　通过与其他项目配合开展，在全区推广配方肥、水溶肥、缓释肥的应用，宣传科学施肥相关知识。通过与企业合作，结合大兴区作物需肥和农民施肥习惯，研究配方肥生产与配送的机制与方法。推广适用于大兴区的配方肥，并在包装上加制"测土配方补贴肥"标志，建立测土配方补贴肥专供点，严格按照配方肥标准生产。截至 2020 年，全区累计补贴推广配方肥 3.1 万吨，施用面积 60 余万亩；缓释肥 0.6 万吨，施用面积 12 万余亩；水溶肥 230 吨，施用面积 1.5 万余亩。

## 二、服务模式

**1. 成立服务队，"土壤医生"为耕地"把脉开方"**　自 2006 年起，大兴区土肥工作站开始承担农业农村部实施的测土配方施肥项目，对辖区耕地进行取土化验，并通过土壤养分分析，为农户推荐施肥建议卡，从而实现合理化、科学化施肥。此外，肥料执法人员还进一步加大肥料市场的整治力度，加强对配方肥定点加工企业的监管，做好质量追踪，随机对配送的补贴肥做好肥料抽检工作，切实保证配方肥质量，让农民使用放心肥料。据统计，自 2006 年起大兴区土肥工作站在全区采集土样 15 000 余个。

**2. 试验示范与肥料补贴相结合**　在大兴区农业科技成果展示基地，开展长期定位监测试验，并定期开展观摩交流活动，示范测土配方施肥与常规施肥之间的差异。开展氮、磷、钾肥料的田间肥效及优化试验，完善大兴区瓜菜作物的施肥指标体系。开展有机肥和生物有机肥田间试验，研究两种肥料在瓜菜上的作用和对土壤养分的影响。定期开展配方肥、水溶肥肥效研究试验，并组织农民现场观摩，对效果好的配方肥和水溶肥进行示范。自 2006 年以来，累积开展相关试验示范 528 项，辐射带动面积 2 万余亩。

**3. 技术宣传与田间学校相结合** 农民田间学校以农民为中心，以田间为课堂，以启发式、参与式、互动式为特点开展农民田间技术培训活动。自 2006 年以来，大兴区累积开展田间学校 40 余所，涉及西甜瓜、蔬菜、甘薯、粮食、食用菌等多种作物。通过开办田间学校的方式，结合其他项目，以田间培训指导、农民活动日、科普宣传、交流观摩、示范户带动、物化补贴等多种方式，对农民开展专题施肥培训，辐射带动周边农民共同提高种植水平。

**4. 测土配方施肥技术与"互联网十"相结合** 结合农民田间学校及测土配方施肥示范基地，应用推广施肥一体机、"施肥宝"App、"12316"服务热线、微信等多种推广方式，探索测土配方施肥指导与产需对接之间的关系，为更好地推广测土配方施肥技术找寻更多更好的推广形式。

## 三、工作机制

**1. 建立示范基地，应用技术成果** 大兴区通过建立测土配方施肥示范基地及科技示范户，制定了"四免一补"政策，即"免费测土、免费配方、免费发卡、免费培训""配方肥补贴"等措施，推广测土配方施肥技术。在示范基地及示范户开展定位监测、肥效校正、新产品新技术示范等相关工作，定期组织观摩交流活动，进行成果展示。将测土配方施肥工作与粮食、蔬菜高产创建示范方相结合，充分发挥土肥技术在高产创建过程中的科技支撑作用，全面提高大兴区瓜菜、粮食、果树、甘薯等作物的产量和品质。

**2. 以点带面，推广测土配方施肥技术** 在大兴区庞各庄镇、青云店镇、长子营镇建立高产示范方或示范基地，将高产创建与测土配方施肥技术紧密结合，将高产创建示范方作为测土配方施肥技术的展示窗口，逐步完善主要粮食作物的施肥指标体系，优化蔬菜、西甜瓜的施肥方案，探索不同作物的化肥减量增效技术模式。

**3. 以试验示范为基础，推进技术普及** 以农民田间学校和示范基地为点，以成果示范展示为主线，带动全区科学施肥技术推广。通过在全区开展样品采集与检测、农户施肥调查、试验示范等相关工作，了解大兴区土壤养分基本情况，掌握本区农户施肥习惯，建立作物施肥指标体系，推进测土配方施肥和化肥减量增效示范与耕地质量保护与提升、绿色高产高效创建等工作结合，开展农企合作推广配方肥活动，充分利用现代信息技术和电子商务平台，开展测土配方施肥指导和服务，加快测土配方施肥技术推广应用。

## 内蒙古自治区阿荣旗测土配方施肥典型案例

呼伦贝尔市阿荣旗自开展测土配方施肥工作以来，以推广普及测土配方施肥技术为重点，大力开展测土配方施肥普及示范行动，通过多年的探索，采取了由点到面，即由种植大户、科技示范户、农民专业合作组织到整村、整乡整建制推进的推广模式，取得了较好效果。

## 一、典型经验

针对测土配方施肥技术到位难的问题，阿荣旗测土配方施肥工作以整建制推进为重心，积极探索整建制推进的工作模式，形成了3种整建制推进测土配方施肥模式。

**1. 政府主导、部门主推、多方参与整建制模式**　由政府主导、农牧局主抓，旗乡两级农业技术推广部门主推，乡镇政府、配肥企业、村委会多方参与整建制推进测土配方施肥。该模式明确了各部门的责任、利益关系，农业技术推广中心负责取土、化验、试验示范、配方工作，乡镇农服中心、村委会负责推广配方肥，配肥企业负责生产、配送配方肥工作。具体程序为：村委会进行面积落实和收款，乡镇农服中心进行汇总，农业技术推广中心根据上报情况进行开方，企业根据配方进行生产，并将配方肥配送到村，减少农民购肥成本。该模式架起广大农民与农技部门、供肥企业的桥梁，确保整建制推进工作落到实处，有效提高技术利用率。

**2. 统测统配统供，规模流转土地带动整建制模式**　2009年，阿荣旗率先开展了土地流转工作，积极推行以股份制为主的多种土地流转模式，引导农民发展适度规模经营。全旗规范流转土地123.5万亩，农技推广部门、企业、协会及农户积极参与，进行集中种植，其中适度规模经营34.9万亩，占流转耕地面积的28.3%。以此为纽带，采取技物、技企相结合的方式，由农业部门统一测土，统一配方，企业按方生产，统一供肥，统一（或分户）施用。加快测土配方施肥技术推广，这类模式随着土地流转和专业合作社发展，呈快速发展态势，也是整建制推进的一种有效方式。

**3. 企业＋农户、协会＋农户推进整建制模式**　阿荣旗依托当地的自然条件和资源优势，发展大豆、玉米、马铃薯、白瓜子、玉米制种等富民产业。在当地龙头企业的带动下，采取企业＋农户或协会＋农户的模式整建制推广测土配方施肥技术。如：制种企业在玉米制种过程中，通过赊销配方肥的办法解决农民生产资金紧张的问题，以调动农民施用配方肥的积极性，企业在收购农产品时回收资金。这种模式有效缓解了农民春耕生产投入资金大的问题，农民增收效果显著，平均每亩纯收入达600元。

## 二、技术方法

通过对土样测试分析、田间试验示范、农户施肥调查等大数据的分析研究，确立了科学实用的施肥指标体系和肥料施用配方，建立了测土配方施肥项目数据库和测土配方施肥专家系统。在项目实施中，与配方肥定点生产企业密切合作，实现了"测土、配方、配肥、供肥、施肥指导"一条龙服务，满足了农民的生产需要；加强培训、示范带动，广泛宣传、营造氛围，使广大农民对测土配方施肥的重要性有了更为深刻的认识，改变了以往单一施肥、过量施肥和盲目施肥的习惯，形成了测土施肥、配方施肥和施配方肥的新风气。

配方肥推广应用分为开方配肥、技术培训和跟踪服务几个重要环节。第一，根据配方施肥区的土壤测试结果开出施肥配方，在春播前，提供给配肥厂生产专用配方肥，或给农户发放配方施肥建议卡；第二，技术人员深入乡镇、村屯开展技术培训、指导农户按方配肥加工；第三，深入农户、田间地头，进行配方肥施用技术指导和服务；第四，加强整个生产期间的跟踪服务和调查评价。

通过测土配方施肥使农民有 3 个改变，产生了 5 个方面的成效。3 个改变是：一是改变了农民用肥的观念，农民意识到要根据作物的需要施用肥料，缺什么补什么，缺多少补多少，即看对象、看需求测土配方施肥；二是改变了施肥时期，由过去传统的施肥方法，即随播种时"一炮轰"，改为更加注重根据作物最佳的施肥时间施肥，如玉米的氮肥后移；三是改变了施肥方法，由传统的施肥方法，即浅施、表施，改为深施、分层施，与深耕、旋耕、播种等农机措施相结合，提高了施肥效果。5 个成效：第一是增产，测土配方施肥根据作物的需要量和作物需要的最佳时间来施用，农作物每亩增产幅度在 10％以上。第二是增效，采用测土配方施肥技术，大豆每亩增收 79.12～89.76 元，玉米每亩增收 109.20～148.05 元。第三是提质，改善农作物的品质，如马铃薯增施含硫酸钾的配方肥，或者合理调配氮、磷、钾可以提高淀粉率。第四是环保，测土配方施肥减少不合理的施肥，保护和改善了环境，推动了农业的节能减排，降低了农业生产对环境的污染。第五是提高化肥利用率，大豆化肥氮、磷、钾利用率分别达到 33.0％、24.9％、40.8％，提高了 4.3％、4.6％、10.8％；玉米化肥氮、磷、钾利用率分别达到 31.1％、26.8％、35.4％，提高了 6.1％、5.8％、4.4％。

## 三、服务模式

在项目实施中，阿荣旗积极探索创新技术服务模式，形成技企合作的服务模式，着力构建配方肥"产、供"体系，提高测土配方施肥技术到位率，以有效解决测土配方施肥技术推广"最后一公里"问题，提高测土配方施肥技术的覆盖率与到位率。高度重视与企业的合作和配方肥生产、供应问题，自与配方肥定点企业合作生产配方肥以来，实行"订单、定向、定方、定量"的生产供应模式，即由乡镇农服中心负责深入各乡镇村组落实统计订单肥数量，土肥站根据订单乡镇、村组土壤养分情况为企业提供配方，企业按方生产、统一供肥。

农业技术推广服务中心开展调查采样、宣传培训工作，积极主动与企业开展密切合作，探讨形成了技企合作的"四个一"服务模式，即"一张图、一张表、一张卡、一袋肥"。"四个一"具体内容为："一张图"即技术部门根据测土配方施肥成果编制测土配方施肥分区图，旗、乡、村测土配方施肥分区图；"一张表"即测土配方施肥配方推荐表；"一张卡"即技术部门为农民制定、发放施肥配方建议卡，并深入农户、田间开展施肥技术指导；"一袋肥"即配肥企业与农户签订订单，企业按单生产，春播前将肥料免费运送到村组。

## 四、工作机制

阿荣旗在测土配方施肥推广工作中不断创新激励机制，为整建制推广配方肥提供保障。一是理顺管理体制。在阿荣旗政府的支持下，乡镇农业服务中心归属旗农牧业局统一管理，经费也由差额变为全额拨款，理顺乡镇农技推广体制，调动了农技人员的积极性，加大了新品种、新技术推广力度。农技推广队伍凝聚力、向心力进一步加强，形成了农技推广单位积极向上、人人奋发向上，人人谋事、想事、做事的良好局面。二是建立绩效考核机制。农牧业局制定考核办法，对乡镇农业服务中心、科技人员、科技示范户实行绩效考核和动态管理，每年进行一次考评，召开表彰会，表扬先进鞭策后进，促进效果明显。三是工作经费保障机制。农牧业局责成配肥企业按每吨 100 元推广工作经费补助乡镇农业服务中心和村委会，实行绩效挂钩，推广销售量大的工作经费达 20 万元，保障了农技推广工作经费，改善了乡镇农业服务中心办公条件和交通条件，增加了村干部的个人收入。四是奖优罚劣机制。农业技术推广服务中心每年对考核结果优秀排名前三的乡镇农业服务中心和做出贡献的技术人员给予奖励，对末位单位和技术人员给予通报，通过奖优罚劣促进测土配方施肥整建制推进工作的开展。五是示范带动机制。建立了以旗级万亩示范片和村级示范方为主要模式，技术指导员和示范户智力竞赛、田间课堂等活动为主要载体的示范带动机制，成效突出。六是包片指导机制。旗农牧业局组织专家和 100 名技术人员每人负责 10 个科技示范户进村入户进行技术指导，技术人员每周入户指导一次。七是合作推广机制。农业技术推广中心与肥料生产企业紧密合作，把测土配方施肥与当地涉农项目有机结合，统筹运作，优先向整建制推进测土配方施肥区域的农户倾斜，加大对整建制推进测土配方施肥工作的支持力度。

# 吉林省梨树县测土配方施肥典型案例

梨树县作为农业农村部和吉林省测土配方施肥及耕地质量保护与提升减量增效项目试点县，按照测土配方施肥示范县的总体要求，无论是在技术上还是在手段上都实现新突破。十几年来，梨树县以"梨树模式"为核心，以测土配方施肥为手段，全面开展了提高化肥利用率、减肥增效等科学施肥技术推广工作，不断提升粮食综合生产能力，降低生产成本，实现农业增效、农民增收。

## 一、强化技术，提升工作水平

测土配方施肥项目实施以来，梨树县紧紧围绕采土测试、田间试验、施肥技术指标体系建立、施肥技术指导、数据库建设及化验室建设等基础工作，为全面完成测土配方施肥技术推广工作奠定了基础。

**1. 采土测试**　从 2006 年开始，每年采集测试土样 1 000～4 500 个不等，十几年来，梨树县累计采集测试土样 43 182 个，测试 255 910 项次。为了确保土样的代表性及覆盖面，每年在取土前都进行采土专题培训，严格按照规划方案采集土样，保证土样涵盖各行政区域和主要土壤类型，全部 GPS 定位。同时开展农户基本情况及施肥情况调查（包括前茬作物、产量水平、地块名称、地块位置、自然条件、生产条件、有机肥、基肥、追肥用量、施用时间等）。在测试分析方面，采用常规分析方法，测试 24 项包括土壤容重、有机质、水解性氮、有效磷、速效钾、全氮、全磷、全钾、缓效钾、pH、有效铜、有效锌、有效铁、有效锰、有效硼、有效钼、有效硫、有效硅、阳离子交换量和5项重金属。在测试工作中，采取了夹带参比样方式，有效地保证了测试质量。

**2. 田间试验**　多年来，在玉米、水稻等主要作物及花生、马铃薯、白菜等经济作物上落实了385个"3414"试验及扩展试验、玉米中微量元素试验、有机与无机配施试验、肥料利用率试验（合作社、机械施肥、新型肥料、水肥一体化）、玉米化肥减量增效试验等田间肥料效应试验，每个"3414"试验至少搭配一项配方校验试验，为施肥指标体系建立、了解施肥参数、摸清土壤供肥水平奠定了基础。

**3. 主要作物施肥技术指标体系**　根据不同区域的气候特点、地形地貌及土壤养分状况，将梨树县划分为4个施肥类型区，依据不同施肥类型区的土壤测试结果及"3414"肥料效应试验，摸清了主要作物需肥特性及需肥规律，掌握了不同区域土壤养分丰缺指标状况，建立了科学施肥指标体系。结合农民的常年产量水平和常规施肥方式以及土壤检测结果等因素制定出20余个配方肥配方。在一个大配方内，根据不同施肥类型区进行小调整，确保肥料配方的针对性。依据校验试验，每2～3年对施肥参数进行一次调整，更新肥料配方，逐步完善施肥指标体系。

**4. 施肥指导**　在施肥指导工作中，一是分区指导农民施肥，主要是根据土壤特性和区域特点，结合当地的实际生产情况，将全县划分为3个施肥类型区，分区指导主要采取两种方式，采用"一张卡""一袋肥"模式。"一张卡"是利用施肥专家系统，依据土壤测试结果及产量目标、施肥指标体系，为农户提供一张施肥建议卡，农民可按卡上的养分配比购买肥料，对于土壤肥力相同或相近的农户也可参照其养分配比购买各种肥料。"一袋肥"是梨树县农技推广总站以农业大专院校和科研机构为技术依托，根据田间试验结果研发施肥配方，化肥生产企业按照技术部门提供的配方，生产出配方肥，农民可直接购买和使用配方肥。这种模式的应用极大推动了全县测土配方施肥工作的推广效果。二是分户指导施肥，也是目前主要采取的测土施肥指导方式，主要是通过指导5 000名科技示范户来推广测土配方施肥技术。同时，充分发挥中国农业大学吉林梨树实验站作用，利用中国农业大学教授、专家资源优势，将现有土肥技术推广人员与当地农业生产实际有机结合起来，依托肥料田间试验及土壤测试结果，在农业生产各个环节深入田间地头开展施肥技术指导与试验设计工作，手把手地教、面对面地讲，把中国农业大学教授、专家的专业知识转化为生产力。

**5. 数据库建设**　为了实现科学管理，充分利用测土配方施肥项目实施获得的大量数据资料，使用测土配方施肥数据管理系统，对完成的工作内容及时进行数据资料整理。一是建立了土壤样品采集农户调查档案，并录入数据库；二是将农户施肥现状调查录入数据库；三是及时将土样测试数据整理并录入数据库；四是将田间试验资料及植株测试数据整理并录入数据库。同时，完成了县域耕地资源管理信息系统建立，健全了土壤属性数据库和空间数据库，为施肥指标体系的确定提供有利依据，并应用测土配方施肥所获得的数据进行数字化成图，建立了长效服务机制。一方面，有专业人员负责化验及试验示范、农户调查等各方面数据的录入工作；另一方面，在数据进行统计分析时要检查数据的准确性，对数据进行排序，对极端值进行检查校正。

## 二、强化手段，提升工作能力

**1. 加强技术培训**　每年举办各种形式的培训班，召开现场会、发放资料、在电视台及广播电台播放测土配方施肥专题，传播新的知识和理念。在梨树县农技推广网站设置测土施肥专区，及时将各种测土配方施肥的信息传播出去，保证基层推广人员和示范户足不出户就可以学习测土施肥知识，了解测土施肥技术。

**2. 强化宣传示范**　为了测土配方施肥技术能在梨树县顺利实施和快速推广，充分利用媒体传播途径，如广播、电视、报纸、杂志、手机、条幅、墙体广告、墙报等，加大宣传力度，营造良好气氛。广泛宣传测土配方施肥在促进粮食增产、农业增效、农民增收和生态安全等方面的重要作用，改变现有的传统施肥习惯，提高测土配方施肥工作的影响力，实现农业的可持续发展。

**3. 完善推广体系**　为了使测土配方施肥技术得以顺利推广实施，梨树县建立了一支高素质的土肥技术队伍，县级土肥技术员14人，乡镇土肥技术员21人、每乡镇一名，村级土肥技术员309人、每村一名。县级土肥技术员能进行试验、田间调查和田间鉴定，并能使用测土配方施肥计算机操作系统，并经常参加省土肥站、农业大专院校等提供的测土配方施肥技术培训，提高自身业务水平。乡镇土肥技术员能熟知本乡镇的土壤类型、土壤养分状况，掌握本乡镇的农户施肥情况并进行施肥技术指导。乡镇土肥技术员的建立壮大了测土配方施肥技术推广人员队伍，缓解了人员不足的状况。村级土肥技术员具有科学种田意识并在本村具有一定的影响力，乐于助人，在农户中施肥技术水平较高，能指导带动农民进行科学施肥。村级土肥技术员的建立，解决了测土配方施肥推广应用"最后一公里"的问题。

**4. 提高检测能力**　自2006年以来，为了适应项目对化验数据指标的要求，对原有的化验室进行了扩建和维修，对室内设施进行全面的维修改造。特别是2017年以来，在中国农业大学吉林梨树实验站建立了新的化验室，新增仪器设备百余台套，使化验数据的准确率和化验速度显著提高，在以往只能化验氮、磷、钾的基础上，具备了化验中微量元素的能力，达到了测土配方施肥项目对化验室的要求。此外，引进了先进仪器，更新了化验设备，提高了化验质量和测试能力。

## 三、强化创新，提升工作成效

梨树县为了全面推广实施测土配方施肥技术，摸索前进，在创新推广上不断探索有效的技术服务模式。

**1. 培植科技示范户**　在做分散农户服务的工作中发现，点对点的服务很难实现面上的全面提升。为此，在全县21个乡（镇）309个村建立5 000个农业科技示范户，包含农业专业合作社、家庭农场、种田大户等新型经营组织。通过宣传培训，提高了科技示范户的测土配方施肥认识水平。同时，将技术物化，有针对性的配方肥直接到户，节本增效作用十分明显，得到了科技示范户认可。通过科技示范户辐射带动，以点带面，加速了全县测土配方施肥推广速度及推广应用效果，解决了测土配方施肥工作"最后一公里"问题。

**2. 农科教共建模式** 通过与科研院校合作为测土配方施肥技术的长远发展创造了条件。先后与中国农业大学、吉林农业大学、中国农业科学院、吉林省农业科学院等科研院校展开合作，开发建立了梨树县测土配方施肥研究基地，主要研究玉米高产高效综合管理模式。通过与科研院校的合作，以中国农业大学、吉林农业大学等科研单位的专家为技术依托，以研究课题为依据，调整配方，修改配方，为合作社、种粮大户及农民提供最佳配方，经过多年实践，得到广大农民的认可。这些科研院校是强大的技术后盾，将测土配方施肥技术推广提高一级台阶。

**3. 推广测土配方施肥终极模式——"梨树模式"** 从建立培植测土配方施肥示范户开始推广测土配方施肥技术的星星之火，到"333"工程的"十公顷展示田"，再到"21231"工程的"百亩方"，最后到"梨树模式"示范基地的燎原之势，都是以测土配方施肥技术为核心的技术集成，是推广测土配方施肥技术一路摸索和不断创新的过程。

梨树模式是以玉米秸秆全覆盖为核心，在玉米种植过程中将秸秆还田并覆盖在地表，将耕作次数减少到最少，田间主要生产环节全部实现机械化作业，建立的秸秆覆盖、播种、施肥、除草、防病及收获全程机械化技术体系。2016年3月2日，《农民日报》以"非镰刀弯地区玉米怎么种，梨树模式值得借鉴"为题，对玉米秸秆覆盖免耕机械化种植技术整版报道，自此，梨树模式得以广泛推广。2021年开始，梨树县启动梨树模式升级版——现代农业生产单元建设。现代农业生产单元建设的主旨就是在实施"梨树模式"的基础上，以农民专业合作社或家庭农场等新型经营主体为实施主体，以300公顷土地相对集中连片为一个实施单元，确定具体实施模式，打破农户间土地界限，规范行距，利用导航作业。在此前提下合理配置农机具，通过测土配方施肥等相关农业技术的集成，将农资采购、农机作业、人员配置和资金使用率发挥到最大化。进一步规范"梨树模式"实施标准，使梨树模式的推广过程有所依托，完善升级，创新发展黑土地农业现代化梨树模式。

# 四、测土配方施肥在梨树县开花结果

通过多年的推广，测土配方施肥技术覆盖率达到95%以上。

**1. 技术成型** 完成了梨树县主要作物施肥技术指标体系建设。以"3414"肥料试验为基础，通过一系列相关性分析，建立土壤养分丰缺指标，并进一步对每个试验进行回归分析和边际效应分析，获得肥料效应函数和最佳施肥量，从而建立不同土壤肥力的推荐施肥指标。

（1）完成了主要作物施肥参数 从农学参数看，玉米测土配方施肥与农民习惯施肥相比增产率达到15.56%，单位肥料的投入增产量为50千克，就是说每投入1千克肥料可以增产50千克的粮食，而农民习惯施肥却是每投入1千克肥料可以增产28千克的粮食。

从养分利用率来看，玉米测土配方施肥的养分利用率为36.25%，而农民习惯施肥的养分利用率却只达到24.32%；水稻测土配方施肥的养分利用率为38.25%，而农民习惯施肥的养分利用率却只达到28.6%。测土配方施肥的养分收支基本达到平衡，而农民习惯施肥的养分收支极不平衡，投入量远大于产出量，从而导致大量的养分流失，既造成了严重的肥料浪费，也造成了严重的面源污染。所以，通过测土配方项目实施，减少了肥料浪费和面源污染。

（2）修订了土壤养分丰缺指标 土壤养分丰缺指标在"3414"肥料效应试验的基础上，以播前土壤养分含量为横坐标，以相对产量为纵坐标，运用 Excel 软件的添加趋势线，获得相对产量与土壤养分测试值的数学关系；以相对产量 75％、90％、95％为标准，同时结合《中国主要作物施肥指南》划分出梨树县土壤养分丰缺指标体系。

**2. 经济效益** 多年来，梨树县累计实施测土配方施肥面积 1 600 万亩左右，玉米平均增产 22.52 千克/亩左右，累计增产 36 032 万千克，玉米平均价格按 1.8 元/千克计算，累计增产增效 64 857.6 万元；玉米生产综合平均节约成本 14.26 元/亩，累计节约肥料投入成本 22 816 万元，全县玉米累计总节本增收 87 673.6 万元。水稻累计推广 150 万亩，平均增产 15.4 千克/亩，累计增产 2 310 万千克，水稻平均价格按 3 元/千克计算，累计增产增收 6 930 万元；水稻化肥综合节约成本平均 11.2 元/亩，累计节约肥料投入成本 1 680 万元，全县水稻累计节本增收 8 610 万元。其他作物全县累计节本增收 300 万元左右。由此可见，通过测土配方施肥及耕地质量保护与提升减量增效项目实施，全县节本增效总收入为 96 583.6 万元。

**3. 社会效益**

（1）改变了农民施肥观念 测土配方施肥项目的实施，提高了广大农民群众的科学施肥意识和施肥水平。测土配方施肥技术的推广应用，改变了农民重施化肥不施有机肥，重施氮肥不施磷、钾肥和微肥以及过量施肥、盲目施肥的旧习惯，使农民认识到施用化肥要合理搭配、科学配比，配方已成为农民的首选。

（2）实现了化肥零增长 通过多年测土配方施肥及耕地质量保护与提升减量增效项目实施，2020 年基本实现了全县化肥使用量零增长，主要粮食作物总体肥料利用率达到 40％以上，测土配方施肥技术在主要粮食作物上覆盖率达 95％以上，畜禽粪便养分还田率达到 60％，农作物秸秆养分还田率达到 61.5％。

**4. 生态效益** 通过测土配方施肥及耕地质量保护与提升减量增效项目的实施，一是明显改善土壤理化性状，增强土壤保水保肥能力，提高肥料利用率，维持并提高土壤持续生产能力和基础地力，从而提高粮食的生产能力。二是调整了氮、磷、钾施肥比例，肥料配比更加科学合理，大部分养分被作物当季吸收，少量的养分被土壤吸附，减少养分失调现象，培肥了地力，加上合理的施用方法，减少化肥损失，减少了面源污染，从而减少了对水体及大气的污染，改善了农业生态环境，因此具有较好的生态效益。三是使作物的产量和品质得到提高，肥料利用率提高，增收节支效果明显。

2020 年 7 月 22 日，习近平总书记在视察梨树县时指出，"要认真总结和推广'梨树模式'，采取切实有效的措施，把黑土地这个'耕地里的大熊猫'保护好、利用好"。以保护黑土地为核心，进一步加快测土配方施肥技术的推广，实现耕地质量保护与提升，使测土配方施肥技术在梨树越走越远。

# 上海市嘉定区测土配方施肥典型案例

2008 年，嘉定区被列为农业部测土配方施肥补贴项目区，是上海市第三批测土配方施肥项目实施区。从第一个三年的补贴实施区，到第二个五年的补贴巩固区，再到延续至今，测土配方施肥技术已实施了十三年，并已成为一项常态化工作，已然植根于农技人的日常工作中，也深入农民的心田。项目成立之初，在市、区上级部门的重视和部署下，成立了工作领导小组，加强组织协调，统筹政策措施；成立了技术指导小组，负责具体实施，全面指导测土配方施肥技术各项工作的实施开展。

以作物缺什么施什么为核心理念的测土配方施肥技术，紧紧围绕"测土、配方、配肥、供肥、指导"五项核心环节，紧扣十一项关键技术内容，全力推进测土配方施肥技术的应用力和覆盖面，在提高种植户科学用肥观念和施肥水平上发挥了积极作用。以土壤数据、田间试验和专家经验为依据，依土配方，施方验证，不断验证更新配方肥，由此又反哺测土配方施肥技术，使之更加稳步扎实推进。以减量施肥、提质增效为重心，测土配方施肥技术的实施推进，进一步实现了肥料结构的优化，提高了肥料利用率，促进作物高产优质，增加农民收入，科学施肥理念深入人心。同时，缓释肥、专用水溶肥等新型肥料应运而生，既满足作物需肥规律，又契合新形势下减肥增效要求。通过项目实施衍生，以测土改良、提质增效、绿色生态为目标，秉持人与自然和谐共生，走绿色生态之路，实现乡村振兴，测土配方施肥技术先行一步，为"美丽家园、绿色田园、幸福乐园"做出了重要贡献。

## 一、以土壤采测为根本　掌握区域耕地属性

测土配方施肥技术中五项核心环节之一首要就是"测土"，所以做好土壤样品的采集和检测工作是重中之重。嘉定区历年来十分重视土壤养分普查和检测，历史上较大规模的土壤普查有两次，第一次在 1959—1960 年，第二次在 1983—1984 年，对全区土壤结构和养分状况进行了比较系统的调查分析，基本摸清了区域土壤资源状况，建立了嘉定土壤分类系统，提出了因土种植、因土施肥、合理布局和改良利用的建设性意见，为全区农业生产的可持续发展做出了重要贡献。2008—2010 年，嘉定区被农业部列为上海市测土配方施肥补贴项目区，以此为契机对全区 9 个镇 150 个农业行政村进行统筹规划，合理布点。按照采样布点的全面性、均衡性、代表性、典型性原则，做到村队全覆盖，每个村队都有对应田块的土样，并对样点进行 GPS 定位，为数据库建设打好基础。

项目实施的十三年中，共计采集各类土样 5 283 个，其中补贴实施的八年采集土样 3 701 个，延续实施的五年采集土样 1 582 个。以上土样均按照市级要求统一送到指定化验室检测分析，由此基本掌握全区耕地土壤理化属性和养分含量，初步建立了嘉定测土配方施肥数据库。通过分析比较土壤养分的时空变化状况，目前嘉定区耕地土壤主要养分指标均呈递增态势，总的特点是：氮平、钾丰、有效磷较丰，有机质储量属中等偏上，有效地保障了农作物的正常生长。数据还显示，各镇耕地地力水平存在不平衡性，主要与土

壤结构、用肥水平、种植茬口和品种有关。根据土壤地力等级划分标准，嘉定区一级耕地面积最多的是嘉定工业区，占全区一级耕地面积的 42.46%。

## 二、以试验研究为依据　甄选验证肥料配方

为取得第一手数据资料，项目实施最初的三年中，市、区、镇农技推广人员组织开展了大量田间试验，在水稻、小麦、蔬菜、哈密瓜、葡萄、草莓等作物上完成各类试验 123个。其中，水稻 84 个、小麦 11 个、蔬果等经济作物 28 个。按试验类别分："3414"试验21 个、绩效评估试验 16 个、供氮量试验 44 个、示范试验 5 个及其他试验 37 个，设置各类试验小区 750 个。根据田间试验、土壤数据，并结合农户实际效果反馈，通过反复试验论证，头三年全区在水稻、小麦、蔬菜作物上共研制推广配方肥 7 个，推广数量 12 990吨，应用面积 53.3 万亩次。至今累计推出配方 12 个，并由已入围市级补贴名录的肥料企业安排配方肥的生产供应，保障农户用肥安全有效。

项目实施以来，重点在水稻、小麦、蔬菜作物上开展配方肥校正试验 43 个，设置配方施肥、习惯施肥和不施肥三个处理，为测土配方施肥提供了技术参数，为新肥料、新技术推广提供了保障，充分展示了测土配方试验的成果。全区围绕高产创建活动，注重将测土配方施肥技术进行辐射渗透，每年建立区级示范基地 6~8 个，面积 5 000 亩。其中，水稻示范基地 2 个，面积 1 000 亩；小麦示范基地 2 个，面积 1 000 亩；草莓示范基地 1个，面积 500 亩；哈密瓜示范基地 1 个，面积 300 亩；葡萄示范基地 1 个，面积 200 亩。对这些示范基地强化测土配方施肥技术的推广应用，紧紧抓住"测土、配方、配肥、供肥、指导"五项核心环节，做好科学用肥指导，有效地提高了作物产量和品质，为全区面上生产起到了示范推动作用。

## 三、以配肥指导为载体　打通技术到位最后一公里

测土配方施肥技术关键环节即配方，通过研制、生产、供应配方肥，以实物形式呈现的配方肥更有助于农户深刻理解测土配方施肥技术的实际意义，从而逐步掌握科学施肥对作物提质增效和对土壤的生态环保作用，使得藏粮于技稳步推进。在肥料研发进程中，嘉定区积极引进竞争机制，择优选择生产企业。如商品有机肥推广，首先从全市入围企业中挑选了 5~6 家企业进行招投标，最后根据中标结果甄选出 3~4 家企业。根据产品质量、地域等因素，最终确定厂址在本区范围内的 1~2 家企业为水稻专用配方肥定点生产厂家。十三年来，嘉定区积极推广使用商品有机肥、专用配方肥（BB）、复混肥等，共计推广商品有机肥 26 万余吨，应用面积累计 100 万亩次左右，市区两级财政投入补贴 8 256 万余元；推广专用配方肥 3.5 万余吨，应用面积累计 160 万亩次左右，市区两级财政投入补贴1 302 万余元。近五年推广缓释配方肥 1 667 吨，应用面积累计 5 万亩次左右，市区两级财政投入补贴 240 万余元。

通过有机肥和配方肥的推广应用，达到了有机、无机肥料的平衡施用，有效协调土壤与作物间的养分供需平衡，增强了作物的抗逆性，提高了农产品的质量，有效改善了耕地

质量。水稻、蔬菜专用BB肥和复混肥的推广应用，确保了农作物磷、钾肥的有效投入，肥料品种结构日趋合理，目前全区主栽作物对配方肥的应用基本达到全覆盖，高产示范基地专用配方肥亩用量达35～50千克。根据投肥调查结果显示，农户不再大水大肥，而是讲究精准科学施肥，盲目施肥的现象已基本扭转，特别是测土配方施肥技术实施的几年，磷、钾比例有了很大程度提高，既优化了肥料结构，也改善了耕地质量。

2008—2020年，共实施测土配方施肥面积241.85万亩次。根据典型农户、示范区、核心方对比田块调查资料综合分析，各种作物均表现出不同程度的节本增效。2008—2015年，全区不同作物测土配方施肥减少不合理施肥1 961.8吨（折纯），亩节本增效39.3元，总节本增效4 381.3万元。开展测土配方施肥，有效减少了氮肥施用量，较项目实施前提高肥料利用率3%～5%，改变以往因肥料施用不合理造成农业面源污染严重的现状，对改善本区生态环境、促进优质农产品的生产和提高农业生态效益具有重要意义。

## 四、以数据建设为契机 创建耕地资源信息库

依托测土配方施肥项目实施，以数据建设为契机，有效利用土壤数据，夯实区域耕地建设。一是每年开展基本农田长期定点监测工作，全区9镇布点50个，至2019年已逐步更新至100个。每年开展点位投肥调查和耕地调查，并撰写投肥调查报告和耕地地力调查报告。通过对监测点的土壤养分和施肥情况定点监测调查，有效掌握了肥料施用动态，跟踪土壤养分时间和空间的变化，为制定施肥技术方案和创新施肥技术，提供了重要的基础参数。二是每五年一个轮回，开展全区耕地地力调查与评价工作，通过系统全面采样检测，完成耕地地力质量调查与评价报告，创建耕地资源信息库，制作土壤类型图、地力等级图和土壤养分图等专业图件。2008年，出版专著《嘉定区耕地地力调查与可持续发展研究》；2019年，出版专著《上海市嘉定区耕地地力研究与实践》和专题图册《上海市嘉定区耕地地力研究与实践成果图集》，这些研究成果对嘉定区农作物合理布局、耕地资源的合理开发利用以及农业生态环境保护工作都具有十分重要的指导作用。

## 五、以宣传培训为抓手 提升测配广度与深度

**1. 拓宽渠道，挖掘潜力** 为将测土配方施肥技术更好地宣传给农民，提高科学施肥水平，2009年嘉定区土肥部门选择以菊园新区为重点整建镇，对新区粮田开展了土样采集。菊园新区共有粮田面积2 315.9亩，全部由菊采粮食合作社经营管理。共采集土样39个，结合土壤养分丰缺指标，制定针对性的施肥方案，对每个农户发放了测土配方施肥建议卡，提出氮、磷、钾不同用量，并按照基肥、苗肥、分蘖肥、穗肥施用，明确施用品种、数量和方法，真正做到了因地制宜科学合理施肥。

通过实施测土配方施肥，全场2 000余亩水稻，施用商品有机肥360吨，平均亩施150千克；施用水稻专用配方肥62吨，平均亩施25千克，基本达到了全覆盖。平均每亩纯氮用量18.8千克，氮、磷、钾比例为1∶0.2∶0.23，磷、钾比例较前几年有了明显提高，施肥结构更趋合理。2009年全场水稻平均亩产596.9千克，较全区平均亩产（558千克）

增产 38.9 千克，增幅 6.97%。其中，青冈 3 队江万宏专业户种植的 142.46 亩水稻，通过测土配方施肥技术、水稻群体栽培、病虫草防治技术的综合运用，获得平均亩产 620.97 千克的产量，充分显示了测土配方施肥的指导作用。

**2. 施肥彩图下乡上墙，农民施肥水平逐步提升**　项目实施期间，共制作单季晚稻科学施肥指导意见彩色版图 44 份，并于水稻种植前送到全区 8 个镇、20 个规模粮食合作社张贴上墙。简单一张施肥建议卡，形象客观地告知农民测土配方施肥技术的使用方法和科学内涵，有助于提升农民施肥水平。

**3. 小册在手，施肥不愁**　为进一步做好测土配方施肥技术的宣传和指导，不断提升测土配方施肥技术覆盖面，嘉定区从 2011—2019 年，每年印制 500 本《水稻测土配方施肥技术实用手册》，发放到全区 9 个镇以及规模粮食合作社，深受农户欢迎和肯定。手册涵盖内容主要有测土配方施肥知识点、单季晚稻测土配方施肥指导意见及推广应用集锦，方便农民查阅和记录农事，既提高农民科学种田、合理施肥的意识和水平，也提高了测土配方施肥技术的知晓度和辐射面。

**4. 强化宣传培训，提高施肥技术**　为提高科技人员自身素质和能力，项目成员多次参加部、市、区级专业技术培训，同时对各镇土肥员和试验田农户进行理论和现场培训。并以科技入社、科技下乡、"三夏"与"三秋"联络等形式，深入农村田头，现场为农民介绍并指导测土配方施肥技术，耐心解答农户提出的疑难问题。通过多方位、多层次的培训指导，为测土配方施肥技术、商品有机肥、配方肥的大面积推广应用提供了强有力的技术保障，帮助农户科学、经济、环保施肥，实现作物提质增效。

通过组织对镇村干部、基层农业技术人员以及农户代表课堂培训和田头答疑，让技术在田里说话，让成果在田头展示，使农户看得明白、学得扎实，让农民切身感受测土配方施肥应用效果，学会测土配方施肥实用技术，整体推进测土配方施肥技术在全区的推广应用。在试验研究和示范推广中，区农技中心组织土肥、栽培、植保等相关技术人员对土壤测试、肥料供应及施用、栽培管理、病虫草害防治等环节给予全过程的指导服务。

同时充分利用新闻媒体、现场指导、科技下乡和科技入户（社）、新型农民培训等多种渠道开展测土配方施肥技术宣传指导。2008—2015 年，共举办培训班 95 期次，培训技术骨干 406 人次，培训农民 14 890 人次，发放资料 26 600 份，刊登农技简报 66 份次，墙体广告 98 条，互联网宣传 314 次，科技下乡和现场会 54 场次，科技入户指导 2 952 次。做到了将测土配方施肥技术宣传到村、培训到户、指导到田，使农民真正领会和掌握测土配方施肥技术的应用。

# 江西省丰城市测土配方施肥典型案例

## 一、基本情况

**1. 农业发展基本情况**　丰城市土地面积为 2 845 千米$^2$，耕地面积 153.4 万亩，是传统的农业大市，在江西省占据着非常重要的位置，是全国超级产粮大市、中国十大商品粮生产基地，连续多年获得"全国粮食生产先进县市"称号，也是中国油茶之乡、中国长寿之乡，还享有"中国生态硒谷"的美誉，有着得天独厚的农业生产气候资源和土地资源。

**2. 测土配方施肥工作成效** 项目实施以来，累计在辖区内采集土壤样品 9 000 余份，开展农户调查 9 000 余份，化验大量元素 2.9 万余项次、中微量元素 1 万余项次、其他 2.1 万余项。累计开展各类肥效试验示范 130 余个，包括"3414"肥效试验、"2＋X"肥效试验、氮肥梯度试验、磷肥运筹试验、中微量元素试验、有机肥部分替代化肥试验、肥料新品种对比试验等，涉及水稻、油菜、花生、蔬菜等主要农作物。累计举办技术培训班 160 余期，培训农技人员 1 300 余人次、肥料经销人员 1 100 余人次、农民 6 000 余人次，发放技术资料 15 万余份，通过电视、互联网、报刊、墙体广告宣传 500 余条次，召开现场会 40 余场，发放施肥建议卡 200 万份以上。每年对接配方肥生产企业 2～3 家、发布配方肥 2 个以上，配方肥施用面积和总量逐年增加，2020 年分别达到 75.2 万亩和 1.2 万吨（折纯）。目前，水稻配方肥主推掺混肥（20－10－15）和有机无机复混肥（16－8－8，有机质含量大于 15%），拥有配肥机 2 台。在水稻上应用测土配方施肥技术，可减少不合理施肥 10%，每亩增加产量约 30 千克、增加收入 75 元左右。

项目实施以来，累计推广测土配方施肥面积 2 200 万亩以上，技术覆盖率逐年增加，2020 年达到 90.9%。荣获农业农村部"丰收奖"二等奖 1 项、江西省农业农村厅"农牧渔业技术改进奖"一等奖 2 项、二等奖 3 项。丰城市土壤肥料检测中心于 2016 年荣获全国农业技术推广服务中心"测土配方施肥标准化验室"称号、2018 年荣获农业农村部耕地质量监测保护中心"耕地质量标准化验室"称号。

## 二、典型经验

**1. 狠抓取土化验** 一是科学布点。每年丰城市农技推广中心全体技术人员分成 4 个小组，每个小组由一个熟练掌握采样、制样规程的土肥站技术员负责，按集中连片田块每 40 亩左右取一个有代表性的点，田块坡度大的一个水平内取一个有代表性的点。布点涵盖所有行政村，根据耕地面积调整各乡镇村布点的数量。二是规范采样。采样前先对采样人进行培训，按 S 形或梅花形选择 5～10 个样点，去掉表土覆盖物，按标准深度挖成剖面，按土层自下而上均匀取土，将取得的土样装入袋内，袋的内外都要挂放标签，标明取样地点、日期、采样人等相关内容。三是标准化验，为了保障化验的准确性，化验室制定了一套质量体系文件，并要求在每一批样品增加标样或化验室内部标样，同时做 1～2 个平行样，强化质量控制。另外，开展对化验人员的常态化培训，提高其责任心和业务能力。在第三方检测时，每一批都会加入 1～2 已知样品，并制备 2～3 个平行样。

**2. 优化施肥参数** 根据农作物需肥特性，结合土壤和植株化验结果，会同省市土肥权威专家，确定施肥参数，建立施肥指标体系，利用"测土配方施肥专家咨询系统"进行配方，再选点开展试验示范验证配方效果，适时优化施肥参数，完善施肥指标体系。

**3. 加强农企对接** 按照"大配方小调整，有机无机相结合"的原则，制定和发布适合本地主要农作物生长需要的"大配方"，方便企业生产和农户购买。并与肥料生产企业签订合作协议，明确双方责任义务，为企业推荐适合本地主要农作物生长需要的"大配方"。同时，做好技术咨询和施肥指导服务，并督促配方肥生产企业抓好配方肥质量关。鼓励企业购买配肥机，直接通过后台基础数据，按田配方，现配先用，实现施肥"私人定制"。

**4. 拓宽供肥渠道** 建立配方肥供应网络，实现多渠道供应。一是采用种粮大户直销，为有一定规模的种粮大户提供送货上门和现场施肥指导服务。二是在各乡镇建立了配方肥供应点，确保配方肥的供应。三是开展施肥"私人定制"服务，为高端农产品生产者提供施肥定制服务，满足其个性化要求。

**5. 创建技术平台** 以往主要依靠发放施肥建议卡、施肥预告上墙、电视施肥预告等推广测土配方施肥，但是电视施肥预告和施肥预告上墙内容针对的是全市普遍情况，笼统且不具体，施肥建议卡针对性虽强但打印和发放工作量非常大，而且往往存在滞后、丢失、发错等情况。因此，结合现代科学技术和人民生活习惯，"江西省测土配方施肥"微信小程序施肥技术平台应运而生。该平台整合了开展测土配方施肥以来的全市所有基础数据，由省市土肥权威专家设置施肥参数，不仅为广大种植户免费提供施肥方案、供肥网点及施肥服务查询，还增加了作物营养拍照诊断功能。使用者可以通过微信进入平台随时随地查询具体田块施肥方案，极大方便农户获取精准施肥方案，加快了技术落地。

**6. 强化宣传指导** 结合当地实际情况，利用明白纸、广播、电视、报刊、互联网、微信等，广泛宣传，使测土配方施肥的理念深入人心，营造科学施肥氛围。以"江西省测土配方施肥"微信小程序施肥技术平台推广应用为抓手，以农技人员、种粮大户和肥料经销商为重点，结合实际，举办技术培训班，召开现场观摩会，在关键农时季节，组织农技人员深入田间地头，做好施肥指导服务。

# 三、技术方法

水稻是丰城市主要农作物，为此，通过采集化验土壤和植株样品，确定施肥参数，专门制定了丰城市水稻测土配方施肥方法。具体地块的施肥量，以施肥建议卡和"江西省测土配方施肥"微信小程序施肥建议为准。

**1. 早稻施肥建议**

（1）施肥原则

①重视有机肥施用，做到有机无机相结合。

②控制氮肥总量。

③重施基肥和分蘖肥，酌情施用穗粒肥。

④深施基肥，施后耙田以使土肥相融。

⑤建议按卡施肥，施用配方肥。

（2）施肥建议 在亩产 400～450 千克水平下，根据测土结果，在施用有机肥的基础上，化肥用量控制在氮肥总量（N）8～10 千克/亩、磷肥（$P_2O_5$）4～4.5 千克/亩、钾肥（$K_2O$）5～6 千克/亩，缺锌的地块每亩基施硫酸锌 1 千克。

施用配方肥料，60%～70%作为基肥，30%～40%作为分蘖肥。

（3）注意事项

①生长后期根据苗情，酌情追补氮肥、钾肥。

②根据有机肥料施用量或绿肥产量，适当调整化肥用量；常年秸秆还田的地块，钾肥

用量可适当减少。

③保水保肥能力差的地块，适当提高追肥比例。

**2. 中稻施肥建议**

（1）施肥原则

①重视有机肥施用，做到有机无机相结合。

②控制氮肥总量，减少前期用量，分次施用；适当增加钾肥用量。

③酌情施用穗粒肥。

④深施基肥，施后耙田以使土肥相融。

（2）施肥建议　在亩产500～600千克的水平下，根据测土结果，在施用有机肥的基础上，化肥用量控制在氮肥（N）11～13千克/亩、磷肥（$P_2O_5$）4～5千克/亩、钾肥（$K_2O$）7～9千克/亩，缺锌的地块每亩基施硫酸锌1千克。

施用配方肥料，50%～60%作为基肥，20%～30%作为分蘖肥，20%～30%作为穗粒肥。

（3）注意事项

①生长后期根据苗情，酌情追补氮肥、钾肥。

②根据有机肥料施用量或绿肥产量，适当调整化肥用量；常年秸秆还田的地块，钾肥用量可适当减少。

③保水保肥能力差的地块，适当提高追肥比例。

④在油稻轮作田，适当减少磷肥用量；在菜稻轮作田，适当减少施肥总量。

**3. 晚稻施肥建议**

（1）施肥原则

①早稻秸秆机收切碎还田，前期适当增加氮肥用量，提高碳氮比。

②控制氮肥总量。

③深施基肥，施后耙田以使土肥相融；追肥"以水带氮"，后期注意看苗追施穗粒肥。

④建议按卡施肥，施用配方肥。

（2）施肥建议　在亩产450～550千克的水平下，根据测土结果，在施用有机肥的基础上，化肥用量控制在氮肥（N）9～12千克/亩、磷肥（$P_2O_5$）3～3.5千克/亩、钾肥（$K_2O$）6～7千克/亩。

施用配方肥料，50%～60%作为基肥，30%～40%作为追肥，10%～20%作为穗肥。

（3）注意事项

①生长后期根据苗情，酌情追补氮肥、钾肥。

②根据秸秆还田及早稻磷肥施用情况适当调减磷、钾肥用量。

③保水保肥能力差的地块，适当提高追肥比例。

# 四、服务模式

随着社会经济的发展，农业生产集约化程度越来越高，以往广泛撒网的宣传模式难以适应现阶段的农业生产情况。为此，丰城市建立了以"江西省测土配方施肥"微信小程序为平台，以"县乡农技人员、肥料销售商、种植大户"为重点人群，通过建立示范区、举办培训班、召开现场观摩会、科技下乡、现场指导等推广渠道的"一平台＋三重点＋N渠道"技术服务模式。

## 五、工作机制

**1. 加强组织领导**　建立健全项目领导机构和工作机构，按照"政府主导、部门主推、统筹协调、合力推进"的原则，搞好沟通协调，整合各方力量，创新工作机制，大力推进测土配方施肥。

**2. 上下联动推进**　建立上下联动、多方协作的工作机制，强化责任、整合力量、加强督查。要建立协作机制，相互交流、共同促进。充分发挥教学科研机构和行业协会的技术信息优势，鼓励开展技术推广、政策宣传、技术培训、服务指导等工作。

**3. 加快技术融合**　以测土配方施肥为基础，融合推广应用绿肥还田、秸秆还田、增施商品有机肥等技术，形成"1＋N"的技术模式。如在测土配方施肥基础上，绿肥还田1 500千克/亩，可减氮30%；秸秆全量还田，可减磷、钾10%以上；增施商品有机肥100千克/亩，可减化肥用量10%。以上均在"江西省测土配方施肥"微信小程序施肥技术平台中推广。

**4. 加强多方合作**　加强与科研院所、肥料生产企业、新型农民合作组织等合作，听取各方意见，发挥各自优势，整合资源，完善施肥指标体系，推动测土配方施肥高质量运行。

# 重庆市江津区测土配方施肥典型案例

## 一、基本情况

江津区是重庆市重要粮食生产大区，全区主要农作物播种面积235.4万亩，粮食作物总产量63.1万吨，是重庆市第二大粮食生产大县。花椒种植面积达到54万亩，投产面积约38万亩，鲜椒产量28万吨，总产值32亿元，是全国著名的"花椒之乡"。

江津区自2006年实施测土配方施肥项目以来，在全区范围内开展农户施肥调查3 515户，采集和分析化验土壤样品12 059个，完成田间"3414"肥效小区试验122个、配方验证试验143个、肥料利用率试验27个。建立了江津区土壤养分丰缺指标体系和水稻、玉米、甘薯、蚕豆等农作物的施肥指标体系，制定粮食作物在不同区域的科学施肥配方和指导意见，制定适宜江津区各种土壤类型的粮食作物肥料配方30多个，并物化生产"营养套餐肥"，大面积推广应用。

江津区自2015年实施化肥减量使用行动以来，全区化肥使用量呈逐年减少态势。2019年全区化肥施用量为4.84万吨（折纯），比2014年减少0.28万吨，降幅5.47%；全区主要农作物化肥利用率达39.8%，比2014年增加8.3个百分点；测土配方施肥技术覆盖率95.5%。2019年全区推广配方肥数量1.44万吨（折纯），秸秆还田面积110万亩、种植绿肥面积3.9万亩、肥料深施面积15.7万亩。

## 二、主要做法

江津区围绕"测、配、产、供、施"五大环节，开展了农户调查、样品采集化验、田间试验、配方制定与发布、示范推广应用等大量测土配方施肥基础工作。

**1. 测**

（1）坚持农户施肥长期定点调查，分析评价施肥变化 为摸清江津区大面积农户的施肥现状和施肥水平，针对全区主要作物开展了施肥分类调查，对 3 515 个农户调查样本进行分析。同时，为掌握农户施肥变化趋势和演变情况，从 2007 年起，江津区在 26 个镇街建立了 78 个农户施肥情况长期观测点，每个调查点分水稻和旱地作物两类。江津区坚持开展农户施肥长期观测，连续 13 年数据不间断，每年作物收获以后联合镇街完成调查工作。2019 年在全区 30 个镇街粮经作物上新增 96 个农户施肥长期观测点，其中柑橘 21 个、花椒 31 个、蔬菜 22 个、油菜 10 个、高粱 6 个、小水果 6 个，针对作物施肥情况开展长期定点调查。通过施肥调查，分析江津区施肥现状和发展趋势、现阶段存在问题等，为科学施肥提供参考依据。

（2）开展取土化验，分析评价土壤养分现状 2006—2013 年，江津区共采集化验土壤样品 12 059 个，摸清了江津区现有农业土壤养分现状，并按照不同区域、不同土壤类型和种植制度对土壤养分现状进行评价。从 2014 年起，根据全区作物种植特点针对性开展土壤采集工作，每年至少采集一种作物的土样。2014—2019 年，全区采集花椒土样 1 189 个、柑橘土样 800 个、高粱-油菜轮作模式土样 200 个、蔬菜土样 100 个。通过土样化验数据分析，逐步建立土壤养分丰缺指标体系。

**2. 配**

（1）开展田间肥效试验，探索养分规律 根据不同区域、不同海拔、不同土壤类型、不同目标产量及不同肥力水平，江津区完成粮食作物田间"3414"肥效小区试验 122 个，其中水稻 35 个、玉米 24 个、甘薯 25 个、蚕豆 21 个、高粱-油菜轮作模式 9 个、花椒 8 个。为保证肥料配方的准确性，江津区开展各类作物配方验证试验 143 个，其中水稻 90 个、玉米 44 个、甘薯 6 个、蚕豆 3 个。为检验配方施肥技术在促进化肥减量增效的作用，江津区连续多年开展各类粮食作物肥料利用率试验 27 个，其中水稻 12 个、玉米 5 个、甘薯 5 个、蚕豆 5 个。

（2）组织专家科学制定配方 江津区组织中国农业大学、西南大学等有关专家，汇总分析全区历年土壤测试、田间试验数据和施肥经验，提出在大面积生产基础上，以增产 10% 为目标，制定主要作物在不同生产水平下的测土配方施肥配方，目前共制定分区域不同作物配方 30 余个，并根据"大配方小调整"的构想，选取极具代表性的 12 个配方研制生产专用配方肥料。

**3. 产** 为推进配方肥下地，江津区面向社会筛选了重庆市万植巨丰生态肥业有限公司、重庆石川泰安化工有限公司等 6 家肥料生产企业为配方合作企业，建立了测土配方施肥配方肥合作企业名录，为全区提供配方肥生产配送服务。制定下发了《重庆市江津区农业委员会关于印发测土配方施肥配方肥合作企业认定与管理办法的通知》，加强配方肥合作企业的管理。列入名录的企业可按提供的各作物配方生产配方肥。在配方肥项目中，由各镇街、业主在名录范围内自主选择配方肥生产企业，肥料价格、供肥方式等可自主协商，结果上报备案。

**4. 供**　配方肥合作企业充分利用其分布在全区各个镇街的营销网络体系开展配方肥销售与配送服务。在涉农补贴项目中，由各镇街、业主在名录范围内自主选择配方肥合作企业，由实施主体、配方肥合作企业和镇街农业服务中心签订配方肥服务"三方协议"，自主协商配方肥价格及供货方式等事宜。所供肥料的配方必须为指定配方，如不按配方生产供应使用的，不得享受财政补贴。

**5. 施**　江津区在测土配方施肥技术严格验证后，加快技术成果转化和运用，积极开展宣传培训和示范推广，仅 2018 年就发放测土配方施肥建议卡 33 万份，基本覆盖全区所有农户。通过在全区大面积示范，带动测土配方施肥技术在全区的大面积推广应用。2014—2019 年，江津区建立测土配方施肥示范片 134 个，示范面积 56.8 万亩。其中，水稻测土配方施肥示范片 41 万亩，玉米测土配方施肥示范片 8 万亩，油菜测土配方施肥示范片 5.2 万亩，高粱测土配方施肥示范片 0.9 万亩，花椒测土配方施肥示范片 1.5 万亩，柑橘测土配方施肥示范片 0.2 万亩。

## 三、主要经验

**1. 建立以测土配方施肥为核心的化肥减量增效技术模式**　自 2015 年实施化肥零增长和化肥减量使用行动以来，全区紧紧围绕化肥减量相关工作，建立了以测土配方施肥为核心的多种化肥减量增效技术模式。在粮油作物上主要推广"配方肥＋秸秆还田"技术模式。施用水稻、玉米、油菜、高粱等作物营养套餐肥，作物收获后全部秸秆还田，提高耕地质量，减少化肥用量。经济作物上主要推广配方肥＋商品有机肥、果-沼-畜、有机肥＋水肥一体化、配方肥＋林下种植绿肥、有机无机复合肥、缓控释肥等技术模式。在柑橘、花椒、蔬菜等经济作物施用配方肥的基础上，施用商品有机肥，替代部分化肥。推进有机无机复合肥、缓控释肥等新型肥料应用，减少施肥次数，降低肥料用量。推进畜禽养殖业与种植业有机结合，发展果-沼-畜绿色循环农业模式，推进畜禽粪污有机肥就地消纳。果园林下行间种植紫云英、箭筈豌豆等绿肥压青还田，提高土壤有机质含量，改善土壤质量。

**2. 建立了完善的配方制定与发布机制**　建立了"二五"模式的配方制定与发布机制，即：强化"两个统一"，确立系统化的思路；抓好"五化"，建立了技术产业化模式。

（1）强化"两个统一"，确立系统化的思路

①与区域主要耕作制度相统一。江津区主要耕作制度旱地以蚕豆-玉米-甘薯、高粱-油菜为主，水田则以中稻-冬水田为主。在开展测土配方施肥的过程中，旱地试验研究以胡-玉-苕、高粱-油菜为主，开展春玉米-甘薯-蚕豆、高粱-油菜的连续性"3414"试验，水田则研究单季杂交中稻的施肥配方为主。江津区经济作物以九叶青花椒为主，近年来专项推进花椒"3414"试验和营养规律研究，研发制定花椒施肥配方。

②与农作物栽培技术相统一。测土配方施肥不是单一的技术，而是多项技术的集成，

必须与农作物栽培技术结合起来。将测土配方施肥技术与农田保护性耕作技术、良种合理布局技术、适时早播技术、旱育壮秧技术、合理密植技术、水肥科学管理技术、病虫草鼠害综防统治技术有机结合，呈现出了实实在在的效果。

（2）抓好"五化"，建立了技术产业化模式

①配方制定区域化。江津区根据地形地貌将全区分为平坝丘陵区、深丘区、南部山区三大种植分区，不同区域在土壤类型、气候、种植制度等存在明显差异。因此，江津区在作物施肥指标体系建立的基础上，根据"大配方、小调整"的测土配方施肥技术路线和适宜产业化的工作思路，分区域、分作物布置田间肥效试验和制定施肥配方。

②配方开发套餐化。作物的生长是一个持续的过程，从栽培到收获的时间内，作物的需肥量、种类都不一样，在研制配方的过程中，制定不同作物生长时期的施肥配方，形成作物生长全生育期的配方施肥"营养套餐"。

③配方应用"傻瓜化"。农民的文化程度普遍偏低，如果制定的配方太过复杂，操作太过繁琐的话，就要阻碍测土配方施肥的推广运用。江津区在实施测土配方施肥的过程中，生产出适合当地不同作物的配方肥，农民只需按包装说明上的要求进行定量施用，既省去了很多中间环节，又使测土配方施肥落到了实处。

④配方发布"公开化"。为了促进测土配方施肥技术的大面积推广应用，江津区通过发放施肥建议卡、建立咨询系统、触摸屏、农业网站等方式，及时将制定的作物施肥配方发布出来，公之于众。配方肥合作企业可按照配方生产配方肥和营养套餐肥，农户则可根据施肥建议购买和施用相应的配方肥料。

⑤配方逐步"轻简化"。近年来，全区农业机械化发展迅速，农作物秸秆大面积还田，一部分养分回到了土壤里，同时当前农村存在劳动力严重不足的问题。因此，江津区开展了改进配方施肥技术和有机肥替代化肥技术方面的探索，将水稻"一底三追"的施肥方式改变为"一底一追"，减少化肥施用量和施肥次数，节约劳动力和成本，促进化肥减量增效和粮食生产向绿色、优质、高效发展。

# 甘肃省临泽县测土配方施肥典型案例

## 一、基本情况

临泽县位于甘肃省河西走廊中部，东邻张掖市甘州区，西接高台县，南依祁连山与肃南裕固族自治县接壤，北邻内蒙古自治区阿拉善右旗。东西长 49.5 千米，南北宽 77 千米，全县总面积 2 729 千米²，辖 7 个镇，总人口 15 万人，其中农业人口 9.7 万人，是传统的灌耕农业区，曾获"全国粮食单产冠军县"称号。近年来，按照"做精玉米制种产业、做强蔬菜产业、做大草畜产业、做优林果产业、做响戈壁农业"的思路，积极引导农民调整产业结构，大力发展富民增收多元产业，全县落实农作物播种面积 47.7 万亩，其中玉米制种 19.2 万亩，大田玉米（含饲用玉米、青贮玉米、酒精玉米、鲜食玉米）10 万亩，蔬菜（含复种）10.5 万亩，甜叶菊 2.78 万亩，芦笋、高粱、花卉等其他特色作物 3.62 万亩；大力推广红枣标准化种植，红枣栽植面积达 13.2 万亩，年产量 2.68 万吨，

年产值达 8 000 多万元，"临泽小枣"先后荣获"甘肃省十大名果"、中国"地理标志保护产品"、"全国农产品质量安全县"等荣誉称号。根据第二次土壤普查结果，全县土壤分属灌耕土、潮土、草甸土、风沙土、盐土、灰棕漠土、沼泽土、灰钙土等 8 个土类 21 个亚类 21 个土属 48 个土种及 3 个变种。分布较大的有灌耕土、潮土、灰棕漠土和草甸土。根据土壤普查和近几年土壤化验结果，耕层土壤有机质平均含量为 16.22 克/千克，全氮含量 1.04 克/千克，碱解氮含量 73 毫克/千克，有效磷含量 32.82 毫克/千克，速效钾含量 187.63 毫克/千克，土壤 pH 平均为 7.57。全县常年化肥用量 4.28 万吨（实物量）左右，化肥利用率约为 38%。

为了准确掌握土壤供肥能力、作物需肥规律，提高肥料利用率，自 2008 年起，临泽县启动实施了测土配方施肥补贴项目，按照《测土配方施肥技术规范》和甘肃省农牧厅年度测土配方施肥补贴资金项目实施方案的总体要求，以提高科学施肥技术的入户率、覆盖率、到位率为主攻方向，以测土配方施肥补贴项目为支撑，以实现农业增产、节本增效、农民增收、减轻面源污染为目的，全面开展测土配方施肥技术的研究与示范推广，完成了项目的各项任务指标，取得了显著的经济效益、社会效益和生态效益。2014—2019 年，临泽县继续开展测土配方施肥基础性工作。一是大力开展培训宣传。累计举办培训班 42 期次，培训技术推广人员 1 050 人次、农民 119 970 人次、肥料经销人员 240 人次，发放培训资料 137 902 份，通过电视、互联网、报刊、墙体广告（条、横幅）宣传 385 条次，召开现场会 42 次。二是坚持取土化验。累计采集土壤样品 1 478 个、植物样品 11 个，开展农户调查 2 538 户，化验土壤样品 1 478 个，其中化验大量元素 9 974 项次、中微量元素 11 182 项次，化验其他项目 1 834 项次，化验植物样品 15 个。三是开展试验示范工作。累计开展"3414"类试验 1 个，其他试验 53 个，示范总数 81 个，示范面积 11.5 万亩。四是开展技术推广工作。累计完成测土配方施肥技术推广面积 202.06 万亩，发放施肥建议卡 120 036 份，配方肥施用面积 64.5 万亩，累计应用专家系统 1 个、信息化服务系统 1 个，使用触摸屏 10 台、配方肥掺混机 10 台。

## 二、主要做法

**1. 开展了多种形式的宣传活动，大力普及科学施肥技术**　围绕项目建设累计开展测土配方施肥培训班、技术骨干培训、农民培训、发放培训资料、广播电视宣传、报刊简报宣传、墙体张贴施肥建议公示及建议、悬挂横幅、网络宣传、发送测土配方施肥工作短信、科技赶集、召开现场会等方式方法，发放临泽县小麦、制种玉米、加工番茄、棉花等主要农作物测土配方施肥建议卡。通过开展多种形式的宣传培训，全县测土配方施肥知识和技术的入户率、普及率达到了 90% 以上。

**2. 认真做好田间试验**　为了科学合理获取作物最佳施肥量、施肥比例、施肥时期、施肥方法，验证配方肥的田间施用效果，更好地建立施肥指标体系，为进一步大面积示范推广提供依据，进一步推进测土配方施肥工作的开展，按照项目实施方案要求，临泽县在平川镇五里墩村、黄家堡村、三三村，鸭暖镇昭武村、华强村、古寨村的制种玉米和大田玉米、蔬菜中开展肥料利用率试验、微量元素肥效试验、新型肥料品种肥效试验、生物有机肥试验，蔬菜肥效试验，积极推广以土壤调理剂和磷石膏相结合改良盐碱地和种植苜蓿、甜菜等耐盐作物为主的综合治理模式，改进施肥方式，加强有机肥和配方肥、缓释肥、复合微生物肥相结合施肥模式的普及和推广，着力提高耕地有机质含量。同时，在鸭暖镇古寨村玉米、蔬菜作物上组织开展商品有机肥、土壤调理剂改良盐碱地、堆肥还田改良盐碱地、不同土壤调理剂筛选等相关试验，开展磷石膏改良盐碱地、垄膜沟灌或膜下滴灌水肥一体化节水控盐、挖渠排碱等新型技术的引进与试验。主要有水肥一体化模式下增施商品有机肥对作物产量影响试验，水肥一体化模式下增施商品有机肥减少化肥用量对作物产量影响的试验，膜下滴灌增施商品有机肥减少化肥用量对作物产量影响的试验，增施有机肥料对增加土壤有机质影响的试验等，通过项目示范区蔬菜产量调查（以西兰花为主），在亩增施有机肥 240 千克技术模式的核心区，平均亩产量 1 188 千克，化肥用量减少 16.7％（减少化肥总用量 9.19 千克/亩），在亩增施有机肥 200 千克技术模式的非核心区，平均亩产量 1 143 千克，化肥用量减少 10.9％（减少化肥总用量 7.09 千克/亩）。

**3. 继续抓好土样采集，分析化验工作，不断提升耕地地力等级** 在抓好土壤样品化验和测土配方施肥数据录入的基础上，按照项目实施方案的要求，继续抓好土壤样品的采集工作，对试验、示范和监测点地块及种植大户、科技示范户地块进行了土样采集 52 个，开展配方肥整村推进地块采样 448 个，共采集土样 500 个。汇总整理测土配方施肥、耕地质量监测和耕地质量调查评价数据，录入基础数据，与甘肃智慧科学技术服务有限公司签订了技术合作协议，完成 2017—2018 年县域耕地质量等级评价，完善更新县域耕地资源管理信息系统。通过对临泽县 52 个监测点 2017 年、2018 年耕地土壤样品有机质含量测定结果分析，2017 年耕层土壤有机质含量平均为 11.34 克/千克，2018 年耕层土壤有机质含量平均为 16.22 克/千克，耕层土壤有机质含量增加，增幅明显。依据 GB/T 33469—2016《耕地质量等级》国家标准，为评价指标建立层次分析模型和隶属函数模型，采用耕地质量综合指数法评价，临泽县 2018 年耕地质量平均等级为 2.78 级，提升了 0.02 级。

## 三、主要经验

**1. 科学研制主要作物施肥配方，积极开展农企对接活动，不断创新模式，促进配方肥下地** 针对作物需肥特点，结合土壤化验数据和试验结果，论证和确定了适合临泽县玉米高产稳产的大肥料配方，$24-12-6$（$N-P_2O_5-K_2O$）的配比为当地玉米生产高产、稳产的最佳配比，减少了不合理施肥量，达到增产节支的效果。临泽县与两家由部、省联合认定的化肥企业（甘肃省施可丰新型肥料有限公司、张掖市宏福化工有限责任公司）开展了对接活动，为临泽县"百信乐"农业科技开发有限责任公司的配方肥生产提供适宜玉米生产的配方，配合企业在全县构建配方肥产供施网络，形成了以科学配方引导肥料生产、以连锁配送方便农民购肥、以规范服务指导农民施肥的机制。引导建立乡村配肥站点，指导农民科学施用掺混式配方肥。及时发布面向农民的施肥配方信息，因地、因时、因苗制定科学施肥技术方案，促进农民按方施肥。充分利用取土化验、田间试验等阶段性成果，不断修订完善施肥参数，及时进行系统升级维护，大力推广"触摸屏进店"活动，分别在平川镇、鸭暖镇、新华镇、沙河镇、倪家营镇的甘肃省测土配方施肥服务点配送北京优雅施智能施肥触摸屏各一台，导入当地的测土信息和施肥建议，并与肥料经销门店负责人签订了《测土配方施肥触屏一体机使用协议》，进一步促进了配方肥按方购买、科学施肥工作。

**2. 整建制推进配方肥成效明显** 确定平川镇为测土配方施肥整建制推进示范乡镇，确定蓼泉镇湾子村等 15 个村为测土配方施肥整建制推进示范村。组织整建制推进乡村与肥料企业对接，做到整建制推进测土配方施肥的施肥乡镇村有供肥企业生产供应配方肥，辖区内耕地土壤类型、主要农作物测土配方施肥技术全覆盖，配方肥用量占基施化肥比例 60% 以上。采取"买一补二"奖补政策，以蔬菜为重点作物，建成 4 个有机肥替代化肥核心示范点，重点推广亩增施有机肥 240 千克替代化肥技术，核心示范区示范面积达 5 062.5 亩，完成计划面积的 126.56%，示范点辐射带动周边村、社农户推广亩增施有机肥 200 千克替代化肥技术，累计完成面积 16 980 亩（其中玉米 1 935 亩）。

**3. 建立测土配方施肥核心示范点，发挥示范带动效应** 在平川镇、鸭暖镇建立了制种玉米万亩高产示范片 2 个，在平川镇三三村、芦湾村、平川村、五里墩村、黄家堡村、板桥镇东柳村、西柳村、新华镇大寨村、向前村、蓼泉镇寨子村、倪家营镇倪家营村、汪家墩村、沙河镇化音村、鸭暖镇华强村、昭武村等村建立 5 个制种玉米、设施瓜菜测土配方施肥千亩示范片和 10 个百亩示范点，累计示范面积 2.6 万亩。经对全县示范区主栽作物玉米测产统计，平川镇膜下滴灌水肥一体化示范区同组合制种玉米平均亩产量为 456.12 千克/亩，比农户习惯施肥示范区平均亩产 403.62 千克亩增产 52.5 千克，增产 13%；同组合制种玉米测土配方施肥示范区平均亩产 496.74 千克，比习惯施肥区平均亩产 470.51 千克，亩增产 26.23 千克，增产 5.57%；蔬菜测土配方施肥示范区平均亩产量为 6 553 千克/亩，比习惯施肥区平均亩产（6 489.5 千克）增加 63.5 千克，增产 0.97%。在示范片建设上，采取专家包片负责和整村推进的办法，大力推进村级示范片建设，在示范点上竖立标志牌，标明测土配方施肥建议，指导农户施肥。以看得见、摸得着、学得上的形式展示测土配方施肥的作用和效果，力争使农民做到施肥数量准确、施肥结构合理、施用时期适宜、施用方式恰当。核心示范区的建立，发挥了很好的辐射带动作用，促进了面上测土配方施肥技术的推广应用。

**4. 探索"私人订制"管理模式，让农作物吃上"营养套餐"** 通过 10 多年的土样采集及测试分析，县农技中心对全县 7 个镇 71 个行政村耕地进行了土壤养分化验和配方施肥试验示范，建立了适用于县域内黑河沿岸、公路沿线及小屯盐碱地灌区制种玉米及大田玉米种植地区的肥料配方数据库，并为 7 个镇农资服务点分别配备了测土配方施肥系统，根据区域土壤类型，指导农民进行配方施肥。临泽县基本完成每 50 亩一配方，做到"依方配肥、科学配比、精准施肥"，玉米亩均节本增效在 75 元左右，蔬菜亩均节本增效 200~300 元。2020 年临泽县累计测土配方施肥面积 42 万亩以上，占全县总耕地面积的 85% 以上，推广施用有机肥 10 万亩以上。依托张掖市建立的耕地质量大数据平台，适时向农户推广"张掖耕地资源"公众号，引导农户只需通过一部手机，随时查询某个田块的土壤类型、养分含量以及丰缺状况的信息，做到如何施肥心中有数。通过科学合理施肥，提高了肥料利用率，减少土壤污染，确保农产品优质无公害，促进现代农业可持续发展。

# 青海省海东市测土配方施肥典型案例

海东市乐都区自 2006 年开展测土配方施肥项目以来，本着"测土、配方、施肥、供肥和施肥指导"五个环节，严格按照农业农村部测土配方施肥技术规范进行质量控制，以提高肥料利用率、降低农业生产成本、提升农作物品质和增加效益为目的，认真做好测土配方施肥项目的基础工作，极大地增强了广大农民科学施肥的意识，有效地减少了化肥施用量，提高了肥料利用率，实现了增产增收。根据农业农村部的要求，现将乐都区测土配方施肥工作开展中的典型经验、技术方法、服务模式和工作机制总结如下：

## 一、典型经验

**1. 宣传培训是前提**  乐都区测土配方施肥项目的实施以青海省农业技术推广总站为技术依托单位，通过专题讲座、印发技术资料、组织农技人员进村入户、田间地头实地指导等形式开展技术宣传培训，确保测土配方施肥技术家喻户晓。截至目前共举办培训班100 多期，培训技术骨干 1 000 多人次，培训农民 10 万人（次），发放测土配方施肥技术挂图 7 000 多张，编印发放测土配方施肥实用技术手册 6 000 多册、施肥建议卡 4 万多张、技术明白纸近 30 000 余份，将测土配方施肥技术送进千家万户，为全区开展测土配方施肥工作提供了有力技术支撑，营造了良好的氛围。

**2. 化验室建设是根本**  为做好测土配方施肥样品的分析化验工作，筹集资金 53 万元修建了土壤肥料化验室，面积 468 米²，并购置化验分析仪器、试剂和药品等，达到了标准化验室要求，为顺利开展测土配方施肥工作奠定了基础。

**3. 土壤样品采集是基础**  根据全区川、浅、脑三个不同生态类型，选择有代表性的地块和土壤进行采样，将全区耕地土壤采样区域划分为若干个采样单元，按照"随机、等量"和"多点混合"的原则，用不锈钢取土器进行采集。大田作物一般在作物秋收后采集，温棚蔬菜在间歇期采集，采样深度为 0～20 厘米耕层，混合土样以 1 千克左右为宜。采用 GPS 定位，记录海拔、经纬度以及土壤类型、地块名称、农户姓名等采样地块基本信息和农户施肥情况，截至目前共采集土壤样品 1 万多个，采样点分布均匀，覆盖所有耕地不同土壤类型。

**4. 土壤样品库建立是保障**  为长期跟踪各采样点的土壤养分变化情况，将分析测试后的土壤样品按年度进行分类，放在干燥、通风、无阳光直射的塑料瓶中保存备用，为全区土壤肥力提升提供有效的技术保障。2020 年 8 月青海省人大常委会党组书记张光荣带队一行 30 余人在市委、区委等领导的陪同下检查指导乐都区土壤样品库的运行情况，并给予肯定和赞赏。

**5. 分析化验是关键**  为了保证土壤化验数据准确，完成规定的化验任务，乐都区先后派出技术人员参加省推广总站组织的土壤化验员初、高级培训班，掌握了基本操作技能。到目前共完成 1 万多个土壤样品常规项目、中微量元素及重金属元素的全部分析化验任务，共计化验 10 万多项次，并对"3414"等肥效试验所采集的 2 000 多个植株样进行分析化验。

**6. 重视试验是核心**　项目实施过程中，每年按要求在不同作物上完成"3414"试验和田间肥料效应试验。通过汇总田间试验数据、结合土壤化验结果，初步获得乐都区高、中、低不同肥力水平土壤养分校正系数、土壤供肥能力以及氮、磷、钾肥在不同肥力水平下的利用率等重要测土配方施肥参数，建立起了较为完善的施肥指标体系，为配方设计、施肥建议卡的制定和施肥指导提供了重要依据。

**7. 技术指导是手段**　通过技术人员入户指导、发放主要农作物配方施肥挂历、施肥建议卡等方式，使农民群众掌握测土配方施肥技术，提高科学施肥水平。技术人员经常深入田间地头，免费向群众提供土壤测试和肥料配方，把施肥建议卡、挂历等发到农民手中或挂到墙上，为群众释疑解惑，使农民方便、简捷、有效地掌握科学施肥知识。

## 二、技术方法

**1. 配方滴灌追肥**　乐都区是青海省的蔬菜大县，在蔬菜生长旺盛季节，用普通方法追肥时，往往因肥料养分释放转化慢、肥效迟，而影响产量和品质，特别在冬季温室栽培蔬菜时，常因低温、日照不足等情况，用常规追肥法往往效果不理想，因而在蔬菜生产中技术人员结合测土配方施肥进行跟踪服务，追肥时利用方便、省工、省力的滴灌水肥一体化技术将肥料直接送达作物根系 30～40 厘米范围，有利于作物增产，提高肥料利用率。

**2. 农机农艺融合技术**　转变施肥方式和推进化肥减量增效是促进农业绿色高质量发展的重要举措，也是测土配方施肥工作的落脚点。乐都区积极推广测土配方施肥技术、扩大有机肥替代化肥规模、提升机械化施肥水平，加大力度推广粮油作物机械化施肥、秸秆还田、种肥同播和精准施肥技术，为保障粮食安全、生态安全和推进减肥增效提供了技术支撑，全区测土配方施肥工作取得明显成效。

**3. 配方肥推广**　按照转变农业发展方式的总体要求和坚持"绿色、增产、提质、增效"的施肥理念，通过对不同土壤类型和不同土种的土壤样品化验分析，掌握全区土壤养分情况，制定肥料配方，紧紧围绕推广配方肥这个核心，以特色农产品基地为重点建立马铃薯配方肥示范方，促进作物配方肥的推广，解决测土配方施肥技术入户到田的难点，进一步提高科学施肥水平和肥料利用率，实现节肥增效，避免因盲目施肥而造成的资源浪费、耕地质量下降和农业面源污染等问题，全区每年配方肥推广面积达到 25 万亩，有利于土壤生态环境系统的改善，确保粮食生产安全。

**4. 试验示范**　测土配方施肥技术的推广应用，只靠测土，发放施肥建议卡还是不够的，农民要的是实实在在的和眼见为实的经济效益，只有培养典型，搞好试验示范片，树立样板田，才能起到以点带面和辐射带动作用，使测土配方施肥技术深入人心，为农民增收注入新的活力。

## 三、服务模式

**1. 专家组-指导员-示范户-辐射户服务模式**　为加快测土配方施肥技术入户到田步

伐，提升农民科学施肥水平，乐都区农业农业技术推广中心把测土配方施肥技术作为基层农技推广体系改革与建设示范县项目的主要主推技术，在施肥关键时期按照专家的肥料配方，技术指导员深入生产一线组织示范户、辐射户和周边农户，通过召开现场会、发放资料、分户指导和观摩交流等形式，为农户免费提供肥料配方，农户凭肥料配方购买配方肥料，加大了配方肥推广面积，辐射带动周边农户施用配方肥，取得了较好的效益。

**2. 一个系统、一台触摸屏、一张卡、一次购肥的"四个一"服务模式** 区级建成测土配方施肥专家系统，利用专家系统，计算出全区各个施肥单元不同作物肥料配方和推荐用量。乡镇级一台触摸屏，为方便群众查询，每个乡镇触摸屏配备在乡镇办事大厅或肥料经销网点。村级一张施肥建议卡，根据承包地块所在的施肥单元，每个农户在触摸屏中可以查到农户信息及其耕地相应土壤类型、养分状况以及作物施肥方案，并可自行打印施肥建议卡，或者咨询乡镇农技人员、村干部及科技示范户优化施肥推荐。一次购肥，农户按照施肥建议卡提供肥料配方、肥料用量、施肥时间、施肥方法等，到就近定点乡镇、村级肥料销售点获取配方推荐、技术咨询、购肥指导等配套服务，一次性购齐所需的配方肥料。

**3. 项目联动、共用促进模式** 在测土配方施肥项目实施过程中，与本区农业农村局实施的化肥农药减量增效行动项目、马铃薯绿色高质高效创建项目等密切结合在一起，协调各项目间的互动、联合和优势互补，节省人力和物力。这种将测土配方施肥与其他技术措施相配套，建立示范田和对比田的做法，可以直接明了地向农民展示测土配方施肥技术应用效果，推进科学施肥普及推广。

**4. 典型引路，示范带动模式** 乐都区测土配方施肥项目实施时，首先在全区选择马厂、马营、蒲台、瞿昙等有代表性的 5 个乡镇为测土配方施肥示范重点乡镇，然后再辐射到其他 14 个乡镇。共落实"3414"等肥效试验 100 多个、"百、千、万亩示范田"500个，总示范面积达到了 45.6 万亩，对全区测土配方施肥工作起到了积极的引导作用。

**5. 政、技、物结合服务模式** 实施测土配方施肥项目是一项复杂的系统工程，需要社会各界的积极参与和大力支持，区政府和各乡镇成立了项目领导小组，农业农村局成立技术指导组，省项目专家组根据土壤化验结果研制出不同作物、不同土壤类型的肥料配方，交给配方肥定点生产企业组织生产，在配方肥销售的关键时期，组织科技人员下乡宣传，把配方肥和测土配方施肥技术直接送到农民手中。

**6. 培养科技示范户，推广个性化服务模式** 在项目实施过程中，选择科技意识强、文化水平高、社会影响力大的新型经营主体、专业合作社和种植大户进行个性化服务，从农户的种植意向、配方肥补助、整地播种和田间管理等方面给予全面的优质服务，起到了辐射带动的作用。

## 四、工作机制

**1. 加强组织领导** 为确保测土配方施肥项目工作顺利开展，区级成立测土配方施肥项目实施领导小组和技术指导小组，实行分级管理、分工负责、协调配合，领导小组办公室设在区农业农村局，具体负责日常事务工作。技术指导小组负责制定项目实施方案，开展技术培训和指导，及时解决项目实施中存在的矛盾和问题，做好技术落实和技术应用的田间记载汇总、整理和耕地质量等级评价等工作，为项目顺利实施提供了坚强的组织和技术保障。

**2. 加强项目管理** 项目由乐都区农业农村局统一管理，乐都区农业技术推广中心承担并组织实施，项目严格按照《测土配方施肥试点补贴资金管理暂行办法》和《青海省测土配方施肥试点补贴资金使用方案》要求实施，建立了工作档案，搜集、整理各类资料，并对档案进行分类管理。补贴物资采购实行招投标制，确保项目顺利实施和按期按质完成各项目标任务。同时项目资金均设立专账管理，专款专用，严格执行财务资金使用制度，资金使用接受省农业农村厅和区财政等各部门监督，杜绝了资金截留、挪用等情况发生。

**3. 加强技术指导** 为提高测土配方施肥技术推广效果，确保测土配方施肥技术进村入户，实行区级技术人员承包乡镇，乡镇技术人员承包村社的承包制，经常深入田间地头手把手指导科学施肥技术，并结合测土配方施肥冬季大培训活动、新型职业农民培训等，组织专业技术人员组成培训专业组，采取"零距离接触，面对面培训"方式，深入乡镇、村进行宣传培训，及时解决项目实施过程中的具体疑难问题，宣传测土配方施肥好处和基本技术知识，提高了技术的入户率、到位率和覆盖率，加快了"按方施肥到田"和"配方肥下地"的步伐。

**4. 加强监督检查** 按照项目实施方案要求，省、市、区领导不定期对项目实施情况进行检查指导，及时掌握项目任务落实、资金使用、工作进度、效果评价等情况，把农民满意度、技术普及率和到田率作为重要的检查内容，同时加强肥料质量监管，建立配方肥生产质量追溯制度，项目实施过程中定期对配方肥进行抽检。

**5. 加强回访调查** 项目实施过程中，及时采取进村入户和电话回访等形式对项目区群众开展满意度调查和回访工作。经回访调查，群众对测土配方施肥项目工作接受度和满意度都较高。

**图书在版编目（CIP）数据**

测土配方施肥十五年 / 全国农业技术推广服务中心编著. — 北京：中国农业出版社，2022.12
ISBN 978 - 7 - 109 - 29848 - 4

Ⅰ.①测… Ⅱ.①全… Ⅲ.①土壤肥力-测定②施肥-配方 Ⅳ.①S158.2②S147.2

中国版本图书馆 CIP 数据核字（2022）第 149504 号

中国农业出版社出版

地址：北京市朝阳区麦子店街 18 号楼
邮编：100125
责任编辑：魏兆猛　史佳丽
版式设计：杜　然　责任校对：周丽芳
印刷：中农印务有限公司
版次：2022 年 12 月第 1 版
印次：2022 年 12 月北京第 1 次印刷
发行：新华书店北京发行所
开本：787mm×1092mm　1/16
印张：22.25
字数：535 千字
定价：120.00 元